高压直流输电系统换相失败预测与抑制

欧阳金鑫　肖　超　著

科学出版社

北　京

内 容 简 介

本书以基于电网换相的电流源型直流输电系统为对象，阐明了直流输电系统换相失败的演变过程和影响因素，以及直流输电系统换相失败与控制系统的关系，给出了直流输电系统首次和后续换相失败临界电压的计算方法以及预测方法、首次换相失败的预防控制方法、基于自适应启动电压和基于逆变站故障安全域的后续换相失败抑制方法、直流输电系统换相失败穿越能力的预测与提升方法；阐明了多馈入直流输电系统相继换相失败以及换相失败连锁反应的产生机理及特征，给出了多馈入直流输电系统相继换相失败的预测方法、多馈入直流输电系统相继换相失败的预防控制方法以及换相失败连锁反应的抑制方法、基于功率可控域和功率协调的混合多馈入直流输电系统的换相失败抑制方法。

本书可供从事电力系统研究、运行与管理的高等院校有关专业的师生、科研设计单位科研人员以及现场管理和运行人员参考使用。

图书在版编目（CIP）数据

高压直流输电系统换相失败预测与抑制 / 欧阳金鑫，肖超著. —北京：科学出版社，2024.4

ISBN 978-7-03-078452-0

Ⅰ. ①高…　Ⅱ. ①欧…　②肖…Ⅲ. ①高压输电线路-直流输电线路　Ⅳ. ①TM726.1

中国国家版本馆CIP数据核字（2024）第086178号

责任编辑：范运年 / 责任校对：王萌萌
责任印制：师艳茹 / 封面设计：陈　敬

科学出版社出版
北京东黄城根北街 16 号
邮政编码: 100717
http://www.sciencep.com
北京中科印刷有限公司印刷
科学出版社发行　各地新华书店经销
*
2024 年 4 月第　一　版　开本：720 × 1000　1/16
2024 年 4 月第一次印刷　印张：18 1/2
字数：352 000

定价：138.00 元

（如有印装质量问题，我社负责调换）

前　言

基于电网换相的电流源型高压直流输电(line-commuted converter-based high-voltage direct current，LCC-HVDC)具有输送容量大、输送距离长、经济性高和功率调节灵活等优势，在跨区域输电、电力系统互联等方面起着重要作用，同时承担着能源大规模送出的重要职能。换相失败是指当两个桥臂之间换相结束后，刚退出导通的阀在反向电压作用期间未能恢复阻断能力，或者在反向电压期间换相过程未完成，使本该关断的阀在正向电压的作用下发生重新导通的现象。直流输电采用晶闸管作为换流元件，电压波动等因素极易引发换相失败。换相失败导致直流电流短时激增、直流传输功率大幅暂降，若控制措施不当，还易引发后续换相失败，诱发连续换相失败，对交流系统产生反复的功率冲击，从而导致换流站发生闭锁，造成大面积停电事故。在多馈入直流输电系统中，一回直流输电系统换相失败还可能导致多回直流输电系统发生相继换相失败，引发多回直流输电系统的连续换相失败，造成极大的危害和损失。

直流输电系统首次换相失败向后续换相失败、连续换相失败以及向多回直流输电系统相继换相失败、后续换相失败的演化过程不仅取决于换流器主回路与电网的电磁耦合作用，还与直流换流站所配置的大量控制器的配合逻辑与性能等因素息息相关。掌握换相失败演化过程的特征和物理机理对于抑制换相失败或降低换相失败影响具有重要作用。直流换流站配备的控制器能够在一定程度上抑制换相失败的发生，但控制器采用固定参数，无法根据故障的严重程度、换相失败期间电气量的动态变化和多控制器间的交互而做出相应调整，对换相失败的抑制效果有限。此外，直流换流站控制器多为事后调节，控制响应滞后于电气量的变化，无法通过提前调整换流站控制方式和定值、调整无功补偿装置或调节新能源电源功率等方式及时抑制换相失败的演化，直流输电系统换相失败演化过程的分析、预测与抑制已成为大电网安全运行和发展的关键。

本书试图系统地阐述直流输电系统换相失败的产生过程，给出不同阶段换相失败的预测与抑制方法。阐明了直流输电系统首次换相失败、相继换相失败、后续换相失败至多次换相失败的演变过程，多馈入直流输电系统相继换相失败以及换相失败连锁反应的产生机理及特征，换相失败的影响因素以及控制系统对相继换相失败、后续换相失败的影响。解析了直流输电系统首次换相失败、后续换相失败、相继换相失败的临界条件，给出了首次换相失败、后续换相失败、相继换相失败的预测方法。针对首次换相失败，给出了改进预防控制方法；针对后续换相失败，给出了基于自适应启动电压、基于逆变站故障安全域的抑制方法；针对换相失败引起的直流输电系统闭锁，给出了直流输电系统换相失败穿越能力的预测与提升方法；针对相继换相失败，给出了兼顾首次换相失败抑制的相继换相失败预防控制方法，以及多馈入直流输电系统换相失败连锁反应的抑制方法。

本书得到了国家自然科学基金（编号：51877018）、国家重点研发计划(2016YFB0900600)的资助；张真、叶俊君、庞茗予、潘馨钰、余建峰等研究生均对本书有较多贡献，在此一并表示感谢。

直流输电换相失败是电力系统的新现象和新问题，换相失败的发生和发展涉及较为复杂的电磁耦合、控制响应耦合过程，相关理论和技术仍在快速发展，加之作者水平有限，书中可能存在不妥之处，欢迎广大读者不吝赐教。

作　者

2024年1月

目　录

第1章 绪　　论

1.1 直流输电系统的组成

直流输电系统是通过换流装置将交流电转变为直流电，再将直流电输送至换流装置，进而由换流装置将直流电转换为交流电供给电网的系统[1]。直流输电系统的典型结构如图 1.1 所示，主要包括换流装置、换流变压器、平波电抗器、无功补偿装置、滤波器、直流接地极、交直流开关设备、直流输电线路以及控制与保护装置、远程通信系统等设备。从系统功能划分，直流输电系统可分为整流站、直流输电线路、逆变站 3 个部分。整流站和逆变站通常统称为换流站。换流指将交流电变换为直流电或将直流电变换为交流电的过程。换流器是换流站的核心部件，当工作在将交流电转换为直流电状态时，换流器运行于整流状态，也被称为整流器；当工作在将直流电转换为交流电时，换流器运行于逆变状态，又被称为逆变器。

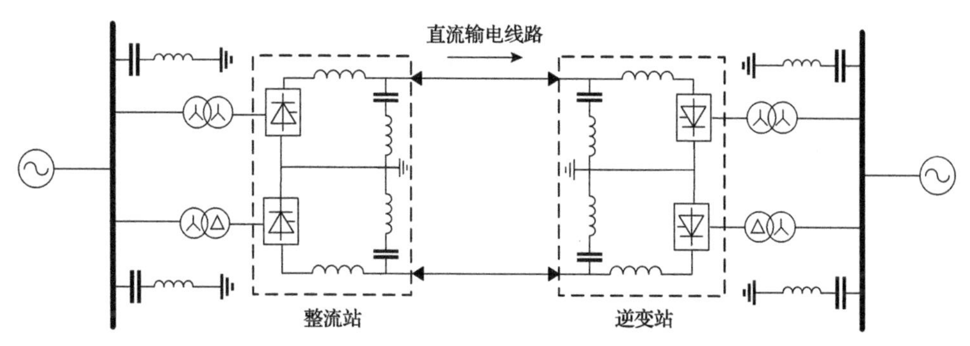

图 1.1　直流输电系统的典型结构

1.1.1 换流器

换流器由电力电子器件组成，是能够将交流电转变为直流电或将直流电转变为交流电的设备的统称。在直流输电系统中，换流器通常采用三相桥式换流电路作为基本单元，其结构如图 1.2 所示。三相桥式换流电路的直流侧整流电压在一个工频周期中具有 6 个波头，因此又常被称为 6 脉波换流器。当 2 个 6 脉波换流器的直流端串联，同时交流端并联时，即构成 12 脉波换流器，如图 1.3 所示。换流站由基本换流单元组成，基本换流单元包括 6 脉波换流器和 12 脉波换流器两类。相比于 6 脉波换流器，12 脉波换流器产生的谐波更少，所需的滤波器容量更小，因此现代直流输电工程多采用 12 脉波换流器。

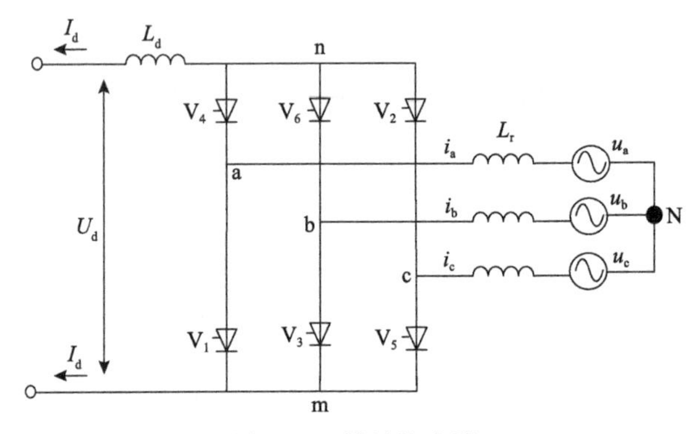

图 1.2　6 脉波换流器

L_d-平波电感；L_r-等值换相电感；u_a-A 相电压；u_b-B 相电压；u_c-C 相电压；i_a、i_b、i_c-A、B、C 相电流；U_d-直流电压；I_d-直流电流

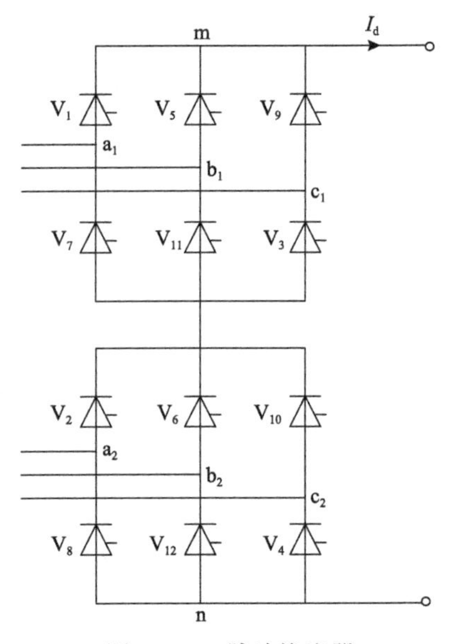

图 1.3　12 脉波换流器

1.1.2　换流阀

6 脉波换流器和 12 脉波换流器分别由 6 个和 12 个桥臂组成。桥臂也称为换流阀或阀臂，也常被简称为阀。由于单个晶闸管的电压较小，晶闸管换流阀一般由几十到数百个晶闸管器件串联而成。除了串联的晶闸管器件外，换流阀还包括晶闸管触发电路、均压元件、阻尼电路以及阳极电抗器等辅助电路。辅助电路的作用主要是保证晶闸管可靠触发导通、减小断态电压变化率和通态电流变换率、

提高换流阀和整个直流输电系统的安全性等。

晶闸管换流阀大多采用组件式结构，如图 1.4 所示。在换流阀组件中，每个晶闸管器件与均压元件、阻尼电路和控制单元组成一个晶闸管级。晶闸管级中的均压阻尼电路包括静态均压电阻 R、阻尼电路 R_1C_1、均压阻尼电路 R_2C_2、阳极(饱和)电抗器 L、冲击陡波均压电容 C_3。静态均压电阻主要用于克服各个晶闸管器件的分散性，使断态下各晶闸管器件的电压尽可能一致。静态均压电阻的阻值远小于晶闸管的断态电阻。阻尼电路用于减小晶闸管关断时由于电压振荡而引起的晶闸管两端的暂态过电压以及过快的电压变化率。均压阻尼电路的作用是减小换流阀关断时阀组件两端的暂态过电压以及电压变化率。阳极(饱和)电抗器用于抑制流经晶闸管的电流的变化率。冲击陡波均压电容可改善过陡的操作过电压波作用下各组件电压不均的问题。

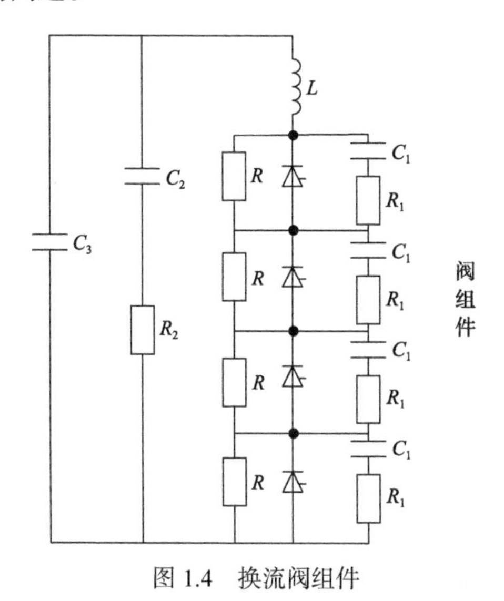

图 1.4 换流阀组件

数个阀组件采用分层布置，串联组成一个换流臂，即一个单阀。单阀通常还包括冷却系统、光缆系统和阀绝缘系统等。一个 6 脉波换流器含有 6 个单阀，一般将 2 个单阀一起垂直安装构成 6 脉波换流器一相中的 2 个阀，称为二重阀。相应地，4 个单阀垂直安装即构成 12 脉波换流器一相中的 4 个阀，称为四重阀。三相共 3 个四重阀布置在一个阀厅内，即为三相四重阀。

1.1.3 晶闸管

换流器的基本器件包括晶闸管、门极关断晶闸管(GTO)和绝缘栅双极型晶体管(IGBT)，相应的换流器分别被称为晶闸管换流器、门极关断晶闸管换流器和绝缘栅双极型晶体管换流器。晶闸管为半控型器件，门极关断晶闸管和绝缘栅双极型晶体管为全控型器件。晶闸管具有耐压水平高、输出容量大的优点，因此目前已投运和在建的直流工程大多采用晶闸管换流器，采用晶闸管换流器的直流输电系统常被称为常规直流输电系统。

晶闸管包括阳极、阴极和门极。晶闸管门极施加触发电流且阳极与阴极间的电压为正时，晶闸管由截止状态转为导通状态，即晶闸管被触发开通。晶闸管的截止状态又被称为断态或阻断状态，导通状态被称为通态。晶闸管一旦开通，门极就会失去控制作用，即使撤除门极上的触发电流信号，晶闸管仍然保持通态。晶闸管的关断需依赖于外部电路使流经晶闸管的电流小于其维持电流而自然关断。

1. 静态伏安特性

晶闸管静态伏安特性如图 1.5 所示。若门极电流 I_G 为零，随着晶闸管阳极电压 u_{AK} 增加，阳极电流 i_A 从零开始增大。但是，阳极电流的增大十分缓慢，即使阳极电压很大，阳极电流也仅有数毫安，此时晶闸管运行于正向阻断状态，其阳极电流称为正向漏电流。当阳极电压增大到至断态不重复峰值电压 U_{DSM} 时，阳极电流将急剧增加，阳极电压 u_{AK} 迅速下降至 0.5～1.5V，此时晶闸管变为导通状态。当晶闸管阳极与阴极之间加上反向电压时，仅有很小的反向漏电流，且随着反向电压的加大而增大。当反向电压达到反向不重复峰值电压 U_{RSM} 时，反向阳极电流急剧增加，晶闸管雪崩击穿而损坏。

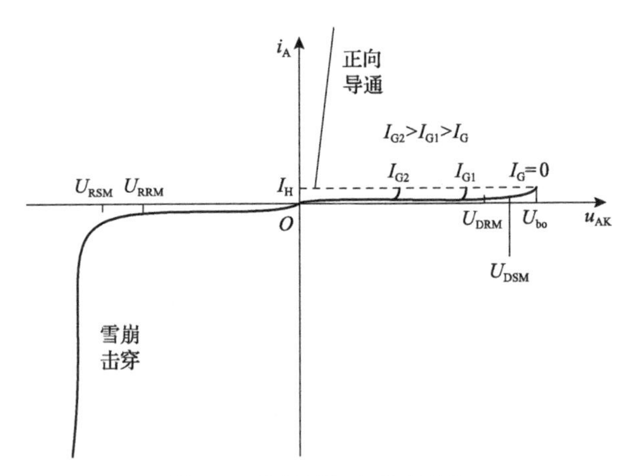

图 1.5 晶闸管静态伏安特性

U_{RRM}-反向重复峰值电压；U_{DRM}-断态重复峰值电压；U_{bo}-正向转折电压；I_H-维持电流；I_{G1}、I_{G2}-门极电流的不同取值

2. 门极伏安特性

门极伏安特性指晶闸管门极正向电压和正向电流之间的关系。晶闸管的门极

伏安特性与功率二极管相似，区别在于晶闸管的正向和反向电阻值接近。为了实现安全触发，晶闸管的触发电压、触发电流和功率应限制在晶闸管门极特性曲线的可靠触发区域内。

3. 动态特性

晶闸管的开通和关断过程如图 1.6 所示。在晶闸管由断态转为通态的开通过程中，由于晶闸管内部正反馈过程的延时以及外加电路电感的限制，晶闸管阳极电流无法在瞬间增大，因而存在延迟时间 t_d。延迟时间为从施加门极电流信号开始到阳极电流上升至稳态值(I_{AN})的 10%的时间。而阳极电流从稳态值的 10%上升至稳态值的 90%所需的时间称为上升时间 t_r。延迟时间与上升时间之和即为开通时间 t_{on}。延迟时间随门极电流的增大而减小。上升时间则受外部电路电感的影响，电感越大，上升时间越长；电感越小，上升时间越短。提高阳极电压，可缩短延迟时间和上升时间，进而缩短开通时间。

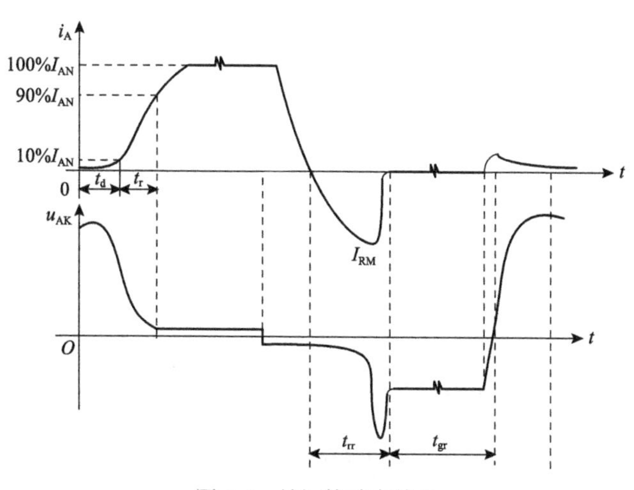

图 1.6 晶闸管动态特性

在晶闸管由断态转为通态的过程中，当处于开通状态的晶闸管的外加电压由正向变为反向时，阳极电流逐渐衰减为零，并流过反向恢复电流，达到最大反向恢复电流 I_{RM}后，再反方向衰减。在恢复电流快速衰减时，在外加电感的作用下，晶闸管两端会产生反向尖峰电压。当反向恢复电流衰减至接近于零时，晶闸管恢复对反向电压的阻断能力。从正向电流降为零到反向恢复电流衰减至接近于零的时间称为晶闸管的反向阻断恢复时间 t_{rr}。反向恢复过程结束后，晶闸管恢复对正向电压的阻断需一段时间，这段时间被称为正向阻断恢复时间 t_{gr}。反向阻断恢复时间与正向阻断恢复时间之和被称为晶闸管的关断时间 t_{off}。晶闸管的关断时间一般为 400μs。在正向阻断恢复时间内，若重新对晶闸管施加正向电压，晶闸管重新导通，呈现不控而重新导通的现象，产生换相失败。

4. 晶闸管参数

反映晶闸管性能的主要参数包括断态重复峰值电压U_{DRM}、反向重复峰值电压U_{RRM}、断态临界电压变化率du/dt、通态临界电流变化率di/dt、通态平均电压U_T、通态平均电流。

断态重复峰值电压指在晶闸管门极断开及额定结温下可施加的重复率为 50 次/s 且持续时间不大于 10ms 的最大峰值电压。反向重复峰值电压是在晶闸管门极断开及额定结温下可施加的重复率为 50 次/s 且持续时间不大于 10ms 的最大峰值电压。断态临界电压变化率指在额定结温和门极断开条件下不导致晶闸管从断态变换为通态的最大阳极电压变化率。断态临界电压变化率与结温有关，结温越高，断态临界电压变化率越小。通态临界电流变化率指在晶闸管触发开通时能承受而不产生有害影响的最大通态电流变化率。通态临界电流变化率与开通过程有关，通常在每微秒数千安范围内。通态平均电压指在额定电流和稳定结温下阳极与阴极间电压的平均值。通态平均电流又称为额定电流，是在规定的环境和散热条件下允许通过的单相最大工频正弦半波电流的平均值。

1.1.4　无功补偿装置

由晶闸管构成的换流器在交流至直流或直流至交流的转换过程中需要从交流系统吸收无功功率。整流站吸收的无功功率为传输直流功率的 30%～50%，逆变站吸收的无功功率则可达到 40%～60%。若由交流电网为直流输电系统提供无功功率，则可能导致交流母线电压大幅度降低，危及交流电网的安全运行。因此，直流输电系统中换流站所需的无功功率需由就地的无功补偿装置提供。

换流站的无功补偿装置主要有机械投切式无功补偿装置、静止无功补偿装置和同步调相机。机械投切式无功补偿装置包括并联电容器、并联电抗器以及交流滤波器，具有投资小、无功补充容量大的优点，但存在调节速度慢、不能平滑调节、不能频繁操作的缺点。交流滤波器主要用于换流站滤波，同时提供基波无功功率。通常仅在交流滤波器基波无功功率不能满足无功需求时，才配置并联电容器。为了满足换流站滤波要求，交流滤波器发出的基波无功功率可能大于换流器吸收的无功功率。机械投切式无功补偿装置还用于避免过剩的无功功率注入交流电网引起换流站交流母线电压上升。

1.2　直流输电系统的结构

直流输电系统按照结构可分为两端直流输电系统和多端直流输电系统。两端直流输电系统是只有一个整流站和一个逆变站的直流输电系统，即只有一个送端和一个受端。两端直流输电系统又可以分为单极直流输电系统(正极或者负极)、双极直流输电系统(正负两极)和背靠背直流输电系统。多端直流输电系统是连接三个及以上交流电网的直流输电系统，可以将交流系统分成多个孤立运行的电网，根据换流站在系统中的连接方式可以分为并联和串联两种方式。

1.2.1 单极直流输电系统

单极直流输电系统包括大地(海水)回路和金属回路。其中，大地(海水)回路造价较低。单极直流输电系统还可分为正极系统和负极系统，换流站出线端对地电位为正的称为正极，反之为负极。因为负极性架空线路的电晕无线电干扰较小，雷电闪络的概率也较低，所以单极直流架空线路通常采用负极性。图 1.7 所示为单极直流输电系统的接线，其中图 1.7(a)为单极大地回线方式，图 1.7(b)为单极金属回线方式，图 1.7(c)为单极双导线并联大地回线方式。

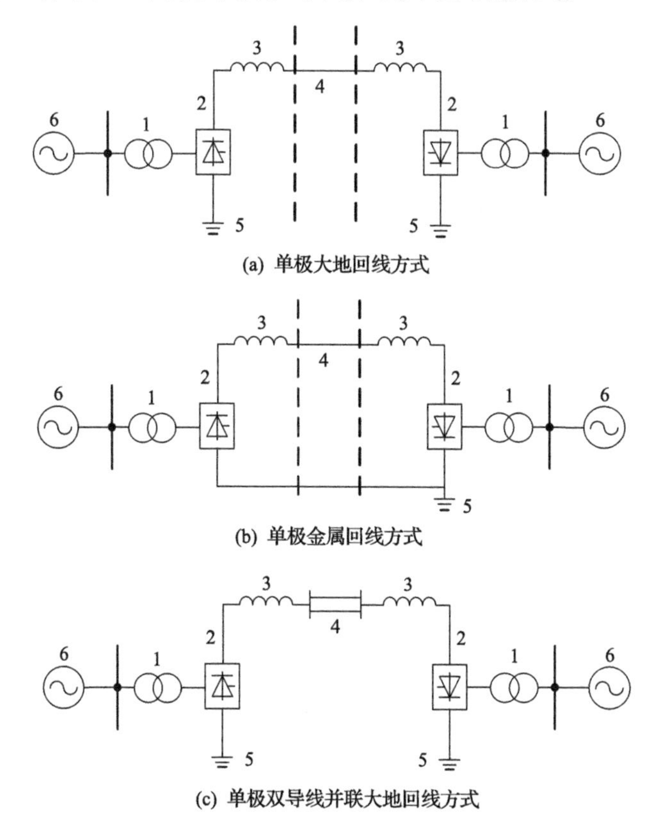

(a) 单极大地回线方式

(b) 单极金属回线方式

(c) 单极双导线并联大地回线方式

图 1.7 单极直流输电系统接线图

1-换流变压器；2-换流器；3-平波电抗器；4-直流输电线路；5-接地极系统；6-两端交流系统

1.2.2　双极直流输电系统

双极直流输电系统是直流输电中常见的结构。在双极直流输电系统中，换流站的接地点一般是换流器的中点，两极和地之间的电位差相等，所以也常被称为中性点。根据中性点的不同，可将双极直流输电系统的接线方式分为双极两端中性点接线方式、双极一端中性点接线方式和双极金属中线接线方式，如图 1.8 所示。

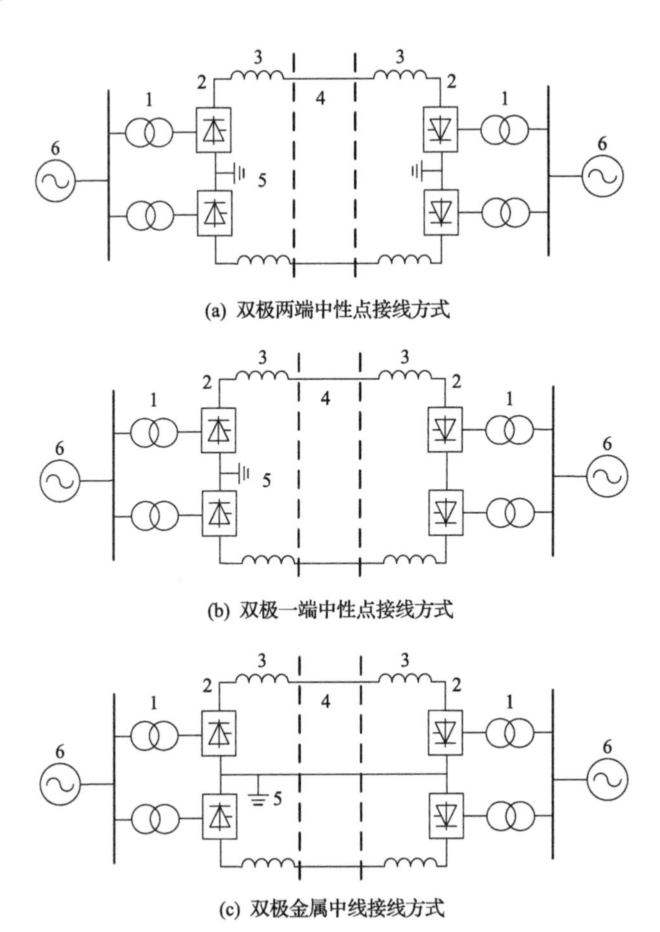

(a) 双极两端中性点接线方式

(b) 双极一端中性点接线方式

(c) 双极金属中线接线方式

图 1.8　双极直流输电系统接线图

1-换流变压器；2-换流器；3-平波电抗器；4-直流输电线路；5-接地极系统；6-两端交流系统

双极两端中性点接线方式的两端换流站的中性点均接地，其任一极均能构成一个独立运行的单极输电系统。当双极的电压和电流相等时为双极对称运行方式，不相等时则为电压或者电流的不对称运行方式。当输电线路或者换流站的一个极发生故障需要退出运行时，双极两端中性点接线方式的直流输电系统可以根据具体情况转化为单极大地回线方式、单极金属回线方式或单极双导线并联大地回线方式。

双极一端中性点接线方式只有一端的换流站中性点接地。当一极的线路发生故障时，必须停运整个双极系统，不能以单极系统的状态继续运行。当一极的换流站发生故障时，不能自动转换成单极接线方式，而是需要在双极停运的状态下才有可能重新构成单极金属回线接线方式。双极一端中性点接线方式的运行可靠性和灵活性较差，其优点在于可以保证运行过程中大地中无电流流过。

双极金属中线接线方式是利用三根导线构成直流侧回路的接线方式，三根导线分别是低绝缘的中性线和正负极的极线。当一极的线路发生故障时可以自动转换为单极金属回线方式运行，当一极换流站发生故障时，也可先自动转换为单极金属回线方式，还可转为单极双导线并联金属回线方式运行。双极金属中线接线方式的线路结构复杂，线路造价比较高，在直流输电工程中很少使用。

1.2.3 背靠背直流输电系统

背靠背直流输电系统没有直流输电线路，主要应用于两个非同步运行的交流电力系统之间的联网或者送电，也被称为非同步联络站。背靠背直流输电系统的整流站和逆变站装设在背靠背换流站中，如图 1.9 所示。其中，换流站内的接线方式分为并联和串联两种。

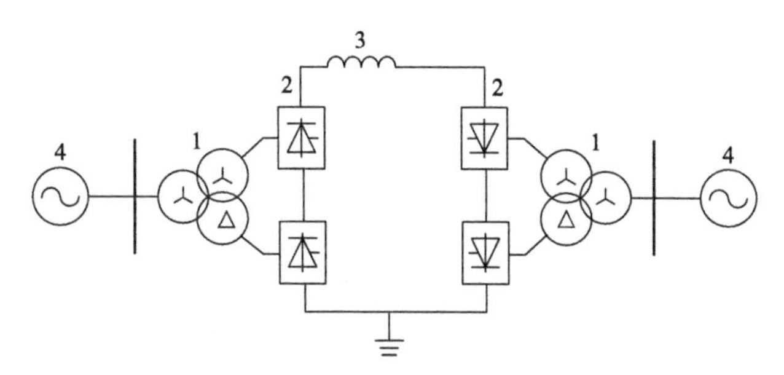

图 1.9 背靠背换流站接线图

1-换流变压器；2-换流器；3-平波电抗器；4-两端交流系统

并联方式的换流站内，换流器成对分为两组并联于交流系统之间，换流器可以成组地投入或者退出运行，也可分开运行，发生故障时相互影响较小，运行可靠性高。串联方式的换流站内，除换流器外的绝大部分电路等于或者接近于地电位，绝缘成本更低。与并联方式相反，当串联方式其中一个换流器发生故障时整个系统将会受到影响，此时需要旁通设备。

1.2.4　多端直流输电系统

1. 并联型多端直流输电系统

并联型多端直流输电系统的各换流站通过直流电网并联，所有换流站的直流电压相同。并联型多端直流输电系统的常见结构包括树枝式和环网式，如图 1.10 所示。换流站之间的功率分配和调节主要通过改变换流站电流来实现，为保持系统有稳定的运行点，稳态下应只有一个换流站控制系统直流电压，其他的换流站均控制本站的输出电流。

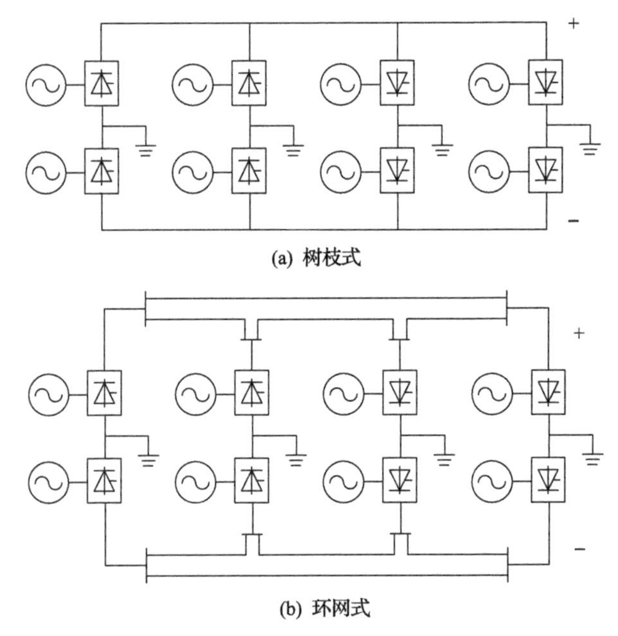

图 1.10　并联型多端直流输电系统

直流输电线路没有电感效应，线路电阻不大，当换流站直流电压等级相同时，很小的压差即可实现较大的功率传输，因此，无论是在全站稳态运行还是在个别站退出运行的情况下，并联型多端直流输电系统均可保证各整流站触发角和逆变站关断角保持较小的浮动范围，使稳态运行条件下各换流站的无功需求保持在尽可能小的状态，减少了换流阀数量，提高了设备利用率，同时提高了系统的运行稳定性，增大暂时性故障清除的可能性，加快故障恢复速度。

在有功功率传输方面，由于并联型多端直流输电系统各站功率调节无须大范围改变换流站直流电压，因此各换流站电压基本保持恒定且维持在较高水平，在输送相同的功率时，线路电流相对较小，可减少有功功率在传输过程中的损耗。此外，并联型多端直流输电系统还具有较好的扩展性，只需将新建或需要接入的换流站连同直流线路一并并联接入系统，并对直流线路进行过流校验即可，无须停运正常运行的系统，相关的控制、保护策略和关键设备参数也不需要本质的改变，有利于系统的扩展。

2. 串联型多端直流输电系统

串联型多端直流输电系统是各换流站串联、流过同一直流电流的多端直流输电系统，如图 1.11 所示。串联型多端直流输电系统的直流线路只有一处接地，换流站间的功率分配主要通过调节直流电压实现。一般由一个换流站承担整个串联型多端直流输电系统直流电压的平衡，同时也起调节直流电流的作用，其他各换流站通过控制直流电压来实现功率分配。这种功率调节方式决定了各整流站触发角和逆变站关断角会有较大范围的波动，稳态和暂态均可能工作于较大的触发角和关断角下，增大对交流电网的无功需求，提高了滤波器和无功补偿成本，增加了换流阀需求，降低了设备利用率，同时也不利于故障的恢复。

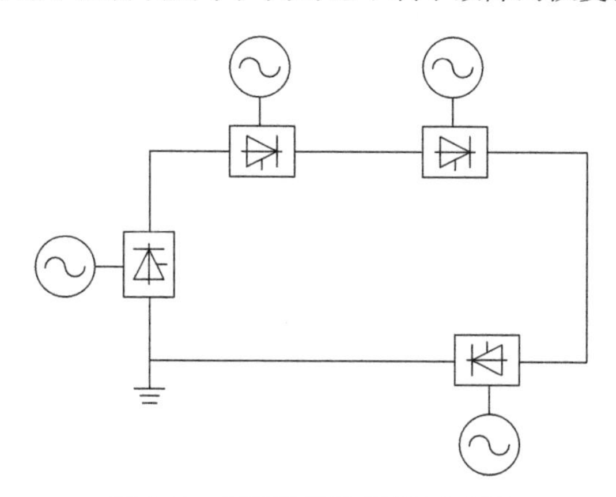

图 1.11　串联型多端直流输电系统

串联型多端直流输电系统的直流电流恒定，导致功率注入或输出较小的换流站的直流电压较低，在系统总功率一定的情况下会增大直流线路上的有功功率损失，降低功率输送的效率。另外，若需接入新的电源或负荷，串联型多端直流输电系统可能需要短时停运或需较复杂的操作，同时相关设备的电压耐受、安全距离、绝缘配合等均需要重新校核，工作量和经济投入都较大。

1.3　直流输电系统运行特性

1.3.1　整流器工作原理

直流输电系统采用的整流器通常为两个 6 脉波整流器构成的 12 脉波整流器。

6 脉波整流器又常称为单桥整流器，12 脉波整流器称为双桥整流器。单桥整流器如图 1.12 所示。图中，V_1～V_6是第 1 至第 6 个阀臂(也称桥臂)，数字 1～6 代表阀臂的导通顺序。每一个阀臂由几十到上百个晶闸管串联组成。u_a、u_b、u_c为交流系统等值基波相电压；L_r为每相的等值换相电感；m 和 n 分别为单桥整流器的共阴极点和共阳极点；N 为交流系统的参考电位。

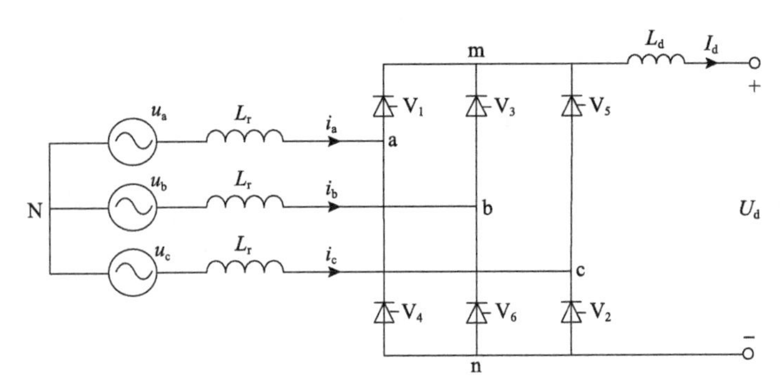

图 1.12　6 脉波整流器

单桥整流器共有 3 种运行方式，即工况 2-3、工况 3 和工况 3-4。工况 2-3 为正常运行方式，工况 3 为非正常运行方式，而工况 3-4 则为故障运行方式。

1. 正常运行方式——工况 2-3

工况 2-3 是指在 60°的重复周期中，2 个阀臂和 3 个阀臂轮流导通的运行方式。6 个阀臂的导通顺序为 V_1、V_2导通→V_1、V_2、V_3导通→V_2、V_3导通→V_2、V_3、V_4导通→V_3、V_4导通→V_3、V_4、V_5导通→V_4、V_5导通→V_4、V_5、V_6导通→V_5、V_6导通→V_5、V_6、V_1导通→V_6、V_1导通→V_6、V_1、V_2导通→V_1、V_2导通→(循环)。

单桥整流器工作在工况 2-3 状态的前提条件是：触发延迟角 $0<\alpha<90°-\mu/2$，同时换相角 $\mu<60°$。正常运行时，单桥整流器的触发延迟角α为 10°～20°，换相角 μ 为 15°～25°。

正常工作时，单桥整流器电压和电流分别如图 1.13 和图 1.14 所示。规定等值交流系统相电压 u_a、u_b、u_c的交点，也即等值交流系统线电压 u_{ac}、u_{bc}、u_{ba}、u_{ca}、u_{cb}、u_{ab}的过零点为自然换相点，用符号 K_1、K_2、K_3、K_4、K_5、K_6表示，下标 1～6 代表对应的阀臂。自然换相点为对应阀臂的触发延迟角的计时零点。触发延迟角定义为从自然换相点到晶闸管的门极上施加触发信号这段时间所对应的电角度，用符号α表示。因为正常运行时单桥整流器的六个阀臂顺序导通，所以假设 V_1、V_2两个阀臂正处于导通状态，以此分析各阀臂的导通过程。

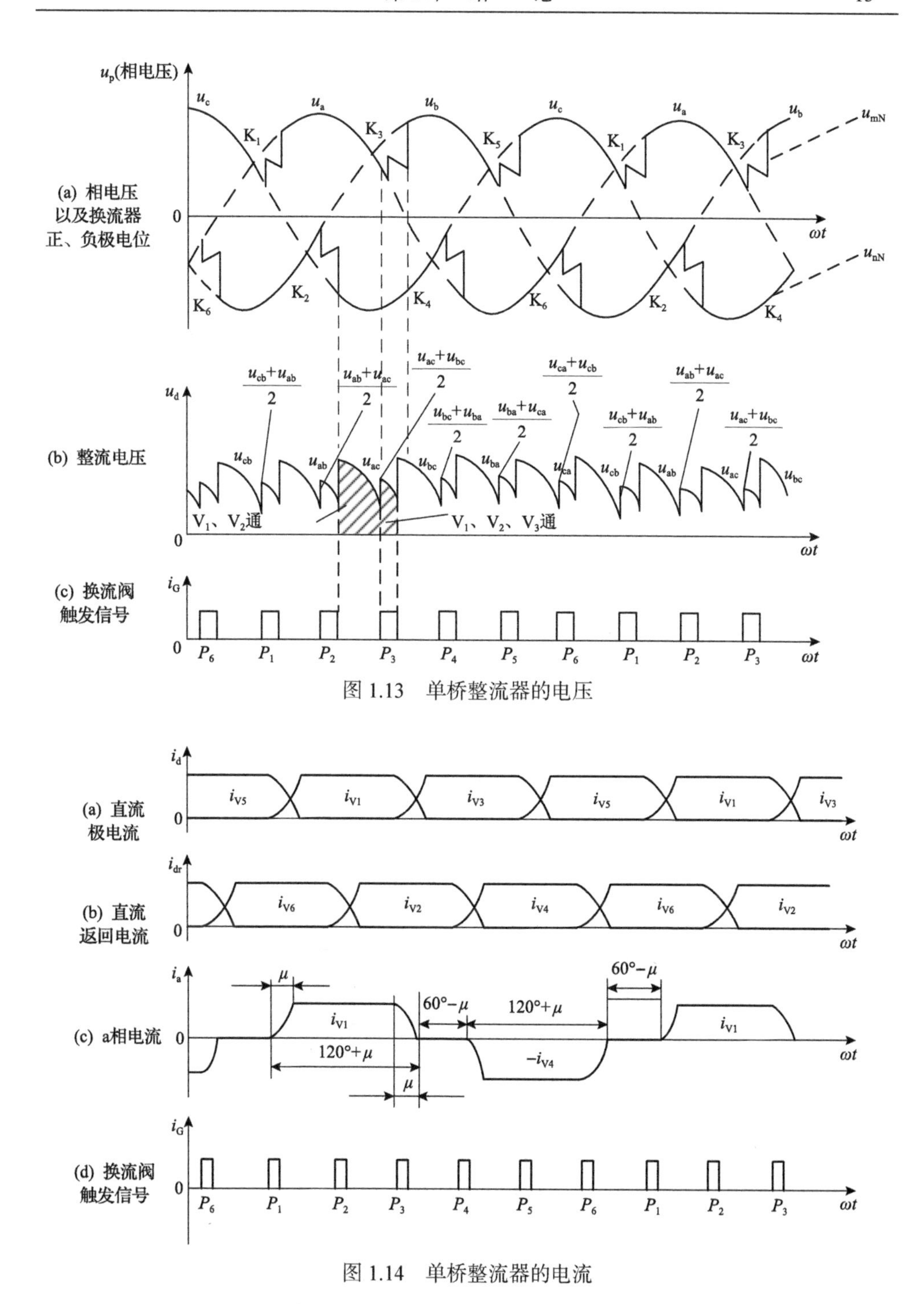

图 1.13 单桥整流器的电压

图 1.14 单桥整流器的电流

1) V_1、V_2导通阶段

三相电流在图 1.12 所示参考方向下分别为 $i_a=I_d$，$i_b=0$，$i_c=-I_d$。假设直流电流环无纹波，故直流电流在等值换相电感上不会产生电压降，因此单桥整流器的输出电压，即整流电压 $U_d=U_{mN}-U_{nN}$ 等于电源线电压 u_{ac}，其波形如图 1.13(b)所示。其中，共阴极点 m 到交流系统电位参考点 N 的电压为 $u_{mN}=u_a$(图 1.13(a))，共阳极点 n 到 N 点的电压为 $u_{nN}=u_c$(图 1.13(a))。

2) P_3施加时刻

晶闸管导通的条件是阳极电位高于阴极电位，同时门极上施加触发信号。

由图 1.13(a)可见，b 点电位高于 c 点电位，而 V_3的触发信号 P_3已施加到第 3 个阀臂的门极上，满足晶闸管 V_3导通的条件，因此第 3 个阀臂 V_3导通。与此同时，V_1、V_2仍然导通，故形成 V_1、V_2、V_3三个阀臂同时导通的格局。此乃工况 2-3 之“3”状态。

3) V_1、V_2、V_3导通阶段

V_1、V_2、V_3导通时整流器换相电路如图 1.15 所示。6 脉波整流器的上半桥中 V_1和 V_3阀臂通过交流系统 a、b 两相构成闭合回路，即形成交流系统两相短路，沿此闭合回路流动的短路电流 i_{sc}的方向如图 1.15 所示。

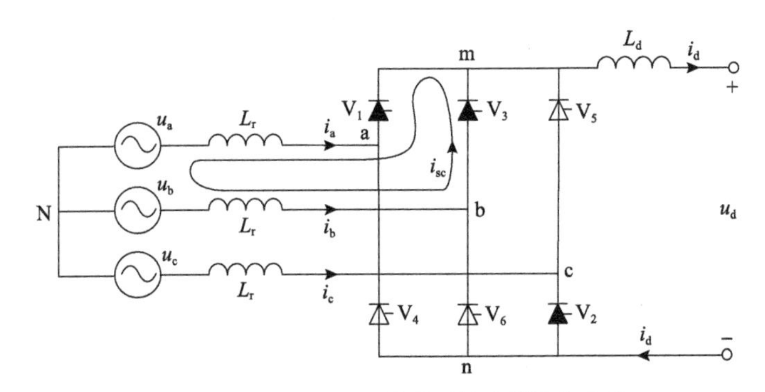

图 1.15　V_1、V_2、V_3导通时整流器换相电路

4) V_2、V_3导通阶段

可根据 V_1、V_2导通→V_1、V_2、V_3导通→V_2、V_3导通过程的分析方法分析下半桥换相前后的过程，如 V_2、V_3导通→V_2、V_3、V_4导通→V_3、V_4导通过程。由此可得出单桥整流器交流相电流如图 1.14(c)所示。由图 1.14(c)可见，工况 2-3 时，单桥整流器交流侧相电流波形具有如下特点：在每一个工频周期中，由近似正、负 2 个矩形波组成，其中正向电流持续 $120°+\mu$ 电角度，断流 $60°-\mu$ 电角度，再反向持续 $120°+\mu$ 电角度，继而断流 $60°-\mu$ 电角度，如此循环往复。

由图 1.13 可见，工况 2-3 时，单桥整流器整流电压具有以下特点。

(1) 在每一个工频周期中，整流电压由 6 个持续 60°且形状完全相同的波形组成，习惯上称这样的 60°周期为重复周期。

(2) 每一个重复周期中，整流电压由两部分组成，一部分为交流系统等值电源线电压，即大齿部分，此时对应单桥整流器中两个阀臂同时导通的状态；另一部分为小齿部分，对应单桥整流器中三个阀臂同时导通的换相过程。

2. 非正常运行方式——工况 3

工况 3 是指在 60°的重复周期中，始终只有 3 个阀臂轮流导通的运行方式。6 个阀臂的导通顺序为 V_1、V_2、V_3导通→V_2、V_3、V_4导通→V_3、V_4、V_5导通→V_4、V_5、V_6导通→V_5、V_6、V_1导通→V_1、V_2、V_3导通→(循环)。

单桥整流器工作在工况 3 状态的前提条件是：触发延迟角α=0～30°，换相角μ=60°。

正常运行时，如果直流输送功率过大，致使直流电流增加较多，换相角 μ 将会从正常运行的 15°～25°增加到 60°。如果这时触发延迟角α正好小于 30°，则单桥整流器就会从工况 2-3 过渡到工况 3。

工况 3 具有以下特点。

(1) 出现强制延迟现象。触发延迟角越小，则强迫触发延迟角越大。

(2) 始终只有 3 个阀臂同时导通。

3. 故障运行方式——工况 3-4

工况 3-4 是指在 60°的重复周期中，3 个阀臂和 4 个阀臂轮流导通的运行方式。6 个阀臂的导通顺序为 V_1、V_2、V_3导通→V_1、V_2、V_3、V_4导通→V_2、V_3、V_4导通→V_2、V_3、V_4、V_5导通→V_3、V_4、V_5导通→V_3、V_4、V_5、V_6导通→V_4、V_5、V_6导通→V_4、V_5、V_6、V_1导通→V_5、V_6、V_1导通→V_5、V_6、V_1、V_2导通→V_6、V_1、V_2导通→V_6、V_1、V_2、V_3导通→V_1、V_2、V_3导通→(循环)。

单桥整流器工作在工况 3-4 状态的前提条件是：触发延迟角为 $30° < \alpha \leqslant 90° - \mu/2$，同时换相角 $60° < \mu \leqslant 120°$。

如果直流电流增加很多，如直流线路短路时，换相角 μ 将会从正常运行时的 15°～25°增加到大于 60°，则单桥整流器就会从工况 2-3 过渡到工况 3-4。

当 3 个阀同时导通时，换相只在一个半桥中进行，出现交流系统两相短路状态，其工作过程与工况 2-3 中的“3”状态完全相同。当 4 个阀同时导通时，上下两个半桥均处于换相状态，出现交流系统三相短路，同时整流器的直流输出电压为零，即整流器既不吸收交流系统的有功功率，也不向直流线路输出直流功率。

因此，工况 3-4 属于换流器的故障运行方式。当 μ=120°时，晶闸管持续导通 240°，形成稳定的 4 个阀同时导通的状态，即交流系统持续三相短路。此时整流电压平均值和直流电流均为零，直流电流平均值为换流变压器三相短路电流的峰值。

1.3.2 逆变器工作原理

单桥逆变器又称 6 脉波逆变器。与单桥整流器一样，单桥逆变器也是一个三相桥式全控换流电路，如图 1.2 所示。单桥逆变器必须满足以下条件才能实现直流电向交流电的变换。

(1)外接直流电源的极性与晶闸管的导通方向一致。

(2)外接交流系统在直流侧产生的整流电压平均值应小于直流电源电压。

(3)晶闸管的触发延迟角 α 应在 90°～180°的范围内连续可调。

前两个条件保证了晶闸管的单向导电性，最后一个条件是为了使共阴极点 m 的电位低于共阳极点 n 的电位，即使逆变器在图 1.2 所示的参考方向下整流电压平均值 U_d 大于 0。

单桥逆变器的 6 个阀臂 V_1～V_6 也按与单桥整流器一样的顺序轮流触发导通，相邻阀臂的导通间隔为 60°。关断同样是通过换流变压器阀侧绕组的两相短路电流进行换相加以实现。因此，单桥逆变器的工作原理与单桥整流器相似，不同之处仅仅是触发延迟角的范围不同。当 $\alpha<90°-\mu/2$ 时，换流器工作在整流状态；当 $90°-\mu/2\leqslant\alpha<180°$时，换流器工作在逆变状态。其中，$\mu$ 为换相角。当不考虑换相角时，整流和逆变运行的界限是 α=90°。单桥逆变器只有两种运行方式，即工况 2-3 和工况 3-4。工况 2-3 为正常运行方式，工况 3-4 为故障运行方式。

1. 正常运行方式——工况 2-3

工况 2-3 指在 60°的重复周期中，2 个阀臂和 3 个阀臂轮流导通的运行方式。单桥逆变器工作在工况 2-3 的前提条件是：触发延迟角 $90°-\mu/2\leqslant\alpha<180°$，同时换相角 $\mu<60°$。单桥逆变器运行于工况 2-3 时的电压、电流如图 1.16 所示。图 1.16(b)中，对应每一个 60°的重复周期，大齿部分对应只有两个阀臂同时导通的情况，此时，电压为交流系统等值电源电动势的线电压。小齿部分为 3 个阀臂同时导通的情况，即换相期间，此时，电压为交流系统等值电源电动势某两个线电压之和的一半。

对比图 1.13 和图 1.16 可知，单桥逆变器的整流电压相当于单桥整流器的波形从左至右旋转 180°。逆变器阀上作用的最大稳态电压也是换流变压器阀侧绕组线电压的峰值。

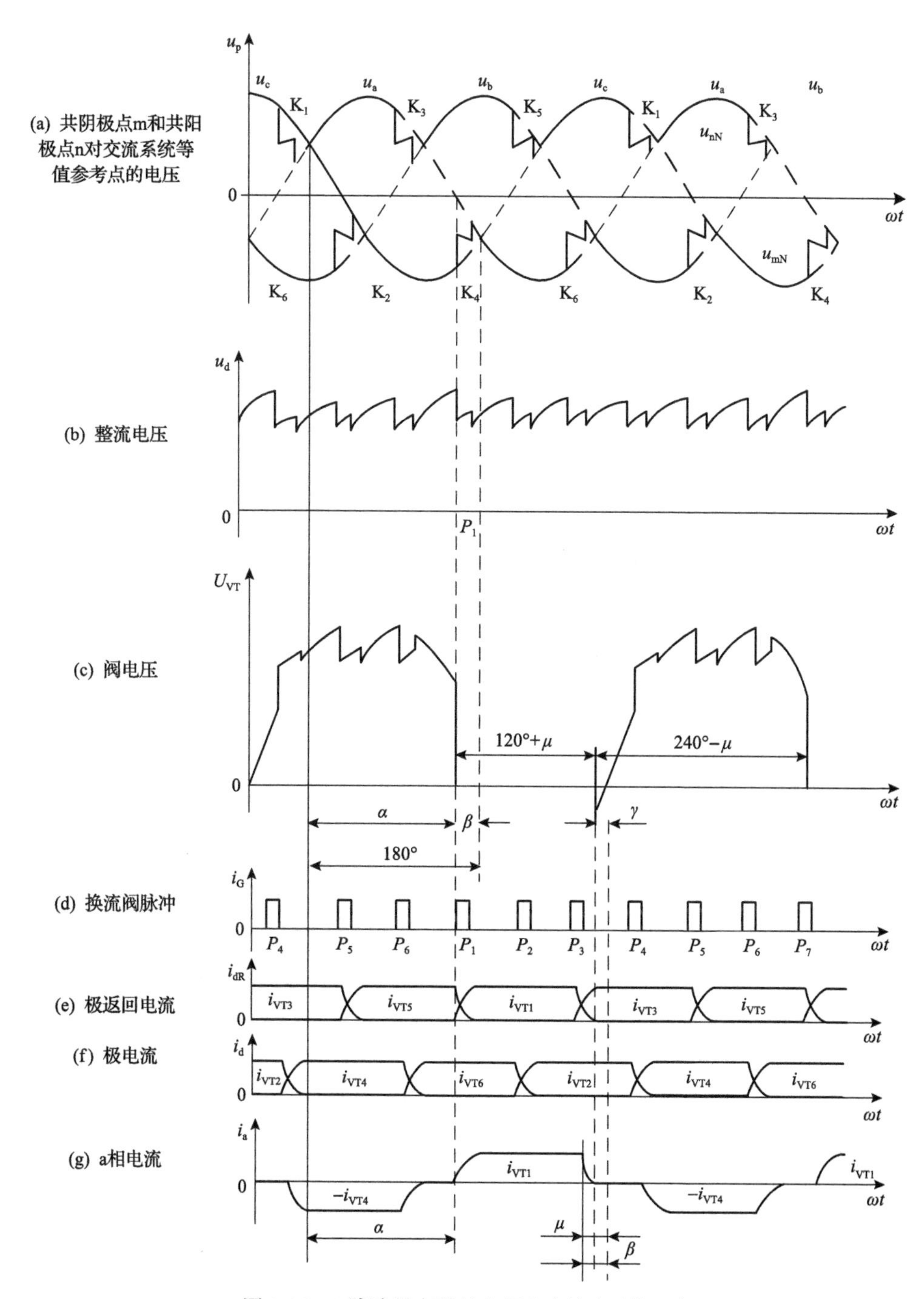

图 1.16 6 脉波逆变器的电压和电流(工况 2-3)

对单桥逆变器的整流电压波形取平均值，可得如下整流电压平均值：

$$U_{\mathrm{d}}=U_{\mathrm{d0}}\cos(180^\circ-\alpha)+\frac{3\omega L_{\mathrm{r}}}{\pi}i_{\mathrm{d}}=U_{\mathrm{d0}}\cos\beta+\frac{3\omega L_{\mathrm{r}}}{\pi}i_{\mathrm{d}} \tag{1.1}$$

式中，i_{d}为直流电流；β为逆变器的超前触发角，是指从落后于自然换相点180°处到晶闸管门极上获取触发信号的时间所对应的电角度，$\beta=180^\circ-\alpha$，单桥逆变器的触发延迟角α为钝角，因此超前触发角为锐角，正常运行时，直流输电工程的超前触发角β为30°～40°；U_{d0}为逆变器的理想空载直流电压：

$$U_{\mathrm{d0}}=(3\sqrt{2}/\pi)E\approx 1.35E \tag{1.2}$$

式中，E为交流系统等值电源线电压有效值。

从阀关断到阀上阳极电压持续为负的时间所对应的电角度为逆变器的关断角，用γ表示。关断角需大于恢复正向电压阻断能力的最小值7.2°。由于关断角越大，逆变器吸收的无功功率越大，因此关断角不宜过大。因此，逆变站均配置有定关断角控制器。当换相重叠角变化时，定关断角控制器自动改变超前触发角，以保持关断角为给定值。

利用关断角，单桥逆变器的整流电压平均值还可表示为以下形式：

$$U_{\mathrm{d}}=U_{\mathrm{d0}}\cos\gamma-\frac{3\omega L_{\mathrm{r}}}{\pi}i_{\mathrm{d}} \tag{1.3}$$

$$U_{\mathrm{d}}=U_{\mathrm{d0}}\frac{\cos\gamma+\cos(\gamma+\mu)}{2}i_{\mathrm{d}} \tag{1.4}$$

$$U_{\mathrm{d}}=U_{\mathrm{d0}}\cos\left(\gamma+\frac{\mu}{2}\right)\cos\frac{\mu}{2} \tag{1.5}$$

式(1.5)又称为单桥逆变器的定关断角外特性方程。单桥逆变器的换相角可表示为

$$\mu=\arccos\left(\cos\gamma-\frac{\sqrt{2}\omega L_{\mathrm{r}}i_{\mathrm{d}}}{E}\right)-\gamma \tag{1.6}$$

与单桥整流器一样，单桥逆变器的换相角也随着直流电流、交流侧电压、超前触发角以及交流系统等值电感的变化而变化。直流电流升高、交流系统等值电感加大或交流侧电压降低均会引起换相角增大。在超前触发角不变或来不及变化时，增大换相角，则意味着减小了关断角。由于逆变器和整流器的触发相位不同，在换相过程中的阀电流波形也不同。整流器在刚导通的阀中，电流上升速度是越

来越快，而逆变器则是越来越慢。

2. 故障运行方式——工况 3-4

直流电流过大时，单桥逆变器将由工况 2-3 进入工况 3-4，即在 60°的重复周期中，3 个阀臂和 4 个阀臂轮流导通的运行方式。单桥逆变器工作在工况 3-4 状态的前提条件是：超前触发角满足 $0<\beta\leqslant 90°+\mu/2$，或触发延迟角满足 $90°-\mu/2\leqslant\alpha<180°$，同时换相角满足 $60°<\mu\leqslant 120°$。当 3 个阀同时导通时，换相只在一个半桥中进行，呈现出交流系统两相短路的状态。而当 4 个阀同时导通时，呈现出交流系统三相短路以及直流侧短路的状态，因此工况 3-4 属于换流器的故障运行方式。

1.3.3 直流输电的特点

根据直流输电系统的结构和运行特性，直流输电有以下优点。

(1) 输送容量大，输电距离远。现在世界上已建成多项输送功率上万兆瓦的高压直流输电工程，截至 2021 年底，我国吉泉直流工程是世界上输送距离最远的直流输电工程，线路全长 3319.2km，国内已投运的直流输电工程输送距离大多大于 1000km。

(2) 输送相同功率时，线路造价低。交流输电架空线路通常采用 3 根导线，而直流输电只需要一根（单极）或两根（双极）导线，因此直流输电可节省大量输电材料，同时也可以减少大量的运输费和安装费。

(3) 可限制系统短路电流。在交流输电中，系统容量增加将使短路电流增大，有可能超过原有断路器的极限，常常需更换大量设备，增大投资；采用直流对交流系统进行互联时，不会造成短路容量的增加，也有利于防止交流系统故障的扩大。因此对于已存在的庞大交流系统，通过将其分割成相对独立的子系统，采用直流互联，可有效减少短路容量，提高系统运行的可靠性。

(4) 直流输电具有潮流快速可控的特点，可用于所连接交流系统的稳定与频率控制。直流输电的换流器为基于电力电子器件构成的电能控制电路，因此其对电力潮流的控制迅速而精确。对双端直流输电而言，可迅速实现潮流的反转；如果采用双极线路，当一极故障时，另一极仍可以以大地或水作为回路，继续输送一半的功率，提高了运行的可靠性。

(5) 直流输电系统配有调制功能，可以根据系统的要求做出反应，对机电振荡产生阻尼，提高电力系统暂态稳定水平。

(6) 直流输电所连两侧电网无须同步运行，因此直流输电可实现电网的非同步互联，进而可实现不同频态交流电网的互联，起到频率变换器的作用。

除了上述优点外，直流输电也存在一些缺点。

(1) 直流输电换流站的设备较多、结构比较复杂、成本高、损耗大、可靠性也较差。

(2) 换流器在工作过程中会产生大量谐波，流入交流系统的谐波就会给交流电网的运行带来一系列问题，因此必须通过设置大量、成组的滤波器消除这些谐波。

(3) 常规直流输电系统在传送有功功率的同时，会吸收大量无功功率，可达有功功率的 50%～60%，需配置大量的无功功率补偿设备及其相应的控制策略。

直流输电主要适用于远距离大容量输电、海底电缆输电、不同频率或频率相同但非同步运行的交流系统之间的互联。从世界范围来看，直流输电工程有相当大的比例为海底电缆输电，而海底电缆直流输电中的 40%用于负荷供电及电力外输；剩下 60%用于交流系统的互联，有利于提高交流系统的稳定性。此外，直流输电在地下电缆向城市供电、限制电网短路电流等方面也有较好的适应性。随着新能源发电基地的开发利用，直流输电在新能源电能外送方面更是具有独特优势。

1.4 直流输电技术的发展

1.4.1 发展过程

自 1954 年世界首个直流输电工程投运以来，直流输电得到了不断的发展和广泛的应用。到 2021 年，世界范围内已有 100 余项直流输电工程投运。直流输电技术先后经历了三个阶段。

(1) 第 1 阶段是直流输电系统初见雏形的时期。汞弧阀的出现使直流输电成为现实，从 1954 年第一个工业用途的直流输电工程在瑞典投运，至 1977 年加拿大纳尔逊河工程，世界上共计建设了 12 项采用汞弧阀换流技术的直流工程。然而，由于汞弧阀制造技术复杂、可靠性较低、逆弧故障率高等，直流输电一直未得到广泛的使用。

(2) 20 世纪 70 年代，伴随着电力电子技术的发展和半导体产业的兴起，专家学者致力于利用二者的优势来提高换流阀的可靠性与经济性，高压大功率晶闸管随之问世。大功率晶闸管使直流输电技术在世界范围内被广泛认可与应用。1972 年加拿大伊尔河背靠背直流工程的投运标志着基于晶闸管换流阀的直流输电技术应用的起步。由于晶闸管换流阀比汞弧阀有明显的优点，此后建设的直流输电工程均采用晶闸管换流阀，汞弧阀则逐渐被淘汰。基于晶闸管换流阀的直流输电技术采用电网换相换流器，由于具有传输容量大、输送距离长、方便分期建设等优点，在远距离、大容量输电领域扮演着重要的角色。

(3) 20 世纪 90 年代以后，为克服晶闸管的固有缺陷，新型大功率半导体器件得以研发与应用，直流输电技术得到了新的发展。1990 年，加拿大麦吉尔(McGill)大学的 Boon-TeckOoi 等提出了基于脉冲宽度调制的电压源换流器的柔性直流输电技术。早期的柔性直流输电系统采用 2 电平拓扑结构，该拓扑具有电路结构简单、电容器少等优点，但也存在开关损耗较大、开关触发同步性难以保证等问题。2001 年，德国学者 RainerMarquardt 提出了模块化多电平电压源换流器的柔性直流输电结构。2010 年世界上首个基于模块化多电平电压源换流器的柔性直流输电工程“Trans Bay Cable 工程”在美国投运。相对于两电平和三电平换流器，采用模块化多电平电压源换流器可以降低柔性直流输电系统的制造难度和运行损耗。由于采用了全控电力电子器件构成的电压源换流器，柔性直流输电具有有功功率和无功功率可解耦控制、无须额外的无功补偿、不存在换相失败、谐波含量小等优点。但是，受电压源型换流器元件制造水平的限制，柔性直流输电同时存在损耗较大、设备成本较高和传输容量相对较小等问题。

近年来，基于常规直流输电和柔性直流输电的优势和存在的不足，将常规直流输电和柔性直流输电通过不同的接线方式和拓扑形式进行组合形成混合直流输电系统的发展模式应运而生。在混合直流输电系统中，既有常规直流换流站，又有柔性直流换流站，运行方式和控制策略更加灵活。混合直流输电系统结合了两种直流输电技术的优势，是解决远距离大容量输电、新能源并网问题，满足孤立负荷送电需求的重要手段，在大规模新能源发电并网、广域资源的优化配置利用以及现有直流输电系统运行稳定性的改善提升等场景下，具有重要的应用价值。

1.4.2 发展现状

直流输电在我国的应用和发展时间相对较晚，但由于我国幅员辽阔，能源与负荷呈逆向分布，直流输电在我国发展迅速且具有广阔的应用前景。自 1987 年舟山直流输电工程投运以来，截至 2020 年，我国已投运的高压直流输电工程已达 40 多项。图 1.17 所示为国家电网 2018 年高压直流布局示意图，表 1.1 所示为我国主要高压直流输电工程的建设情况。其中，截至 2022 年底，±1100kV 的吉泉直流输电工程在传输容量、电压等级和送电距离等方面均处于世界最高水平。

直流输电的发展已形成常规直流输电和柔性直流输电并存的局面。但是，常规直流输电凭借着传输容量更大和经济性更好的优势，仍是直流输电的主要方式。我国各大区域电网之间基本通过若干回直流输电系统实现互联。直流输电的广泛应用使交直流混联电网的结构日益复杂。例如，受端电网存在多回直流馈入受电，而送端电网则需要多回直流馈出送电的场景。南方电网和华东电网分别已形成 7 回和 8 回直流馈入；而西南电网、三峡近区电网和西北电网则形成了多馈出直流输电场景。当不同类型的直流输电系统经近电气距离连接向同一交流系统供电时，还会形成混合多馈入直流输电系统结构。例如，浙江舟山嵊泗岛混合馈入直流输电系统、鲁西背靠背直流工程和丹麦 Skagerrak HVDC Interconnections Ploe4 工程等。此外，极与极混合直流输电系统、端对端混合直流输电系统、多端混合直流输电系统、混合直流电网也有望得到快速发展。

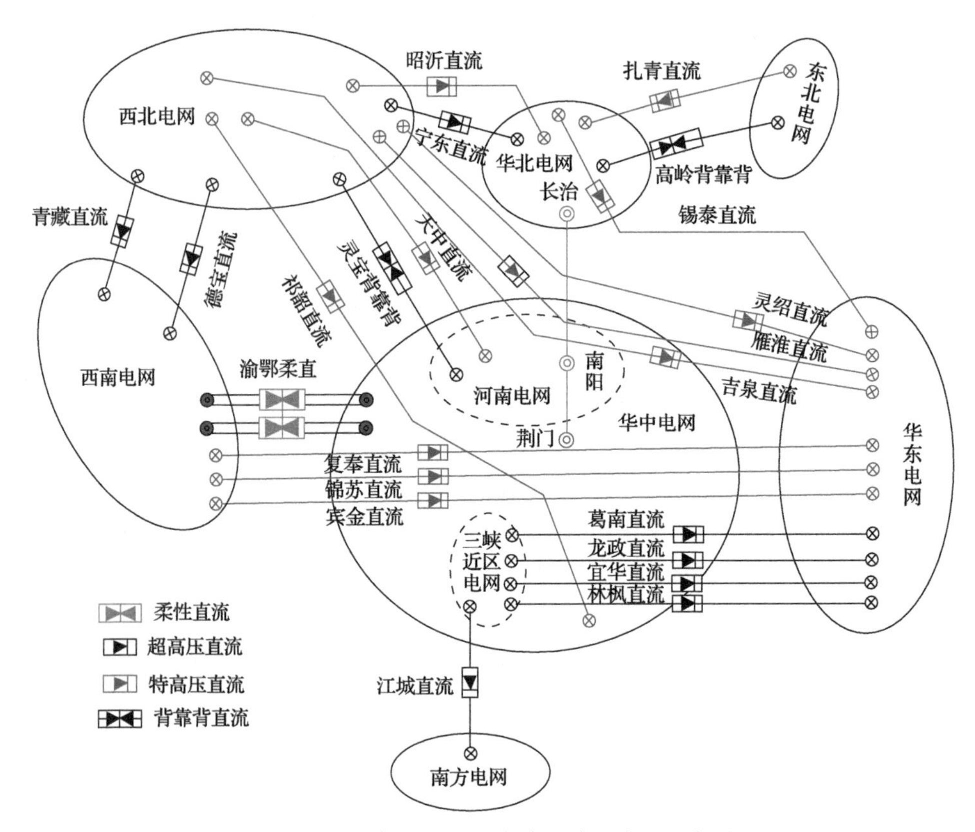

图 1.17 国家电网 2018 年高压直流布局示意图

表 1.1 我国主要高压直流输电工程

工程名称	容量/MW	电压等级/kV	投运时间
舟山直流	100	±100	1989 年
葛南直流	1160	±500	1990 年
天广直流	1800	±500	2000 年
嵊泗直流	20	±50	2002 年
龙政直流	3000	±500	2003 年
宜惠直流(三峡—江城)	3000	±500	2004 年
高肇直流(安顺—肇庆)	3000	±500	2004 年

续表

工程名称	容量/MW	电压等级/kV	投运时间
灵宝直流（背靠背）	360 750	±120 ±167	2005年 2009年
宜华直流（宜都—华新）	3000	±500	2006年
兴安直流（兴仁—宝安）	3000	±500	2007年
高岭直流（背靠背）	1500 1500	±125 ±125	2008年 2012年
德宝直流（德阳—宝鸡）	3000	±500	2010年
楚穗直流（楚雄—穗东）	5000	±800	2010年
向上直流（向家坝—上海）	6400	±800	2010年
呼辽直流（呼伦贝尔—辽宁）	3000	±500	2010年
宁东直流（宁夏—山东）	4000	±660	2011年
林枫直流（三峡—上海）	3000	±500	2011年
黑河直流（背靠背）	750	±500	2011年
青藏直流（青海—西藏）	1200	±400	2011年
锦苏直流（锦屏—苏南）	7200	±800	2012年
普侨直流（普洱—侨乡）	5000	±800	2013年
牛从直流（牛寨—从西）	3200	±500	2014年
天中直流（哈密—郑州）	8000	±800	2014年
宾金直流（宜宾—金华）	8000	±800	2014年
灵绍直流（灵州—绍兴）	8000	±800	2016年
祁韶直流（酒泉—湖南）	8000	±800	2017年
雁淮直流（晋北—江苏）	8000	±800	2017年
鲁固直流（扎鲁特—青州）	10000	±800	2017年
锡泰直流（锡盟—泰州）	10000	±800	2017年
滇西北直流（新松—东方）	5000	±800	2018年
吉泉直流（昌吉—古泉）	12000	±1100	2018年
昭沂直流（伊克昭—临沂）	10000	±800	2019年
青豫直流（青海—河南）	8000	±800	2020年
云贵互联通道直流工程	3000	±500	2020年
张北—雄安特高压直流	20000	±1000	2020年
雅中—江西直流工程	10000	±800	2020年

1. 常规直流输电

1) 舟山直流输电工程

舟山直流输电工程是我国第一项自行设计、自制设备和自己安装调试的科研和生产相结合的工业性试验工程，通过这项工程的建设，实现了舟山本岛和华东电网的联网，促进了我国直流输电技术的快速发展。舟山直流输电工程分两期建设，第一期于1984年开始施工，1987年进行调试并运行，规模为单极单桥50MW，额定电压为±100kV。工程最终建成时的规模为双极±100kV，总容量为100MW。

2) 葛南直流输电工程

葛南直流输电工程是我国第一个远距离直流输电和联网工程，该工程既解决了葛洲坝水电站向华东上海地区的送电问题，又实现了华中与华西两大电网的非同期联网。葛南直流输电工程具有输电和联网的双重性质，运行20余年来对连接华中和华东两大电网发挥了积极作用。

3) 宁夏直流输电通道

宁夏是国家“西电东送”战略最早的重要送端电网。宁东、灵绍和昭沂三大直流输电系统是宁夏外送电力的主要通道，送电能力达2200万kW。

宁东直流输电工程是宁夏境内第1条直流外送通道，输电容量为400万kW，自建成投运以来，日均送电量近8000万kW·h，目前已累计外送电量超2500亿kW·h。宁东直流输电工程助推了能源的大范围优化配置，有效实现了宁东煤炭基地火电、黄河上游水电的“打捆”外送，极大地促进了宁东大煤电基地的建设。

灵绍直流输电工程是宁夏继宁东直流输电工程之后的第2条“空中运煤”通道，也是国家大气污染防治行动计划12条重点输电通道项目中首个投运的特高压直流输电工程。灵绍直流输电工程额定输送功率为800万kW，年外输电量达500亿kW·h，有效缓解了浙江地区的能源供需矛盾。

昭沂直流输电工程是世界首批输送容量为1000万kW、受端分层接入500/1000kV交流电网的特高压直流输电工程。昭沂直流输电工程起于内蒙古鄂尔多斯市伊克昭换流站，止于山东临沂市沂南换流站，线路全长1238km，该工程有效扩大了宁夏新能源外送的规模。

4) 吉泉直流输电工程

吉泉直流输电工程是我国 “西电东送”战略的重点工程，也是截至2022年底世界上电压等级最高、输送容量最大、输电距离最远、技术水平最高的特高压输电工程。吉泉直流输电工程于2016年1月开工，线路全长3319.2km。吉泉直流输电工程的运行推动了地区能源基地的火电、风电发展，每年可向东中部送电660亿kW·h，减少燃煤运输3000多万t。

2. 柔性直流输电

柔性直流输电技术在我国起步相对较晚，但柔性直流输电在我国发展迅速。自2011年上海南汇柔性直流输电工程投运以来，我国陆续已投运并累计建设柔性直流输电工程近10项。我国主要的柔性直流输电工程如表1.2所示。

表1.2 我国主要柔性直流输电工程

工程名称	容量/MW	电压等级/kV	投运时间
上海南汇柔性直流输电工程	18	±30	2011年
南澳多端柔性直流输电工程	300	±160	2013年
舟山五端柔性直流输电工程	400	±200	2014年
厦门柔性直流输电工程	1000	±320	2015年
鲁西背靠背直流异步联网工程	1000	±350	2016年
渝鄂直流背靠背联网工程	5000	±420	2019年
张北四端柔性直流电网	4500	±500	2020年
昆柳龙直流工程	8000	±800	2020年

1) 上海南汇柔性直流输电工程

上海南汇柔性直流输电工程是亚洲首条柔性直流输电示范工程，于2011年正式投入运行，是我国第一条拥有完全自主知识产权，具有世界一流水平的柔性直流输电线路。上海南汇柔性直流输电工程的成功投运，标志着我国在智能电网高端装备方面取得了重大突破，成为世界上少数掌握该项技术的国家。

2) 张北四端柔性直流电网

张北四端柔性直流电网是世界首个柔性直流电网工程，是绿色冬奥的“涉奥六大工程”之一，也是世界上电压等级最高、输送容量最大的柔性直流工程，工程核心技术和关键设备均为国际首创，创造了12项世界第一。张北四端柔性直流电网以柔性直流电网为中心，通过多点汇集、多能互补、时空互补、源网荷协同，可以实现新能源侧自由波动发电和负荷侧可控稳定供电，推动了我国柔性直流输电技术在更高电压等级、更大输送容量上的创新发展。

3) 昆柳龙直流工程

昆柳龙直流工程是我国特高压多端直流的示范工程，是世界上容量最大的特高压多端直流输电工程、首个特高压多端混合直流工程、首个特高压柔性直流换流站工程、首个具备架空线路直流故障自清除能力的柔性直流输电工程。昆柳龙直流工程采用更加经济、运行更为灵活的多端直流输电系统，将云南水电分送广东、广西，送端的云南昆北换流站采用特高压常规直流，受端的广西柳北换流站、广东龙门换流站采用特高压柔性直流，对于推动绿色发展、创新发展、区域协调发展具有里程碑式的意义。

1.5　直流输电系统换相失败概述

1.5.1　换相失败的原因

换相失败是直流输电最常见的故障。当两个桥臂之间换相结束后，刚退出导通的阀在反向电压作用的一段时间内如果未能恢复阻断能力，或者在反向电压期间换相过程一直未能进行完毕，阀电压转变为正向时被换相的阀将向原来预定退出导通的阀倒换相，即换相失败。整流器在关断后有较长的时间处于反向电压下，整流器一般有足够的时间恢复阻断能力；而逆变器在关断的大部分时间内，阀两端都承受着正向电压，因此换相失败通常发生在逆变站。

据统计，2004～2018 年国家电网的复奉、宾金等共计 21 个在运直流输电系统共发生换相失败 1353 次，每条直流输电系统年平均发生换相失败 9.1 次，如图 1.18 所示。银东直流、林枫直流、高岭直流、灵宝直流年平均换相失败次数较多，超过 15 次。自 2011 年第 1 条复奉特高压直流大功率送电开始，国家电网共发生因交流系统故障或异常引发两回及以上直流系统同时换相失败 66 次，如表 1.3 所示。其中，接入华东电网直流系统发生同时换相失败 60 次、接入华中电网直流

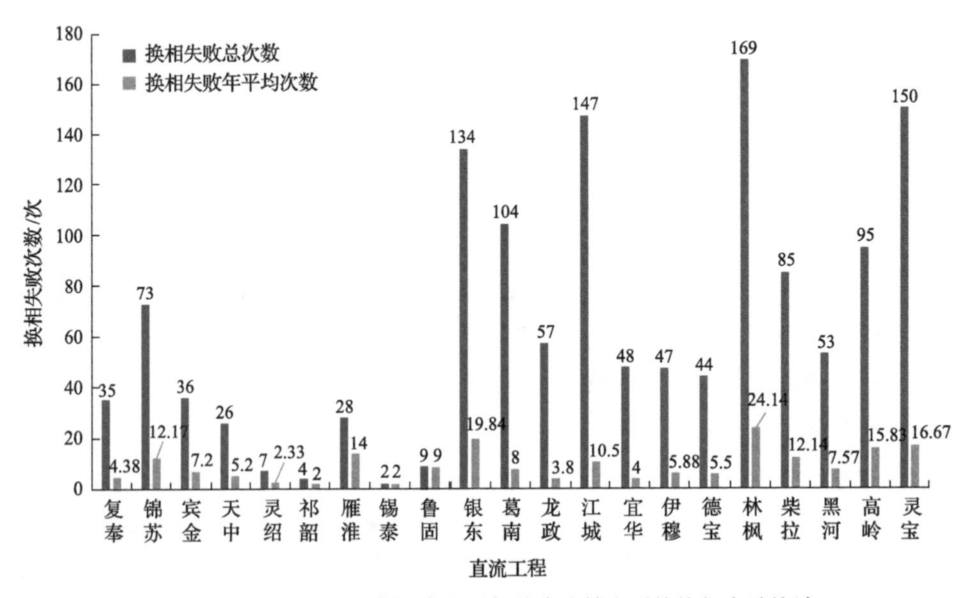

图 1.18　2004～2018 年国家电网部分直流输电系统换相失败统计

表 1.3　两回及以上直流系统同时换相失败统计

同时换相失败直流系统	次数/次	同时换相失败直流系统	次数/次
葛南+林枫	30	林枫+龙政	1
复奉+林枫	4	复奉+林枫+宜华	2
宾金+林枫	4	复奉+葛南+林枫	5
葛南+宜华	1	葛南+林枫+宜华	2
天中+灵宝	6	复奉+葛南+林枫+宜华	9
林枫+宜华	2		

系统发生同时换相失败 6 次；四回直流系统同时换相失败 9 次，三回直流系统同时换相失败 9 次，两回直流系统同时换相失败 48 次。在同时换相失败中林枫直流系统占比为 89.39%，葛南直流系统占比为 71.21%，复奉特高压直流系统占比为 30.30%，宜华直流系统占比为 24.24%，天中、灵宝直流系统占比为 9.09%。

表 1.4 所示为直流工程实际运行中换相失败的原因统计，可以看出交流电网故障是直流输电系统发生换相失败的主要原因。交流电网故障导致直流输电系统发生换相失败时，直流输电系统对交流系统会表现出复故障特征，交流线路中将含有直流输电系统馈入的非周期分量，使逆变站交流侧系统的故障特征更加复杂，电网面临较大安全风险。

表 1.4　直流换相失败的原因统计

原因	占比/%
交流电网故障	89
投交流滤波器	5
丢失脉冲	4
充变压器	2

1.5.2　换相失败的危害

直流输电系统换相失败后，在控制作用或故障清除后换相过程一般能够恢复正常，但当交流系统较弱、保护拒动或故障持续时间较长时可能导致连续换相失败，而多次连续换相失败可能进一步引发直流换流站闭锁，导致直流传输功率中断。随着直流工程数量的增多以及落点电气距离的减小，受端交流电网故障可能引发多回直流的同时或相继换相失败，进而造成更为严重的影响。此外，换相失败的发生将造成换流阀内上下桥臂的短路，直流侧电流短时增大，逆变站侧直流电压和直流传输功率大幅下降，增加换流站设备的应力，同时换相失败期间会对交流系统的电压、功角和频率等运行参量产生不同程度的影响，严重威胁交流电网的安全稳定运行。换相失败的危害主要体现在以下方面。

1. 换相失败对交流继电保护的影响

换相失败期间换流站交流侧电网电气特征量发生突变，可能影响基于交流电网故障特征的继电保护装置的正确动作性能，造成交流线路继电保护的拒动或误动，给电网带来严重的损失。

2. 换相失败对交流电网无功电压的影响

换相失败过程中直流换流站与送受端电网交互的无功功率发生大幅变化，表现出对系统不利的无功源-荷特性，可能导致送端交流电网过压或受端交流电网的电压稳定问题。

3. 换相失败对交流电网暂态稳定的影响

换相失败期间直流输电系统传输的有功功率出现大幅暂降，若多回直流输电系统发生同时换相失败或连续换相失败，功率大幅不平衡、连续功率冲击可能导致直流近区机组功角振荡、失稳，甚至引发交直流输电系统发生大面积连锁故障。

2013 年 7 月 5 日，上海地区 500kV 交流线路单相瞬时故障导致四回入沪直流输电系统发生同时换相失败，随后引发暂态扰动传递至复奉直流的送端复龙站，进一步引发交流母线电压畸变，最终导致复龙站双极闭锁。若未及时采取措施抑制故障连锁过程，会在华北-华中输电断面产生约 45MW 的功率冲击，最终导致极其严重的电力事故。

2013 年 8 月 19 日，林枫直流输电系统枫泾站发生 11 次连续换相失败，保护控制装置检测到连续换相失败后闭锁直流输电系统，损失功率 1720MW。林枫直流输电系统闭锁后，安全稳定控制装置动作，切除了三峡右岸电站 2 台机组，损失功率 1270MW。此外，华中电网频率由 50.00Hz 升高至 50.03Hz，华东电网频率由 49.99Hz 最低降至 49.91Hz。

2015 年 9 月，锦苏直流发生连续换相失败进而导致换流站闭锁，损失直流传输功率接近 4900MW。2017 年 3 月，华东电网因风筝线造成线路短路，灵绍直流输电系统双极闭锁，损失功率 2670MW。

1.5.3　换相失败防御措施

直流输电系统换相失败的防御措施主要分为三类。第一类是依赖于直流换流站的控制系统，主要包括触发角控制和直流电流控制，这类方法可充分挖掘直流输电系统自身的换相失败免疫能力，具有较广泛的实用性。第二类是增加额外的功率器件来提高后续换相失败的免疫能力，如静止无功补偿装置(static var compensator，SVC)、静止同步补偿装置(static synchronous compensator，STATCOM)、调相机等。但该方法不仅增加成本，还使控制变得较为复杂，因此通常作为辅助方案在重要高压直流输电工程中应用。第三类是换流器拓扑改造。虽然针对换流器进行拓扑结构改造可以从根本上抑制换相失败，但增大了工程复杂性，并影响经济性，仅适用于部分重要换流站。

1. 触发角控制

触发角控制的原理是通过输出触发角调节量实现阀的提前触发，使预计关断的阀在换相期间承受更长时间的反向电压，从而避免换相失败，其原理和特点如表 1.5 所示。提前触发控制对故障后的首次换相失败具有一定的抑制效果，然而直流输电系统中各电气量紧密耦合，提前触发也会带来直流输电系统传输功率降低、无功消耗增大等问题，因此增大提前触发控制量需以降低运行经济性为代价。

表 1.5 触发角控制原理和特点

方法	实现手段	原理	主要缺点
触发角控制	换相失败预防控制	减小触发延迟角，实现提前触发	增大恢复阶段的无功消耗

在实际工程中常采用基于交流电压跌落快速检测的触发角控制，即换相失败预防控制。当系统快速检测出交流电压跌落会引发换相失败时，启动控制器输出触发角调节量。目前换相失败预防控制被普遍用于抑制首次换相失败或同时换相失败。提前触发控制的研究主要集中于设计和改进换相失败预防控制环节以此提高直流输电系统的换相失败免疫能力。

换相失败预防控制的有效性取决于触发角控制的参数，包含启动电压与触发角调节量。提前触发控制虽然有利于降低换相失败风险，但触发角提前量不宜过大，否则提前触发控制投入后可能引起后续换相失败。针对触发角控制启动电压，目前工程上常用换相电压幅值跌落至额定值的 75%～85%作为换相失败预防控制的启动判据，但是该判据缺乏必要的理论依据，若取值过低，则容易导致换相失败预防控制延迟启动。有研究提出了基于换相电压正余弦分量检测和单相电压跌落检测的触发角快速调控方法，根据电压跌落程度来调整触发角大小，也有研究提出通过 $\alpha\beta$ 电压分量和零序电压分量的跌落程度线性调节触发角。

2. 直流电流控制

直流电流控制的原理和特点如表 1.6 所示，主要通过调整直流电流达到改善换相恢复特性、抑制换相失败发生的目的。直流输电工程配备的低压限流控制就是利用了这一原理，当故障导致直流电压跌落至门槛值以下时，控制器启动以限制直流短路电流的增长，帮助换流站恢复稳定运行。但是，现有低压限流控制无法预测后续换相失败是否发生，仅被动地根据故障恢复过程中电气量的变化调节输出，因此对后续换相失败抑制效果有限。

表 1.6　直流电流控制原理和特点

方法	实现手段	原理	主要缺点
直流电流控制	低压限流控制	抑制直流电流	静态特性限制控制效果

许多研究人员致力于低压限流控制的参数优化，旨在提高其灵敏性与快速性，降低恢复过程中再次发生换相失败的概率。有研究指出提高低压限流控制的启动电压，可降低首次换相失败恢复过程中逆变站的无功消耗，有利于抑制换相失败。也有研究通过实时测量换相失败恢复过程中换流母线的电压来计算低压限流控制的启动电压，缩短了换相失败恢复时间。另有研究优化了多馈入直流输电系统中低压限流控制的延迟时间常数，从而加快系统恢复。

3. 增加无功补偿设备

增加无功补偿设备抑制换相失败的原理和特点如表 1.7 所示，主要是通过配置额外的无功补偿设备来提升外部扰动时的换流母线电压水平。常用的无功补偿设备包括 SVC、STATCOM 和同步调相机。

表 1.7　增加无功补偿设备原理和特点

方法	实现手段	原理	主要缺点
增加无功补偿设备	SVC、STATCOM、同步调相机等	提升交流电压水平	响应时间不足、投资成本增加

目前 SVC 已在许多直流输电工程中得到了应用，如美国的跨山电力直流输电工程、挪威至丹麦的海峡直流输电工程及中俄背靠背直流输电工程等。但是，SVC 响应速度相对较慢，常常无法满足抑制换相失败的需求。STATCOM 具有调节响应速度更快和装置体积小等优点，因此逐渐被应用于换相失败的防御之中。同步调相机是一种处于特殊运行状态下的同步发电机，与其他基于电力电子技术的动态无功补偿装置相比，其无功特性受交流电压影响小且过载能力强，在受端电网安装同步调相机可大幅降低直流输电系统换相失败的概率。

4. 换流器拓扑改造

通过换流器拓扑改造来抑制换相失败的原理和特点如表 1.8 所示。换相失败是采用半控型晶闸管器件作为换流元件所带来的固有问题，因此有研究提出了基于电容换相换流器和可控串联电容换相换流器的强迫换相换流器等新拓扑结构。另有研究提出了在桥臂或换流阀与换流变之间串入基于晶闸管和 IGBT 器件构成的可控子模块，从而抑制换相失败的发生。其中，电容换相换流器是在换流阀和换流变压器之间串联换相电容器，使流经它的运行电流和故障电流均受到换流器的控制。可控串联电容换相换流器是在换流变压器的一次侧与换流母线间串联电容器及反并联晶闸管。目前，电容换相换流器在巴西 Grabi 背靠背直流输电工程、美国 Rapid City 直流输电工程以及巴西 RioMadeira 背靠背直流输电工程中得到了应用。

表 1.8 换流器拓扑改造原理和特点

方法	实现手段	原理	主要缺点
换流器拓扑改造	电容换相换流器、可控串联电容换相换流器	利用串联电容提供辅助换相电压	增加投资成本

作为电力系统的重要风险源，换相失败问题得到了广泛关注。尽管已采用大量措施，但直流输电工程中换相失败的威胁仍然无法消除，存在的主要问题如下。

(1)换相失败的预防主要依靠换相失败预防控制，然而换相失败预防控制的效果不仅取决于交流电压跌落检测速度，也受换相失败预防控制启动电压、控制增益等参数的综合影响。启动电压依赖于经验来确定，触发角调节量也多采用固定增益或固定输出量，均使换相失败预防控制的效果受到限制，仍存在极大的提升空间。

(2)目前主要通过限制直流电流改善换相失败恢复特性。换相失败的预测是实施后续控制的基础，但是现有措施仅能预测首次换相失败，使电流的控制均以静态特性为条件，未能考虑换相失败及其恢复过程中的无功特性和换相裕度的动态约束，严重影响换相失败的抑制效果。

(3)利用外部设备的无功控制能力支撑受端交流电压常可以达到抑制连续换相失败的目的，但无功控制方式选取难以满足直流输电系统换相失败的需求，直流输电系统自身也未与外部设备有效配合，易造成控制量的过控或欠控问题。利用外部设备抑制换相失败的效果有限。

(4)现有工程主要通过闭锁换流站来应对多次换相失败，但是若直流系统逆变站在若干次连续换相失败后恢复正常换相，却过早闭锁直流系统，则可能会引发电网频率问题，造成大规模切机、切负荷并带来长时间的恢复启动过程等负面影响。

第 2 章　直流输电系统换相失败特性

2.1　直流输电系统控制策略

2.1.1　直流控制系统的技术路线

直流输电系统的控制主要有国际大电网会议(CIGRE)、ABB 和 SIEMENS 共三种技术路线。当前直流输电的相关研究大多基于 CIGRE 直流输电系统标准测试模型，其控制系统具有一定的代表性。SIEMENS 和 ABB 技术路线是直流输电工程的代表。2012 年以前，我国投运的直流输电工程的控制保护系统基本采用了 SIEMENS 或 ABB 技术路线。伴随着特高压直流工程的兴起及国产化要求的提高，国内直流输电系统控制保护开始大规模使用国产厂家的装置，但其关键策略仍基本沿用 SIEMENS 或 ABB 技术路线。SIEMENS 和 ABB 在控制上的主要差异在于正常方式下逆变站采取的主要控制方式及关断角控制策略不同。不同的技术路线原理相似，但具体控制策略有所区别，其作用下的直流输电系统暂态响应以及换相失败免疫性能也有所不同。

1. CIGRE 控制策略

图 2.1 为 CIGRE 直流输电系统标准测试模型控制策略，整流站配置定电流控制和定最小触发角控制。定电流控制的作用是维持直流电流和传输功率恒定，当整流站交流电压降低或逆变站交流电压升高很多时，整流站进入定最小触发角控制方式。逆变站配置定电流控制和定关断角控制或定电压控制。为保证逆变站定关断角控制和定电流控制之间的平稳转换，逆变站还配置有电流偏差控制环节。此外，两侧换流站均配置有低压限流控制，以实现抑制换流阀过流和减小连续换相失败发生风险等目的。

图 2.2 所示为 CIGRE 直流输电系统标准测试模型的整流站控制策略。直流电流测量值通过惯性环节(其中 G 为增益，T 为时间常数)后，与直流电流指令值之间的差值经过比例积分(PI)控制器，输出整流侧超前触发角指令值，再通过对其取补角得到整流站触发角指令值。在生成整流侧超前触发角指令值时须进行限幅，保证其在正常的范围内，相当于限制了触发角，保证其最小值不能低于最小触发角。

CIGRE 直流输电系统标准测试模型的逆变站控制策略如图 2.3 所示。$U_{\text{d-inv}}$ 为逆变侧直流电压测量值；$I_{\text{d-inv}}$ 为逆变侧直流电流测量值；I_{ord} 为来自主控制级的直

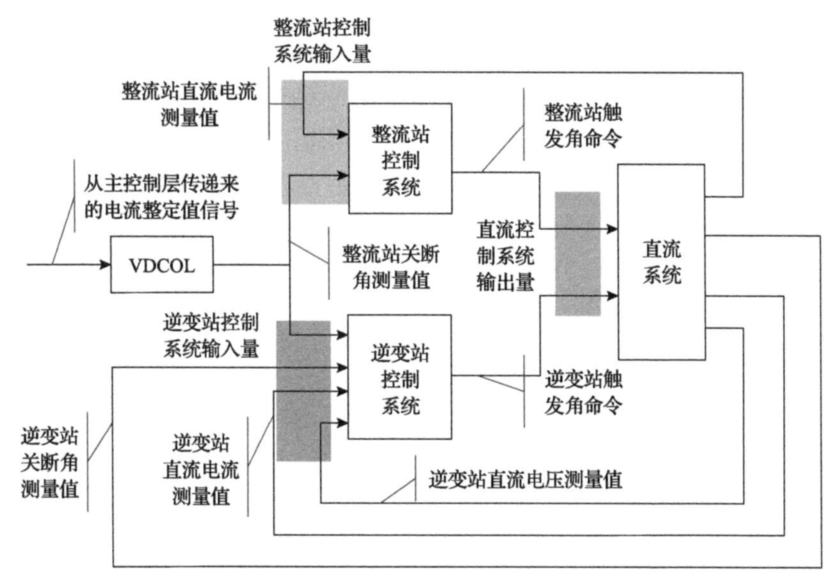

图 2.1　CIGRE 直流输电系统标准测试模型的控制策略

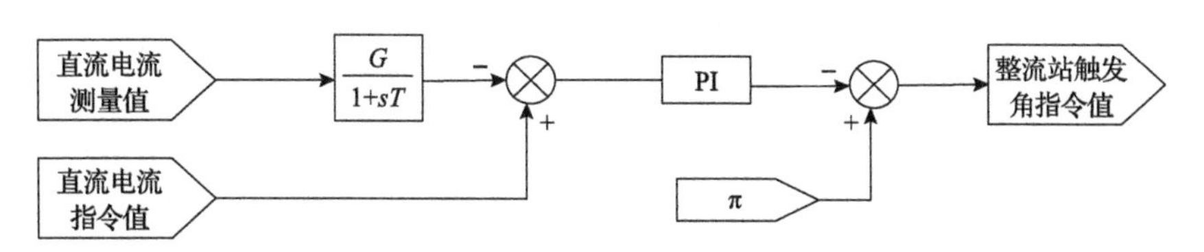

图 2.2　CIGRE 直流输电系统标准测试模型的整流站控制策略

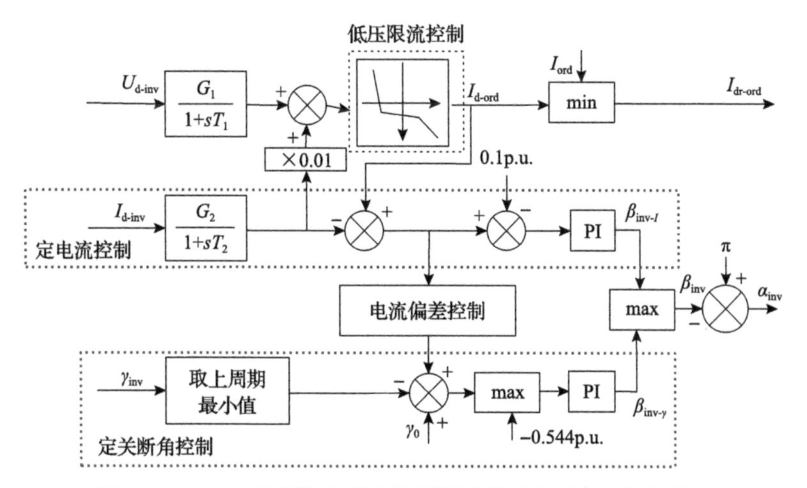

图 2.3　CIGRE 直流输电系统标准测试模型的逆变站控制策略

流电流指令值；$I_{\text{d-ord}}$为低压限流控制输出的直流电流指令值；$I_{\text{dr-ord}}$为逆变侧传输至整流侧的直流电流指令值；$\beta_{\text{inv-}I}$和$\beta_{\text{inv-}\gamma}$分别为逆变侧定电流控制和定关断角控制产生的超前触发角指令；β_{inv}为逆变侧的实际超前触发角指令；γ_{inv}为换流器关断角的实测值；γ_0为关断角指令值。定关断角控制将上一个周期测得的关断角最小值与关断角指令值作差，差值与常数–0.544p.u.相比取大值，并输入PI控制器，输出触发角稳态值。定电流控制的输入是逆变站直流电流的指令值与测量值的偏差，但逆变站电流指令值要比整流站电流指令值小一个电流裕度，通常为额定电流的10%。将定电流控制和定关断角控制输出的两个超前触发角较大者作为指令值，取补即得到逆变站的触发角指令值α_{inv}。

2. SIEMENS控制策略

SIEMENS控制策略如图2.4所示，主控层内部一般包括定功率控制、频率限制控制、紧急功率提升控制、功率小信号调制控制等，在整个系统层面发挥作用。定电流控制中，逆变站的电流指令值比整流站的电流指令值小1个电流裕度(约为额定值的10%)。在正常工作状态下，整流站处于定电流控制状态，逆变站处于定电压控制。定电流控制仅仅在送端交流电网发生故障无法提供对应直流电压时相应降低直流电压，即起到后备定电流控制的作用。正常方式下逆变站以定电压控制方式为主，且辅助控制的关断角采用闭环控制方式，需要实时检测换流阀的关断角，利用关断角测量值和参考值的偏差经PI控制器进行闭环控制。正常运行时逆变站处于定电压控制模式，因此额定工作关断角被整定为略大于定关断角控制的指令值，当受端交流系统发生电压扰动而使关断角急剧变小时，定关断角控制才开始启动。

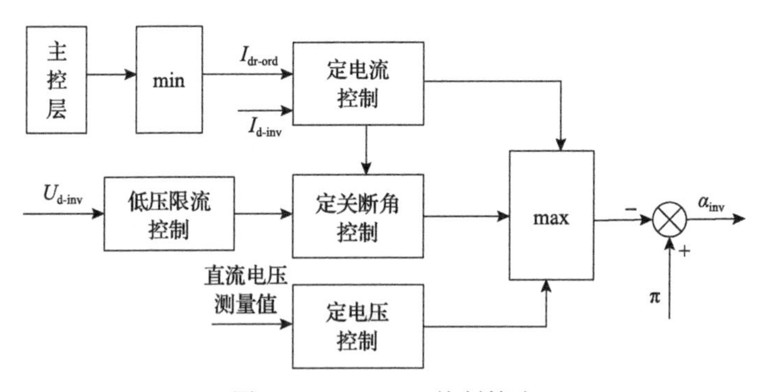

图2.4　SIEMENS控制策略

SIEMENS控制策略采用了闭环型关断角控制，也称实测型关断角控制，其与CIGRE控制策略的区别在于控制的关断角测量值采用实测方式得到。实际工程中关断角测量的具体方法如下：晶闸管电压监测板检测晶闸管上电压的负向过零，利用回检光纤将相关信号送至阀基电子设备，阀接口单元(VBE)基于此产生阀电流过零点信号；控制系统通过比较来自 VBE 系统的 EOC(Ethernet over cable)信号与锁相的电压过零信号得到关断角，最后通过取所有换流阀关断角的最小值确定直流输电系统的关断角测量值。其中，VBE 系统包括微处理控制器、光信号发送与接收器、RP.U.控制器、电源模块以及与极控的接口部分，EOC 指基于有线电视同轴电缆网使用以太网协议的接入技术。

实测型关断角控制根据实际波形测量的关断角进行控制，具有角度测量准确、控制精度较高、鲁棒性较好的优点。但是，实测型关断角控制的关断角测量值依赖于每个换流阀的电流过零信号，任意一个测量的电流过零信号出现误差都可能会影响最终产生的关断角测量值；电流过零信号采用脉冲信号，容易受到干扰；当直流电流增大很快，电压下降很快或者两者同时发生时，关断角可能突然减小很多或者持续快速减小，使控制器来不及调节，进而引发换相失败。

3. ABB 控制策略

ABB 控制策略如图 2.5 所示，包括定电流控制、定电压控制和定关断角控制。与 SIEMENS 控制策略不同的是，ABB 的 3 种控制各配有一套控制器，其中定电流控制和定电压控制均采用 PI 控制器，而定关断角控制采用预测型控制方式，为开环控制。定关断角控制利用直流换流阀稳态特性方程进行关断角预测，并配合换相失败预测辅助移相环节改善特性。ABB 控制策略中加入了换相失败预防控制。

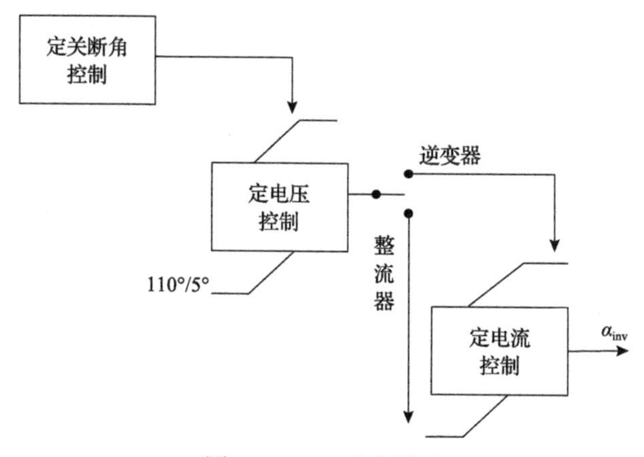

图 2.5　ABB 控制策略

ABB 控制策略采用了开环型关断角控制，也称预测型关断角控制。预测型关断角控制中，用于控制的关断角通过实际运行参数计算，并以此为依据进行触发控制。预测型关断角控制能够根据触发脉冲发出之前系统的运行情况计算关断角进行控制，响应速度较快。但是，由于关断角不是通过测量得到的，在故障情况下计算的角度与实际关断角相差较大，且在脉冲发出之后，无法预计到换相期间运行情况如何继续变化，如果换相期间直流电流继续增加，则换相角可能比预期的大，使实际关断角小于最小值。

2.1.2　定电流控制

定电流控制通过控制直流电流来调节直流输电系统传输的功率，并实现各种功率调制功能。当交流电网或直流输电系统发生故障时，定电流控制还能快速限制直流电流的大小。定电流控制框图如图 2.6 所示，$I_{\text{d-ref}}$为直流电流指令值，K_{i}为积分系数，K_{p}为比例系数。定电流控制采用 PI 控制器，PI 控制器的输入是电流指令值与实际电流的偏差，PI 控制器的输出一般直接作为触发延迟角的指令值。

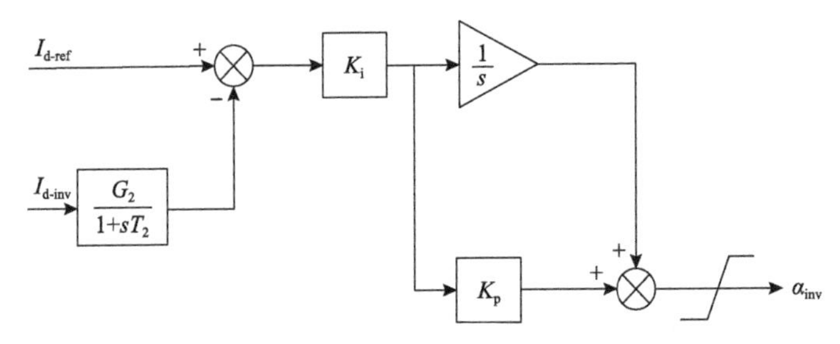

图 2.6　定电流控制框图

整流站和逆变站通常均配置定电流控制。为了保证在运行中只有一侧的定电流控制工作，整流站和逆变站定电流控制的直流电流指令值不同，整流站的指令值比逆变站大一个电流裕度值。在正常运行条件下，直流电流通常大于逆变站的直流电流指令值，使逆变站的定电流控制总是按照减小直流电流的方向调节，因此触发延迟角总被调节至最大限制值，定电流控制输出的超前触发角需进行限幅以保证在允许的范围内。除了定电流控制，整流站还常常配置定功率控制。定功率控制将直流功率的指令值转化为直流电流指令值，同时考虑实际直流电压是否大于限定值。若直流电压过低，直流电流指令值采用额定工况下的直流电流，由定功率控制模式转变为定电流控制模式。因此，定功率控制不作为单独的控制手段直接作用于整流站，往往作为定电流控制的附加环节施加作用。

2.1.3　定电压控制

定电压控制框图如图 2.7 所示。定电压控制将整流站直流电压的测量值 $U_{\text{d-inv}}$与直流电压的指令值 $U_{\text{d-ref}}$之差作为 PI 控制器的输入，PI 控制器的输出为超前触发角。定电压控制在运行中自动改变换流站的触发角或超前触发角，以保持直流电压等于指令值。在系统正常运行时，整流站定电压控制主要作为限制器，但当出现直流电压过高，直流电压大于电压指令值与电压裕度之和时，整流站定电压控制将增大触发角以减小直流电压。

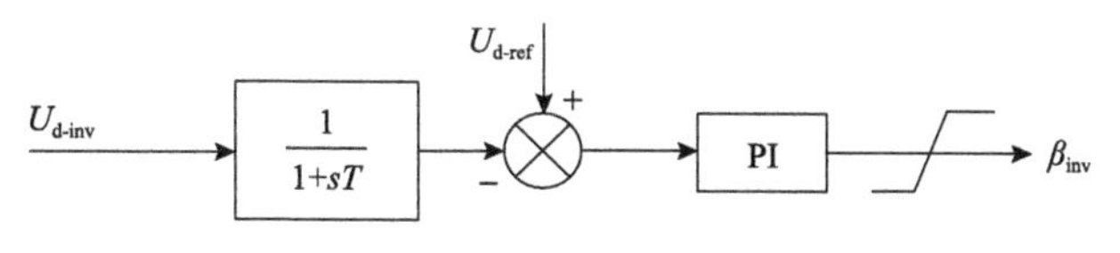

图 2.7　定电压控制框图

在逆变站，定电压控制是控制直流电压最基本的方式，关断角控制则用作定电压控制的限制器。当受端交流电网电压下降导致直流电压降低时，定电压控制减小逆变站超前触发角，以使逆变站消耗的无功功率减小，促进换流母线电压的恢复。在轻负荷时，定电压控制可获得较大的关断角，能够减小换相失败的概率，同时关断角的加大，使逆变站消耗的无功功率增加，有利于轻负荷时换流站的无功平衡。

2.1.4　低压限流控制

低压限流控制框图如图 2.8 所示。低压限流控制的作用是在直流电压或交流电压幅值跌落到某个指定值时减小直流电流的指令值以限制直流电流的大小。低压限流控制根据设计的不同和具体运行要求主要有两种类型：采用交流电压启动的低压限流控制和采用直流电压启动的低压限流控制。采用交流电压启动可以在交流电压跌落时减小直流电流以抑制无功消耗的增加，但该方式不能反映直流线路的故障。采用直流电压启动在直流系统故障和交流系统电压跌落时均具有良好的控制效果。因此，采用直流电压启动的低压限流控制得到了更普遍的应用。为了使低压限流控制的电流指令值平稳变化，低压限流控制的投入和退出设置了不同的时间常数。通常投入的时间常数比退出的时间常数小。对于整流站，低压限流控制投入的典型时间常数通常为 10ms，退出的典型时间常数通常为 40ms。对于逆变站，低压限流控制投入的典型时间常数通常为 10ms，退出的典型时间常数通常为 70ms。

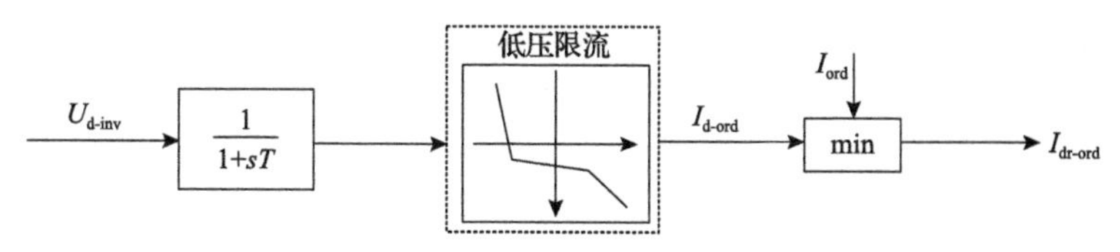

图 2.8　低压限流控制框图

采用直流电压启动的低压限流控制一般根据 U_d-$I_{d\text{-}ord}$ 特性曲线确定直流电流指

令值。如图 2.9 所示，当直流电压降至门槛值时，低压限流控制启动，按照 $U_{\rm d}$-$I_{\rm d\text{-}ord}$ 特性曲线调整直流电流指令值，直流电流指令值可表示为

$$I_{\rm d\text{-}ord}=\begin{cases} I_{\rm dh}, & U_{\rm d}^{*}>U_{\rm dh} \\ k_{\rm d}U_{\rm d}^{*}+b, & U_{\rm dl}\leqslant U_{\rm d}^{*}\leqslant U_{\rm dh} \\ I_{\rm dl}, & U_{\rm d}^{*}<U_{\rm dl} \end{cases} \tag{2.1}$$

式中，$U_{\rm d}^{*}$ 为逆变站侧直流电压叠加补偿电阻压降后的直流线路中点处的电压标幺值；$U_{\rm dh}$、$U_{\rm dl}$ 分别为直流电压的门槛值；$I_{\rm dh}$、$I_{\rm dl}$ 分别为直流电流的上、下限；$k_{\rm d}$ 和 b 分别为

$$k_{\rm d}=\frac{I_{\rm dh}-I_{\rm dl}}{U_{\rm dh}-U_{\rm dl}} \tag{2.2}$$

$$b=I_{\rm dl}-U_{\rm dl}\frac{I_{\rm dh}-I_{\rm dl}}{U_{\rm dh}-U_{\rm dl}} \tag{2.3}$$

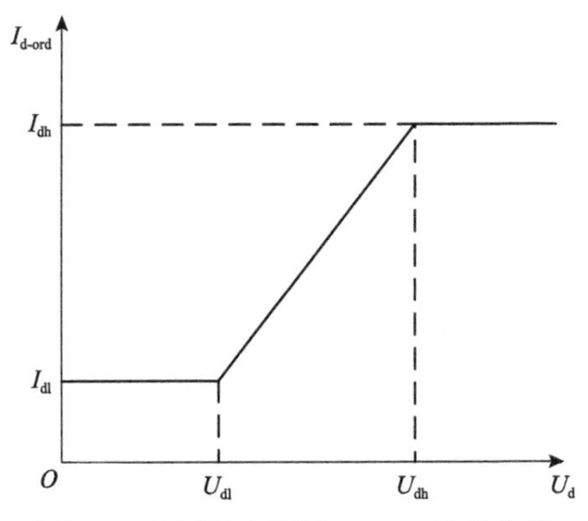

图 2.9 低压限流控制 $U_{\rm d}$-$I_{\rm d\text{-}ord}$ 特性曲线

当故障导致直流电压跌落至门槛值以下时，低压限流控制将直流电流限制为最小值 $I_{\rm dl}$。当直流电压大于或等于 $U_{\rm dl}$ 且小于或等于 $U_{\rm dh}$ 时，随着直流电压的上升，低压限流控制使直流电流（$I_{\rm d}$）随着直流电压（$U_{\rm d}$）的增加而线性增大。直至直流电压大于 $U_{\rm dh}$ 时，低压限流控制的直流电流指令值等于 $I_{\rm dh}$。低压限流控制对故障后的直流输电系统运行有着重要作用。

(1) 降低直流线路传输功率以及减少换流器无功损耗，保障弱交流系统情况下直流逆变系统的稳定运行。

(2) 当交流电网发生故障后，交流母线电压降低，使换流站无功补偿装置的无功功率减少。低压限流控制减少换流站无功损耗，有助于避免换流母线电压进一

步降低。

(3)减小直流和交流电压的下降有利于成功换相，因此低压限流控制可减小换相失败发生的概率，避免连续换相失败对换流阀的冲击应力。

(4)在故障切除后的电压恢复期间，低压限流控制通过平稳地增大直流电流来恢复直流输电系统，可避免直流传输功率恢复太快而导致的电压振荡和不稳定，有助于交直流系统在故障后的恢复。

2.1.5　定关断角控制

定关断角控制包括闭环型(也称实测型)控制和开环型(也称预测型)控制两类。图 2.10(a)为闭环型定关断角控制，图 2.10(b)为开环型定关断角控制，K 为增益，d_x 为相对感性压降，U_{d0} 为理想空载直流电压。

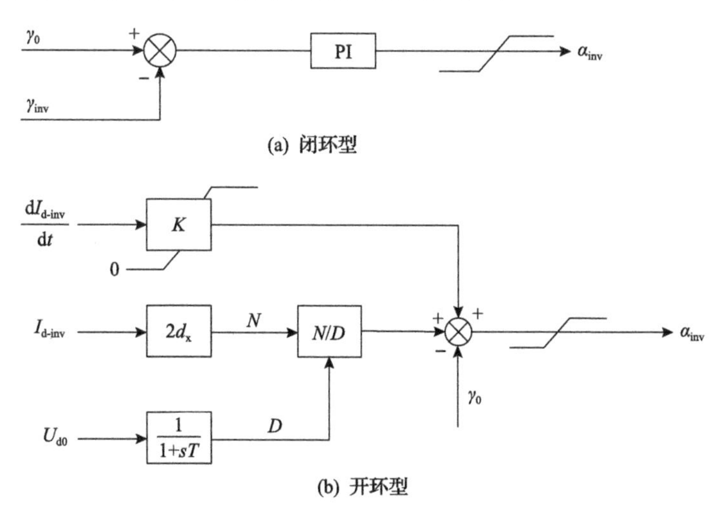

图 2.10　定关断角控制框图

闭环型定关断角控制选取上一周期测得的逆变站阀组最小关断角作为控制器的输入值，随后将测得的各阀最小关断角与指令值进行比较，利用 PI 控制器确定超前触发角指令值，从而控制关断角跟踪指令值。开环型定关断角控制从交流电压检测值和直流电流检测值中计算超前触发角，利用锁相环的电压过零时刻与换流阀换相结束时间之间的差确定关断角。开环型定关断角控制的触发角根据实际运行参数计算，响应速度很快。但是，当交流电网的电流出现畸变时，开环型定关断角控制输出的触发角存在很大误差。闭环型定关断角控制加入实时的关断角和设定值的差作为补正量，以确保得到所需最小的关断角。补正量让关断角向增大的方向移动，在关断角设定值中再加入补正量，其响应速度稍慢，但是控制器的稳定性较好。因此，闭环型定关断角控制的实际工程应用更多。

2.1.6 最小触发角控制

最小触发角控制主要用于避免控制极上施加触发脉冲时的正向电压过低，进而避免阀臂上的晶闸管导通性变差，阀均压性变差。当交流电网发生故障导致换流母线电压降低时，若逆变器发生换相失败，直流电压大幅下降，最小触发角控制通过调节整流站触发角快速减小至允许的最小值以使直流电流上升。直流输电工程整流侧通常配置最小触发角控制，一般作为定电流控制的 PI 控制器限幅。

最小触发角控制的外特性方程为

$$U_{dr}=1.3U_{dr0}\cos\alpha_{min}-(3/\pi)X_rI_d \tag{2.4}$$

式中，U_{dr} 为整流侧直流电压；U_{dr0} 为整流站的换流变压器阀侧空载电压有效值；α_{min} 为最小触发角控制值；X_r 为等值换相电抗。

2.1.7 电流偏差控制

电流偏差控制框图如图 2.11 所示，其输入为直流电流指令值 $I_{d\text{-}ref}$ 与测量值 $I_{d\text{-}inv}$ 的差值，输出为定关断角指令值的附加增量 $\Delta\gamma$。电流偏差控制的作用是当逆变站定关断角控制的特性曲线斜率大于整流站最小触发角控制的特性曲线斜率时，为了避免直流电流在两个值之间来回振荡导致控制系统失稳，在逆变站定关断角控制和定电流控制的转换处采用一个具有正斜率的电流偏差控制。

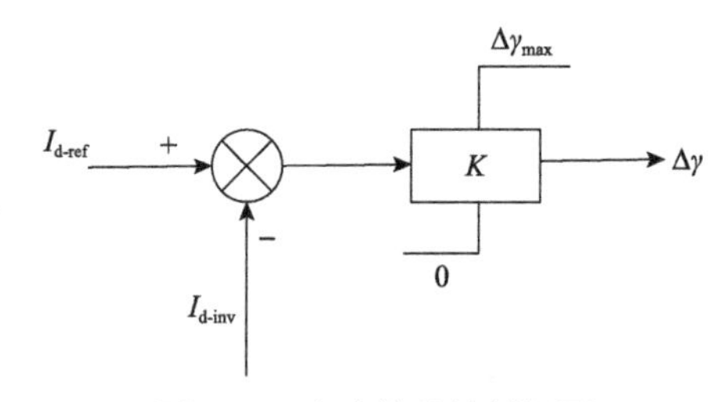

图 2.11 电流偏差控制框图

电流偏差控制特性曲线通常为斜坡函数，如图 2.12 所示。因此，电流偏差控制的方程可以写为

$$\Delta\gamma=\begin{cases}0, & \Delta I_d\leqslant 0\\ k\Delta I_d, & 0<\Delta I_d<\Delta I_H\\ \Delta\gamma_{max}, & \Delta I_d\geqslant\Delta I_H\end{cases} \tag{2.5}$$

式中，ΔI_{H} 为输入直流电流偏差饱和值；$\Delta\gamma_{\max}$ 为输出关断角增量的最大值；$k=\Delta\gamma_{\max}/\Delta I_{\mathrm{H}}$ 为斜坡函数的斜率；ΔI_{d} 为电流偏差，为整流站直流电流指令值与逆变站直流电流测量值的差值。

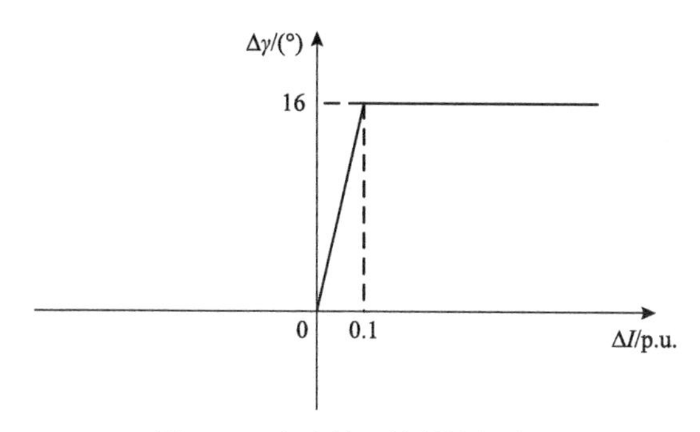

图 2.12　电流偏差控制特性曲线

2.1.8　换相失败预防控制

换相失败预防控制的作用是在检测到交流电压跌落时，通过提前触发来增大换相裕度。图 2.13 为换相失败预防控制的典型结构。换相失败预防控制的原理是检测换流母线交流电压的跌落情况，若交流电压跌落程度大于其阈值，即向触发控制环节发出触发角提前信号，其触发角调节量由交流电网的故障严重程度决定，

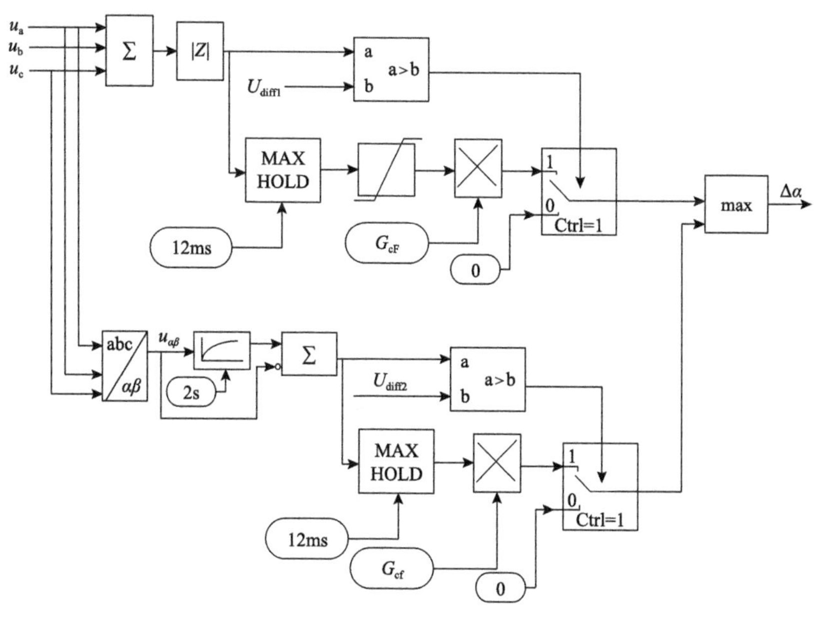

图 2.13　换相失败预防控制的框图

MAXHOLD—最大保持器

可通过控制增益系数进行调节。针对三相短路故障和不对称短路故障，换流母线交流电压的跌落情况采用不同的检测方式，分别输出触发角调节量，最后取两种检测方式触发角调节量的最大值作为控制指令值。

1. 三相短路故障检测

实时检测交流电压并通过 abc/$\alpha\beta$ 坐标变换得到$\alpha\beta$ 平面上的两个电压分量 u_α 和 u_β，进一步转换为电压偏差量。当电压偏差量大于设定值时，根据电压偏差量确定角度调节量对逆变站触发角进行调节。电压判定阈值 U_{diff1} 可写为

$$U_{\mathrm{diff1}}=1-\sqrt{u_\alpha^2+u_\beta^2} \tag{2.6}$$

式中

$$\begin{bmatrix} u_\alpha \\ u_\beta \end{bmatrix}=\begin{bmatrix} 2/3 & -1/3 & -1/3 \\ 0 & 1/\sqrt{3} & 1/\sqrt{3} \end{bmatrix}\begin{bmatrix} u_{\mathrm{a}} \\ u_{\mathrm{b}} \\ u_{\mathrm{c}} \end{bmatrix} \tag{2.7}$$

其中，u_{a}、u_{b}、u_{c}分别为 A、B、C 三相电压。

2. 不对称故障检测

受端交流电网发生不对称故障时，逆变站换流母线处检测到零序电压分量：

$$U_{\mathrm{diff2}}=\left|3u_0\right|=\left|u_{\mathrm{a}}+u_{\mathrm{b}}+u_{\mathrm{c}}\right| \tag{2.8}$$

式中，u_0 为零序电压。若零序电压分量大于设定值，则启动换相失败预防控制，计算触发角调节量对触发角进行控制。

两种检测方式下输出的触发角调节量分别为

$$\Delta\alpha=\arccos\left(1-G_{\mathrm{cf}}U_{\mathrm{diff1}}\right) \tag{2.9}$$

$$\Delta\alpha=\arccos\left(1-G_{\mathrm{cf}}U_{\mathrm{diff2}}\right) \tag{2.10}$$

式中，G_{cf} 为换相失败预防控制增益系数，控制增益系数的增加会使触发角调节量增大，从而增加关断角定值，增加换相裕度。

换相失败预防控制的效果受启动电压和增益系数的影响。若启动电压过低，换相失败预防控制将延迟启动，增大换相失败发生的风险；若启动电压过高，换相失败预防控制可能会因电网电压扰动而频繁启动，每次启动输出的触发角调节量均会给受端交流电网造成冲击。增益系数的取值直接影响触发角调节量的大小，当增益系数较低时，可能无法满足换相的需求，当增益系数过高时，逆变站无功

消耗量随之升高，可能引发后续换相失败。

2.2　直流输电系统换相失败的内涵

2.2.1　换相失败的原理

换相失败[2]指换流器进行换相时，因换相过程未能进行完毕，或者预计关断的阀关断后，在反向电压期间未能恢复阻断能力，当加在该阀上的电压为正时，立即重新导通，发生倒换相，使预计开通的阀重新关断。整流器在关断后有较长的时间处于反向电压下，因此整流器一般有足够的时间恢复阻断能力；而逆变器在关断的大部分时间内，阀两端都承受着正向电压，因此换相失败通常发生在逆变站。

以阀 4 向阀 6 换相为例，图 2.14 所示为 1 次换相失败过程中的换相电压和直流电压。c_1～c_6代表线电压过零点，P_1～P_6为换流阀 1～6 的触发时刻。若在阀 6 触发时刻换相角 μ 较大，可能导致阀 4 未能正常关断并持续导通达 1 个周波，当下一个触发信号触发开通阀 1 时，阀 1 和阀 4 同时导通造成直流侧短路，持续时间对应的电角度为 $120°+\mu$，此期间直流功率无法送至交流系统，逆变站输出功率为零。阀 2 承受反向电压而不能正常开通，当阀 1 换相到阀 3 之后，直流侧短路才消失，逆变站直流电压逐渐恢复，故障过程中逆变器反向电压下降历时约 240°，上述过程为 1 次换相失败。

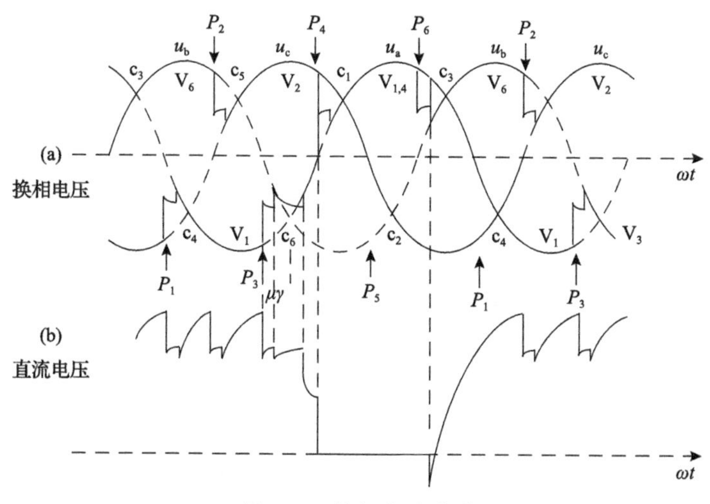

图 2.14　换相失败波形

当晶闸管承受正向电压且门极有触发电流时晶闸管能够开通。晶闸管导通后，门极失去控制作用，若要使已导通的晶闸管关断，只能利用外加电压和外电路的作用使流过晶闸管的电流降至零附近。晶闸管的 PN 结结构使其关断存在一个过程。在晶闸管关断时间内，如果重新对晶闸管施加正向电压，晶闸管将不受门极控制重新正向导通，晶闸管的这一物理特性是换相失败发生的根本原因。基于晶闸管换流器的直流输电系统无法彻底避免换相失败，只能通过控制保护、增加额外设备等措施降低换相失败发生的可能性。产生换相失败的原因主要包括逆变系统内部故障、交流电网故障和直流侧故障等。

1. 逆变系统内部故障

逆变系统内部故障包括触发电路工作不可靠，不能适时、准确地为晶闸管分配脉冲(如脉冲延迟、脉冲丢失、误触发等)，晶闸管本体损坏(如反向击穿等)。换流器通过触发脉冲控制阀的开合，触发电路因谐波、故障等造成触发脉冲的丢失等故障时，阀无法按照正确的顺序导通和闭合，从而引发换相失败。逆变系统内部故障在换相失败故障中出现的概率较低。

2. 交流电网故障

交流电网故障分为对称故障和不对称故障，均会造成换流站母线电压下降或换相电压过零点漂移等问题，从而导致换相失败。

3. 直流侧故障

直流侧故障导致的换相失败主要发生于直流接地故障，其原因是直流接地故障使直流电流上升。直流侧故障导致的换相失败与短路时间、过渡电阻等因素密切相关。

2.2.2　换相失败的定义

交流电网故障是导致逆变站换相失败最为常见的原因。当受端交流电网发生故障后，逆变站的运行特性受故障严重程度、故障持续时间、直流输电系统控制和保护的配置与性能等多方面的综合影响，可能出现首次换相失败、后续换相失败、连续换相失败等不同的形式。在多馈入直流输电系统中，由于相邻直流逆变站的相互作用，还可能出现同时换相失败和相继换相失败的形式。

1. 首次换相失败

当换相结束后，在反向电压的作用下，若刚退出导通的阀未及时恢复阻断能力，或换相过程一直未能进行完毕，当阀上电压由负变正时，由于直流输电系统采用无自主关断能力的晶闸管，因此晶闸管会在无触发脉冲的情况下重新导通，进而造成逆变站发生换相失败，即首次换相失败。在交流电网故障条件下，首次换相失败一般发生在电压跌落后的几毫秒内，此时逆变站控制系统不能及时响应，完全避免首次换相失败的发生存在很大困难。

2. 后续换相失败

后续换相失败是指直流输电系统首次换相失败后再次发生的换相失败。后续换相失败通常发生在首次换相失败的恢复过程中，此时直流输电系统的控制系统已经启动，因此后续换相失败的诱发机理与影响因素和首次换相失败截然不同。引发后续换相失败的原因包括受端交流电网的持续故障扰动、直流输电系统控保或阀控系统缺陷等。在交流电网故障下，后续换相失败可能出现在故障持续阶段或故障隔离和重合闸过程中，也可能出现在交流电网故障清除后的电压恢复阶段。直流输电系统是否发生后续换相失败与交流电网电压跌落程度、换流站控制方式和控制参数、受端系统强度等因素有关。在交流电网故障清除后的电压恢复阶段，低压限流控制在故障恢复中起着重要作用，恢复速度过快、恢复阶段的交流电压谐波均是造成后续换相失败的重要因素。

3. 连续换相失败

连续换相失败指直流输电系统首次换相失败后发生的多次换相失败。在引起换相失败的电网故障清除后，换流阀通常都能恢复正常换相，直流输电系统能够重新恢复稳定运行，一般不会发生连续换相失败。但是，若引发换相失败的故障未及时清除，在换相失败恢复的过程中极易出现连续换相失败。连续换相失败的持续时间较长，其间直流电流、直流电压、换流母线电压等电气量变化剧烈，对交流电网造成反复多次冲击，严重时甚至可能引起直流闭锁，威胁交直流系统的安全稳定运行。

4. 同时换相失败

同时换相失败指多回直流输电系统在同一时间段内发生换相失败。多回直流输电系统的同时换相失败一般由同一原因所诱发，因此其发生时间基本相同。在交流电网故障下，同时换相失败由各换流母线电压的跌落直接产生，其发生时间取决于交流系统的时间常数，通常在故障后的数毫秒内，与首次换相失败相近。发生同时换相失败后，多回直流输电系统出现短时大额功率瞬降，可能造成送受端电网功率严重不平衡，且换相失败的逆变站在恢复过程中从受端电网吸收大量的无功功率，往往影响交流电网的稳定运行。

5. 相继换相失败

相继换相失败指一回直流输电系统的换相失败通过交直流耦合导致相邻直流

输电系统发生的换相失败。直流输电系统的相继换相失败具有显著的继发性，其发生换相失败的时间间隔可达数十毫秒。相继换相失败受到交流系统强度、换流站控制系统参数、换流站电气耦合程度等因素的影响。相继换相失败的触发机理和影响因素与同时换相失败不同，但均可能导致多回直流输电系统发生连续换相失败或闭锁。

2.2.3　换相失败的判断方法

正常情况下，6 脉波逆变器的阀 1～阀 6 按正常顺序间隔 60°依次导通。以阀 4 向阀 6 换相的过程为例，图 2.15 所示为阀 4 向阀 6 正常换相过程。其中，U_L 为换流母线电压的有效值，γ 为逆变站关断角，α 为逆变站触发角，β 为逆变站超前触发角，μ 为换相角。每次换相过程在 $t=\alpha/\omega$ 时开始，在 $t=(\alpha+\mu)/\omega$ 时结束。等值电路如图 2.16 所示，其中 V_4、V_6 分别表示 2 个桥臂，L_d 为平波电抗器的电感，L_c 为每相的等值换相电感，N 为交流系统的参考电位。

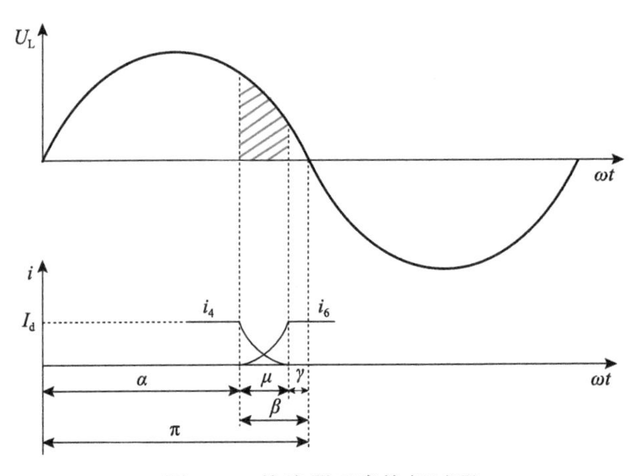

图 2.15　换流器正常换相过程

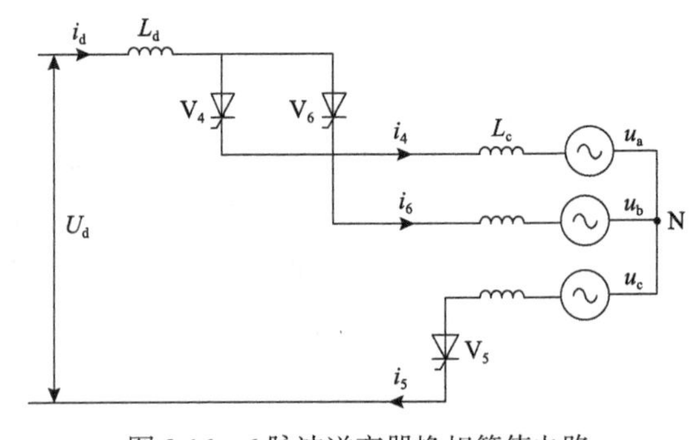

图 2.16　6 脉波逆变器换相等值电路

根据图2.16所示的等值电路，可得电压方程为

$$L_c \frac{di_4}{dt} + u_a = L_c \frac{di_6}{dt} + u_b \tag{2.11}$$

式中，u_a和u_b分别为交流系统A相和B相电压；i_4和i_6分别为流过阀4和阀6的电流，满足以下关系：

$$i_4 + i_6 = i_d \tag{2.12}$$

式中，i_d为实时直流电流。

因此，由式(2.11)和式(2.12)可得

$$u_{ab} = L_c \frac{di_6}{dt} - L_c \frac{d(i_d - i_6)}{dt} \tag{2.13}$$

式中，u_{ab}为换流母线线电压。

由于平波电抗器的存在，正常运行条件下直流电流i_6维持在恒定值I_d，即

$$di_d/dt = 0 \tag{2.14}$$

令$u_{ab}=\sqrt{2}U_L \sin \omega t$，式(2.13)化简后可得

$$\sqrt{2}U_L \sin \omega t = 2L_c \frac{di_6}{dt} \tag{2.15}$$

在换相过程中，即$\alpha/\omega \leqslant t \leqslant (\alpha+\mu)/\omega$时，阀6上流通的电流$i_6$从0增大至$I_d$，在此期间对式(2.15)进行定积分可得

$$\int_{\alpha}^{\alpha+\mu} \left(\sqrt{2}U_L \sin \omega t\right) d(\omega t) = \int_{\alpha}^{\alpha+\mu} \left(2L_c \frac{di_6}{dt}\right) d(\omega t) \tag{2.16}$$

进一步化简可得

$$\cos \gamma = \frac{\sqrt{2}\omega L_c I_d}{U_L} + \cos \beta \tag{2.17}$$

即关断角可以写为

$$\gamma = \arccos\left(\frac{\sqrt{2}I_d X_c}{U_L} + \cos \beta\right) \tag{2.18}$$

式中，X_c为等效换相电抗。

当受端电网的交流电压不对称时，逆变器关断角还受换相电压过零点前移角

ϕ的影响，此时，关断角表达式为

$$\gamma = \arccos\left(\frac{\sqrt{2}I_{\mathrm{d}}X_{\mathrm{c}}}{U_{\mathrm{L}}} + \cos\beta\right) - \phi \tag{2.19}$$

判断换相失败直接的方式是比较关断角与换流阀恢复阻断能力所需时间。换流阀恢复阻断能力所需时间是可控硅元件中载流子复合和建立 PN 结阻挡层所必需的时间，可由固有临界关断角表征，对应的电角度通常取 7°～10°，其大小与可控硅元件参数、加于可控硅元件上的电压和电流有关。因此，可以通过比较关断角与临界关断角的大小来判断换相失败，当关断角减小至临界关断角以下时，即表明发生换相失败。从式(2.19)可见，关断角与逆变站换相电压、直流电流、超前触发角有关，当交流电网发生故障后，换相电压降低，直流电流升高，导致关断角减小，即可能发生换相失败。

换相失败总是伴随着某些阀的持续导通，且持续时间至少为 1 个工频周期，表现为对应的阀电压持续为零、阀电流持续非零并保持较高幅值，因此阀电流也能从本质上反映系统是否发生换相失败。同时满足以下条件时，可判定发生了换相失败：阀电流波形存在极小值点，且极小值前后衰减和增大的速率达到一定的水平；极小值点后递增过程的阀电流最大值大于正常运行电流；极小值点后阀电流持续非零时间大于一个换流阀正常持续导通时间。

2.3　直流输电系统换相失败的特征

2.3.1　首次换相失败过程

图 2.17 所示为交流电网故障下直流输电系统逆变站关断角、逆变站超前触发角、逆变站换流母线电压、直流电流以及直流电流指令值的变化过程。根据换相失败时控制系统的切换状态，可将故障后逆变站状态的演变过程划分为 3 个阶段。

1. 阶段Ⅰ：换流母线电压降低，首次换相失败发生

如图 2.17 中Ⅰ区域所示，当逆变站侧交流电网发生故障后，换流母线电压迅速下降。由于电压跌落严重，逆变站发生首次换相失败。由于逆变站发生换相失败，直流电压激增，换相失败后换流桥臂出现短路现象，使直流电流迅速增大。故障后，直流电压下降至门槛值，低压限流控制启动，降低直流电流指令值以抑制直流电流。此时，定关断角控制持续降低逆变站的触发角以增大关断角，因此定关断角控制的输出大于定电流控制的输出，逆变站处于定关断角控制模式。

2. 阶段Ⅱ：控制切换，关断角迅速升高

如图 2.17 中Ⅱ区域所示，当直流电压下降至低压限流控制的电压下限时，整流站电流指令值下降至最小值并保持不变，此时直流电流逐渐趋于稳定，换相电

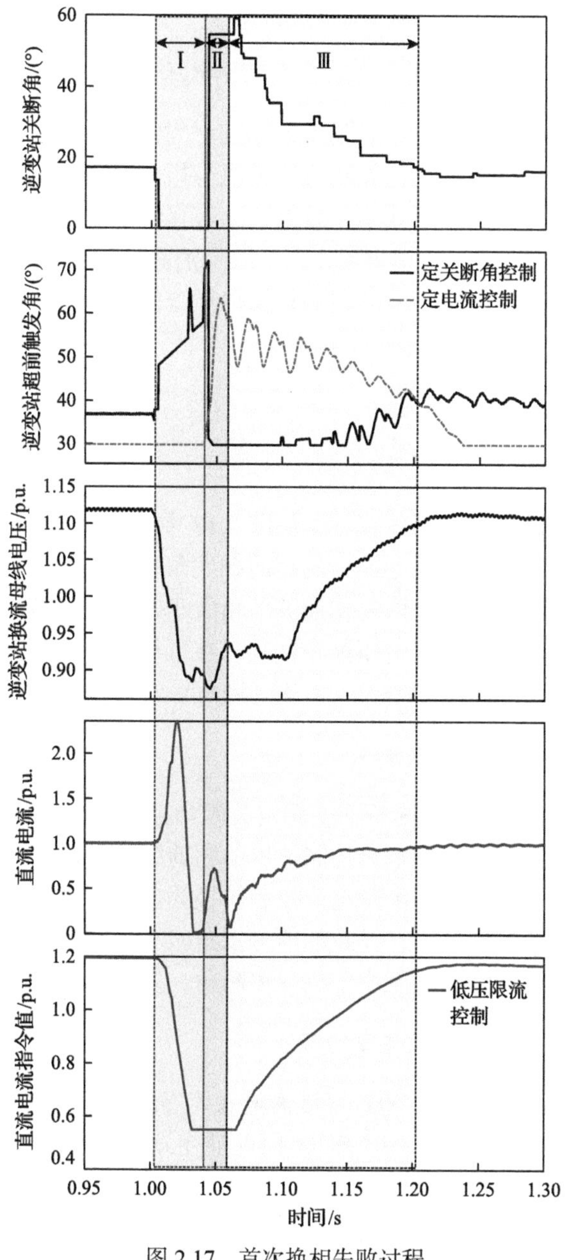

图 2.17　首次换相失败过程

压小范围上升。由于此前定关断角控制输出的超前触发角指令值相比于正常运行时已大幅上升，因此在换相失败恢复初期关断角远远大于额定关断角，此时定关断角控制将迅速减小超前触发角指令值以恢复关断角至额定值，定关断角控制与定电流控制输出的超前触发角指令值波形相交，定关断角控制通过电流偏差控制切换为定电流控制。

3. 阶段Ⅲ：直流电流上升，换流母线故障电压升高

如图 2.17 中的Ⅲ区域所示，在逆变站超前触发角指令增大、直流电流恢复的双重作用下，关断角逐渐降低，关断角测量值与指令值的偏差进一步缩小，因此逆变站定电流控制的输出逐渐减小。另外，随着直流电压恢复，低压限流控制输出的直流电流指令值增大，直流电流上升。故障消除后，换流母线电压有所恢复，定关断角控制与定电流控制输出的超前触发角指令值再次相交，逆变站经过电流偏差控制后逐渐恢复至定关断角控制。

2.3.2 后续换相失败过程

1. 阶段Ⅰ：换相失败恢复阶段

后续换相失败过程如图 2.18 所示。如图 2.18 中区域Ⅰ所示，逆变站发生首次换相失败后，由于定关断角控制输出的超前触发角指令值相比于正常运行时已大幅上升，因此在首次换相失败恢复初期关断角大于额定关断角，关断角在定电流控制的作用下缓慢下降，换相电压渐渐恢复，在低压限流控制作用下，直流电流慢慢增加，使逆变站直流电压增大，换流阀恢复正常换相。

2. 阶段Ⅱ：后续换相失败发生

如图2.18中区域Ⅱ所示，随着逆变侧定关断角控制输出的超前触发角指令值逐渐升高，定关断角控制与定电流控制输出的超前触发角指令波形将再次相交，逆变站进入电流偏差控制，即由定电流控制转换为定关断角控制。逆变站的触发角逐渐增大，但变化幅度很小，导致超前触发角减小，即换相裕度变小，逆变站关断角在阶段Ⅱ持续下降，直至小于临界关断角，发生后续换相失败。

3. 阶段Ⅲ：后续换相失败恢复阶段

如图 2.18 中区域Ⅲ所示，随着直流输电系统逐渐恢复，关断角逐渐降低，关断角测量值与指令值的偏差进一步缩小，因此逆变站定电流控制的输出逐渐减小。另外，随着直流电压恢复，低压限流控制输出的直流电流指令值增大，直流电流上升。换流母线电压有所恢复，定关断角控制与定电流控制输出的触发角指令值再次相交，逆变站经过电流偏差控制后逐渐恢复至定关断角控制。

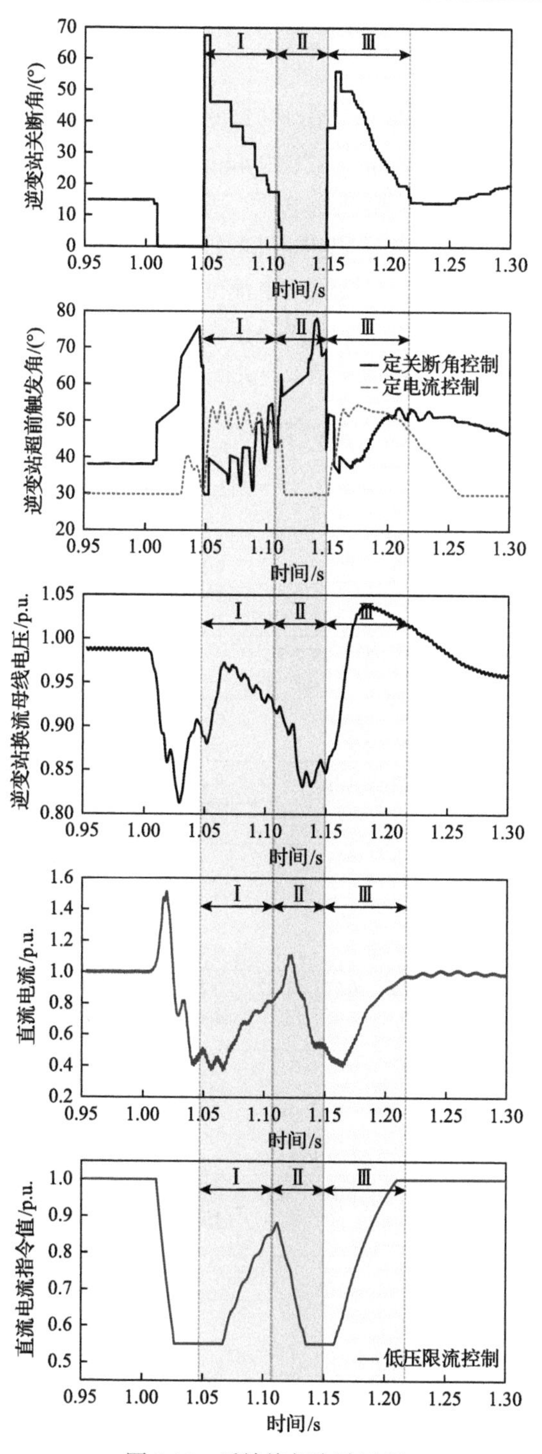

图 2.18　后续换相失败过程

2.3.3　换相失败实例

因 220kV/27.5kV 系统出现 BC 相对地短路，引起某换流站 220kV 母线电压畸变，导致该换流站单元 I 出现换相失败，约 44ms 后直流系统开始恢复正常。图 2.19 分别为 D 接换流变电流、Y 接换流变电流、关断角、直流电流、交流母线电压的录波。由图 2.19 可见，在 0.19s 时发生相间故障，0.003s 后换流站发生换相失败。故障后交流母线电压下降，D 接换流变电流衰减至 0，关断角减小，同时直流电流上升。大约在 0.198s 时，D 接换流变换相失败后直流电流快速增加，换相面积需求增大导致 Y 接换流变电流衰减至 0，关断角骤降为 0°，发生后续换相失败。

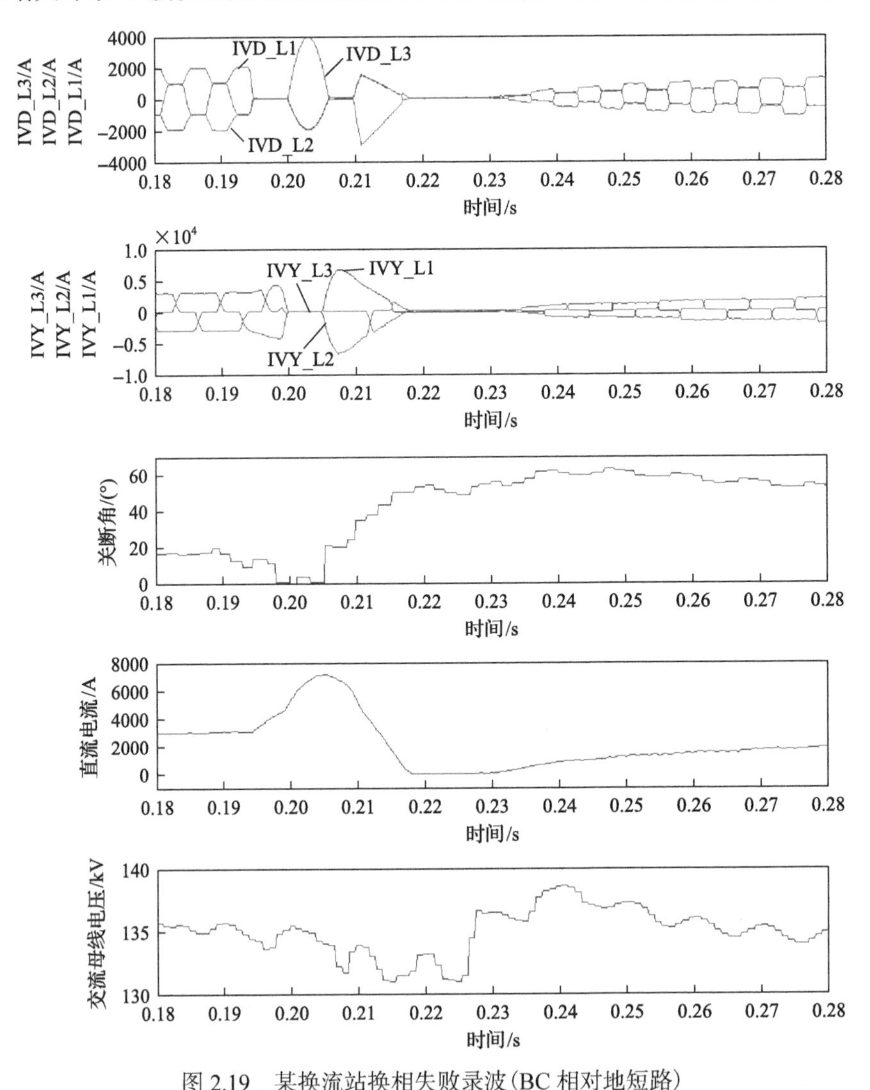

图 2.19　某换流站换相失败录波（BC 相对地短路）

因系统出现相间接地短路，引起某换流站母线电压畸变，导致该换流站 Y 接换流变出现换相失败，约 53ms 后开始恢复正常。图 2.20 为该换流站的交流电压、Y 接换流变电流、关断角、直流电流、交流母线电压。由图 2.20 可见，在 0.39s 时发生相间故障，在 0.002s 后逆变站发生换相失败。故障后交流母线电压下降，换相面积减小，导致了换相失败，Y 接换流变电流衰减至 0，关断角减小，同时直流电流上升。大约在 0.401s 时，第一次换相失败后直流电流快速增加，换相面积需求增大导致关断角减小，发生后续换相失败。

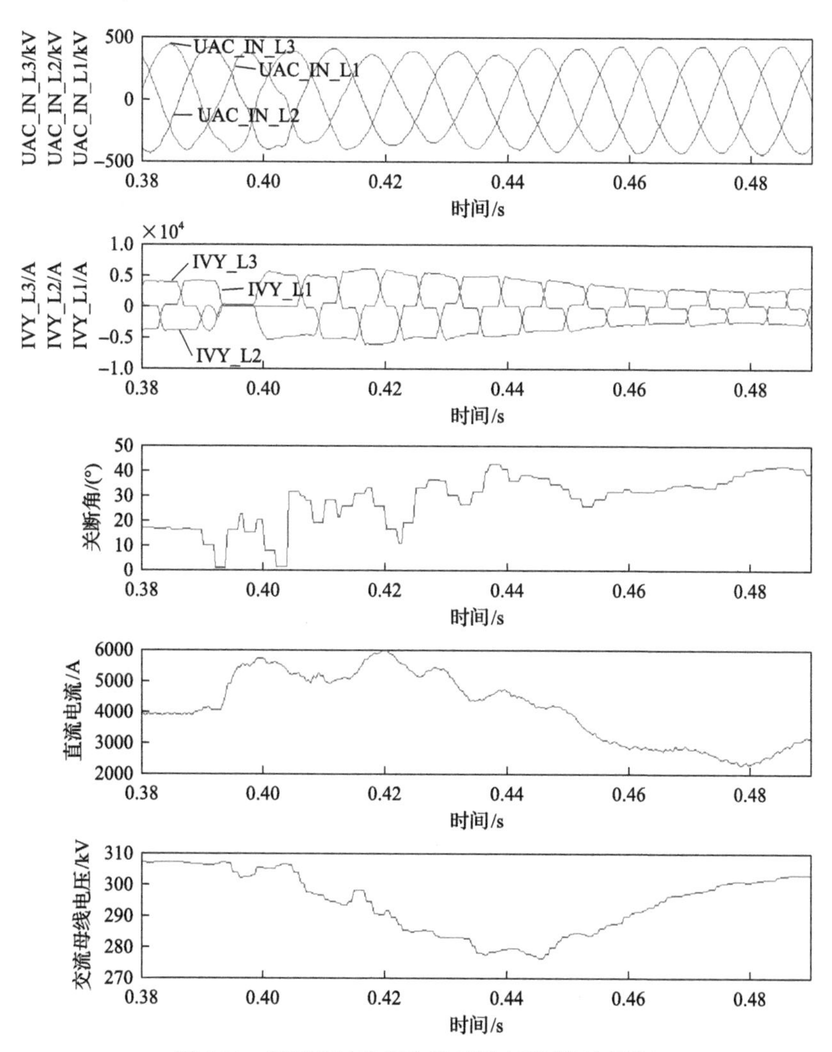

图 2.20　某换流站换相失败录波(相间接地短路)

2.4 控制系统对换相失败的作用

2.4.1 低压限流控制

当系统发生故障时，低压限流控制强制降低直流电流指令值以控制直流输电系统的传输功率，促进逆变站从换相失败中恢复，同时使直流输电系统稳定运行在“低电压小电流”状态，直至故障切除。此外，低压限流控制能够减少逆变站的无功消耗，有助于换流母线电压的恢复，也避免了换流阀由于长时间流过大电流而缩短其使用寿命。

低压限流控制输出的电流指令值不仅取决于电压测量值，电压上限、电压下限、最大限流电流、最小限流电流 4 个参数也会对控制性能造成影响。利用 CIGRE 直流输电系统标准测试模型，在逆变站换流母线处设置三相短路故障和单相短路故障，过渡电感为 0.3H。故障发生时间为 1s，持续 0.1s 后清除。在相同故障条件下，改变低压限流控制的电压上限分别为 0.7p.u.、0.8p.u.、0.9p.u.、1.0p.u.；电压下限分别为 0.3p.u.、0.4p.u.、0.5p.u.、0.6p.u.；最大限流电流分别为 0.7p.u.、0.8p.u.、0.9p.u.、1.0p.u.；最小限流电流分别为 0.35p.u.、0.45p.u.、0.55p.u.、0.65p.u.，通过对比逆变站电气量的变化来分析低压限流控制对直流输电系统换相失败的影响。

1. 电压上限

电压上限增大时，低压限流控制的 U_d-$I_{d\text{-}ord}$ 特性曲线斜率减小，当直流电压处于较高水平时将使直流电流将被限制在更低水平。如图 2.21 和图 2.22 所示，直流电流限制幅度增大，在相同电压的情况下直流电流变小，有利于在故障期间快速降低直流输电系统的无功消耗量，并在恢复过程中减缓无功功率的恢复速度以及增强换流母线电压的恢复特性。随着电压上限增大，关断角第二次跌落程度减小，降低了后续换相失败发生的风险，但不利于保持电力系统的功角稳定和有功功率的恢复。

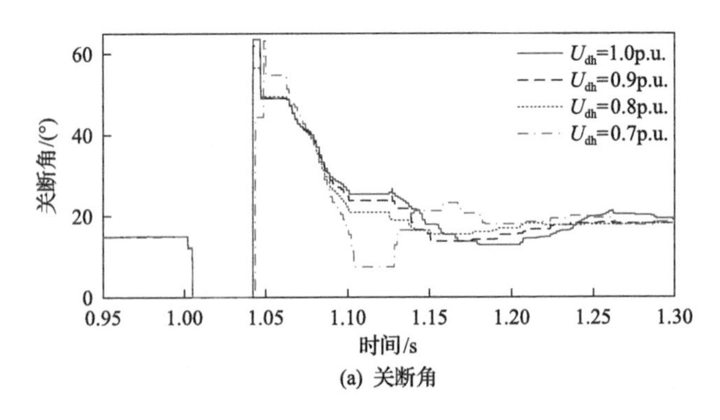

(a) 关断角

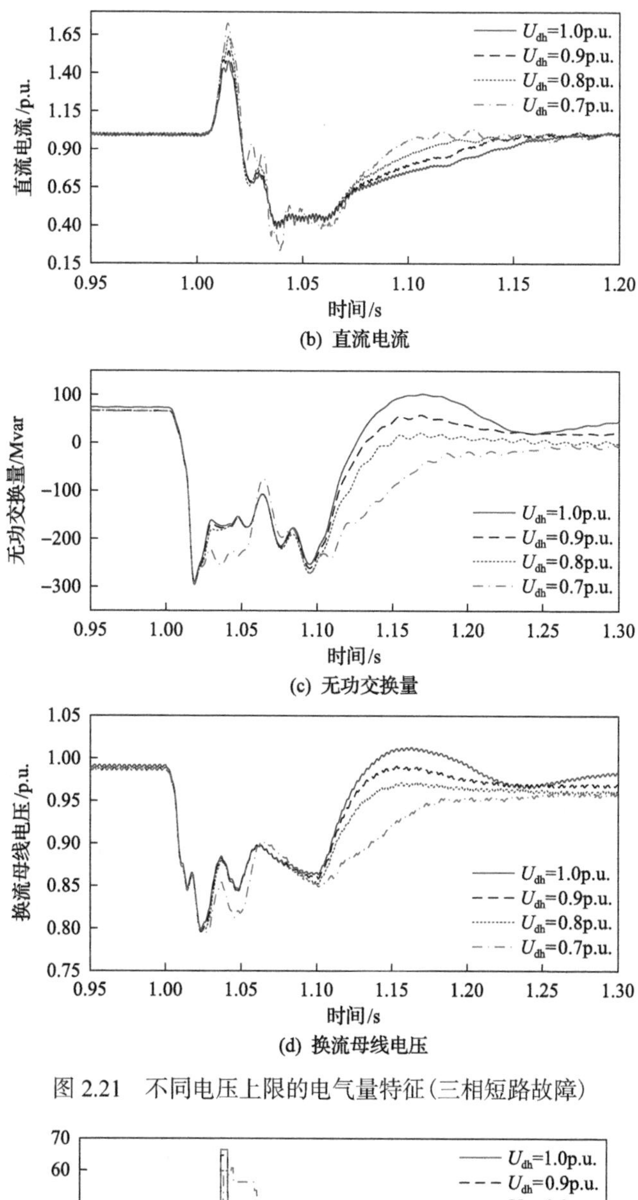

(b) 直流电流

(c) 无功交换量

(d) 换流母线电压

图 2.21　不同电压上限的电气量特征(三相短路故障)

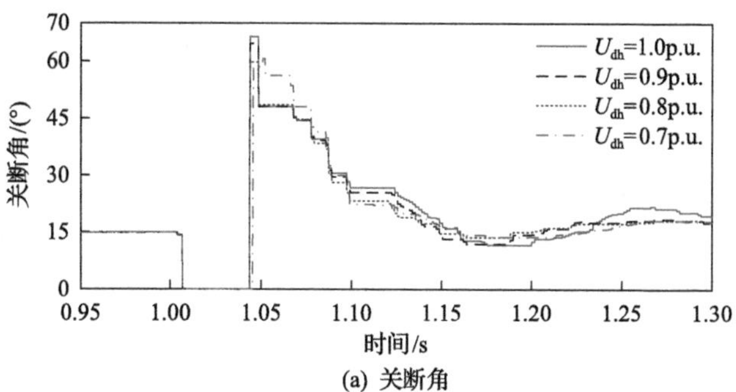

(a) 关断角

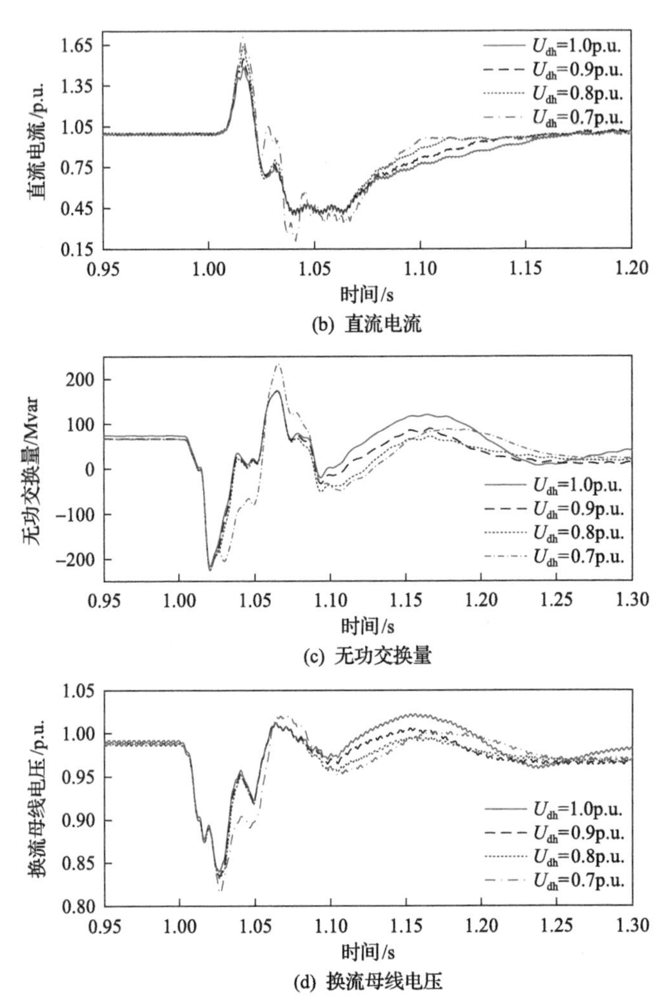

(b) 直流电流

(c) 无功交换量

(d) 换流母线电压

图 2.22　不同电压上限的电气量特征(单相短路故障)

2. 电压下限

电压下限增大时，低压限流控制的 U_{d}-$I_{d\text{-}ord}$ 特性曲线斜率增大，当直流电压处于较高水平时将使直流电流被限制在较低水平。如图 2.23 和图 2.24 所示，随着电压下限增大，直流电流限制幅度变大，相同电压情况下直流电流变小，有利于在故障期间快速降低直流输电系统的无功消耗量，使直流输电系统对无功功率的需求不会过高，与交流系统交换的无功减小，有利于换流母线电压的恢复和稳定。随着电压下限增大，关断角第二次跌落程度减小，降低了后续换相失败发生的风险。

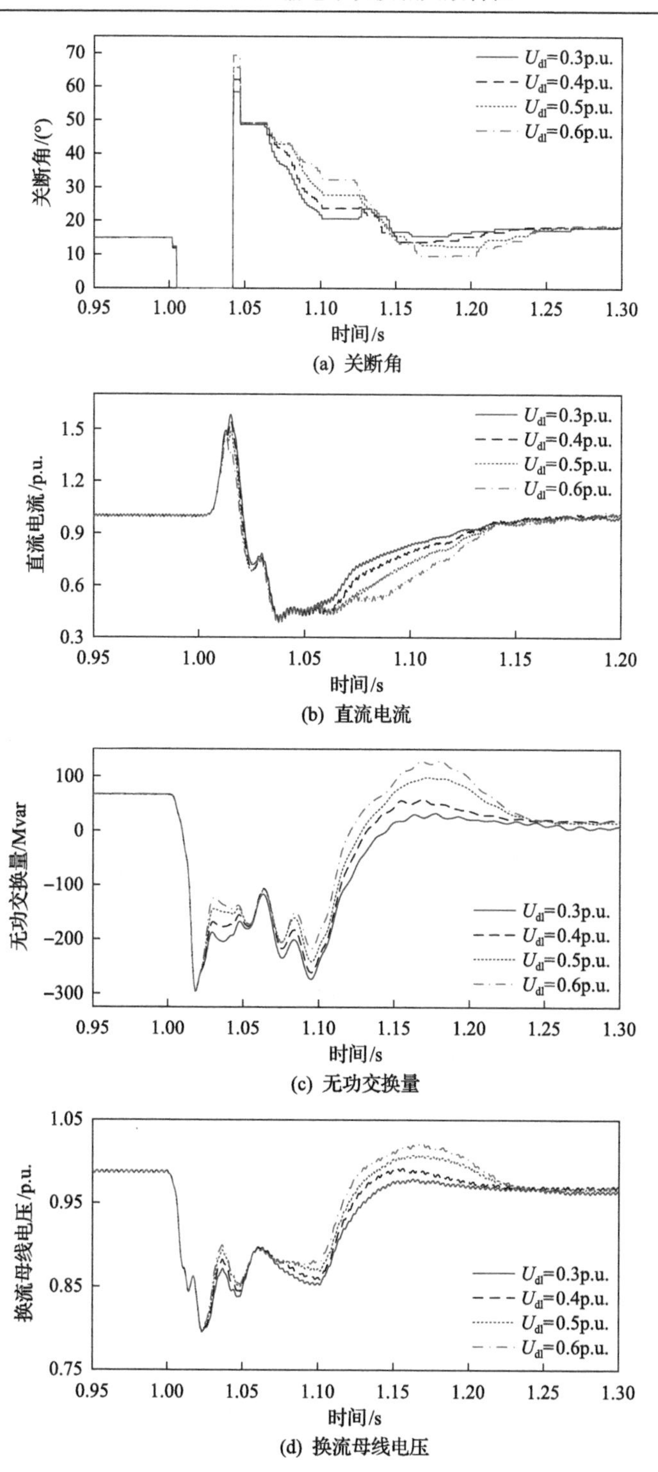

图 2.23　改变电压下限的电气量特征(三相短路故障)

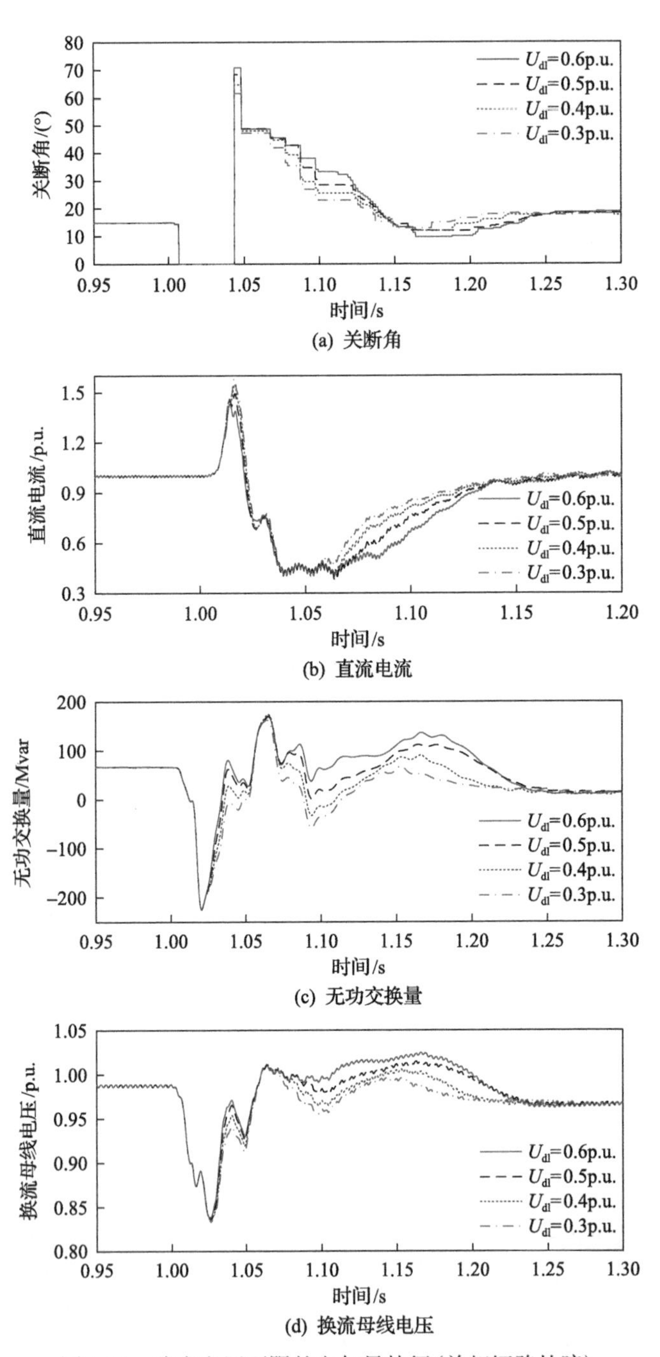

(a) 关断角

(b) 直流电流

(c) 无功交换量

(d) 换流母线电压

图 2.24　改变电压下限的电气量特征(单相短路故障)

3. 最大限流电流

最大限流电流减小时，低压限流控制的 U_d-$I_{d\text{-}ord}$ 特性曲线斜率减小。如图 2.25 和图 2.26 所示，相同电压情况下直流电流变小，有利于在故障期间快速降低直流输电系统的无功消耗量，使与交流系统交换的无功减小。但是，直流电流减小会使直流输电系统输送的有功功率降低，不利于缓解送、受端交流电网内的功率失衡。同时最大限流电流的减小，使稳态下的换相电压增加，且随着最大限流电流的减小，关断角恢复至稳态值的速度变慢。

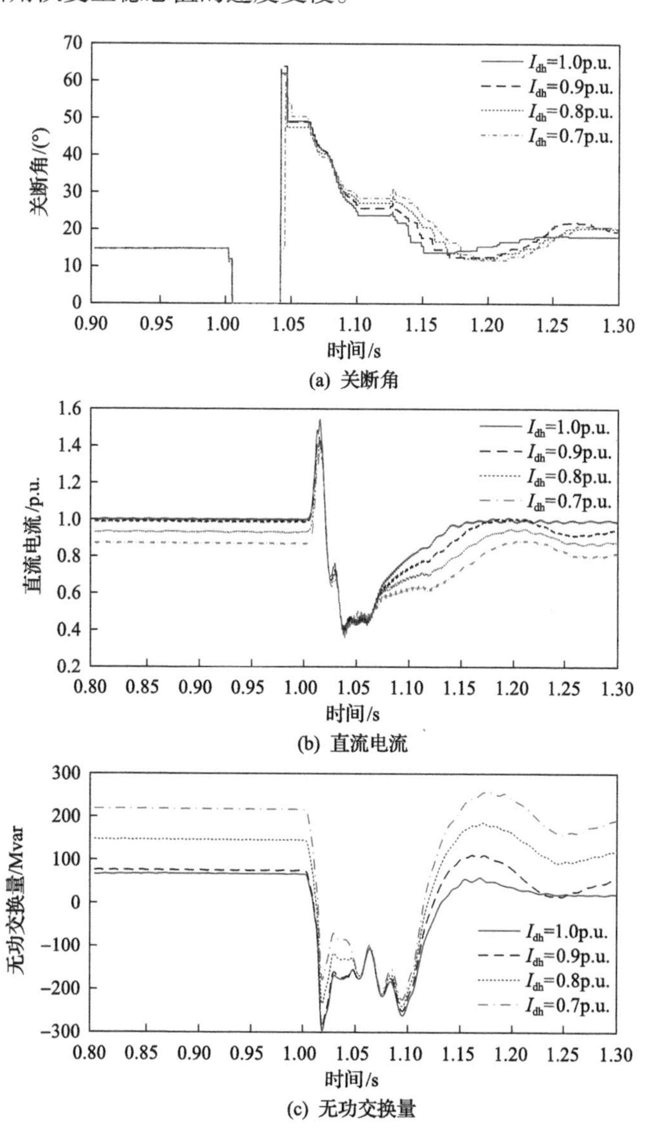

(a) 关断角

(b) 直流电流

(c) 无功交换量

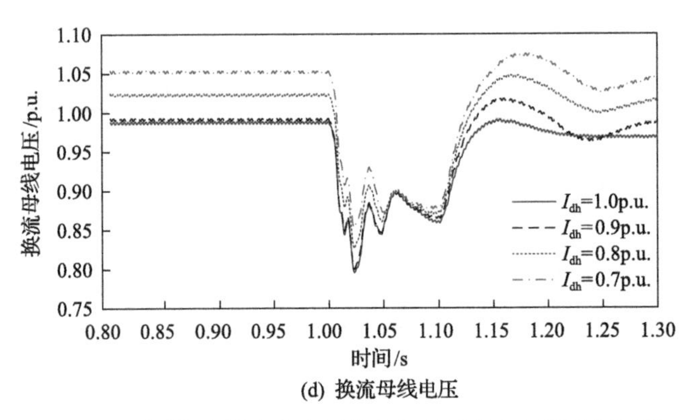

(d) 换流母线电压

图 2.25 不同最大限流电流下的电气量特征(三相短路故障)

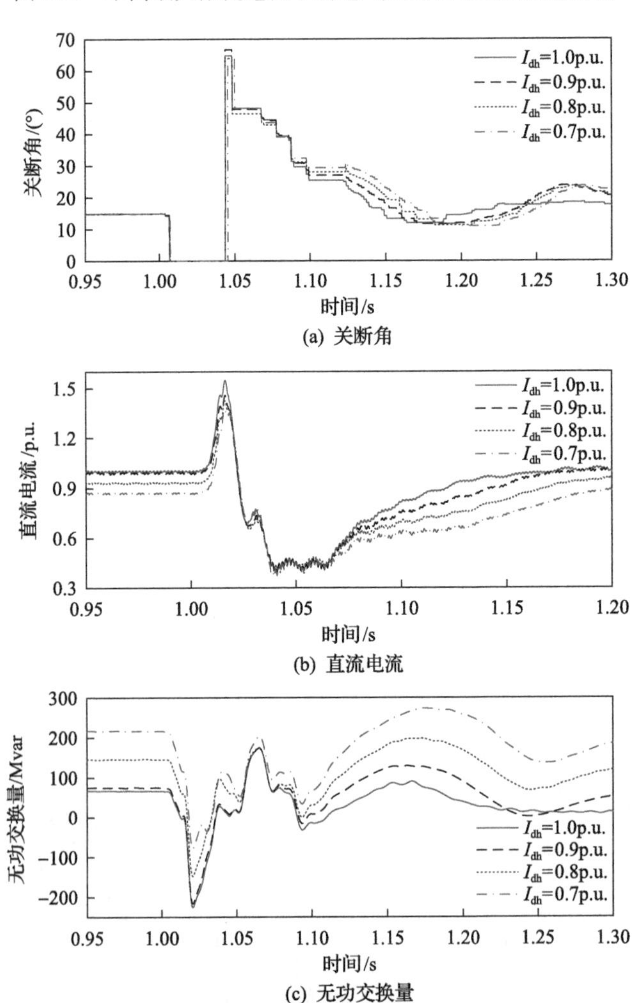

(a) 关断角

(b) 直流电流

(c) 无功交换量

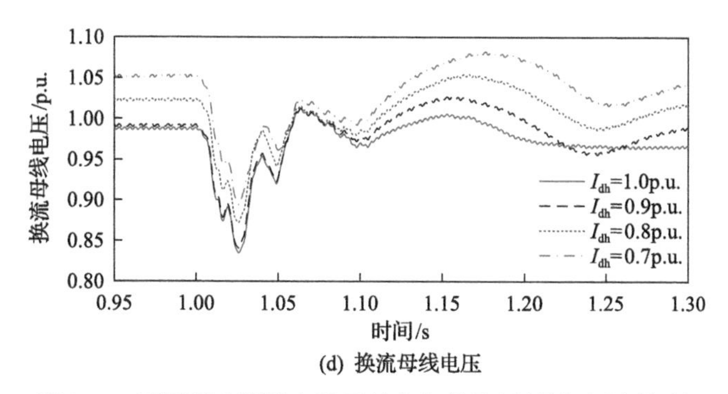

(d) 换流母线电压

图 2.26　不同最大限流电流下的电气量特征(单相短路故障)

4. 最小限流电流

最小限流电流增大时，低压限流控制的 U_d-$I_{d\text{-ord}}$ 特性曲线斜率减小。如图 2.27 和图 2.28 所示，相同换流母线电压下，最小限流电流的增大使直流电流变大，直流输电系统传输功率也随之增大，有利于缓解送、受端交流电网内的有功功率失衡和保持系统的功角稳定。但是，直流电流变大，直流输电系统的无功消耗量增加，与交流系统交换的无功增加。同时最小限流电流减小，使稳态下的换流母线电压增加。而随着最小限流电流的增大，关断角第二次跌落程度减小，降低了后续换相失败发生的风险。

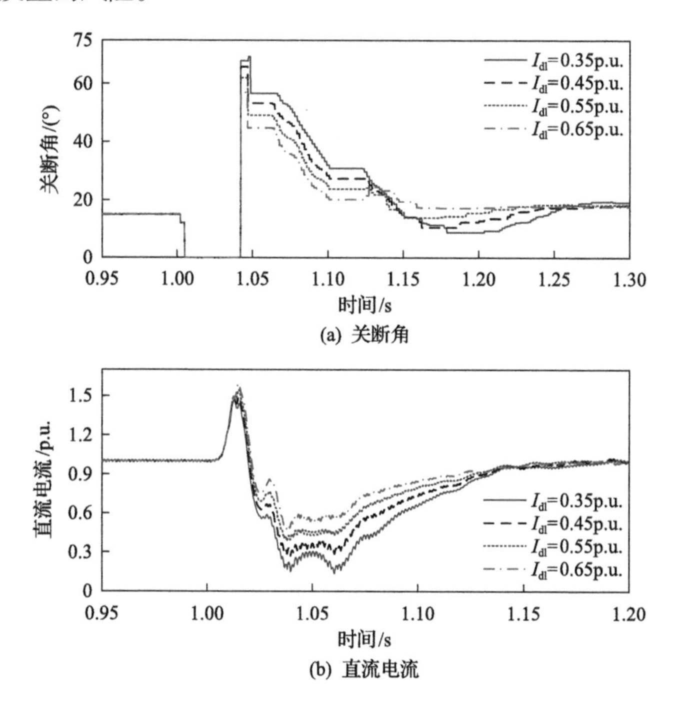

(a) 关断角

(b) 直流电流

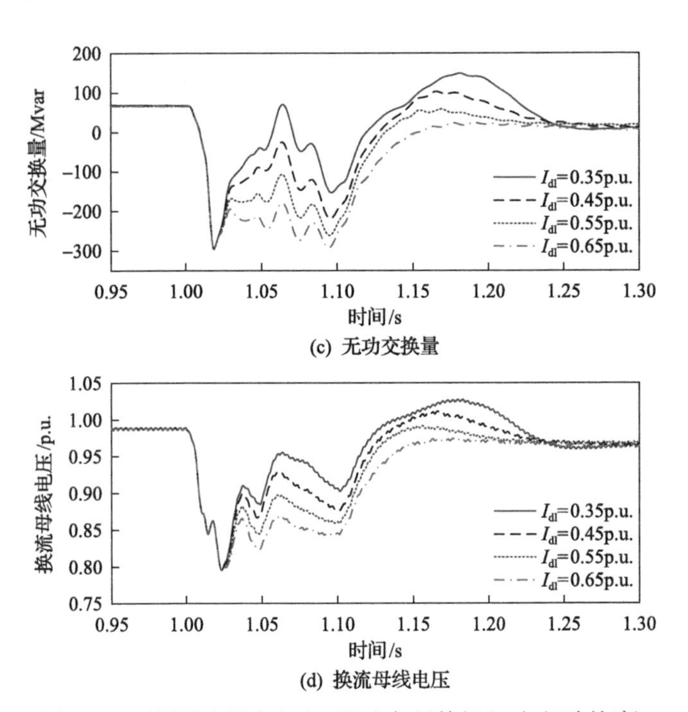

(c) 无功交换量

(d) 换流母线电压

图 2.27　不同最小限流电流下的电气量特征(三相短路故障)

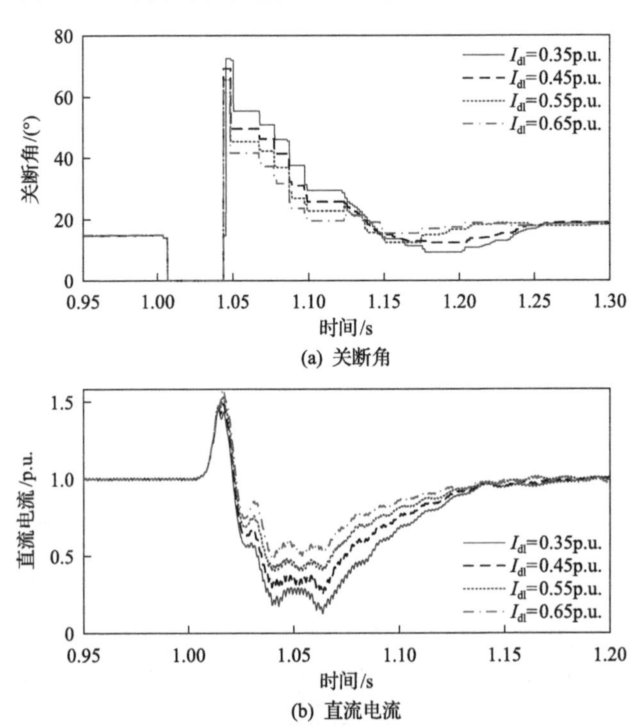

(a) 关断角

(b) 直流电流

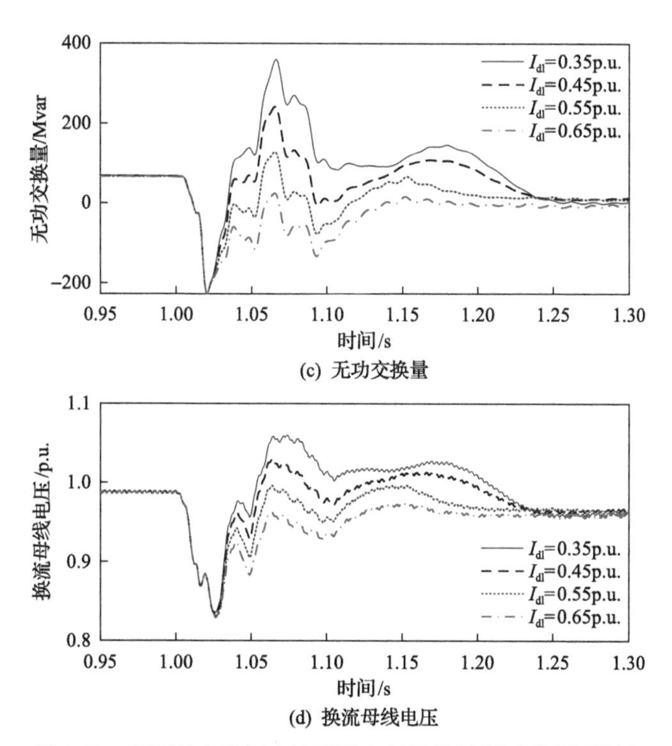

(c) 无功交换量

(d) 换流母线电压

图 2.28　不同最小限流电流下的电气量特征(单相短路故障)

2.4.2　换相失败预防控制

在逆变站侧交流电网设置三相短路故障，过渡电感为 0.4H。故障发生时间为 1s，持续 0.1s 后清除。在相同故障条件下，改变换相失败预防控制的启动电压(U_{set})分别为 0.90p.u.、0.85p.u.、0.80p.u.；控制增益(G_{cf})分别为 0.15、0.20、0.25，通过对比电气量变化分析换相失败预防控制对直流输电系统换相失败的影响。

1. 启动电压

如图 2.29 所示，换相失败预防控制启动后，逆变站触发角减小，逆变站无功消耗增大，对交流电网产生无功冲击。减小启动电压可使换相失败预防控制在更低的电压水平下启动，减少了与交流电网的无功交换量，同时使换相电压跌落幅度减小，关断角第二次跌落幅度减小，降低了后续换相失败发生的风险。

2. 控制增益

如图 2.30 所示，换相失败预防控制增益取值由 0.15 增加至 0.25 时，触发角

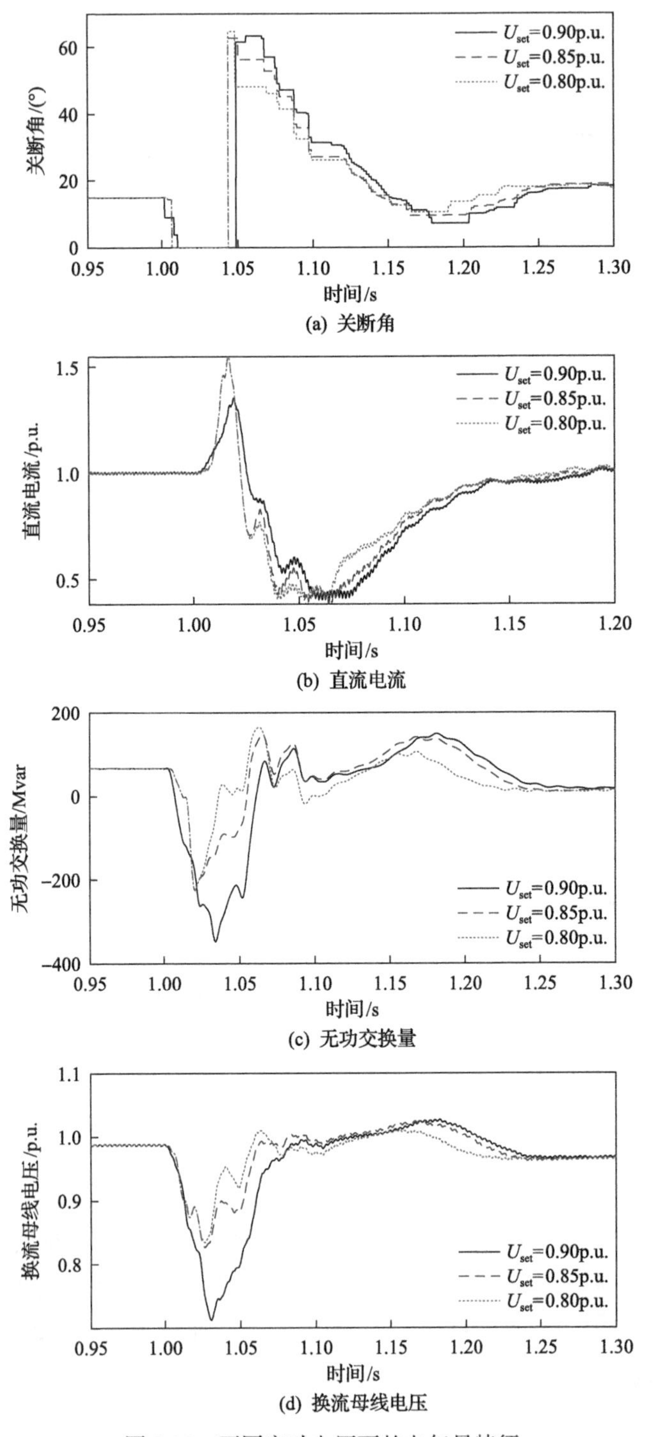

图 2.29　不同启动电压下的电气量特征

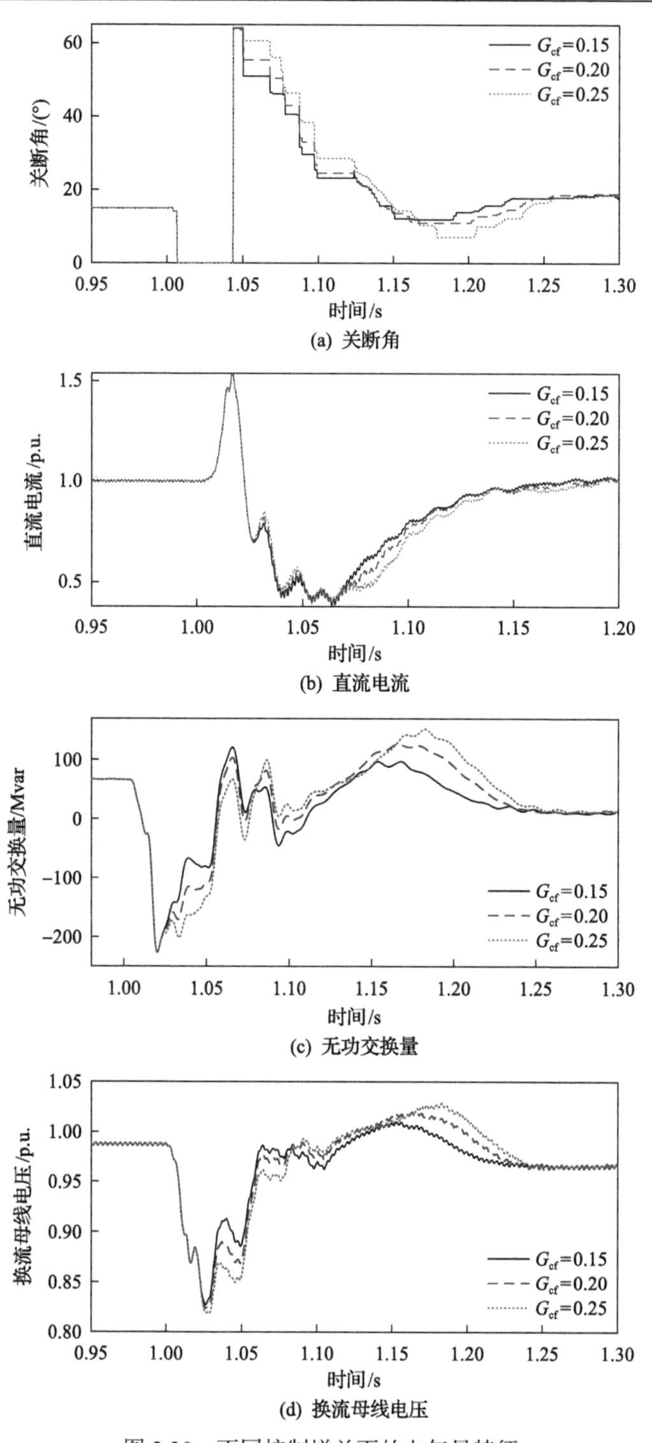

(a) 关断角

(b) 直流电流

(c) 无功交换量

(d) 换流母线电压

图 2.30　不同控制增益下的电气量特征

调节量增加，直流电流略有减小，逆变站的无功消耗量增加，因此与交流电网的无功交换量增加，换流母线电压变化幅度增大，关断角第二次跌落程度增大，增大了后续换相失败发生的风险。

2.4.3　定电流控制

定电流控制将直流电流测量值减去整流侧直流电流指令值和电流裕度后的差值作为 PI 控制器输入量，输出超前触发角指令值。在逆变站侧交流电网设置三相短路故障和单相短路故障，过渡电感为 0.3H。故障发生时间为 1s，持续 0.1s 后清除。在相同故障条件下，改变 PI 控制器的比例系数(K_p)分别为 0.53、0.63、0.73、0.83；积分时间常数(T_i)分别为 0.010s、0.015s、0.020s、0.025s，通过对比电气量变化分析定电流控制对换相失败的作用。

1. 比例系数

如图 2.31 和图 2.32 所示，随着定电流控制比例系数的增大，超前触发角的指令值增大使换相失败中逆变站与交流电网的无功交换量减小，定电流控制下的直流电流略微增加，但其对关断角影响不大。因此，定电流控制的比例系数对换相失败的影响有限。

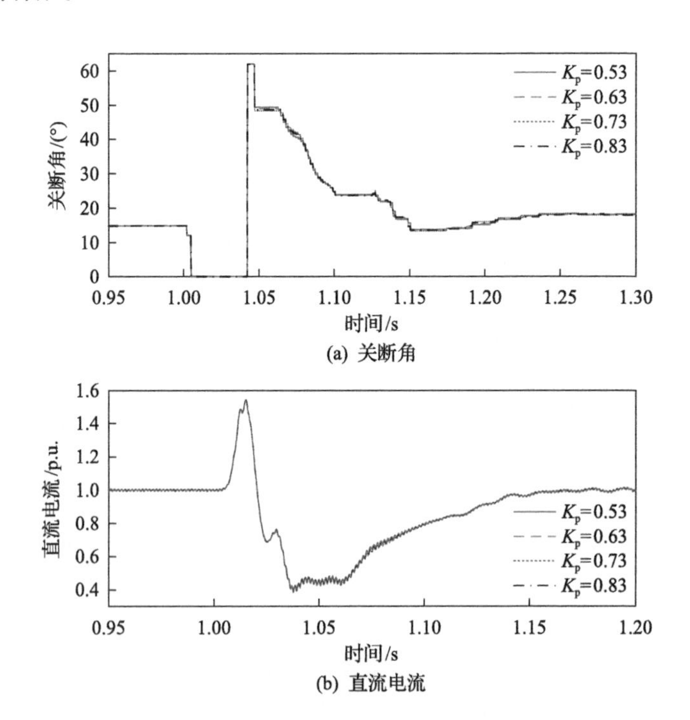

(a) 关断角

(b) 直流电流

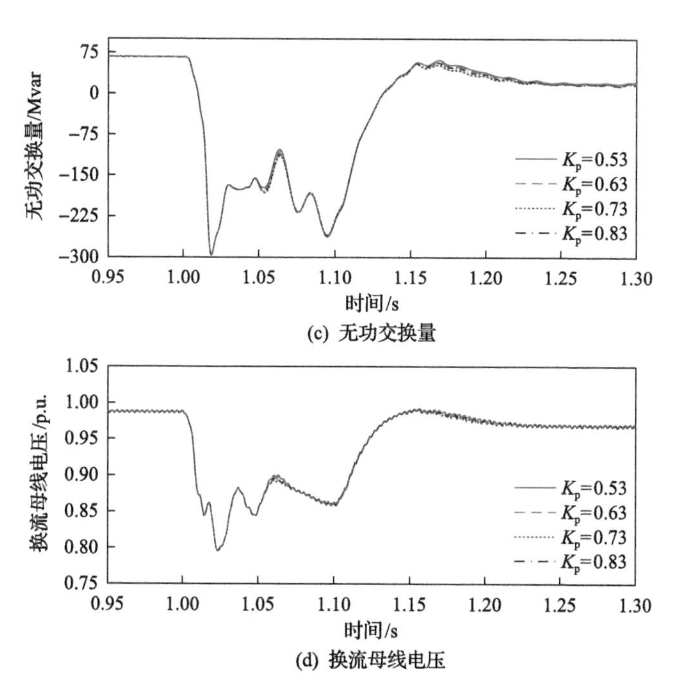

(c) 无功交换量

(d) 换流母线电压

图 2.31　不同比例系数下的电气量特征(定电流控制，三相短路故障)

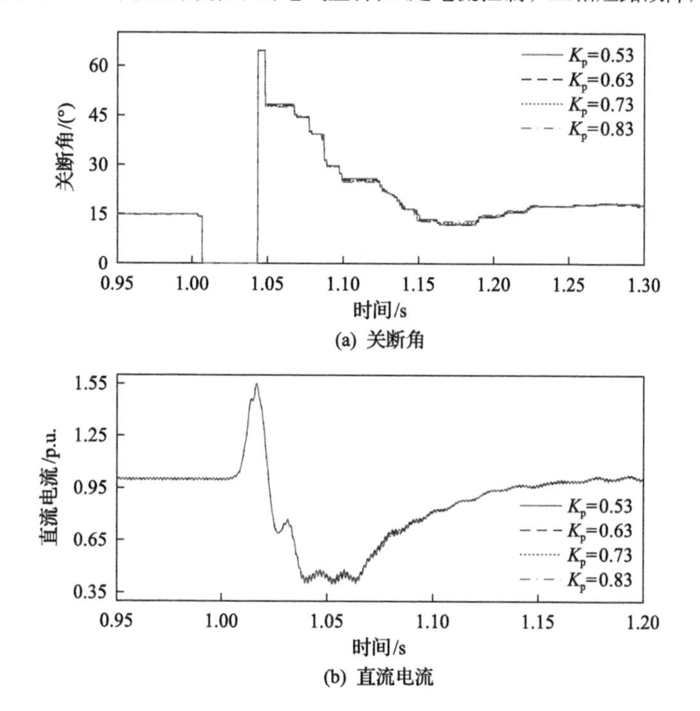

(a) 关断角

(b) 直流电流

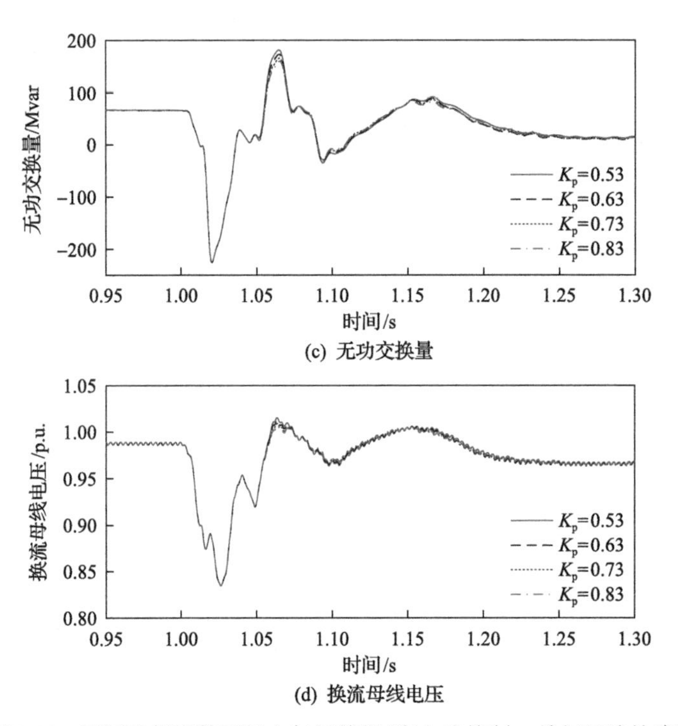

(c) 无功交换量

(d) 换流母线电压

图 2.32　不同比例系数下的电气量特征(定电流控制，单相短路故障)

2. 积分时间常数

如图 2.33 和图 2.34 所示，随着定电流控制的积分时间常数的增大，换相失败恢复过程中的关断角恢复速度增大，直流电流恢复到稳态值的时间减小。积分时间常数的增加可以降低无功波动，降低换流母线电压的跌落。但是，积分时间常数越大，关断角第二次跌落也越大，降低了系统的稳定性。

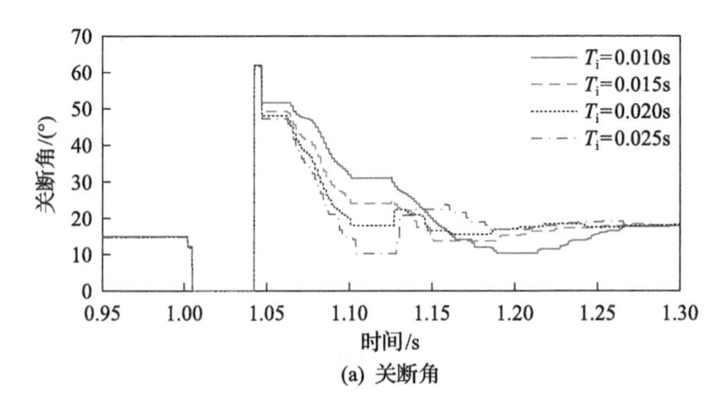

(a) 关断角

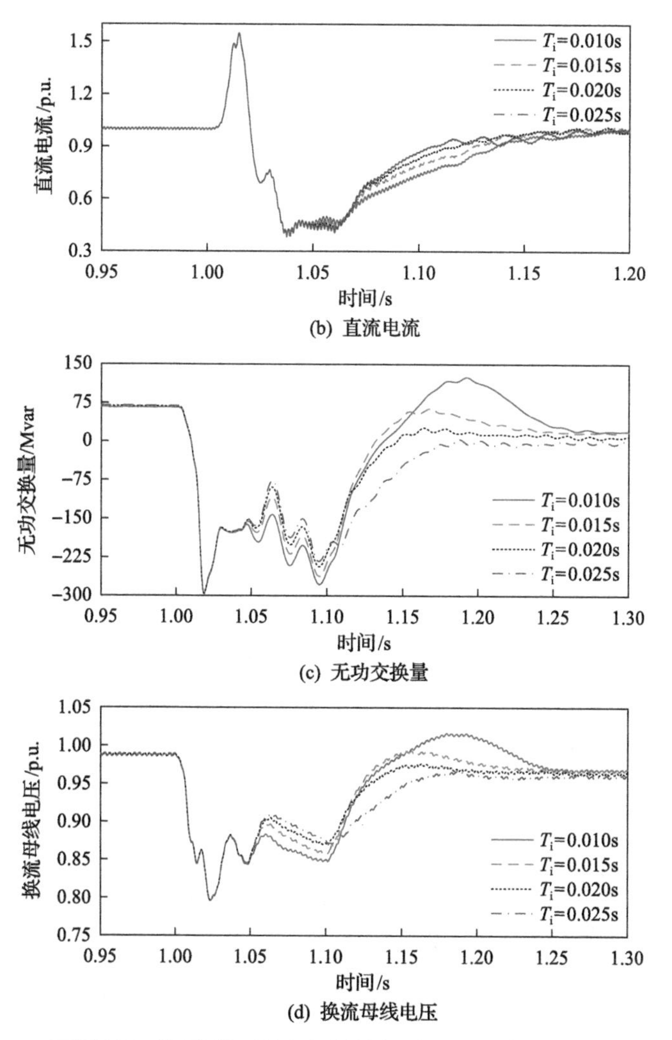

(b) 直流电流

(c) 无功交换量

(d) 换流母线电压

图 2.33　不同积分时间常数下的电气量特征(定电流控制，三相短路故障)

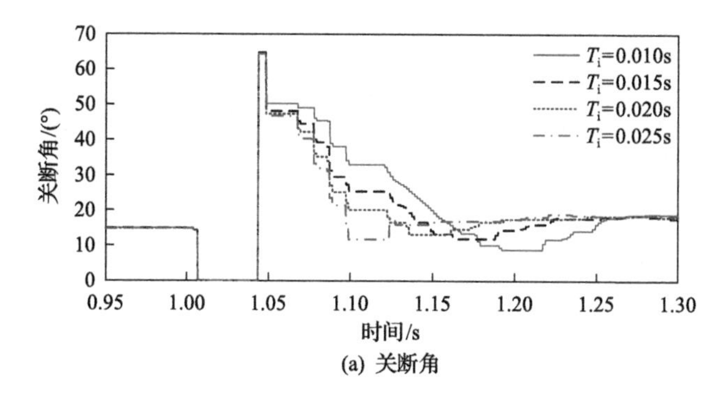

(a) 关断角

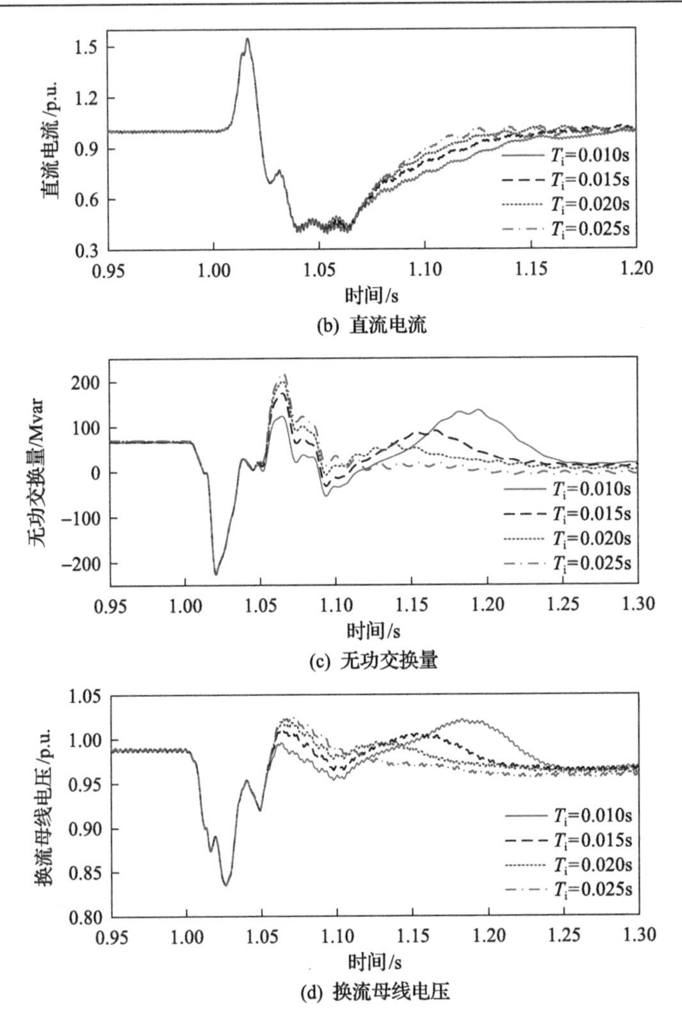

(b) 直流电流

(c) 无功交换量

(d) 换流母线电压

图 2.34　不同积分时间常数下的电气量特征(定电流控制，单相短路故障)

2.4.4　定关断角控制

定关断角控制的效果主要由 PI 控制器决定。在逆变站侧交流电网设置三相短路故障和单相短路故障，过渡电感为 0.3H。故障发生时间为 1s，持续 0.1s 后清除。在相同故障条件下，改变 PI 控制中的比例系数分别为 0.65、0.75、0.85、0.95；积分时间常数分别为 0.050s、0.054s、0.060s、0.065s，通过对比电气量变化分析定关断角控制对换相失败的作用。

1. 比例系数

如图 2.35 和图 2.36 所示，随着定关断角控制的比例系数的增大，超前触发角

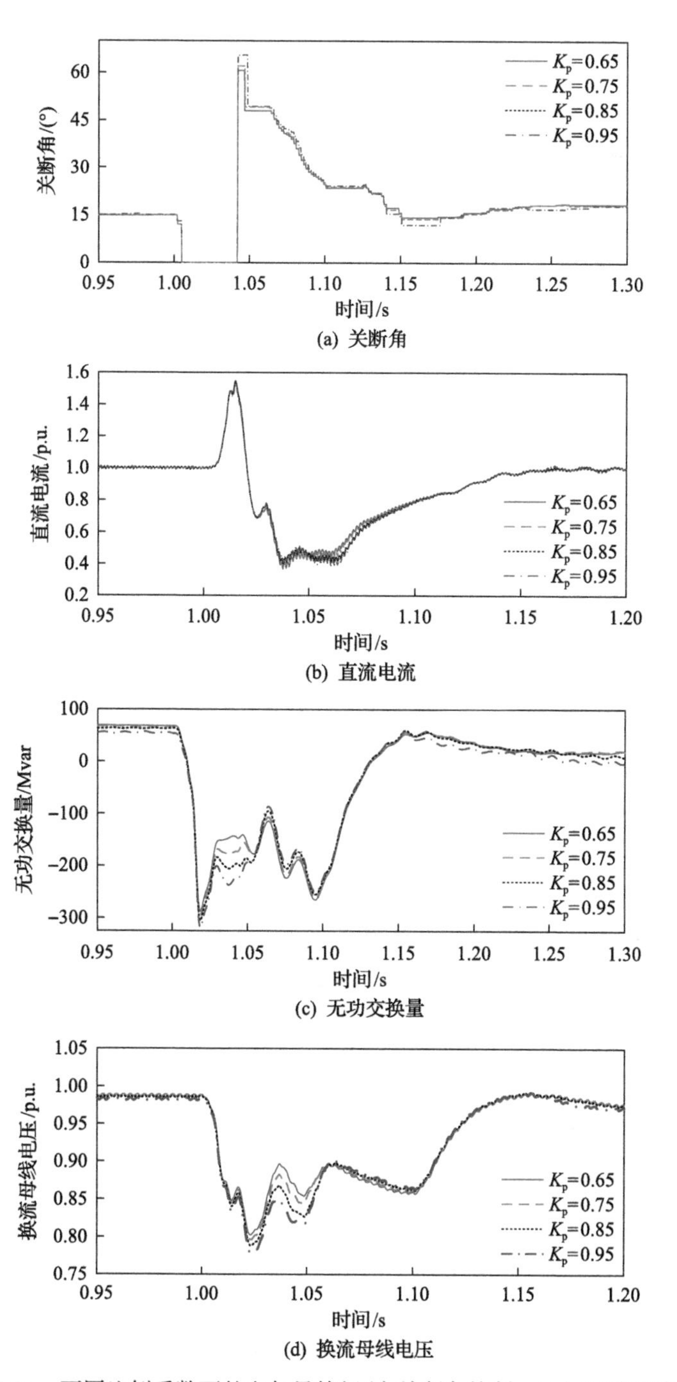

(a) 关断角

(b) 直流电流

(c) 无功交换量

(d) 换流母线电压

图 2.35　不同比例系数下的电气量特征(定关断角控制，三相短路故障)

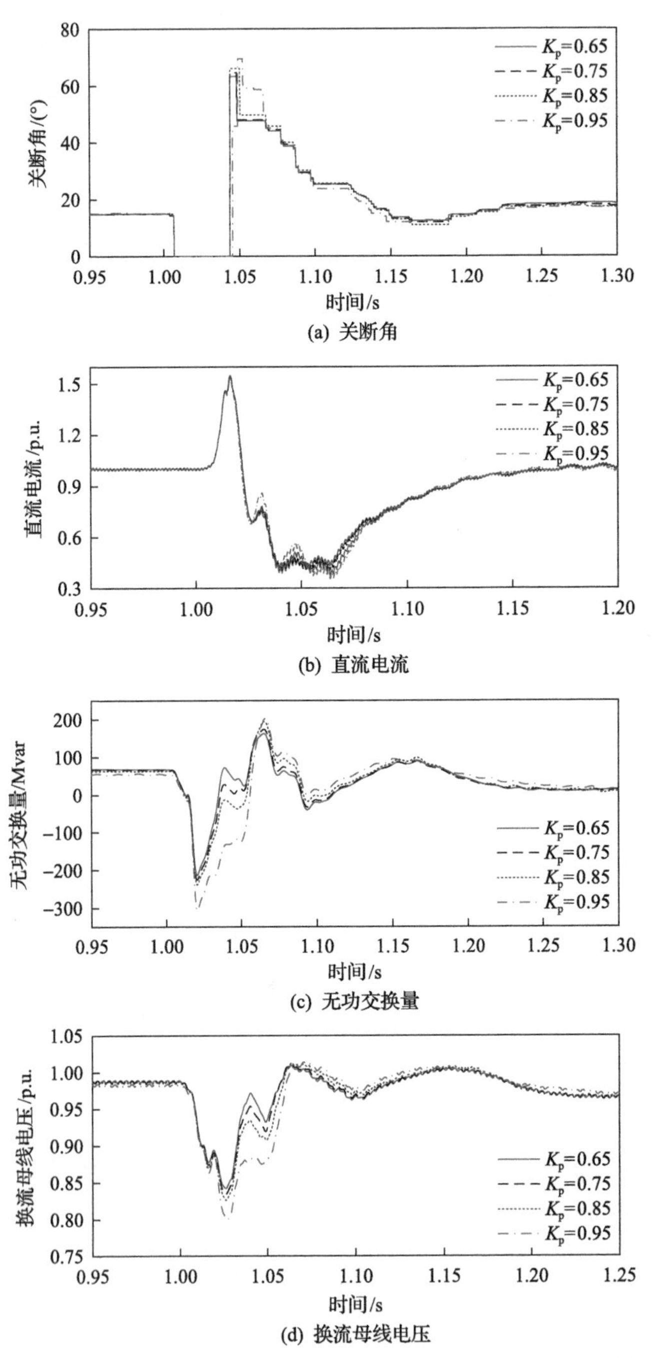

(a) 关断角

(b) 直流电流

(c) 无功交换量

(d) 换流母线电压

图 2.36　不同比例系数下的电气量特征(定关断角控制，单相短路故障)

指令值的输出增大，换相失败中逆变站与交流电网的无功交换量增大。比例系数对直流电流影响不大，但是换流母线电压随着比例系数的增大而减小。增大比例系数会造成换流母线电压的跌落，但对后续换相失败影响不是太大。

2. 积分时间常数

如图 2.37 和图 2.38 所示，随着定关断角控制的积分时间常数的增大，换相失败恢复过程中的关断角恢复速度基本不变。尽管增大积分时间常数能够减小无功波动，降低换相电压的跌落，但是积分时间常数对换相失败影响较小。

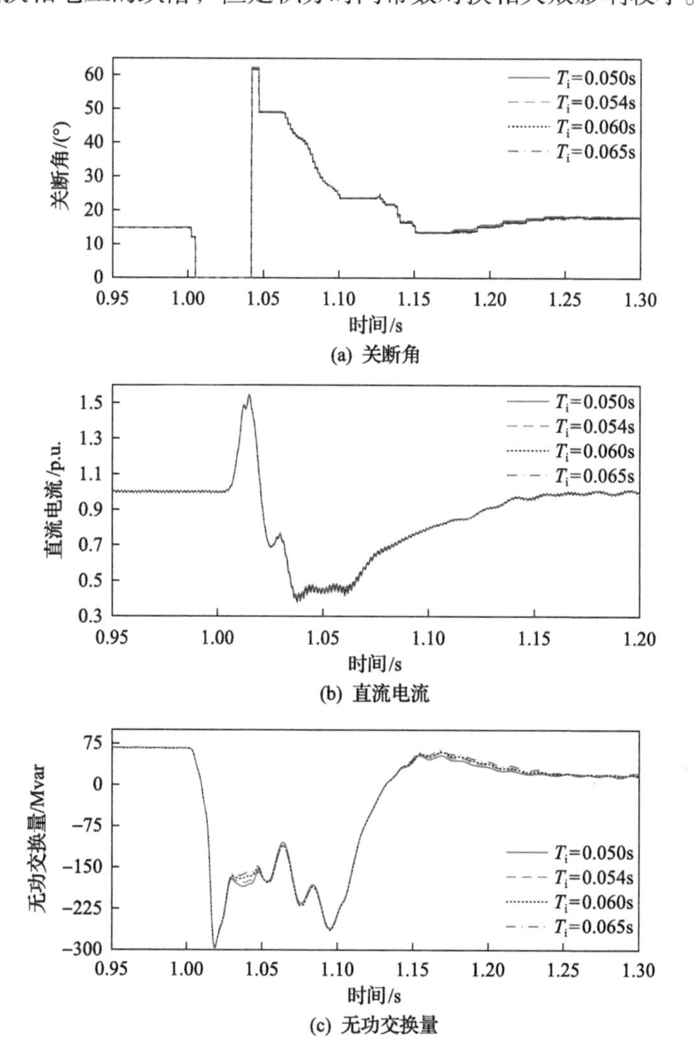

(a) 关断角

(b) 直流电流

(c) 无功交换量

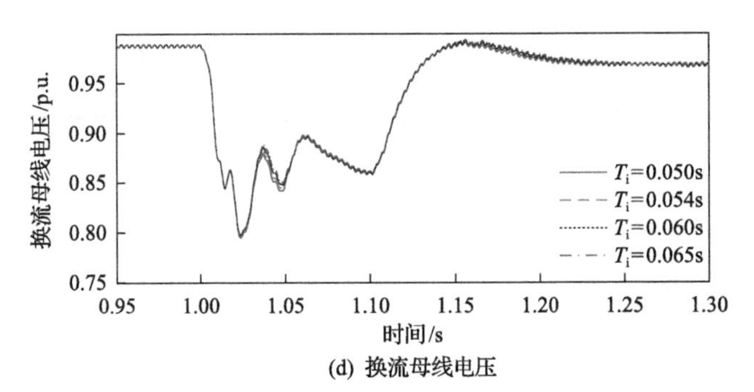

(d) 换流母线电压

图 2.37　不同积分时间常数下的电气量特征(定关断角控制，三相短路故障)

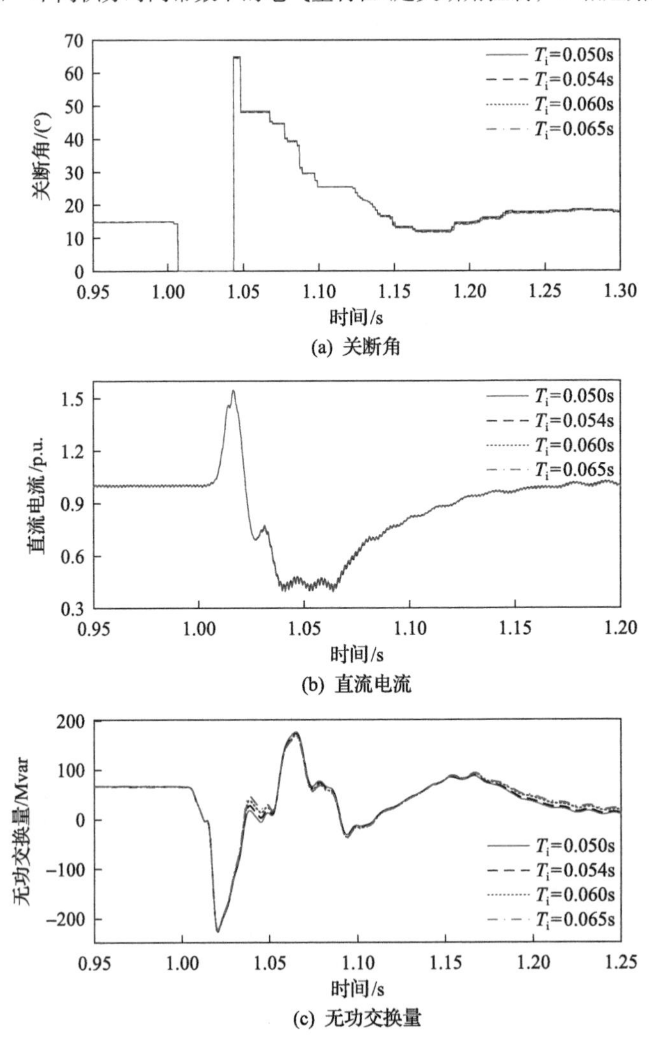

(a) 关断角

(b) 直流电流

(c) 无功交换量

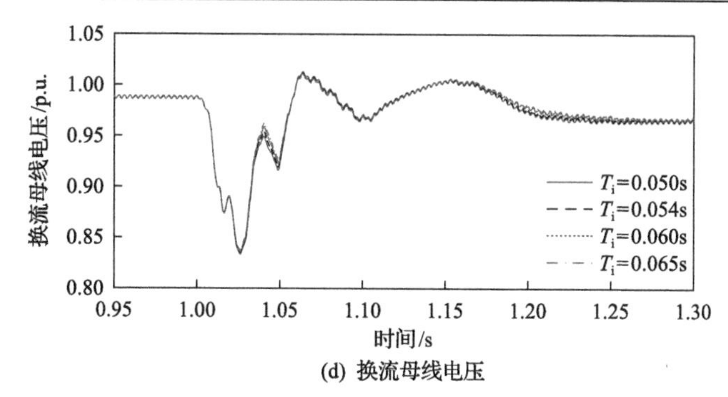

(d) 换流母线电压

图 2.38　不同积分时间常数下的电气量特征(定关断角控制，单相短路故障)

2.4.5　对多馈入直流输电系统的影响

在双馈入系统中，设置第一回直流短路比为 2，第二回直流短路比为 4，在第一回直流换流母线处设置三相故障，故障电感为 0.3H。故障发生时间为 1s，持续 0.15s 后清除。

1. 低压限流控制的电压上限

在相同故障条件下，改变第一回直流输电系统逆变站低压限流控制的电压上限为 0.8p.u.、0.9p.u.、1.0p.u.，两回直流输电系统的电气量变化如图 2.39 所示。电压上限增大时，U_d-$I_{d\text{-ord}}$ 特性曲线的斜率减小，表明当直流电压处于较高水平时，将直流电流限制在较低水平。如图 2.39 所示，电压上限为 0.8p.u.时两回直流输电系统均发生了后续换相失败，电压上限为 0.9p.u.和 1.0p.u.时第二回直流输电系统未发生后续换相失败。电压上限增大后在相同电压情况下直流电流变小，在故障恢复期间直流系统的无功消耗量降低，并在故障恢复过程中减小了两回直流输电系统间的无功交换量，抑制了第二回直流发生后续换相失败。低压限流控制响应在 10ms 以后，低压限流控制对两回直流输电系统首次换相失败的影响较小，随着电压上限的增大，换相失败恢复过程中直流电流和无功消耗量减小，从而降低了相邻直流输电系统发生后续换相失败的风险。

2. 低压限流控制的最小限流电流

在相同故障条件下，改变第一回直流输电系统逆变站低压限流控制的最小限流电流为 0.35p.u.、0.45p.u.、0.55p.u.、0.65p.u.，两回直流输电系统的电气量如图 2.40 所示。最小限流电流增大时，U_d-$I_{d\text{-ord}}$ 特性曲线斜率减小，相同电压情况下直流电流变大，直流传输功率也随之增大，如图 2.40 所示，最小限流电流为 0.35p.u.、0.45p.u.和 0.55p.u.时第二回直流输电系统未发生后续换相失败，最小限流电流为 0.65p.u.时第二回直流输电系统发生后续换相失败。随着最小限流电流

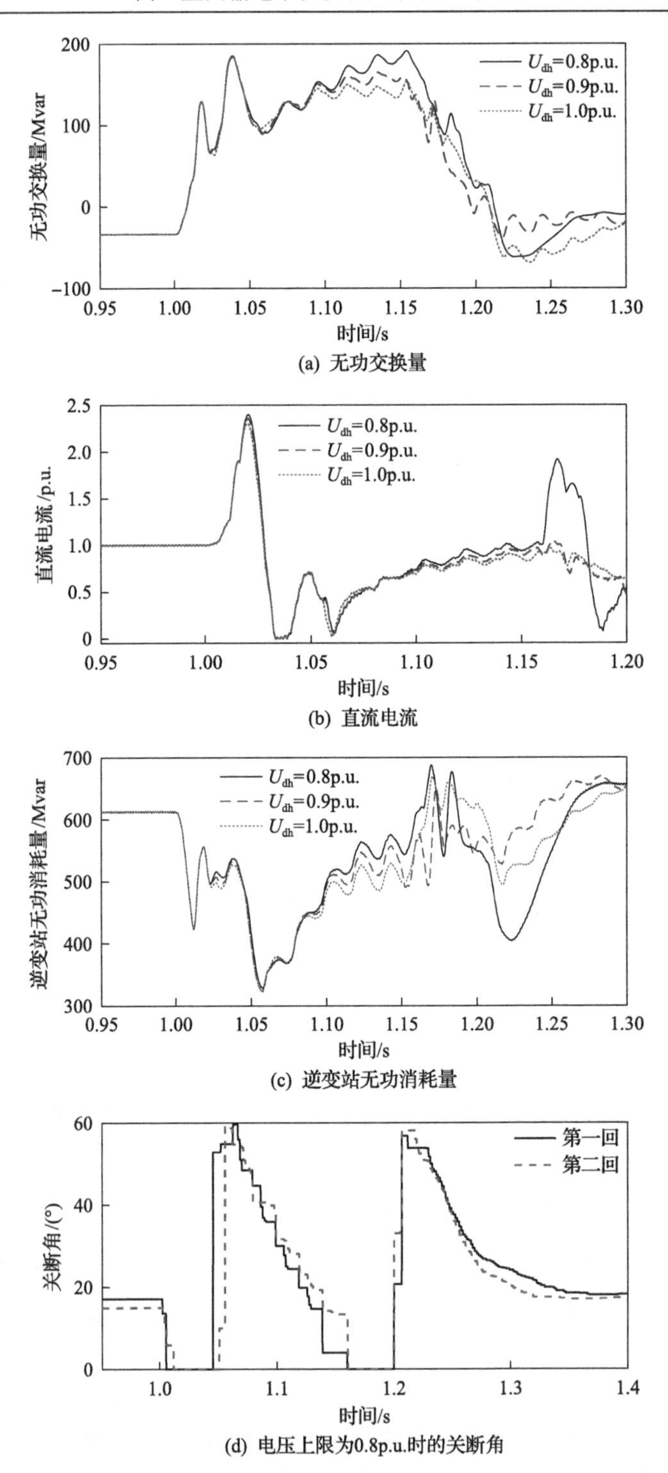

(a) 无功交换量

(b) 直流电流

(c) 逆变站无功消耗量

(d) 电压上限为0.8p.u.时的关断角

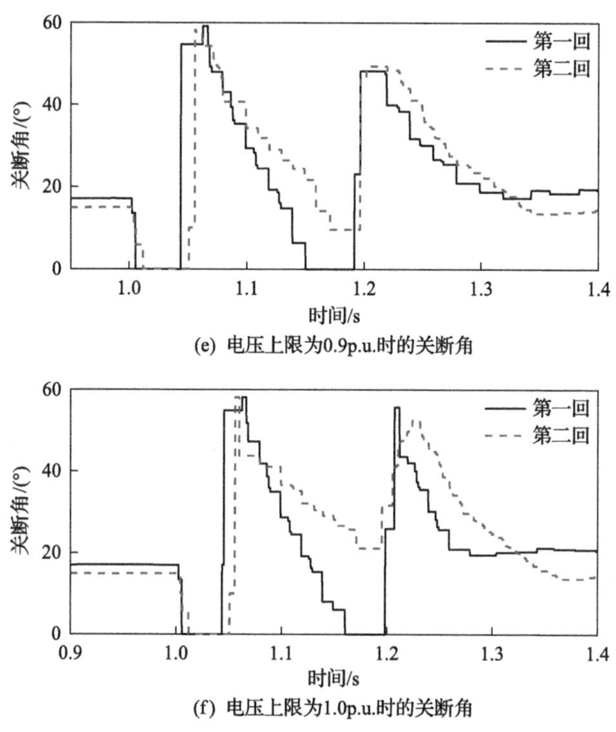

(e) 电压上限为0.9p.u.时的关断角

(f) 电压上限为1.0p.u.时的关断角

图 2.39　不同电压上限的电气量(多馈入直流输电系统)

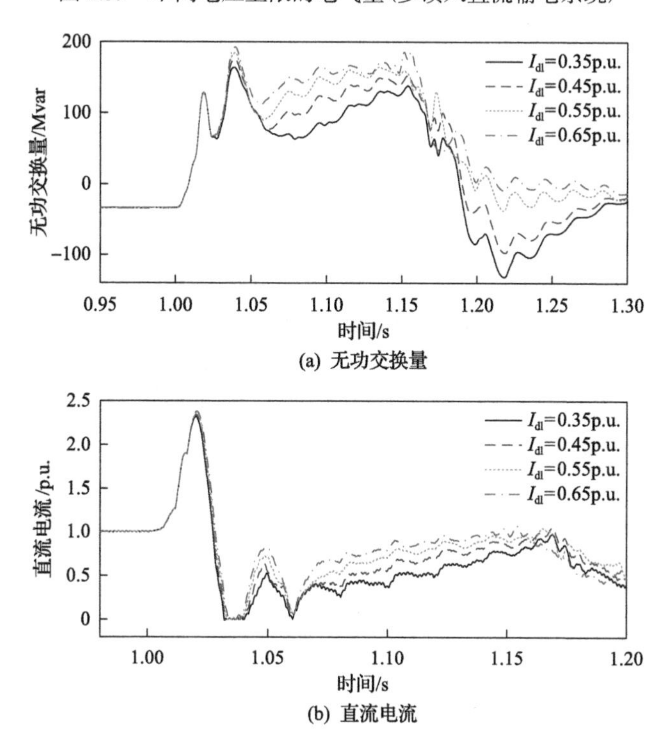

(a) 无功交换量

(b) 直流电流

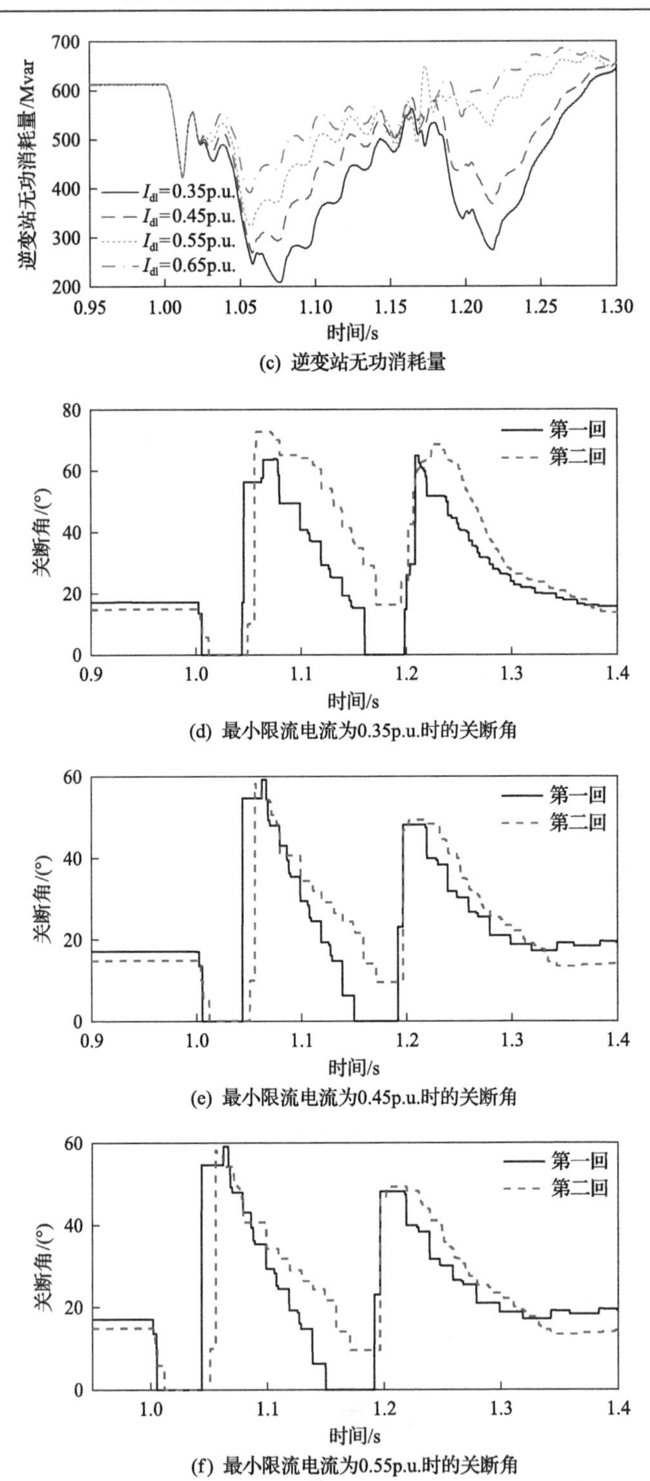

(c) 逆变站无功消耗量

(d) 最小限流电流为0.35p.u.时的关断角

(e) 最小限流电流为0.45p.u.时的关断角

(f) 最小限流电流为0.55p.u.时的关断角

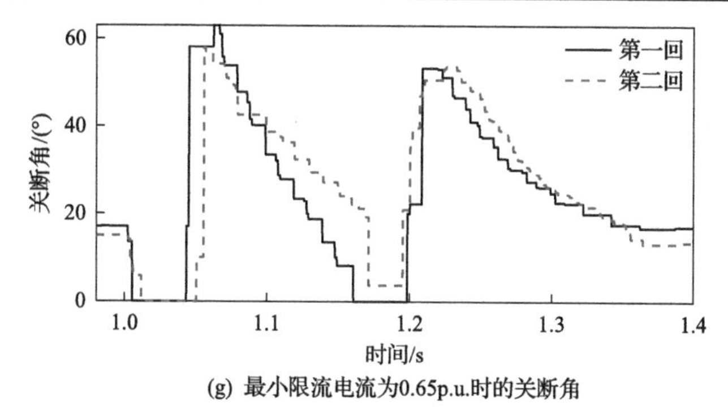

(g) 最小限流电流为0.65p.u.时的关断角

图 2.40　不同最小限流电流下的电气量(多馈入直流输电系统)

增大，直流电流变大，故障期间逆变站无功消耗量增加，两回直流输电系统间的无功交换量也相应增加，导致第二回直流输电系统发生后续换相失败。最小限流电流的增大使相邻直流输电系统发生后续换相失败的风险增加。

3. 换相失败预防控制的启动电压

在相同故障条件下，改变第一回直流输电系统逆变站换相失败预防控制的启动电压分别为 0.90p.u.、0.85p.u.、0.80p.u.，两回直流输电系统的电气量变化如图 2.41 所示。故障后，逆变站触发角瞬时大幅度减小，对应逆变站无功消耗量迅速增大，同时从相邻直流输电系统吸收大量无功功率，造成换流母线电压进一步跌落。随着换相失败预防控制启动电压由 0.90p.u.减小至 0.85p.u.，换相失败预防控制启动时间延迟。

在 1～1.05s 的首次换相失败期间，随着换相失败预防控制启动电压的减小，两回直流输电系统间无功交换量增加，同时无功波动增加，两回直流输电系统均发生了首次换相失败，第一回与第二回直流输电系统发生换相失败的时间间隔略有增加。启动电压的降低，使换相失败预防控制在更低的电压水平下启动，但启动时造成逆变站无功消耗量迅速增大，使无功交换量二次上升，增加了相邻直流输电系统相继换相失败发生的风险。

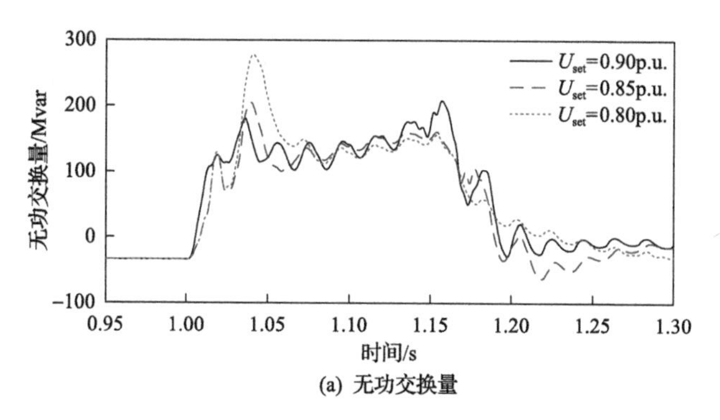

(a) 无功交换量

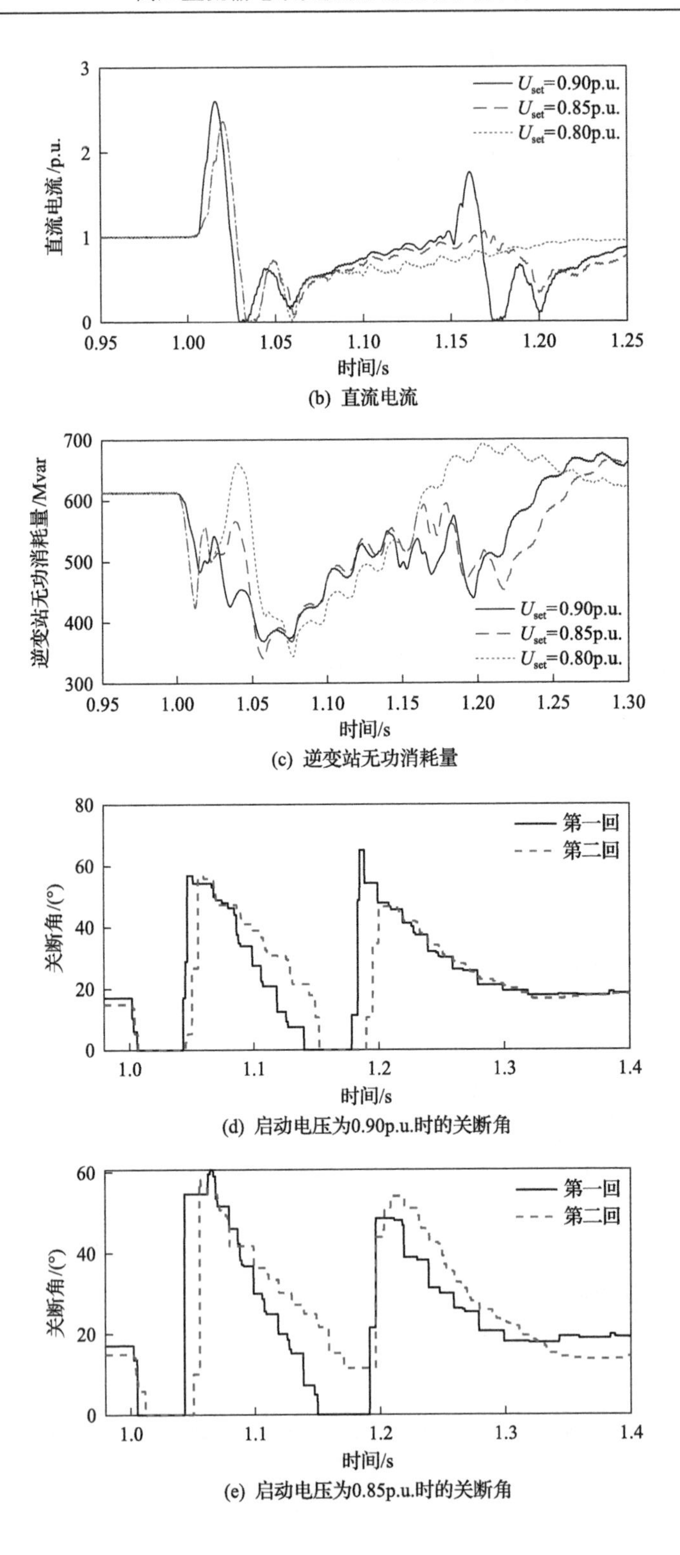

(b) 直流电流

(c) 逆变站无功消耗量

(d) 启动电压为0.90p.u.时的关断角

(e) 启动电压为0.85p.u.时的关断角

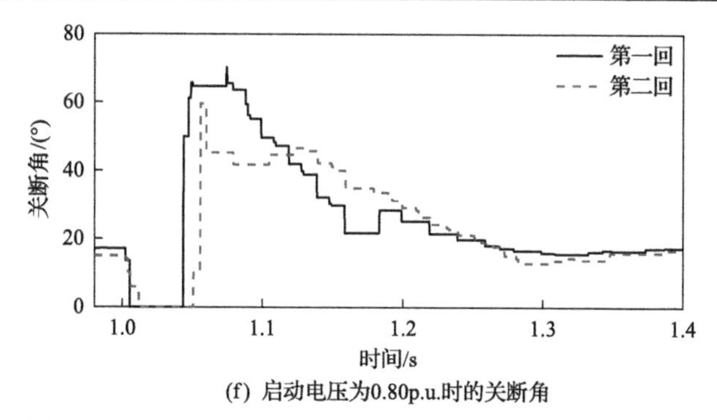

(f) 启动电压为0.80p.u.时的关断角

图 2.41　不同启动电压下的电气量(多馈入直流输电系统)

在 1.05～1.3s 时，在换相失败恢复期间，启动电压为 0.90p.u.时第一回和第二回直流输电系统均发生了后续换相失败；启动电压为 0.85p.u.时第一回直流输电系统发生了后续换相失败，第二回直流输电系统未发生后续换相失败；启动电压为 0.80p.u.时两回直流均未发生后续换相失败。降低启动电压的取值，可以降低本回直流和相邻直流发生后续换相失败的风险。

4. 换相失败预防控制的增益

在相同故障条件下，改变第一回直流输电系统逆变站换相失败预防控制的增益分别为 0.15、0.20、0.25，两回直流输电系统的电气量变化如图 2.42 所示。

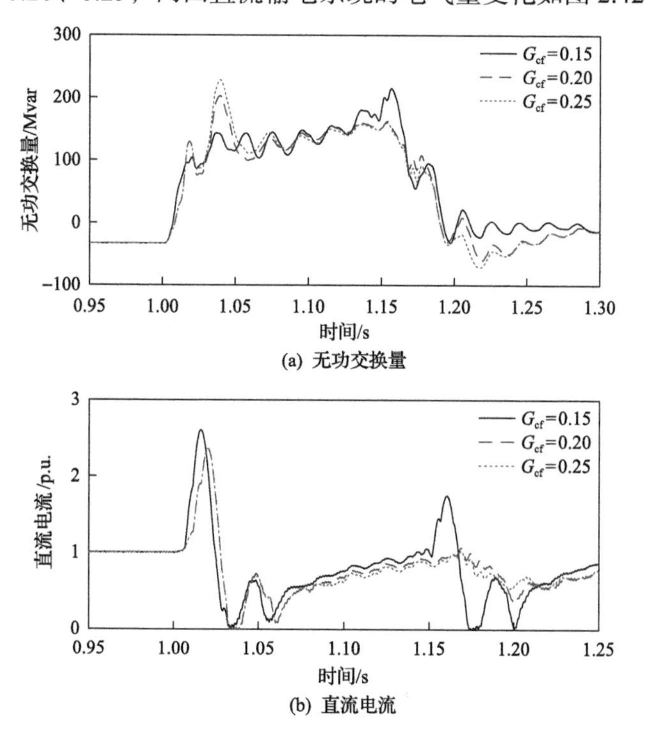

(a) 无功交换量

(b) 直流电流

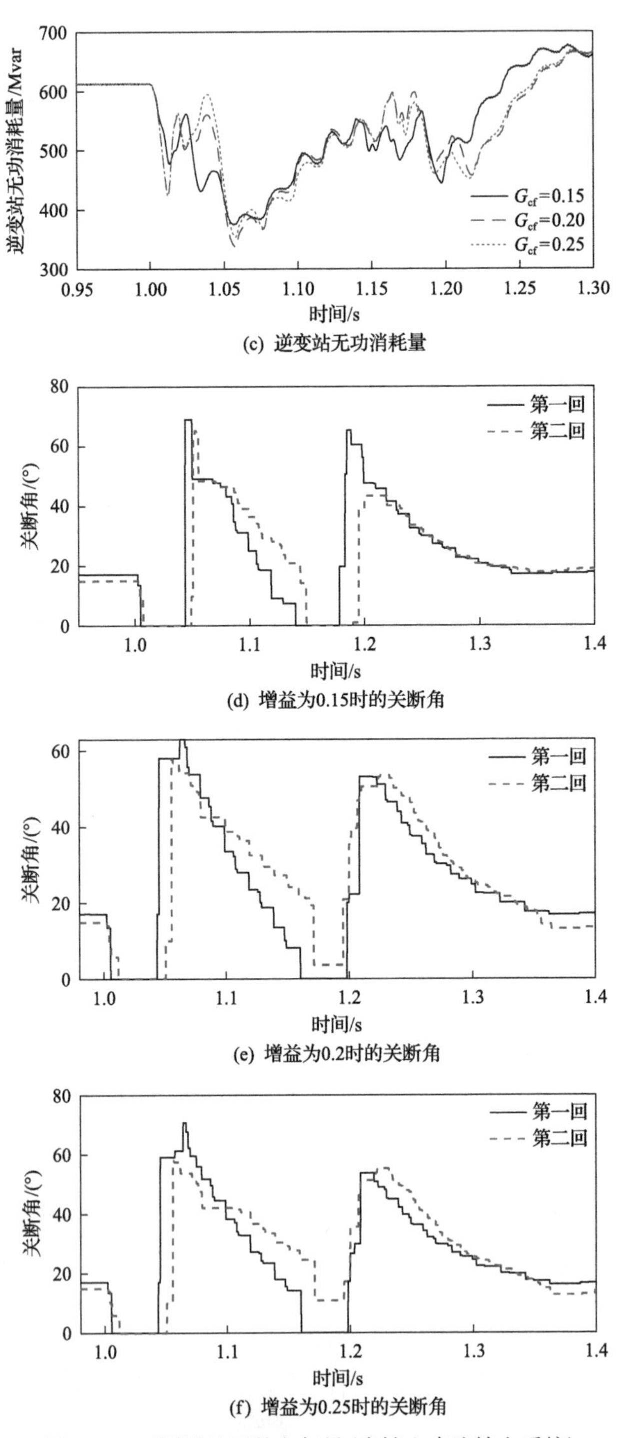

(c) 逆变站无功消耗量

(d) 增益为0.15时的关断角

(e) 增益为0.2时的关断角

(f) 增益为0.25时的关断角

图 2.42 不同增益下的电气量(多馈入直流输电系统)

在1～1.05s的首次换相失败期间，两回直流输电系统均发生了首次换相失败。在相同扰动下，增大增益的取值，可增大换相失败预防控制的触发角调节量，导致逆变站无功消耗量增大，两回直流输电系统间的无功交换量也增大，对相邻直流输电系统产生了负面影响。尽管增加换相失败预防控制的增益可提升直流输电系统首次换相失败的免疫能力，但也增加了相邻直流输电系统发生相继换相失败的风险。在1.05～1.3s时的换相失败恢复过程中，当增益为0.15时第二回直流输电系统发生了后续换相失败，控制增益分别为0.20和0.25时第二回直流输电系统均未发生后续换相失败。增大增益的取值，可以抑制相邻直流输电系统发生后续换相失败。

5. 定电流控制的比例系数

在相同故障条件下，改变第一回直流输电系统逆变站定电流控制的比例系数分别为0.53、0.63和0.73。如图2.43所示，随着定电流控制比例系数的增大，两回直流输电系统的无功交换量变化不大，比例系数的改变对直流电流和逆变站无功消耗量的影响也较小。定电流控制的比例系数取值由0.53增加至0.73时，第一回和第二回直流输电系统逆变站均发生了后续换相失败。因此，定电流控制的比例系数对直流输电系统换相失败的影响有限。

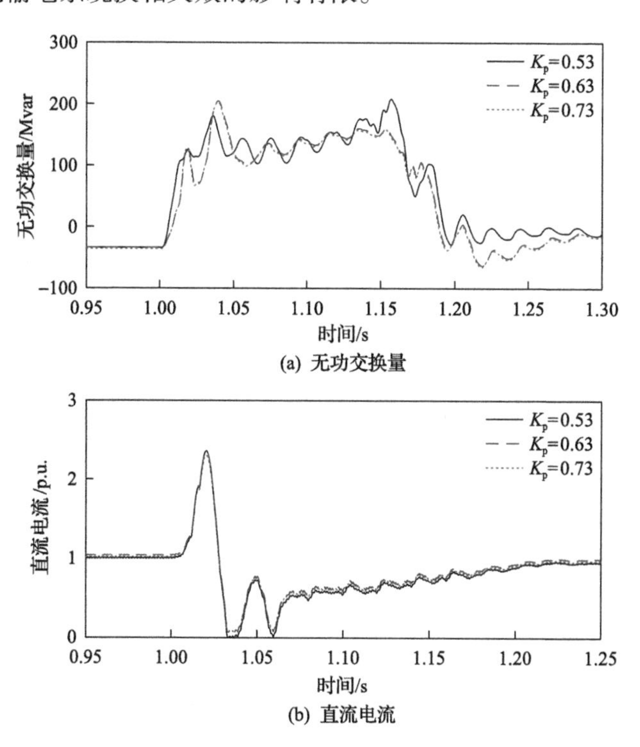

(a) 无功交换量

(b) 直流电流

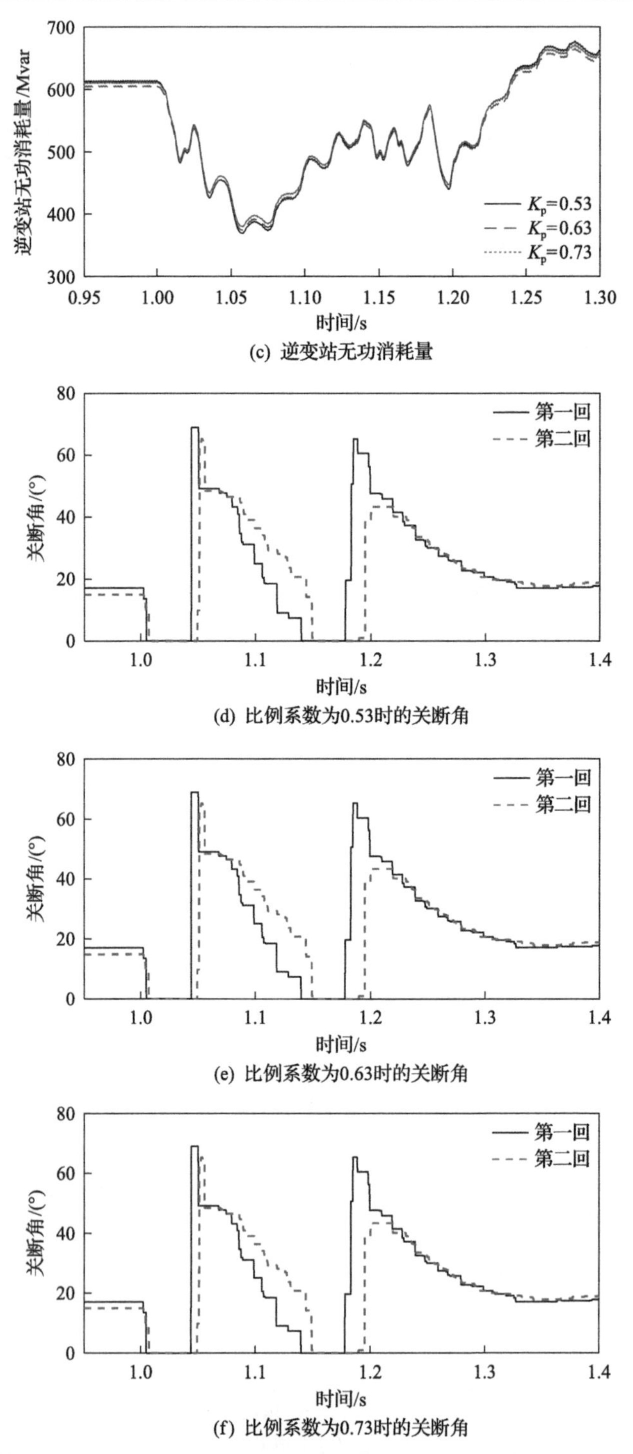

(c) 逆变站无功消耗量

(d) 比例系数为0.53时的关断角

(e) 比例系数为0.63时的关断角

(f) 比例系数为0.73时的关断角

图 2.43　定电流控制不同比例系数下的电气量(多馈入直流输电系统)

6. 定电流控制的积分时间常数

在相同故障条件下，改变第一回直流输电系统逆变站定电流控制的积分时间常数分别为 0.010s、0.015s、0.020s。如图 2.44 所示，随着定电流控制积分时间常数的增大，换相失败恢复过程中的关断角恢复速度增大，直流电流恢复到稳态值的时间基本相同。积分时间常数的增加可以减小无功波动，有益于换相失败的抑制。但是，积分时间常数越大，对相邻直流逆变站的影响也越大，可能增大相邻直流输电系统发生换相失败的风险。

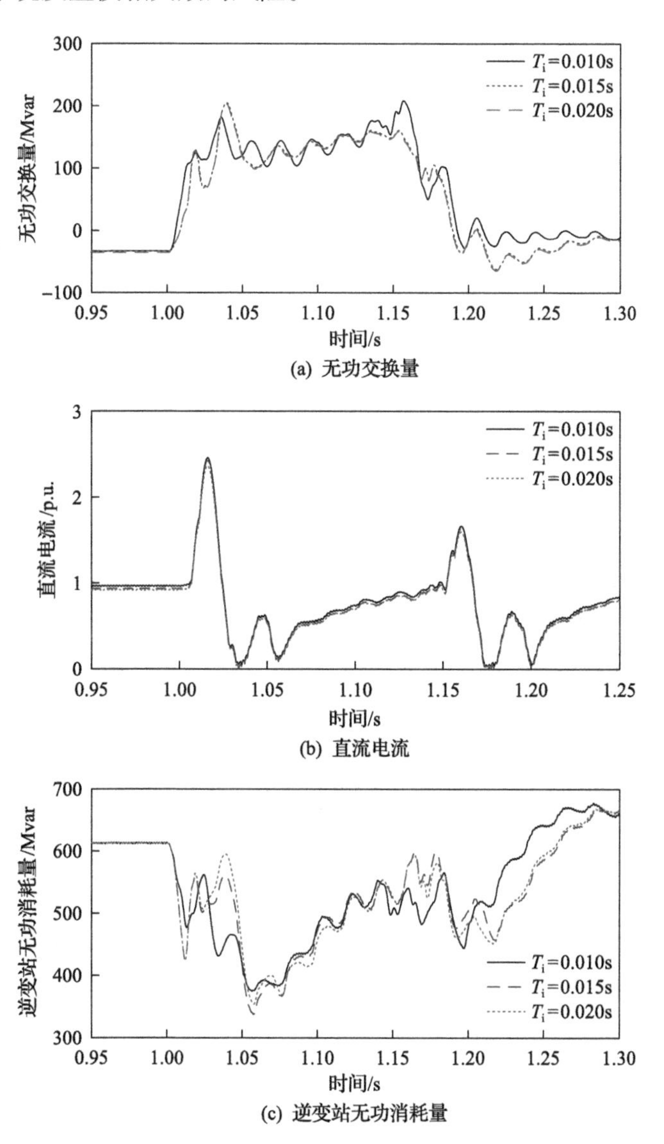

(a) 无功交换量

(b) 直流电流

(c) 逆变站无功消耗量

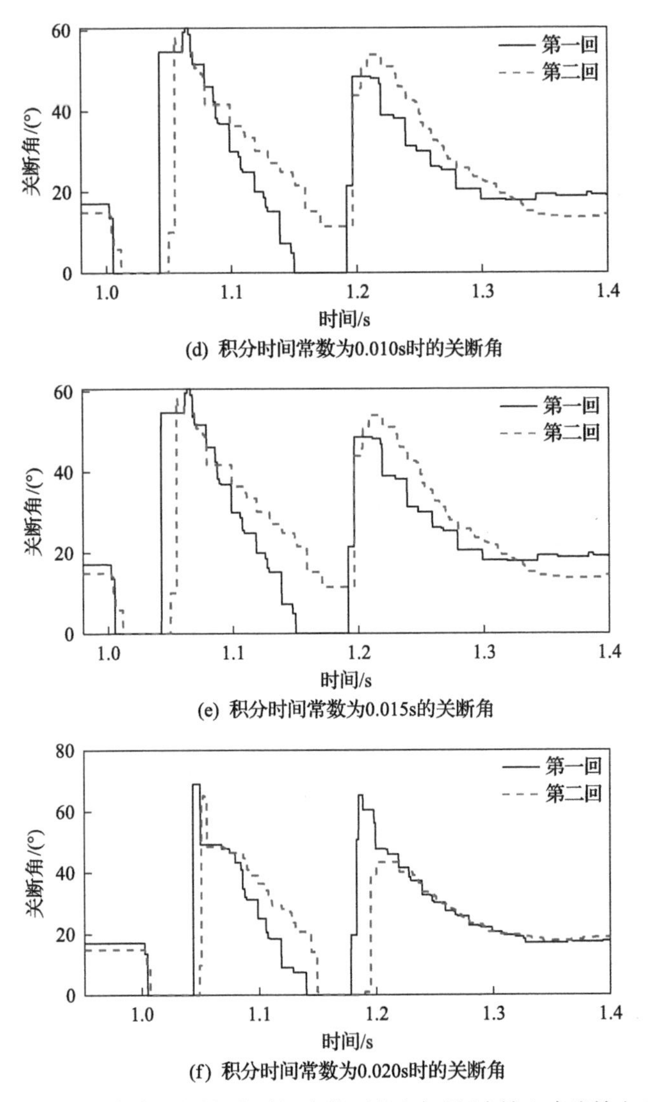

(d) 积分时间常数为0.010s时的关断角

(e) 积分时间常数为0.015s的关断角

(f) 积分时间常数为0.020s时的关断角

图 2.44　定电流控制不同积分时间常数下的电气量(多馈入直流输电系统)

7. 定关断角控制的比例系数

在相同故障条件下，改变第一回直流输电系统逆变站定关断角控制的比例系数分别为 0.65、0.75、0.85。随着比例系数的增加，定关断角控制输出的超前触发角指令值增大。但是，如图 2.45 所示，定关断角控制的比例系数对直流电流影响不大，第一回直流输电系统均发生了 2 次换相失败，第二回直流输电系统均发生 1 次换相失败。增大比例系数对换相失败的影响较为有限。

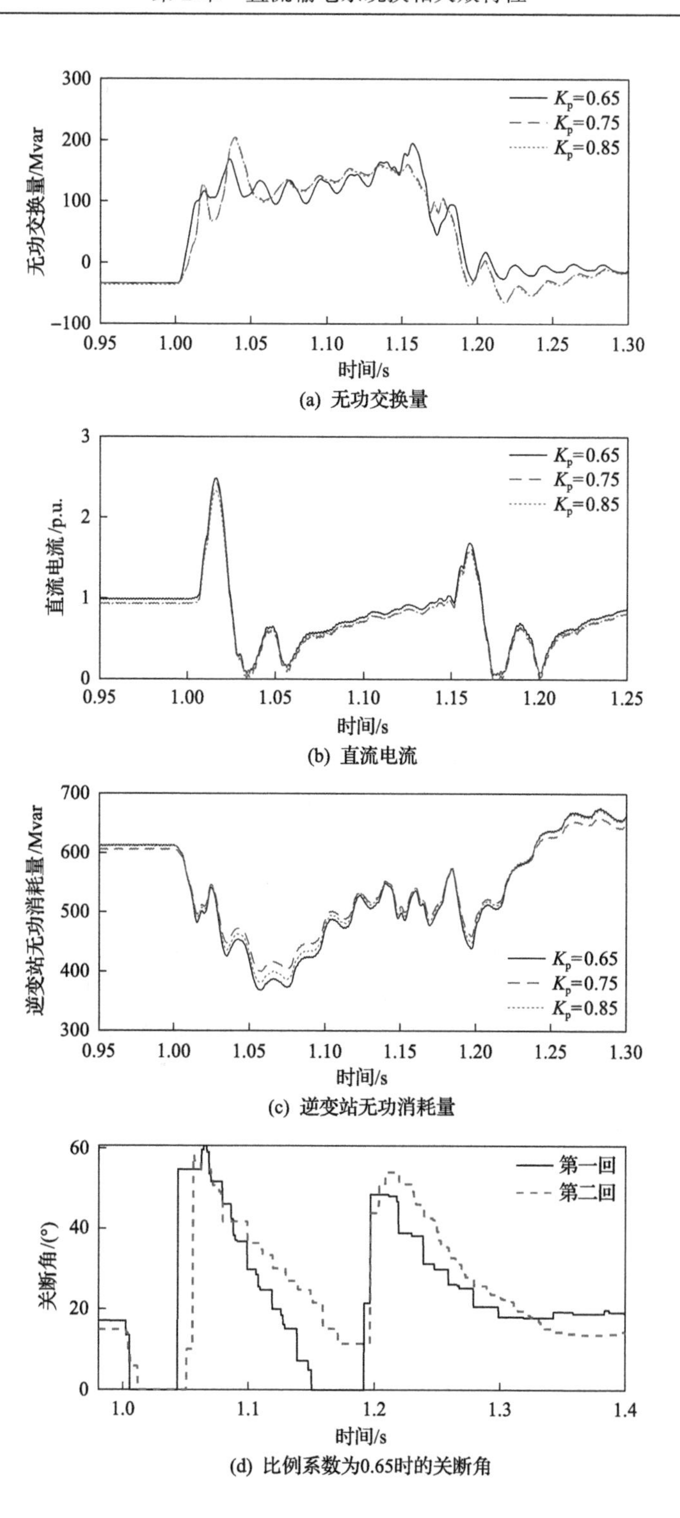

(a) 无功交换量

(b) 直流电流

(c) 逆变站无功消耗量

(d) 比例系数为0.65时的关断角

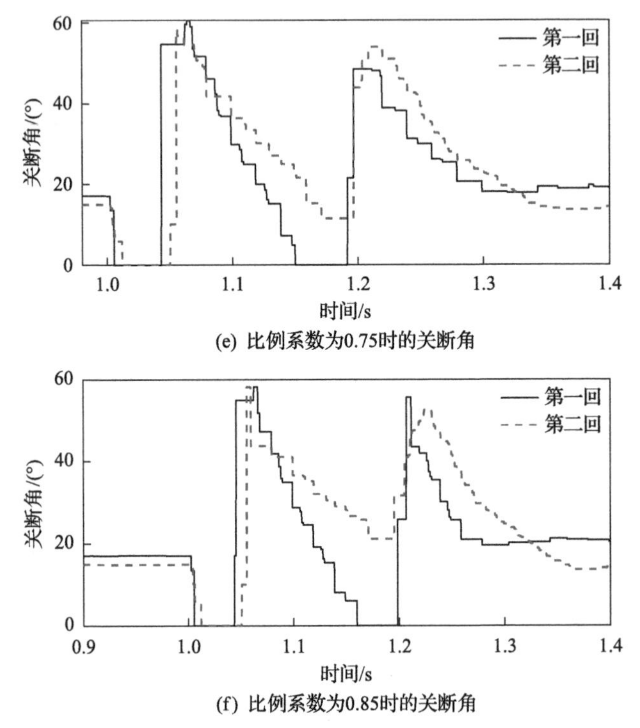

(e) 比例系数为0.75时的关断角

(f) 比例系数为0.85时的关断角

图 2.45　定关断角控制不同比例系数下的电气量(多馈入直流输电系统)

8. 定关断角控制的积分时间常数

在相同故障条件下，改变第一回直流输电系统逆变站定关断角控制的积分时间常数分别为 0.050s、0.054s 和 0.060s。如图 2.46 所示，随着定关断角控制积分时间常数的增大，换相失败恢复过程中的关断角恢复速度变快，对两回直流输电系统间的无功交换量影响较小。第一回直流输电系统逆变站均发生了 2 次换相失败，第二回直流输电系统均发生了 1 次换相失败。积分时间常数影响关断角的恢复速度，但对换相失败的影响较小。

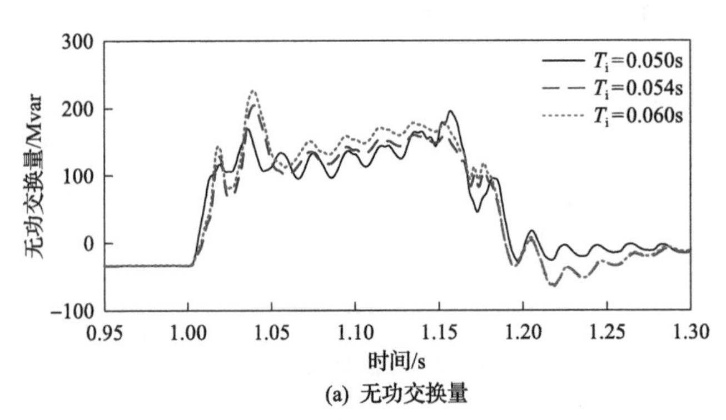

(a) 无功交换量

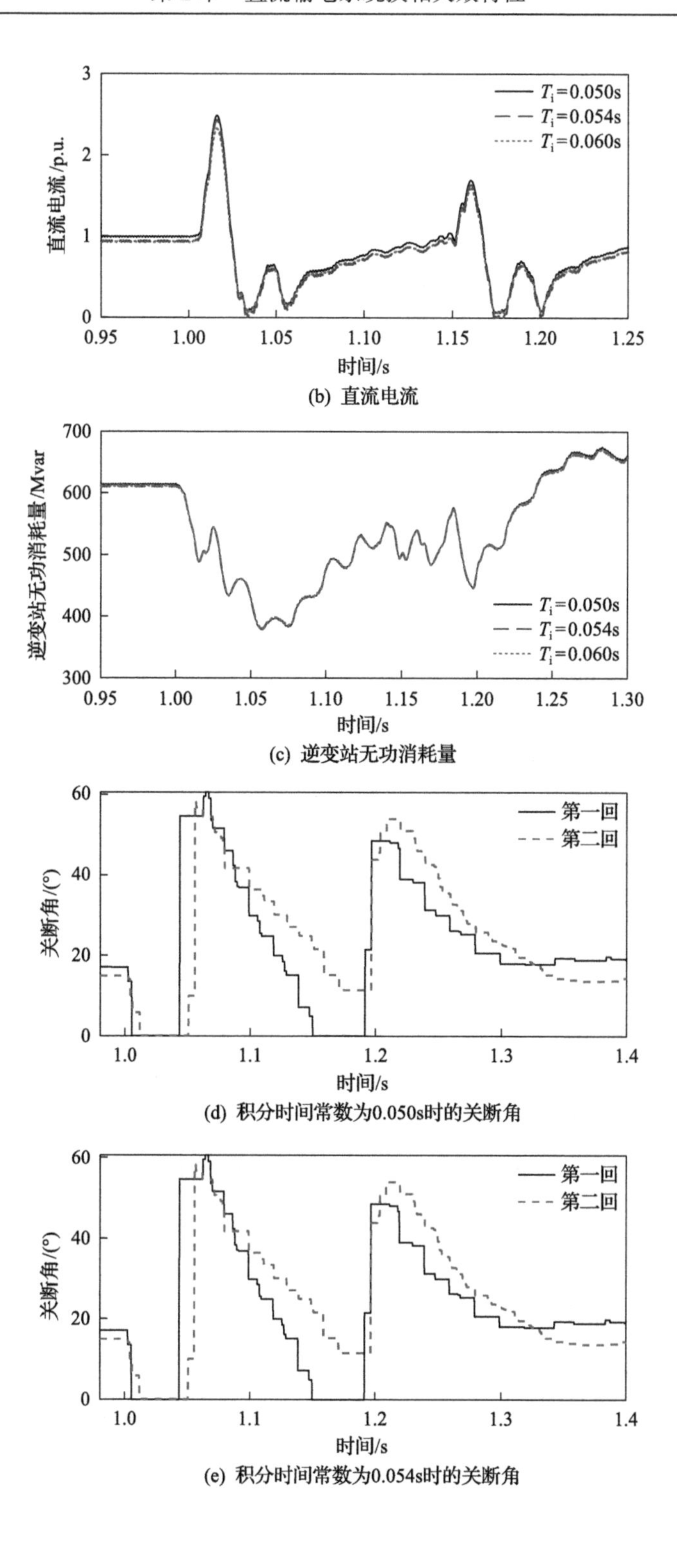

(b) 直流电流

(c) 逆变站无功消耗量

(d) 积分时间常数为0.050s时的关断角

(e) 积分时间常数为0.054s时的关断角

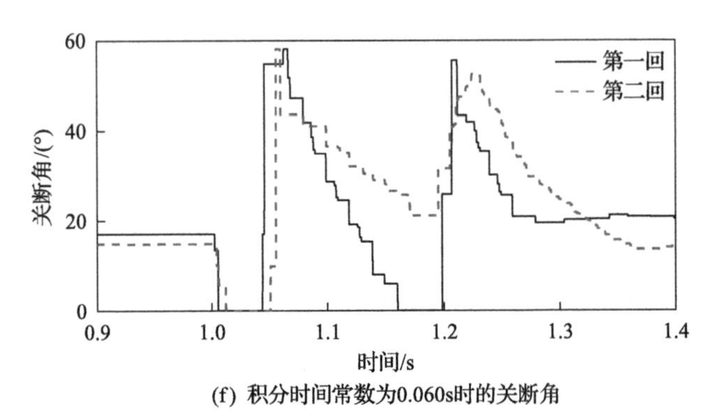

(f) 积分时间常数为0.060s时的关断角

图 2.46 定关断角控制不同积分时间常数下的电气量(多馈入直流输电系统)

2.4.6 控制系统影响实例

本节针对某实际直流工程分析低压限流控制、换相失败预防控制、定电流控制和定关断角控制对换相失败的影响。换流站低压限流控制参数如表 2.1 所示。换流站换相失败预防控制参数如表 2.2 所示。换流站定电流控制参数如表 2.3 所示。换流站定关断角控制参数如表 2.4 所示。逆变站侧交流系统的等值阻抗正序阻抗为 7.58Ω，阻抗角为 80.8°。受端交流系统的短路比为 3.7。

表 2.1 换流站低压限流控制参数

参数名称	单位	数值
直流电压高值 U_{DH}	p.u.	0.70
直流电压低值 U_{DL}	p.u.	0.10
直流电流限值 I_{LIM}	p.u.	0.345
电压降低时间常数 T_{CDN}	s	0.015

表 2.2 换流站换相失败预防控制参数

参数名称	单位	数值
三相短路故障检测增益 ABGAIN	—	0.075
三相短路故障检测比较系数 ABSET	—	0.15
单相短路故障检测增益 ZGAIN	—	0.075
单相短路故障检测比较系数 ZSET	—	0.14

表 2.3　换流站定电流控制参数

参数名称	单位	数值
定电流控制增益 GAIN_C	—	30
定电流控制比例系数 KP1	—	2.8
定电流控制时间常数 T1	s	0.2

表 2.4　换流站定关断角控制参数

参数名称	单位	数值
定关断角控制比例系数 GAIN_A	—	0.15
定关断角控制时间常数 TC	—	0.012s

1. 不同低压限流控制参数

1) 直流电压高值

在逆变站换流母线处设置三相短路故障，过渡电阻为 20Ω，将低压限流控制的直流电压高值由 0.70p.u.分别调整为 0.65p.u.和 0.75p.u.。直流电压高值越大，直流电流限流幅值越小。不同直流电压高值下的逆变站触发角、逆变站关断角、直流电流、逆变站换流母线电压、直流传输功率、逆变站交换无功功率如图 2.47 所示。由图 2.47 可见，当增大低压限流控制的直流电压高值时，逆变站触发角调节量增大，有利于提升逆变站换相裕度，换流母线电压和直流传输功率恢复水平接近。当直流电压高值降低至 0.65p.u.时，由于逆变站触发角调节量不足，换流站在故障恢复过程中发生了后续换相失败。

2) 直流电压低值

换流母线处设置三相短路故障，过渡电阻为 20Ω，分别将低压限流控制中的直流电压低值由 0.10p.u.调整为 0.05p.u.和 0.15p.u.。图 2.48 可知，随着直流电压低值增大，相同电压对应的直流电流限流幅值越小，触发角调节量越大，换相裕度提升越明显，有利于在故障期间降低直流系统的无功消耗，提升直流传输功率恢复速率。当直流电压低值降低至 0.05p.u.时，由于提前触发量不足，关断角出现明显下降。因此，适当增大直流电压低值可以提升逆变站换相失败的免疫能力。

3) 直流电流限值

在逆变站换流母线处设置三相短路故障，过渡电阻为 20Ω，将低压限流控制的直流电流限值由 0.345p.u.分别调整为 0.4p.u.和 0.3p.u.。直流电流限值越小，相同电压对应的直流电流限流幅值越小。根据图 2.49，当直流电流限值增大至 0.4p.u.时，换流站在故障恢复过程中发生了后续换相失败现象；直流电流限值减小有利于在故障期间快速降低直流系统的无功消耗量，改善受端电网电压恢复速率。因此，适当降低直流电流限值可以提升逆变站换相失败的免疫能力。

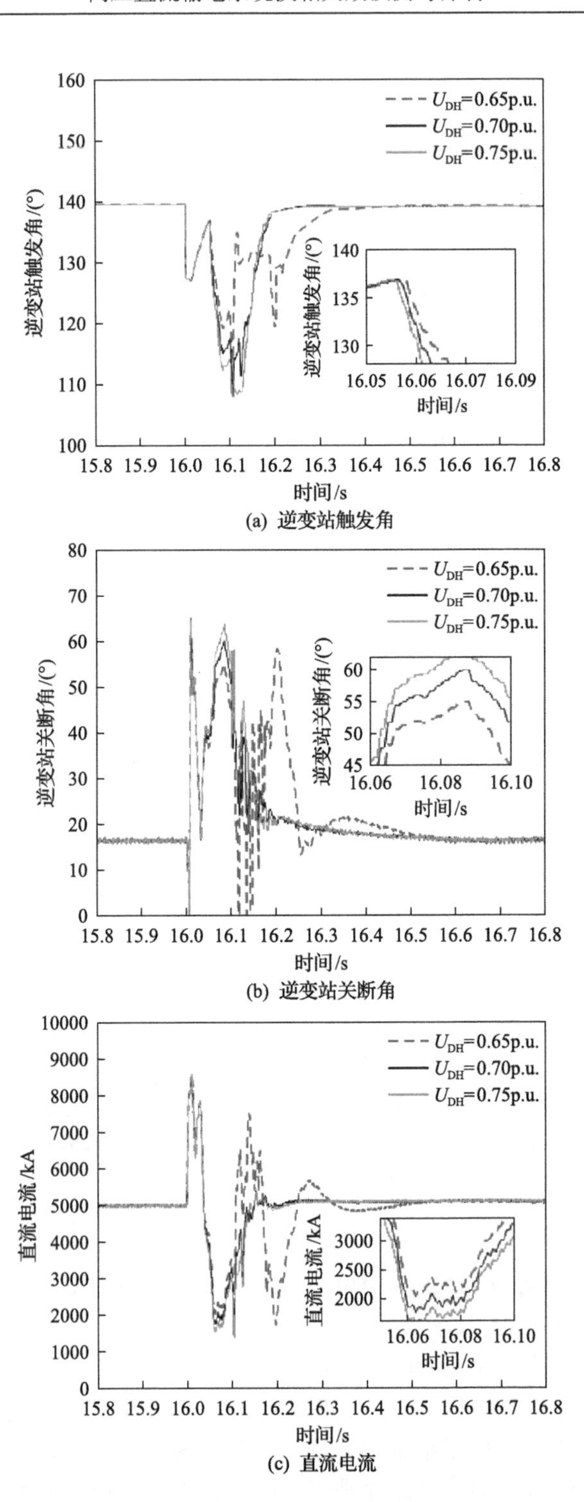

(a) 逆变站触发角

(b) 逆变站关断角

(c) 直流电流

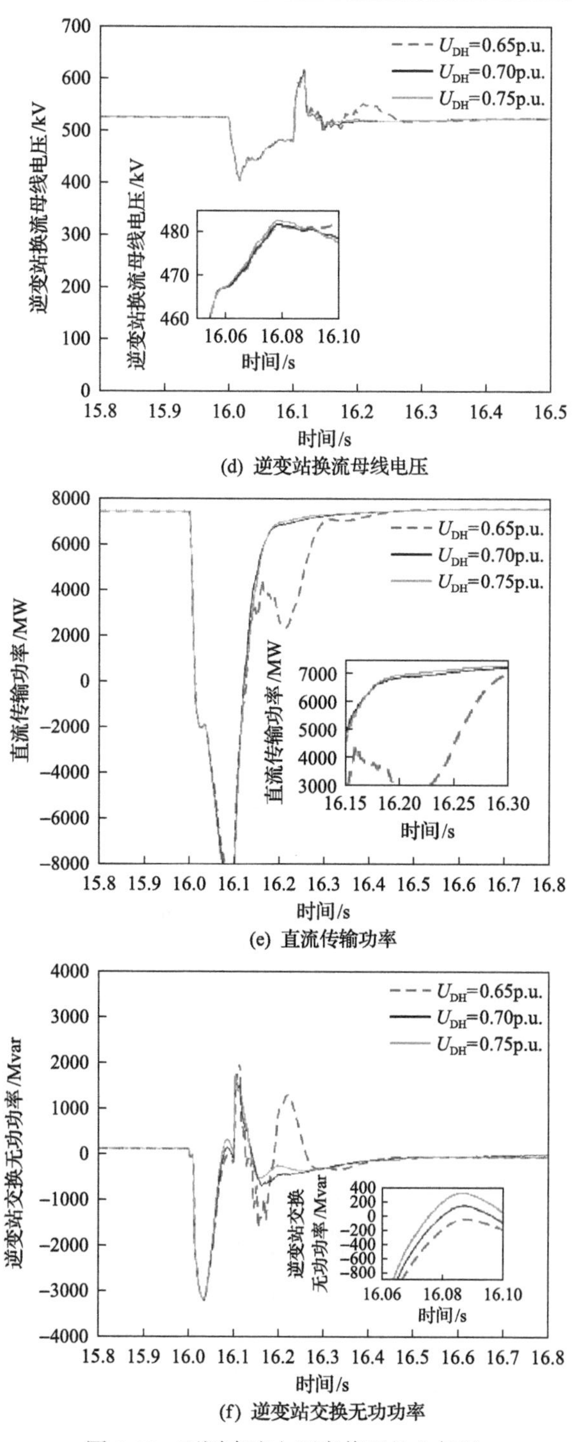

(d) 逆变站换流母线电压

(e) 直流传输功率

(f) 逆变站交换无功功率

图 2.47　不同直流电压高值下的电气量

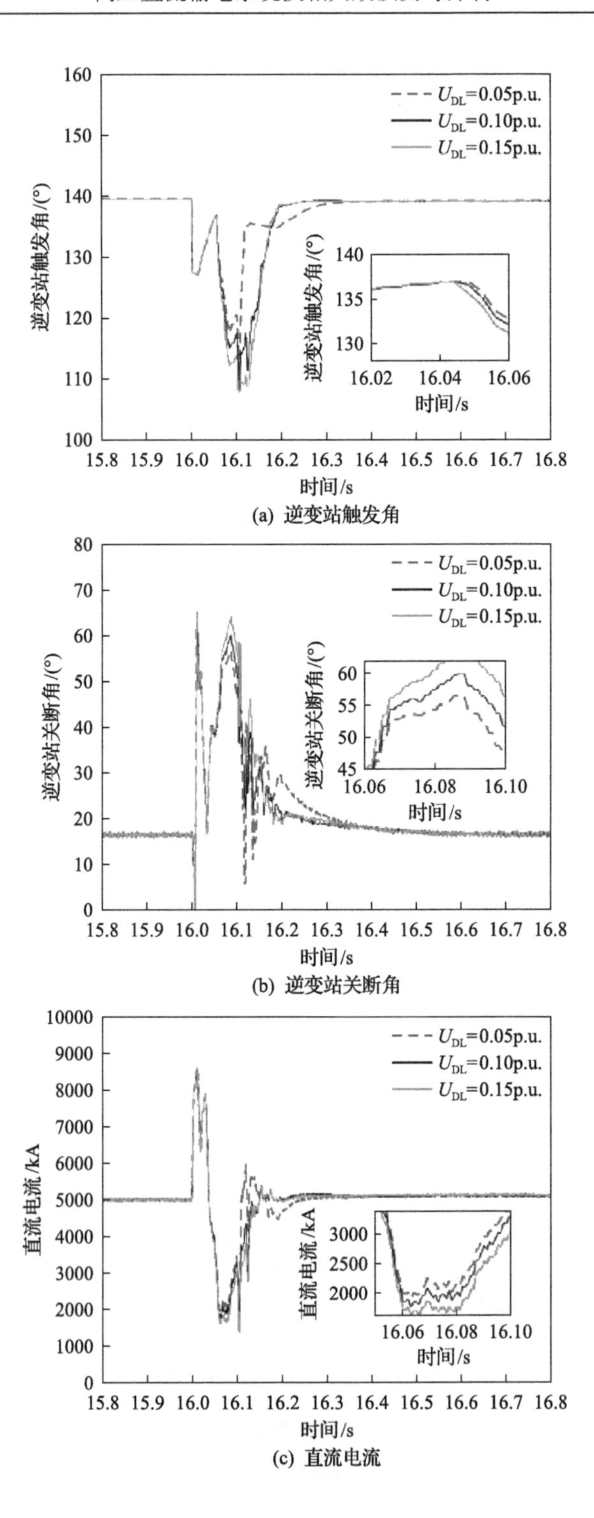

(a) 逆变站触发角

(b) 逆变站关断角

(c) 直流电流

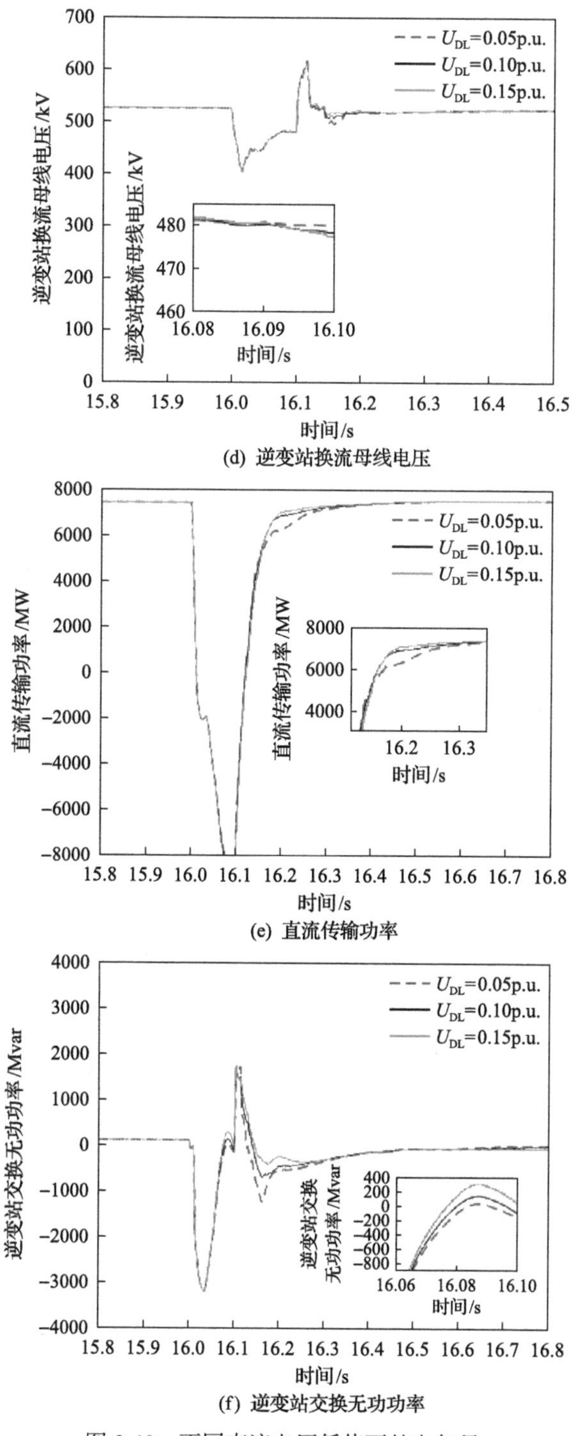

(d) 逆变站换流母线电压

(e) 直流传输功率

(f) 逆变站交换无功功率

图2.48　不同直流电压低值下的电气量

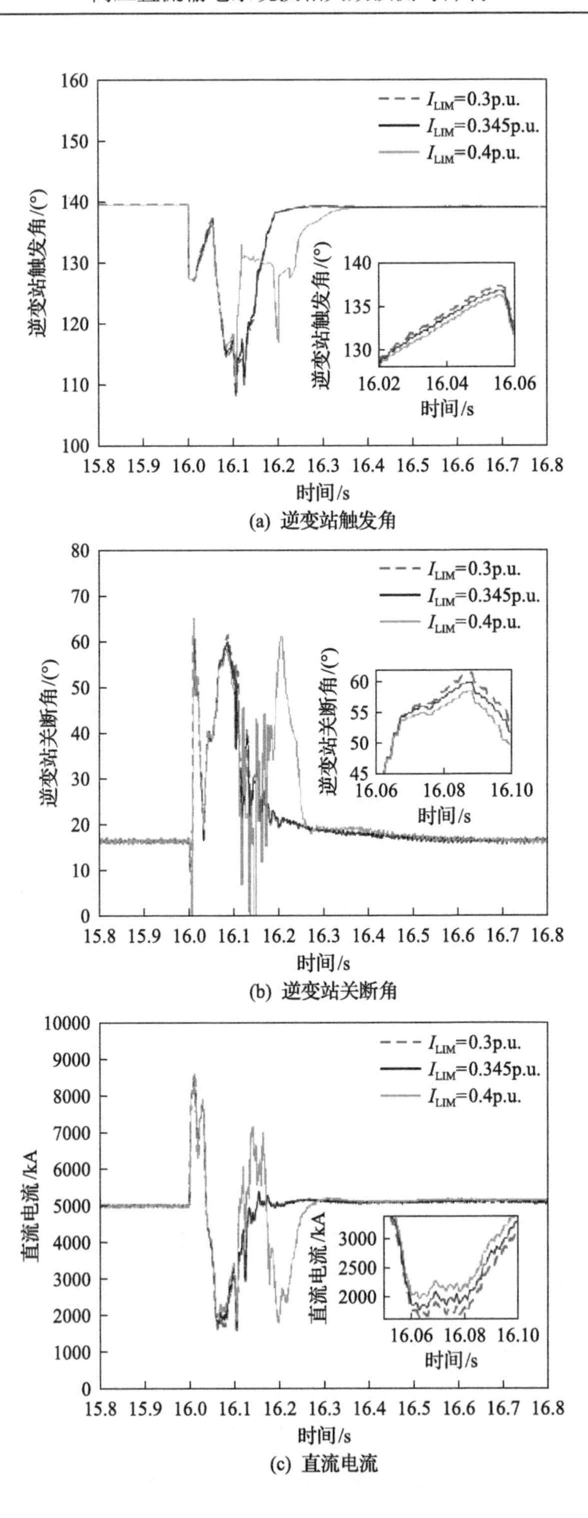

(a) 逆变站触发角

(b) 逆变站关断角

(c) 直流电流

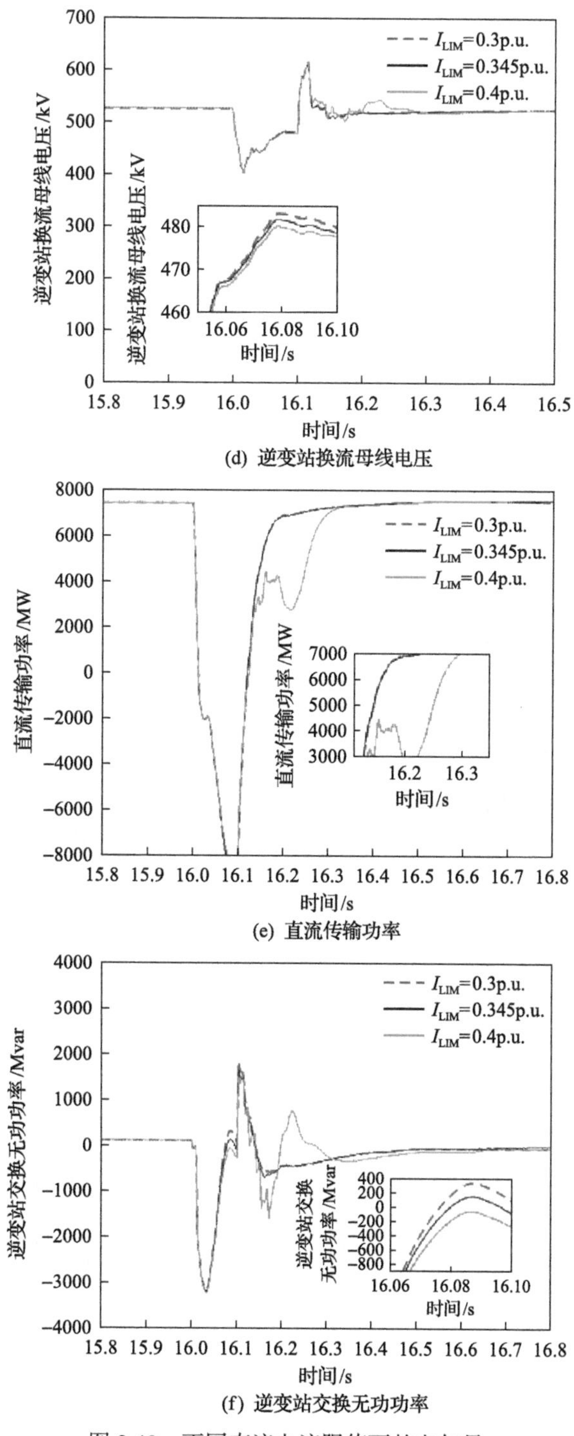

图 2.49 不同直流电流限值下的电气量

4）电压降低时间常数

在换流站换流母线处设置三相短路故障，过渡电阻为 20Ω，将低压限流控制中的电压降低时间常数由 0.015s 分别调整为 0.01s 和 0.02s。根据图 2.50，当减小电压降低时间常数时，触发角的调节更加迅速，有利于在故障期间降低直流系统的无功消耗量，提高受端电网电压恢复速率。而当电压降低时间常数增大至 0.02s 时，由于低压限流控制响应速度下降，换流站在故障恢复过程中发生了后续换相失败现象。因此，适当减小电压降低时间常数可以提升逆变站换相失败的免疫能力。

2. 不同换相失败预防控制参数

1）三相短路故障检测增益

换流母线处设置三相短路故障，过渡电阻为 20Ω，分别将换相失败预防控制中的三相短路故障检测增益由 0.075 调整为 0.065 和 0.1。根据图 2.51，当增大三

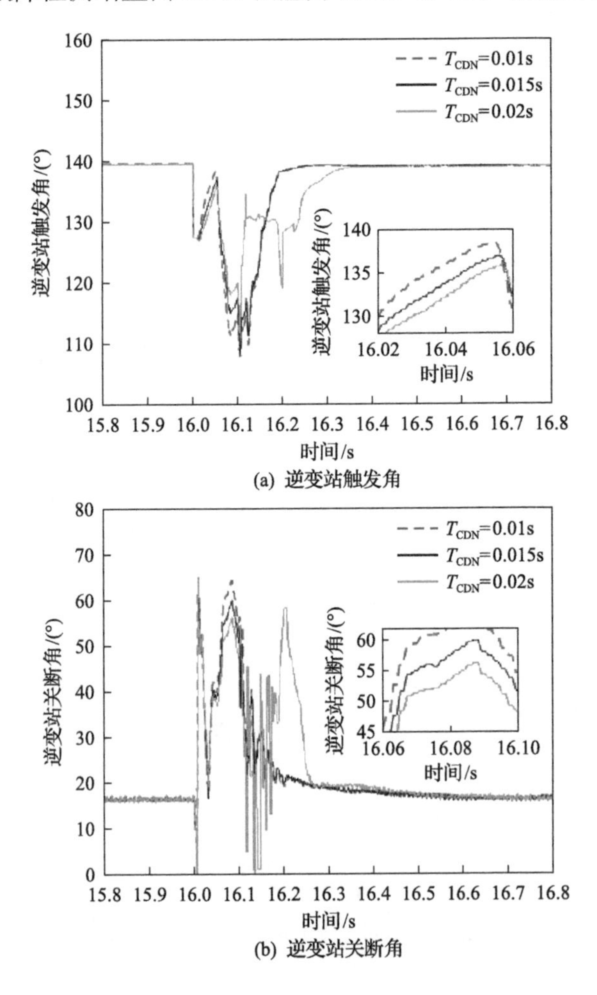

(a) 逆变站触发角

(b) 逆变站关断角

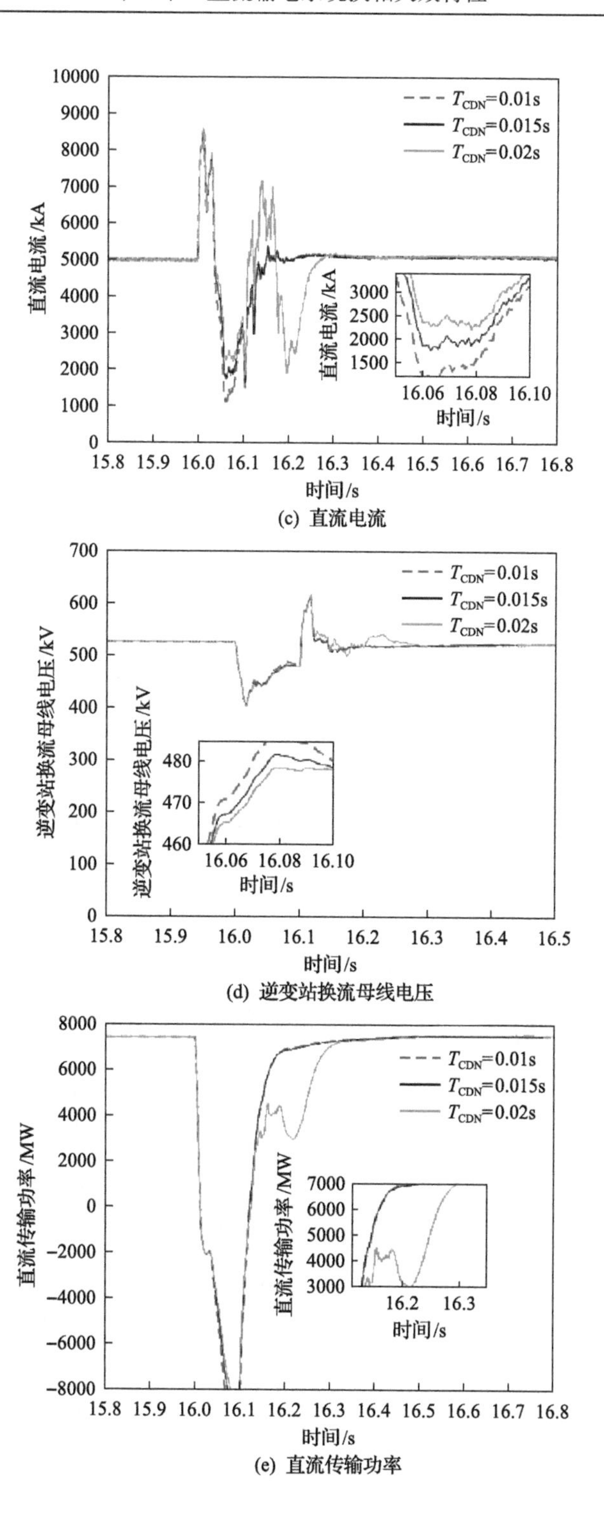

(c) 直流电流

(d) 逆变站换流母线电压

(e) 直流传输功率

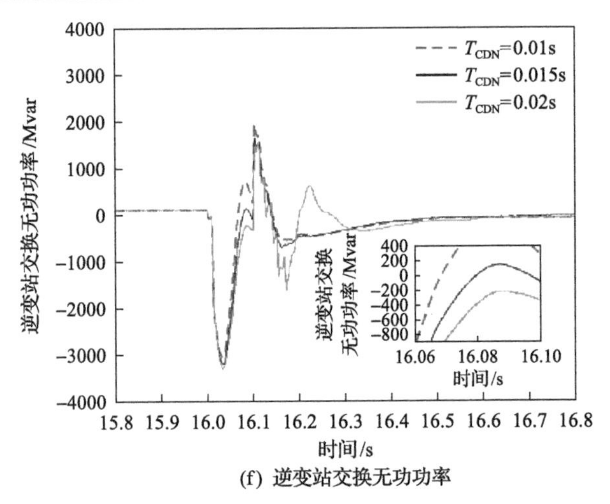

(f) 逆变站交换无功功率

图 2.50　不同电压降低时间常数下的电气量

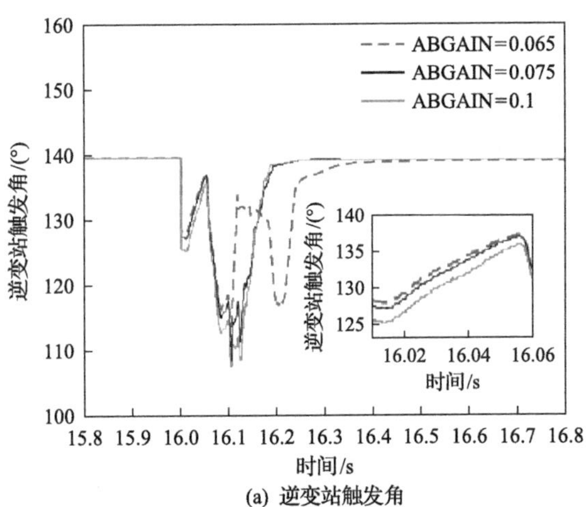

(a) 逆变站触发角

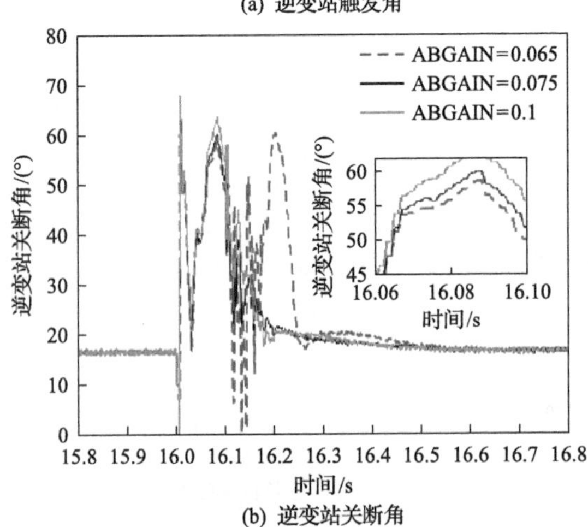

(b) 逆变站关断角

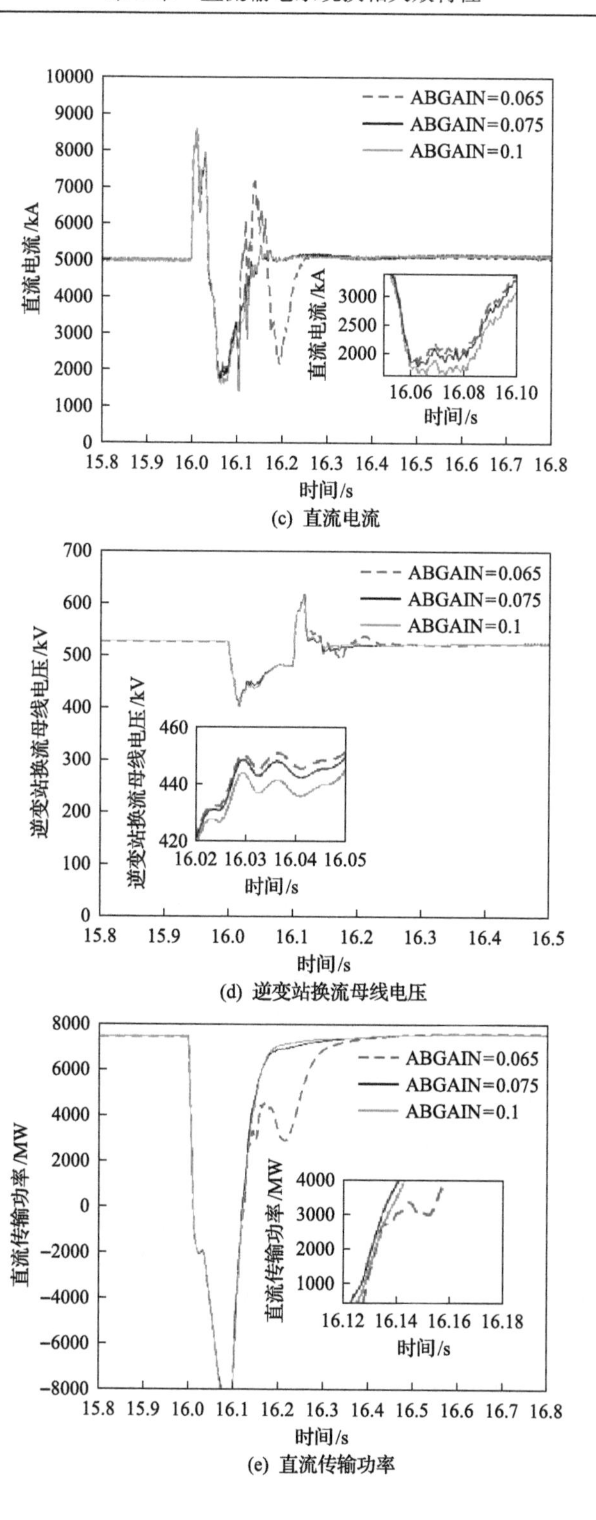

(c) 直流电流

(d) 逆变站换流母线电压

(e) 直流传输功率

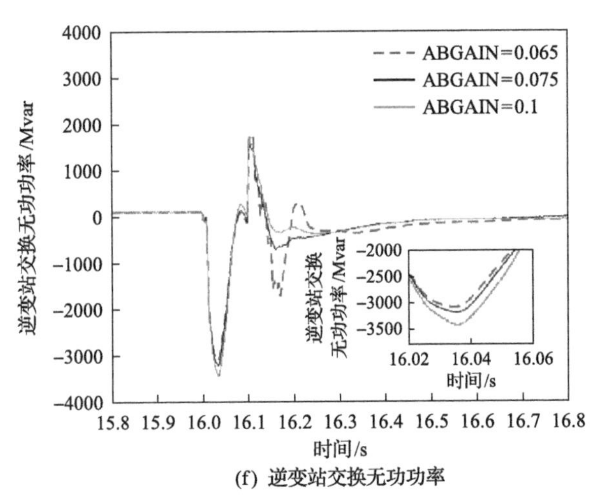

(f) 逆变站交换无功功率

图 2.51　不同三相短路故障检测增益下的电气量

相短路故障检测增益时，逆变站提前触发角调节量变大，有利于提升逆变站换相裕度，但会增大故障期间直流系统的无功消耗量，受端电网电压恢复水平变差。当三相短路故障检测增益降低至 0.065 时，由于逆变站提前触发量不足，换流站在故障恢复过程中发生了后续换相失败。因此，适当增大三相短路故障检测增益有利于提升换相裕度，但会在一定程度上降低电压恢复效果。

2) 三相短路故障检测比较系数

换流母线处设置三相短路故障，过渡电阻为 20Ω，分别将换相失败预防控制中的三相短路故障检测比较系数由 0.15 调整为 0.1 和 0.2。根据图 2.52，当增大三相短路故障检测比较系数时，换相失败预防控制容易提前退出；当三相短路故障检测比较系数增大至 0.2 时，由于在电压恢复过程中逆变站提前触发控制过早退出，换流站在故障恢复过程中发生了后续换相失败。当适当降低三相短路故障检测比较系数时，提前触发控制作用持续时间更长，有利于提升换相裕度，但会在一定程度上降低电压恢复效果。

3) 单相短路故障检测增益

换流母线处设置单相短路故障，过渡电阻为 16Ω，分别将换相失败预防控制中的单相短路故障检测增益由 0.075 调整为 0.065 和 0.1。根据图 2.53，当增大单相短路故障检测增益时，逆变站提前触发角调节量增大，有利于提升逆变站换相裕度，此外，在故障恢复过程中直流电流限流幅值更高，直流传输功率更快恢复；但会增大故障期间直流系统的无功消耗量，受端电网电压恢复水平变差。

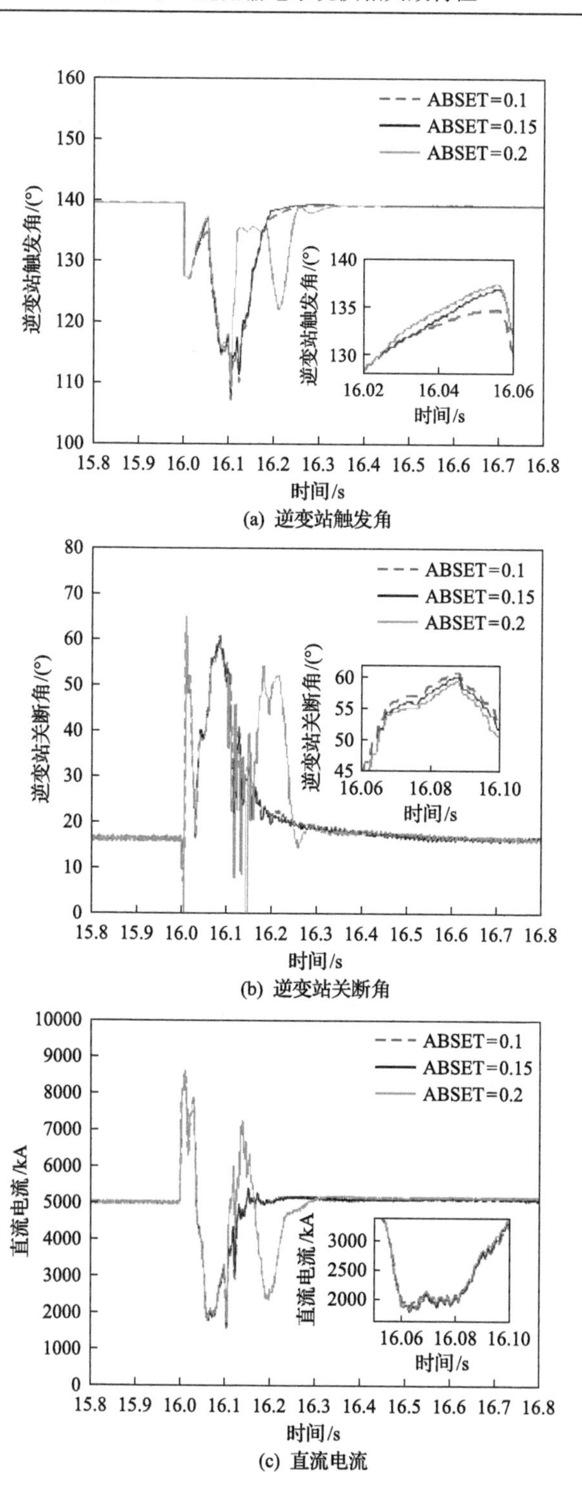

(a) 逆变站触发角

(b) 逆变站关断角

(c) 直流电流

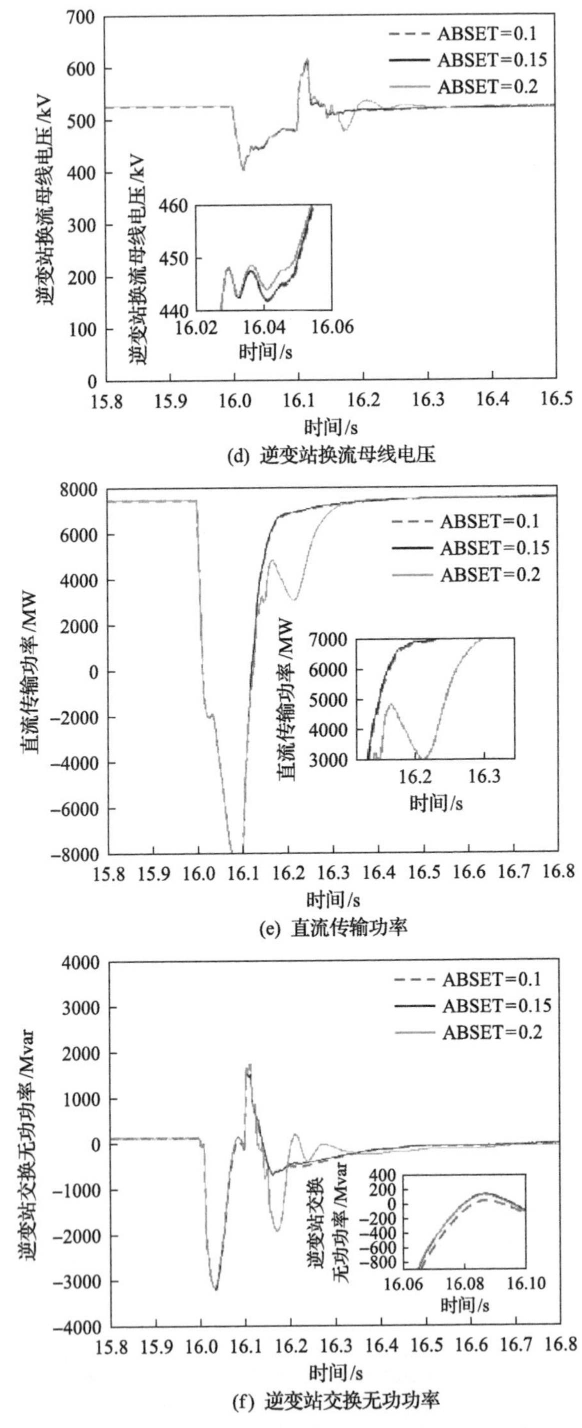

图 2.52 不同三相短路故障检测比较系数下的电气量

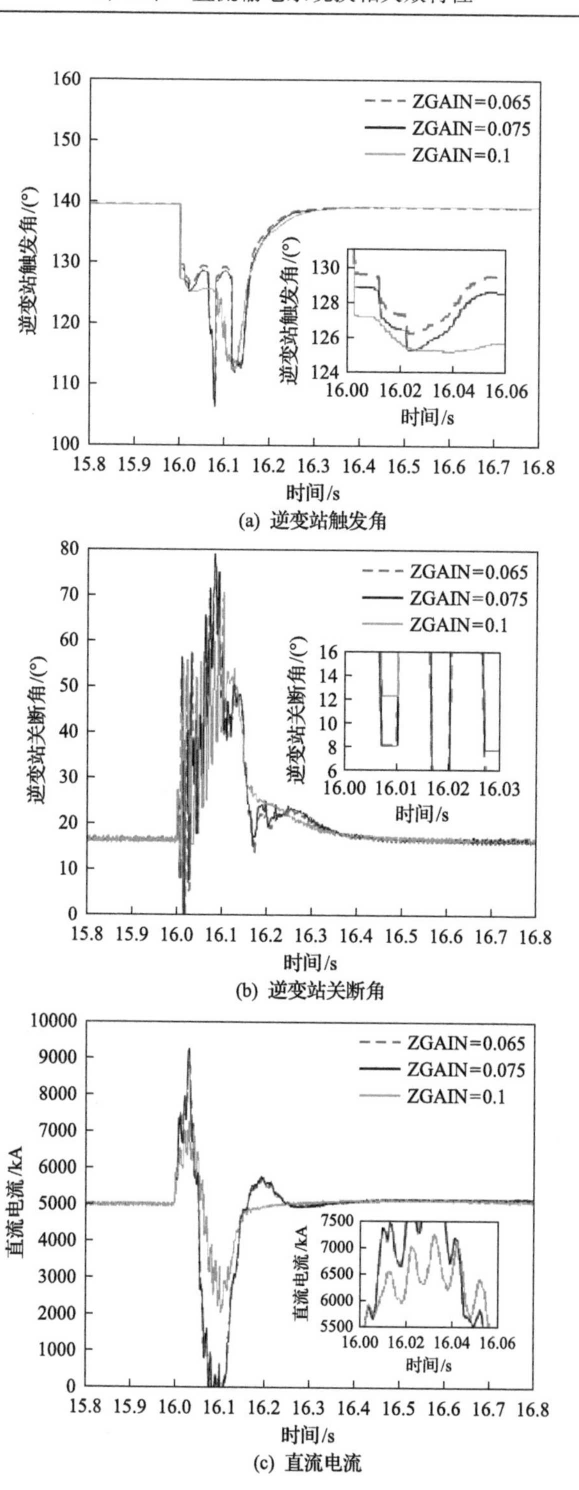

(a) 逆变站触发角

(b) 逆变站关断角

(c) 直流电流

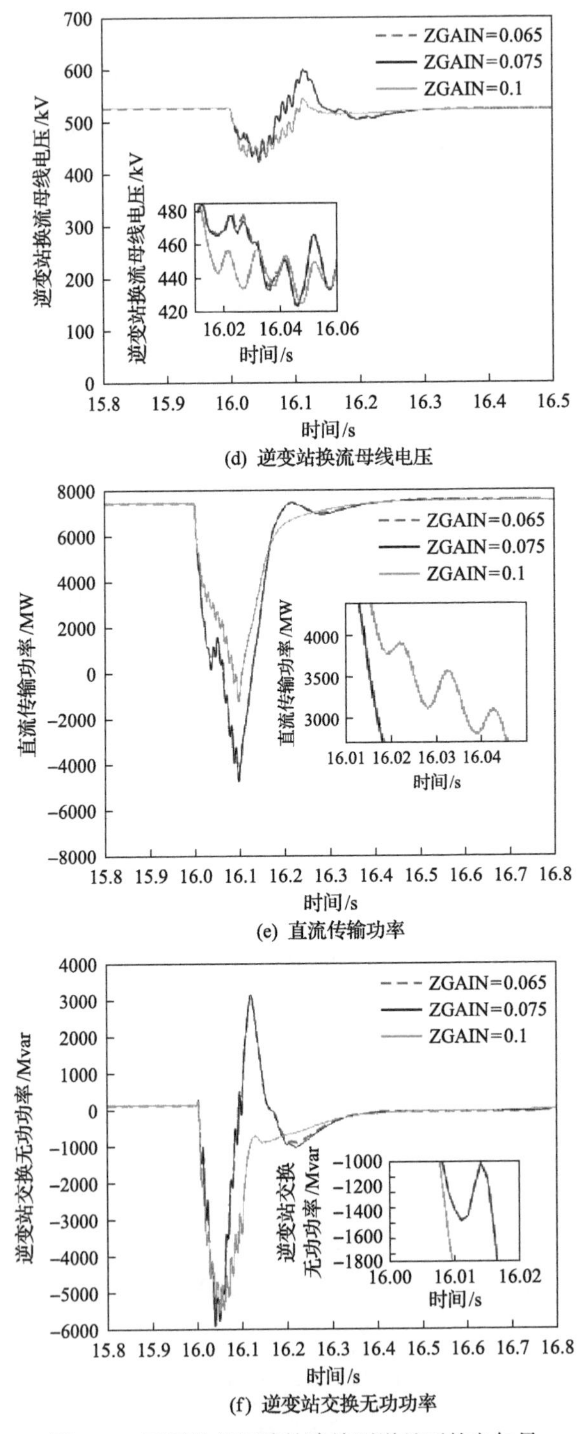

图 2.53　不同单相短路故障检测增益下的电气量

4）单相短路故障检测比较系数

换流母线处设置单相短路故障，过渡电阻为 17Ω，分别将换相失败预防控制中的单相短路故障检测比较系数由 0.14 调整为 0.1 和 0.2。根据图 2.54，当减小单相短路故障检测比较系数时，换相失败预防控制可更快进入提前触发控制状态，当适当降低单相短路故障检测比较系数时，提前触发控制作用持续时间更长，有利于提升换相裕度，直流传输功率更快恢复，但会在一定程度上降低电压恢复效果。

3. 不同定电流控制参数

1）定电流控制比例系数

换流母线处设置三相短路故障，过渡电阻为 20Ω，分别将定电流控制中的比例系数 KP1 由 2.8 调整为 2.3 和 3.2。根据图 2.55，当减小定电流控制比例系数时，直流电流幅值变小，有利于提升逆变站换相裕度，直流传输功率更快恢复；但会增大故障期间直流系统的无功消耗量，受端电网电压恢复水平变差。

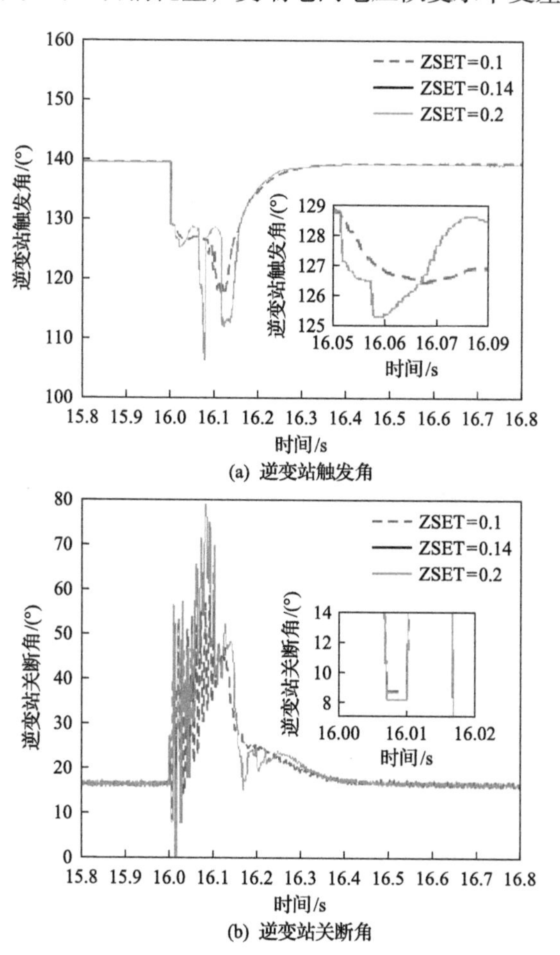

(a) 逆变站触发角

(b) 逆变站关断角

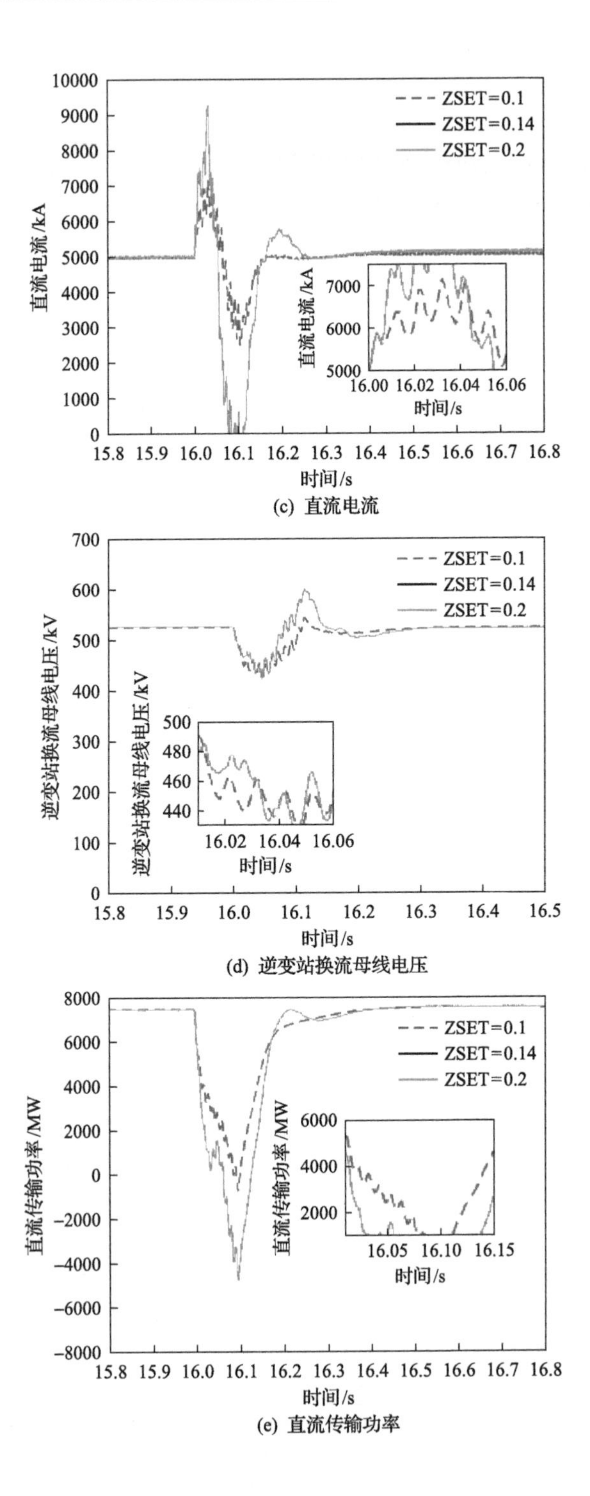

(c) 直流电流

(d) 逆变站换流母线电压

(e) 直流传输功率

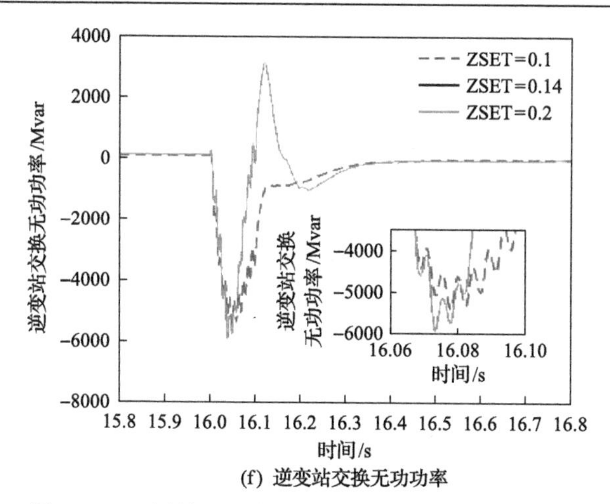

(f) 逆变站交换无功功率

图 2.54　不同单相短路故障检测比较系数下的电气量

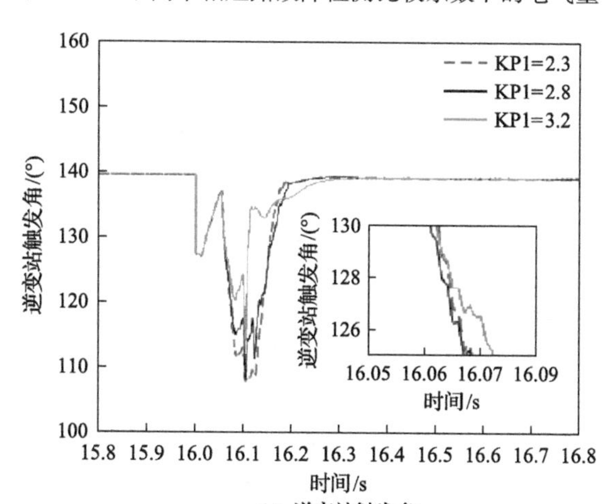

(a) 逆变站触发角

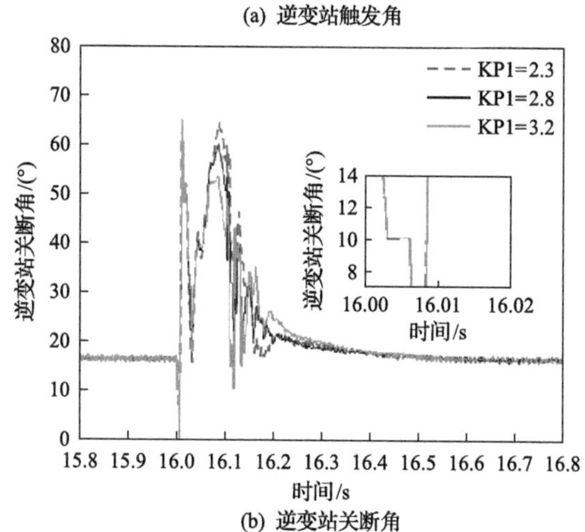

(b) 逆变站关断角

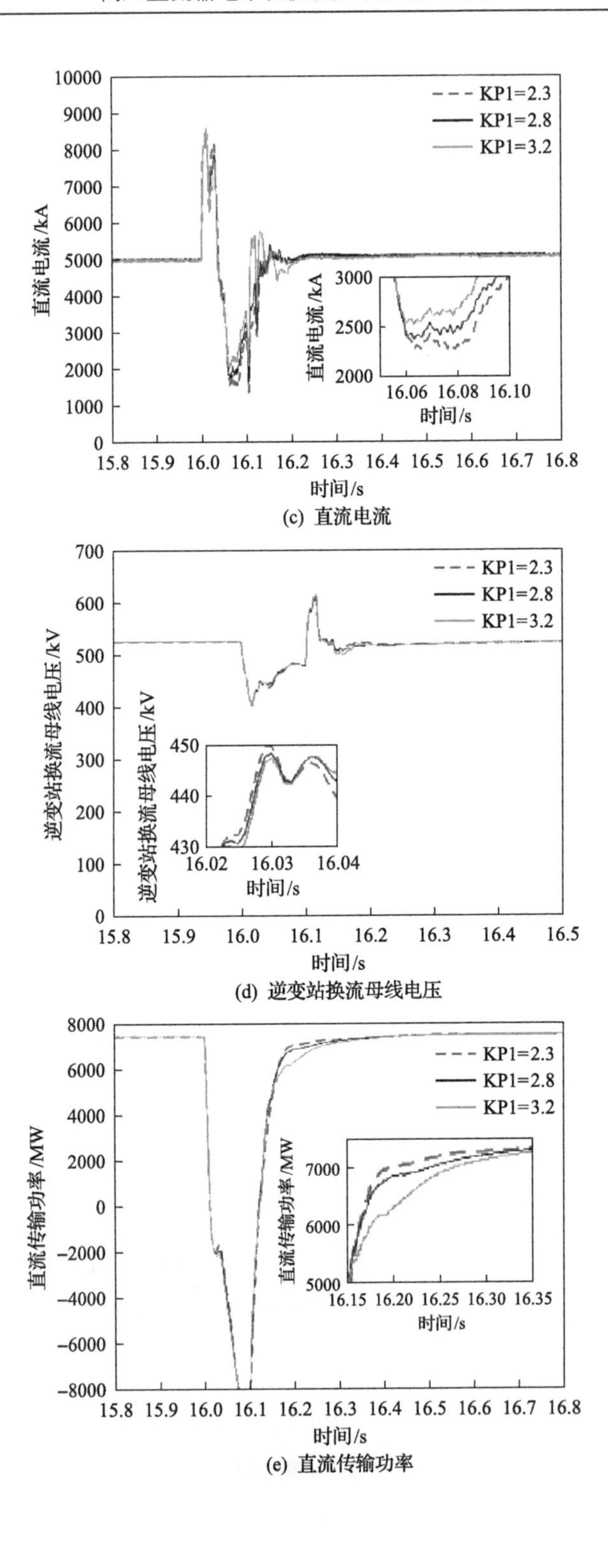

(c) 直流电流

(d) 逆变站换流母线电压

(e) 直流传输功率

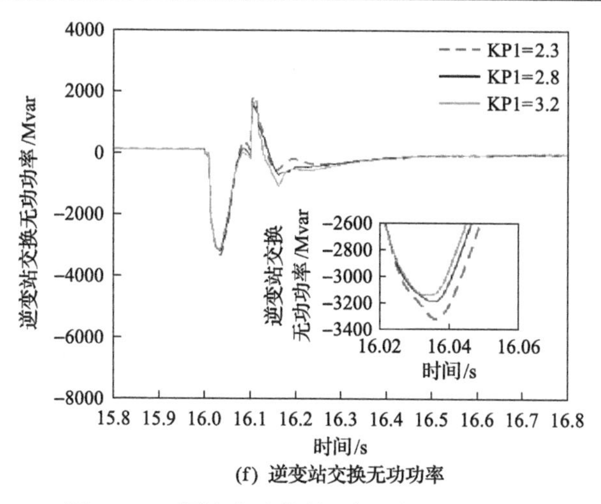

(f) 逆变站交换无功功率

图 2.55　不同定电流控制比例系数下的电气量

2) 定电流控制时间常数

换流母线处设置三相短路故障，过渡电阻为 20Ω，分别将定电流控制时间常数由 0.2s 调整为 0.15s 和 0.25s。根据图 2.56，当增大定电流控制时间常数时，电流控制响应和触发角调节更加迅速，有利于提升逆变站换相裕度，而且直流传输功率的恢复速率有所提升。当定电流控制时间常数由 0.2s 降低为 0.15s 时，由于触发角调节速度和调节量不够，换流站在故障恢复过程中发生了后续换相失败现象。

4. 不同定关断角控制参数

1) 定关断角控制比例系数

换流母线处设置三相短路故障，过渡电阻为 20Ω，分别将定关断角控制比例系数由 0.15 调整为 0.1 和 0.2。根据图 2.57，当减小定关断角控制比例系数时，由

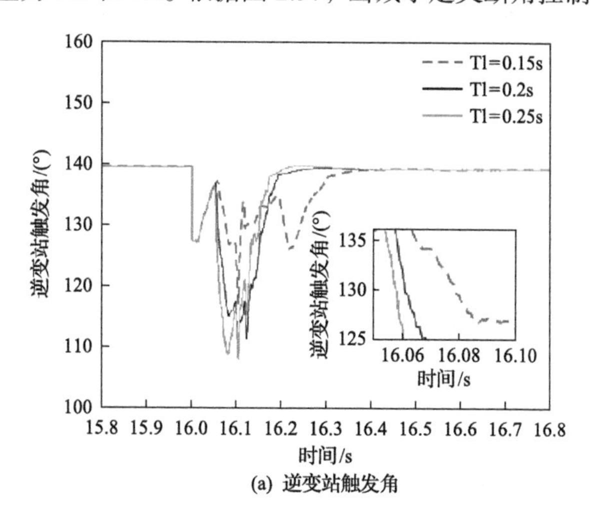

(a) 逆变站触发角

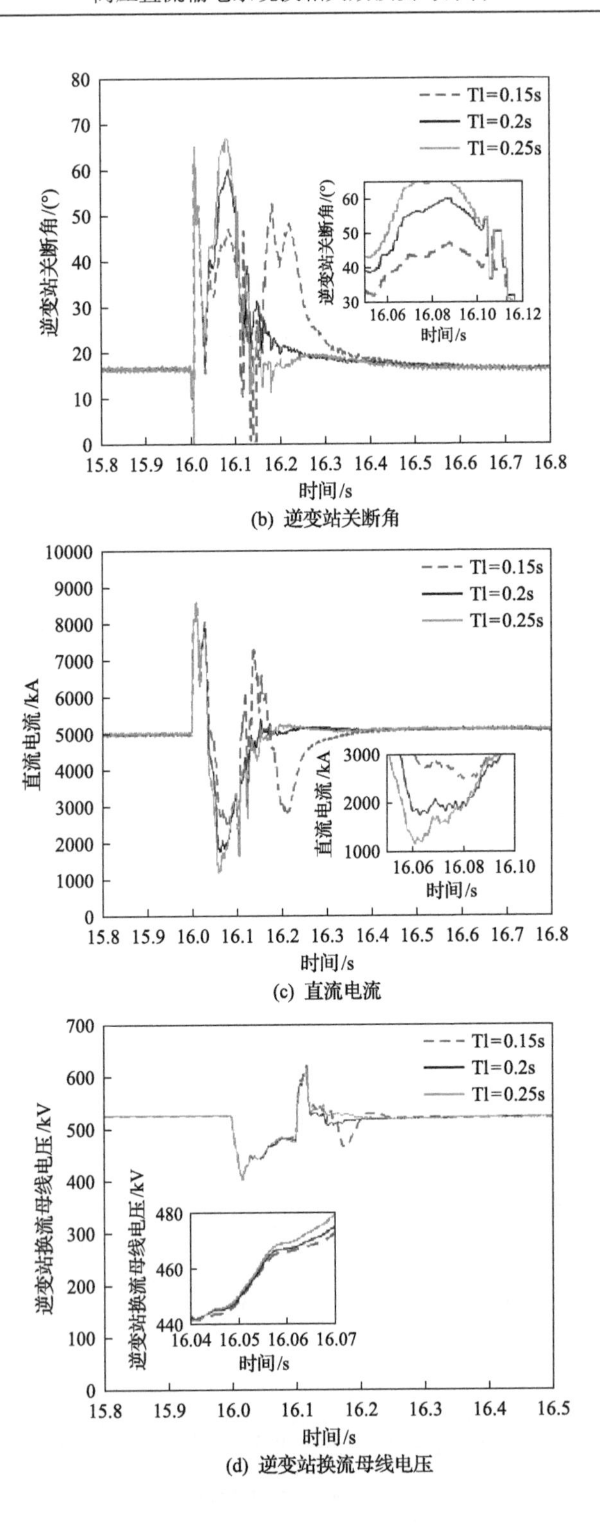

(b) 逆变站关断角

(c) 直流电流

(d) 逆变站换流母线电压

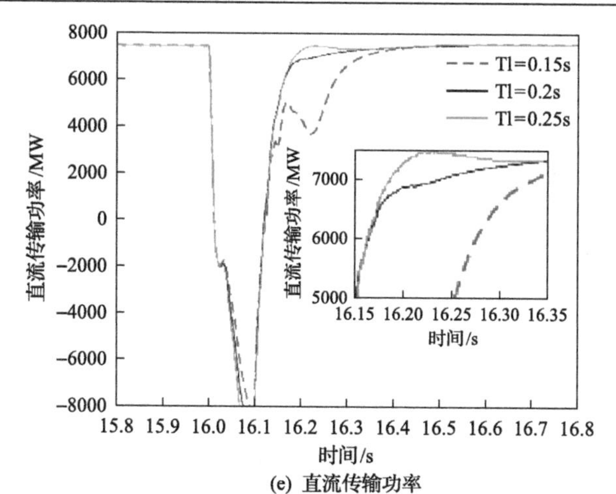

(e) 直流传输功率

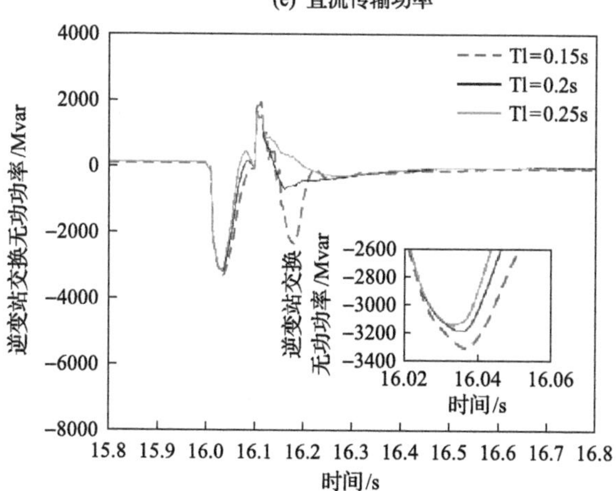

(f) 逆变站交换无功功率

图 2.56　不同定电流控制时间常数下的电气量

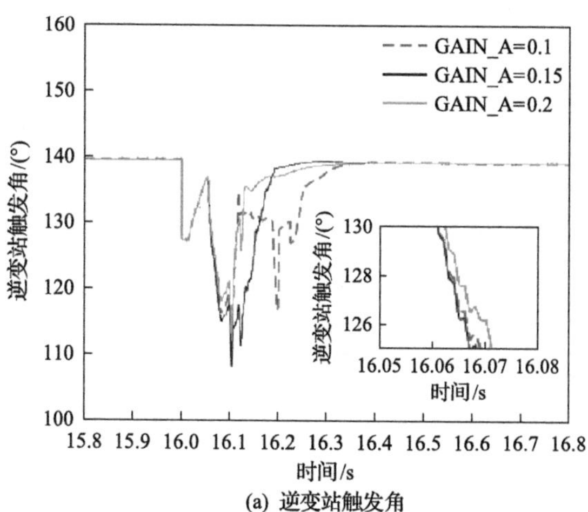

(a) 逆变站触发角

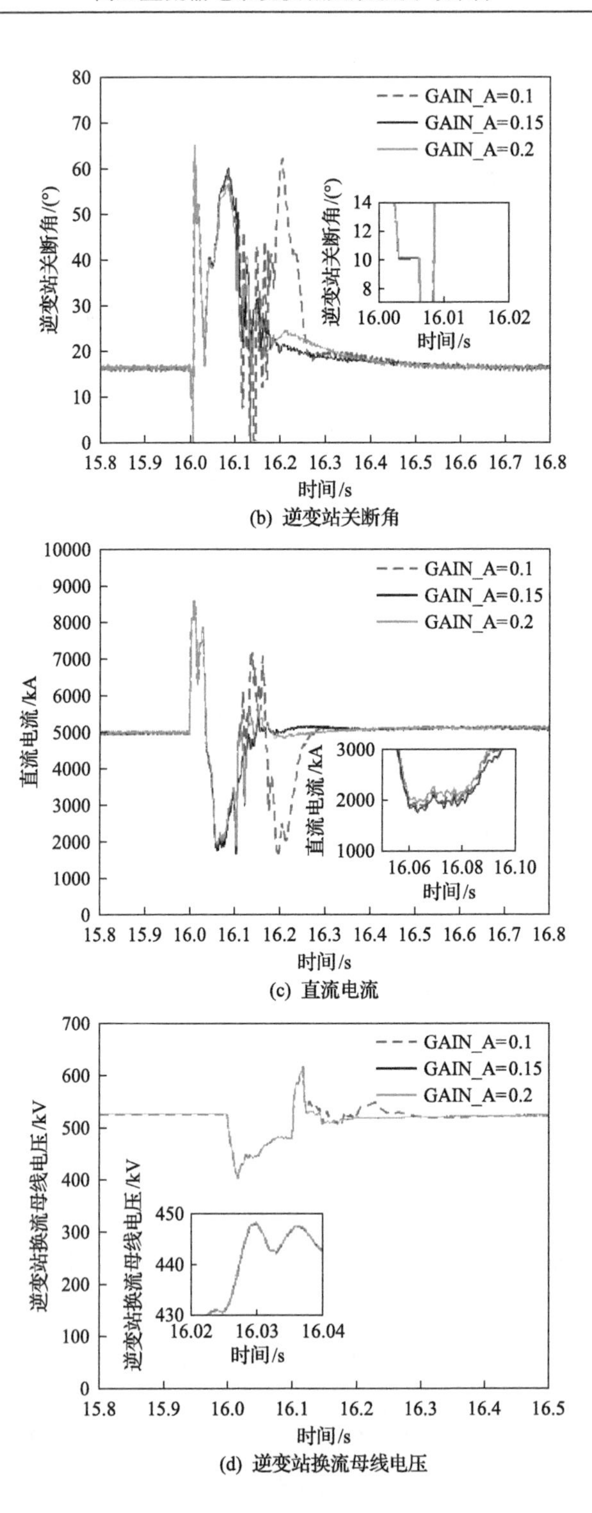

(b) 逆变站关断角

(c) 直流电流

(d) 逆变站换流母线电压

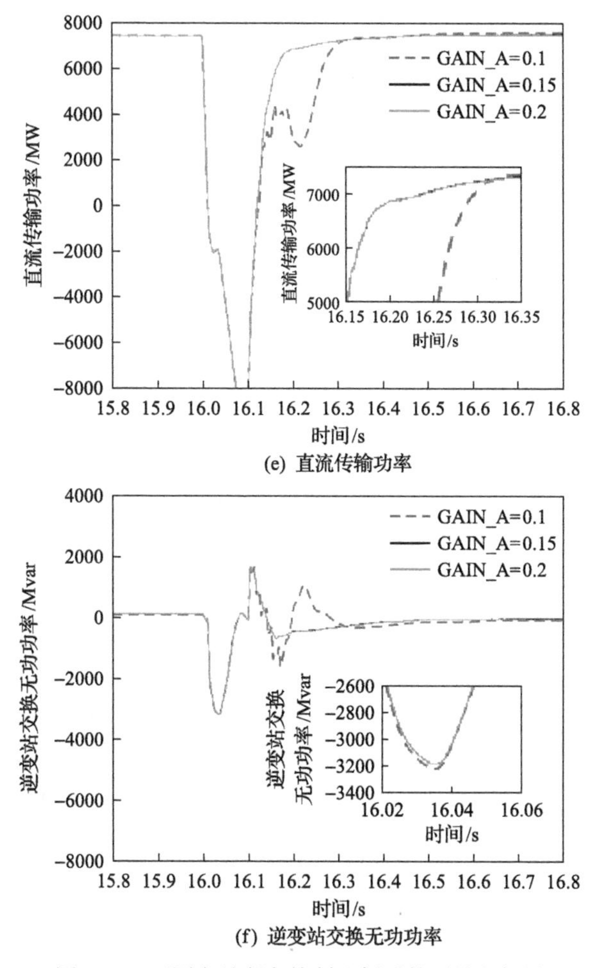

(e) 直流传输功率

(f) 逆变站交换无功功率

图 2.57　不同定关断角控制比例系数下的电气量

于触发角提前量不足，逆变站发生后续换相失败现象。而将定关断角控制比例系数提升至 0.2 时，恢复过程中逆变站关断角更大，提升了逆变站的换相裕度，而直流传输功率和交流电压恢复速率基本不变。

2) 定关断角控制时间常数

换流母线处设置三相短路故障，过渡电阻为 20Ω，分别将电流控制中的定关断角控制时间常数由 0.012s 调整为 0.007s 和 0.017s。根据图 2.58，当调节定关断角控制时间常数时均发生了换相裕度不足导致的连续换相失败现象，严重影响了直流传输功率的快速恢复。

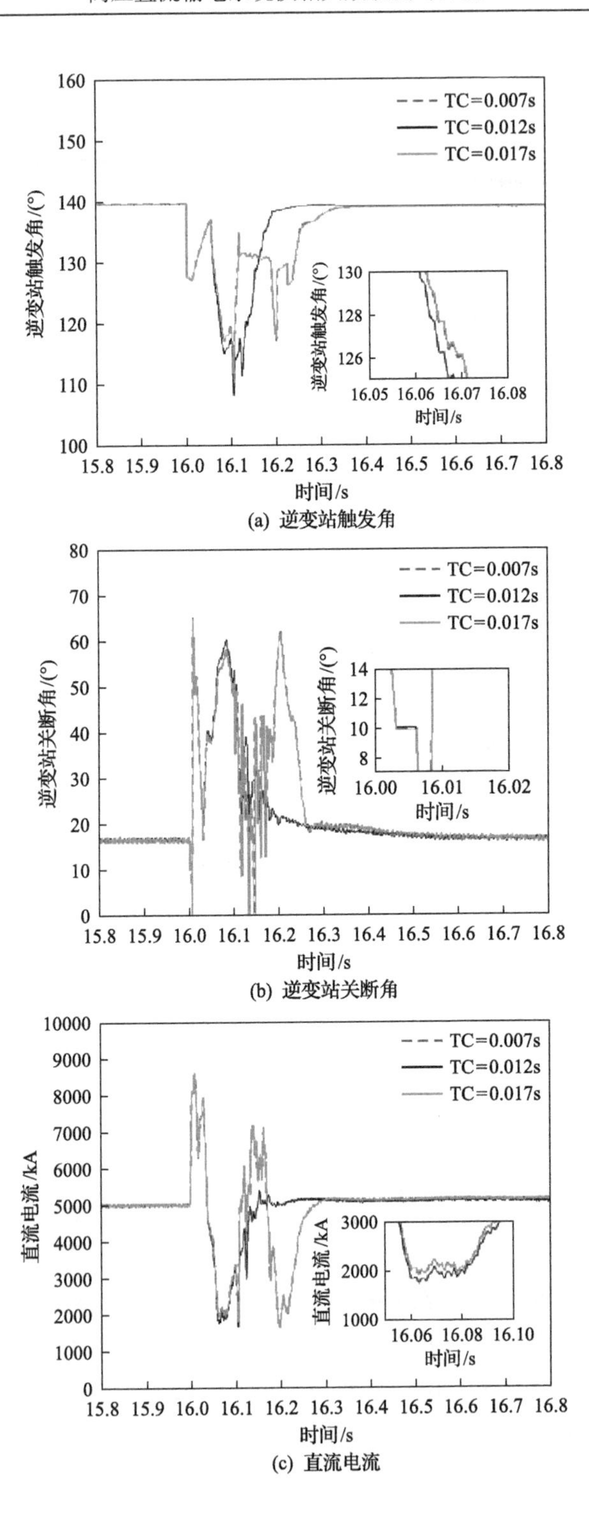

(a) 逆变站触发角

(b) 逆变站关断角

(c) 直流电流

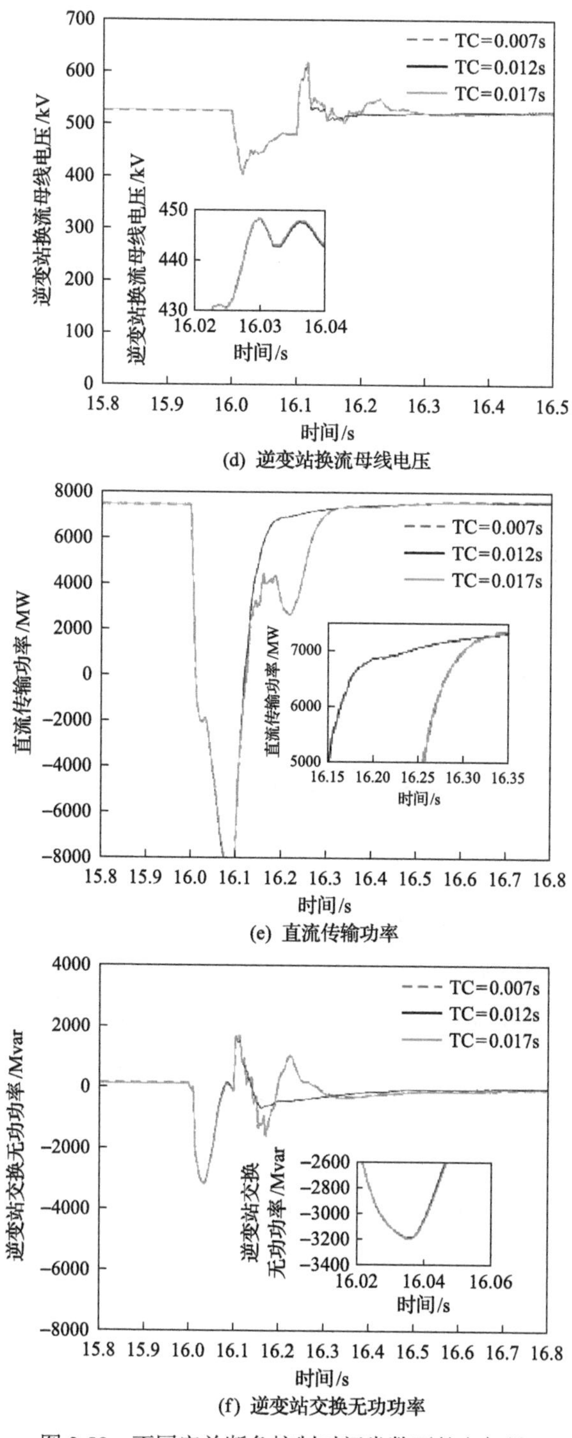

(d) 逆变站换流母线电压

(e) 直流传输功率

(f) 逆变站交换无功功率

图 2.58　不同定关断角控制时间常数下的电气量

第3章　直流输电系统首次换相失败预测与抑制

3.1　直流输电系统换相失败解析

换流阀的关断角小于其固有极限关断角是换相失败的主要原因。首次换相失败一般在交流电网故障发生后的几次换相内出现。首次换相失败是否发生与换流母线电压跌落幅度、直流电流上升速度、故障发生时刻以及超前触发角和换相电抗等因素有关。此外，不对称故障时换相线电压的过零点相位移、换流阀的触发脉冲控制方式等因素也与换相失败密切相关。

3.1.1　换流母线电压的影响

在晶闸管的逆变过程中，换相电压具有协助阀换流的作用。当换流母线电压变化时，换相电压随之变化。由关断角表达式(2.18)，求关断角关于换流母线电压的偏导可得

$$\frac{\partial\gamma}{\partial U_{\mathrm{L}}}=\frac{1}{\sqrt{1-\left(\frac{2I_{\mathrm{d}}X_{\mathrm{c}}}{U_{\mathrm{L}}}+\cos\beta\right)^{2}}}\frac{2I_{\mathrm{d}}X_{\mathrm{c}}}{U_{\mathrm{L}}^{2}}\tag{3.1}$$

由于关断角和超前触发角均处于0°～90°，所以式(3.1)中的根号部分始终大于0。又因换相过程中换流母线电压和直流电流恒大于0，所以关断角与换流母线电压的幅值成正比。若保持其他参数不变，当换流母线电压幅值降低时，关断角随之减小；当换流母线电压幅值增大时，关断角随之增大。换流母线电压的下降速度主要取决于交流线路参数和故障类型，换流母线电压的降低极易引发首次换相失败。

3.1.2　直流电流的影响

由式(2.18)，求关断角关于直流电流的偏导，可得

$$\frac{\partial\gamma}{\partial I_{\mathrm{d}}}=-\frac{1}{\sqrt{1-\left(\frac{2I_{\mathrm{d}}X_{\mathrm{c}}}{U_{\mathrm{L}}}+\cos\beta\right)^{2}}}\frac{2X_{\mathrm{c}}}{U_{\mathrm{L}}}\tag{3.2}$$

与式(3.1)类似，由式(3.2)可知关断角与直流电流的幅值呈负相关，在保持其

他参数不变的情况下，直流电流的上升将导致关断角的减小。因此，直流电流越大，越容易发生首次换相失败。由于首次换相失败一般在故障后数毫秒内发生，直流控制系统一般来不及反应，因此在首次换相失败发生前低压限流控制对直流电流的影响有限，难以作用于首次换相失败。

3.1.3　故障发生时刻的影响

交流电网故障的发生时刻与换相失败的发生密切相关。在电力系统正常运行时，直流输电系统逆变站的换流母线电压如图 3.1 实线所示。当交流电网故障发生在$(\alpha-\theta)/\omega$时刻（θ为小于$(\pi-\beta)$的角度，由故障时刻决定），即换相过程之前时，换流站将以新的换流母线电压进行换相，换流母线电压如图 3.1(a)中虚线所示。此时，换相角增大为μ'，对应的关断角变为γ'，由于电路回路保持不变，所得到的电压关系式也不变，因此换流母线电压对时间的积分面积仍满足式(2.16)，关断角与各电气量的关系满足式(2.18)。

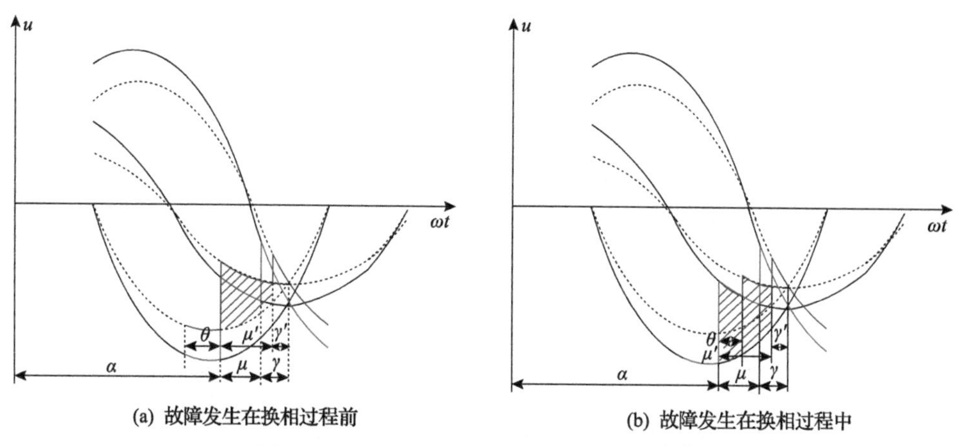

图 3.1　不同故障发生时刻下的换流母线电压

如图 3.1(b)所示，当交流电网故障发生在$(\alpha+\theta)/\omega$时刻，即换相过程中时，换流母线电压的积分面积分别是正常换相过程$(\alpha+\theta)$和故障后换相过程$(\alpha+\theta,\alpha+\mu')$的换流母线电压对其对应时间积分之和，关断角与各电气量的关系不满足式(2.18)。由此可见，不同的故障发生时刻下关断角的变化不同，故障发生时刻对换相过程产生不同程度的影响，因此不同故障时刻发生首次换相失败的概率不同。

3.1.4　超前触发角的影响

由关断角的表达式可见，关断角和超前触发角相关。由式(2.18)求关断角关于超前触发角的偏导，可得

$$\frac{\partial\gamma}{\partial\beta}=\frac{1}{\sqrt{1-\left(\frac{2I_{\mathrm{d}}X_{\mathrm{c}}}{U_{\mathrm{L}}}+\cos\beta\right)^{2}}}\sin\beta>0 \tag{3.3}$$

当换流站工作在有源逆变状态时，超前触发角在 0°～90°，所以由式(3.3)可知关断角与超前触发角成正比。若其他参数保持不变，当超前触发角降低时，关断角随之减小；当超前触发角增大时，关断角随之增大。超前触发角与系统参数设计有关，可以通过逆变站控制系统对其进行调节。一般而言超前触发角仅与触发时刻有关，很难被交流电网故障直接影响。

3.1.5 等效换相电抗的影响

由关断角的表达式可见，等效换相电抗对关断角也有一定的影响。求关断角对于等效换相电抗的偏导，可得

$$\frac{\partial\gamma}{\partial X_{\mathrm{c}}}=\frac{-1}{\sqrt{1-\left(\frac{2I_{\mathrm{d}}X_{\mathrm{c}}}{U_{\mathrm{L}}}+\cos\beta\right)^{2}}}\frac{2I_{\mathrm{d}}}{U_{\mathrm{L}}}<0 \tag{3.4}$$

由式(3.4)可见，关断角与等效换相电抗成反比。在其他参数不变的条件下，等效换相电抗越小，关断角越大，反之越小。在实际工程中，等效换相电抗一般不会发生变化。将等效换相电抗设计为较低的值可以在一定程度上增强直流输电系统的换相失败免疫能力。换流变压器的漏抗在等效换相电抗中占有较大的比例，所以选择较低短路阻抗或漏抗的换流变压器可以减小等效换相电抗，从而降低换相失败的风险。但是，换流变压器的漏抗具有抑制短路电流的作用，若漏抗选择过小，换流变压器无法有效抑制电流冲击，所以等效换相电抗的设计还需要视实际情况而定。

3.2 首次换相失败的临界电压

换相失败临界电压指逆变站刚好不发生换相失败的换流母线电压。当交流电网发生故障时，直流电流呈上升趋势，不再维持在恒定值，即直流电流的变化率不为零，同时当交流电网故障发生时刻不同时，换相过程中换流母线电压对时间的积分面积相应改变，均会影响逆变站关断角。因此，首次换相失败临界电压受直流电流的变化和故障发生时刻的影响。

3.2.1 换相前发生故障

若 t_{f} 时刻直流输电系统的受端交流电网发生三相短路故障。当 $0\leqslant t_{\mathrm{f}}\leqslant\alpha/\omega$，

即故障发生在换流阀换相过程之前时，逆变站换流母线电压的变化如图 3.2 所示。其中，$t'=\alpha/\omega$ 为换相触发时刻，$t''=(\alpha+\mu)/\omega$ 为换相结束时刻。

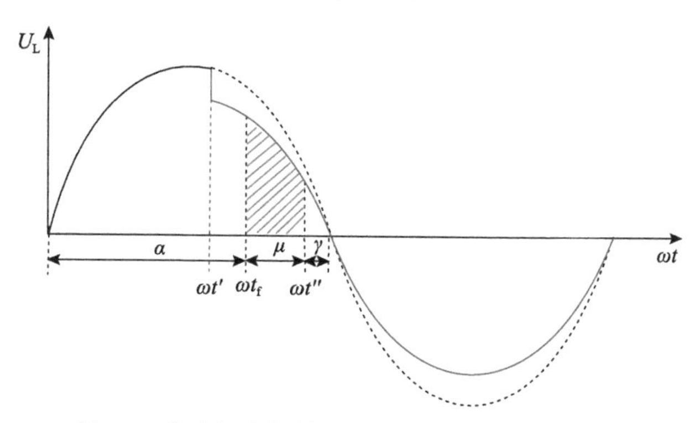

图 3.2　换流阀换相前发生故障时的换流母线电压

受端交流电网发生故障后，逆变站阀侧线电压有效值下降，直流电流快速上升，式(2.13)可以写为

$$\sqrt{2}U'_{\mathrm{L}}\sin(\omega t)=2L_{\mathrm{c}}\frac{\mathrm{d}i_6}{\mathrm{d}t}-L_{\mathrm{c}}\frac{\mathrm{d}I_{\mathrm{df}}}{\mathrm{d}t} \tag{3.5}$$

式中，U'_{L} 为受端交流电网故障后逆变站阀侧线电压的有效值；i_6 和 I_{df} 分别为交流电网故障下阀 6 的电流和直流电流；L_{c} 为等值换相电感。

在换相期间，对式(3.5)积分可得

$$\int_{\alpha}^{\alpha+\mu}\left(\sqrt{2}U'_{\mathrm{L}}\sin(\omega t)\right)\mathrm{d}(\omega t)=\int_{\alpha}^{\alpha+\mu}\left(2L_{\mathrm{c}}\frac{\mathrm{d}i_6}{\mathrm{d}t}\right)\mathrm{d}(\omega t)-\int_{\alpha}^{\alpha+\mu}\left(L_{\mathrm{c}}\frac{\mathrm{d}I_{\mathrm{df}}}{\mathrm{d}t}\right)\mathrm{d}(\omega t) \tag{3.6}$$

化简得

$$\sqrt{2}U'_{\mathrm{L}}(\cos\gamma-\cos\beta)=2\omega L_{\mathrm{c}}\left[i_6(\alpha+\mu)-i_6(\alpha)\right]-\omega L_{\mathrm{c}}\left(I''_{\mathrm{df}}-I'_{\mathrm{df}}\right) \tag{3.7}$$

式中，I'_{df} 和 I''_{df} 分别为换相触发时刻 t' 和换相结束时刻 t'' 的直流电流。

换相开始时，阀 6 处于关断状态，即 $i_6(\alpha)=0$。在换相结束时刻，阀 V_1 关断，即 $i_6(\alpha+\mu)=I''_{\mathrm{d}}$。因此，式(3.7)可写为

$$\sqrt{2}U'_{\mathrm{L}}(\cos\gamma-\cos\beta)=\omega L_{\mathrm{c}}\left(I''_{\mathrm{df}}+I'_{\mathrm{df}}\right) \tag{3.8}$$

直流换流站的 12 脉波换流器每间隔 30°触发一次，因此位于换相过程前的故障发生时刻 t_{f} 与换相触发时刻 t' 的电角度间隔最大为 $(30°-\mu)$。以 CIGRE 直流输

电系统标准测试模型为例，换相角的稳态值约为 23.7°，此时故障发生时刻与换相触发时刻间隔较短，仅为 0.37ms。换相触发时刻的直流电流基本保持不变。此外，由于定关断角控制器采用了积分控制，控制器调节存在一定的滞后性，在$[\omega t_{\mathrm{f}},\alpha]$时间区间内超前触发角基本不变。因此，式(3.8)可表示为

$$\cos\gamma=\frac{\omega L_{\mathrm{c}}\left(I''_{\mathrm{df}}+I_{\mathrm{d}}\right)}{\sqrt{2}U'_{\mathrm{L}}}+\cos\beta \tag{3.9}$$

将关断角等于临界关断角的时刻称为临界换相失败时刻。临界换相失败时刻可写为

$$t_{\mathrm{critical}}=(\pi-\gamma_{\min})/\omega \tag{3.10}$$

式中，$\gamma_{\min}$为临界关断角。

由于整流站的直流电压在受端交流电网故障初期基本不变，因此根据直流侧等效电路，可得直流电流为

$$I''_{\mathrm{df}}=N\frac{1.35U_{\mathrm{r}}\cos\alpha_{\mathrm{r}}-1.35U'_{\mathrm{L}}\cos\gamma_{\min}}{R} \tag{3.11}$$

式中，α_{r}为整流站触发角；R为直流系统等效电阻；N为整流站和逆变站每极中的 6 脉动换流器的数量；U_{r}为整流侧交流母线电压有效值。

联立式(3.9)和式(3.11)消去I''_{df}并代入临界关断角，即可得到故障发生在换相过程前时的首次换相失败临界电压为

$$U_{\mathrm{Lth1}}=\frac{\sqrt{2}\omega L_{\mathrm{c}}\left(1.35NU_{\mathrm{r}}\cos\alpha_{\mathrm{r}}+RI_{\mathrm{d}}\right)}{2\left(\cos\gamma_{\min}-\cos\beta\right)R+1.91N\omega L_{\mathrm{c}}\cos\gamma_{\min}} \tag{3.12}$$

3.2.2 换相过程初期发生故障

当在换相过程中直流输电系统的受端交流电网发生三相短路故障，即故障发生时刻满足$\alpha/\omega\leqslant t_{\mathrm{f}}\leqslant(\alpha+\mu)/\omega$时，逆变站换流母线电压的变化如图 3.3 所示。若故障发生于换相过程的前期，将使换相面积降低，不利于本次换相；而当故障发生于换相过程后期时，虽然增大了换相面积，降低了对本次换相的影响，但会增加下一次换相过程中发生换相失败的风险。

若受端交流电网故障发生于换相过程初期，以故障发生时刻为边界，可将换相过程分为正常换相过程和故障下的换相过程两个阶段，如图 3.3 所示。其中$t'\leqslant t\leqslant t_{\mathrm{f}}$为正常换相阶段，$t_{\mathrm{f}}<t\leqslant t''$为故障下的换相阶段。此时，式(2.13)可以写为

$$\begin{cases}\sqrt{2}U_{\mathrm{L}}\sin\omega t=2L_{\mathrm{c}}\dfrac{\mathrm{d}i_6}{\mathrm{d}t}-L_{\mathrm{c}}\dfrac{\mathrm{d}I_{\mathrm{df}}}{\mathrm{d}t}, & t'\leqslant t\leqslant t_{\mathrm{f}}\\ \sqrt{2}U_{\mathrm{L}}'\sin\omega t=2L_{\mathrm{c}}\dfrac{\mathrm{d}i_6}{\mathrm{d}t}-L_{\mathrm{c}}\dfrac{\mathrm{d}I_{\mathrm{df}}}{\mathrm{d}t}, & t_{\mathrm{f}}<t\leqslant t''\end{cases}\tag{3.13}$$

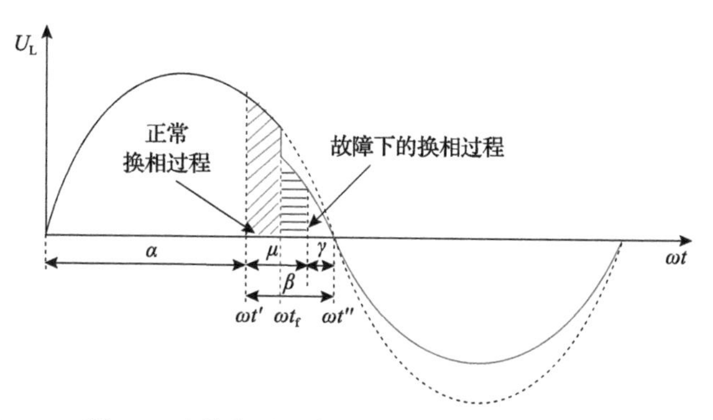

图 3.3　在换相过程中发生故障的换流母线电压

由式(3.13)，分别在$\left[\alpha/\omega,t_{\mathrm{f}}\right]$和$\left(t_{\mathrm{f}},(\alpha+\mu)/\omega\right]$时间段内进行定积分可以得到：

$$\begin{cases}-\sqrt{2}U_{\mathrm{L}}\left(\cos\omega t_{\mathrm{f}}+\cos\beta\right)=2\omega L_{\mathrm{c}}i_6\left(\omega t_{\mathrm{f}}\right)\\ \sqrt{2}U_{\mathrm{L}}'\left(\cos\gamma+\cos\omega t_{\mathrm{f}}\right)=2\omega L_{\mathrm{c}}i_6\left(\alpha+\mu\right)-2\omega L_{\mathrm{c}}i_6\left(\omega t_{\mathrm{f}}\right)-\omega L_c\left(I_{\mathrm{df}}''-I_{\mathrm{df}}'\right)\end{cases}\tag{3.14}$$

在交流电网故障发生的初期，直流电流基本保持不变，可写为

$$I_{\mathrm{df}}'\approx I_{\mathrm{d}}\tag{3.15}$$

换相结束时刻的直流电流为

$$I_{\mathrm{df}}''=i_6\left(\alpha+\mu\right)\tag{3.16}$$

将式(3.14)中的两式相加后化简可得

$$\sqrt{2}\left(U_{\mathrm{L}}'-U_{\mathrm{L}}\right)\cos\omega t_{\mathrm{f}}+\sqrt{2}\left(U_{\mathrm{L}}'\cos\gamma-U_{\mathrm{L}}\cos\beta\right)=\omega L_{\mathrm{c}}\left(I_{\mathrm{d}}+I_{\mathrm{df}}''\right)\tag{3.17}$$

因此，关断角可表示为

$$\gamma=\arccos\left[\frac{\omega L_{\mathrm{c}}\left(I_{\mathrm{d}}+I_{\mathrm{df}}''\right)-\sqrt{2}\left(U_{\mathrm{L}}'-U_{\mathrm{L}}\right)\cos\omega t_{\mathrm{f}}}{\sqrt{2}U_{\mathrm{L}}'}+\frac{U_{\mathrm{L}}\cos\beta}{U_{\mathrm{L}}'}\right]\tag{3.18}$$

将临界关断角代入式(3.18)，整理可得

$$U_{\mathrm{L}}' = \frac{\omega L_{\mathrm{c}}\left(I_{\mathrm{d}} + I_{\mathrm{df}}''\right) + \sqrt{2}U_{\mathrm{L}}\left(\cos\beta + \cos\omega t_{\mathrm{f}}\right)}{\sqrt{2}\left(\cos\gamma_{\min} + \cos\omega t_{\mathrm{f}}\right)} \tag{3.19}$$

联立式(3.11)和式(3.19)消去I_{df}''，即可得故障发生在换相过程初期时的换相失败临界电压为

$$U_{\mathrm{Lth}}' = \frac{\omega L_{\mathrm{c}}\left(RI_{\mathrm{d}} + 1.35NU_{\mathrm{r}}\cos\alpha_{\mathrm{r}}\right) + \sqrt{2}RU_{\mathrm{L}}\left(\cos\beta + \cos\omega t_{\mathrm{f}}\right)}{\sqrt{2}R\left(\cos\gamma_{\min} + \cos\omega t_{\mathrm{f}}\right) + 1.35N\omega L_{\mathrm{c}}\cos\gamma_{\min}} \tag{3.20}$$

3.2.3　换相过程后期发生故障

若故障发生于换相过程的后期，故障时刻与换相结束时刻接近，因此忽略故障时刻到换相结束时刻期间直流电流的短时上升，换流母线电压可表示为

$$U_{\mathrm{L}}' = \frac{\sqrt{2}\omega L_{\mathrm{c}}I_{\mathrm{d}} + U_{\mathrm{L}}\left(\cos\beta + \cos\omega t_{\mathrm{f}}\right)}{\cos\gamma' + \cos\omega t_{\mathrm{f}}} \tag{3.21}$$

式中，γ'为电网故障下本次换相过程后的关断角。

控制系统在发生故障后触发定关断角控制以调节超前触发角。但是，定关断角控制中的PI控制器的积分环节难以瞬时响应，故障初期的超前触发角变化量可写为

$$\Delta\beta = K_{\mathrm{p}}\left(\gamma_0 - \gamma'\right) \tag{3.22}$$

式中，K_{p}为定关断角控制的比例系数。

由于交流电网故障发生在后续阀换相前，此时换相失败临界电压可由式(3.12)整理得

$$U_{\mathrm{Lth}}'' = \frac{\sqrt{2}\omega L_{\mathrm{c}}\left(1.35NU_{\mathrm{r}}\cos\alpha_{\mathrm{r}} + RI_{\mathrm{d}}\right)}{2[\cos\gamma_{\min} - \cos\left(\beta + \Delta\beta\right)]R + 1.91N\omega L_{\mathrm{c}}\cos\gamma_{\min}} \tag{3.23}$$

利用式(3.21)解出关断角后代入式(3.22)计算超前触发角变化量，再代入式(3.23)，即可得到故障发生在换相过程后期时的首次换相失败临界电压。

3.3　首次换相失败预测方法

直流输电系统首次换相失败预测的原理如图3.4所示。在正常运行条件下，从任一换流桥的换流母线电压过零点时刻开始计时，测量电压过零点到触发角脉

冲作用的时间 t' 以及电压过零点到对应的阀关断时间 t''。12 脉波换流器每 30°发出触发脉冲，因此换相角对应的时间区间为 $[t'+k\pi/6\omega, t''+k\pi/6\omega]$，$k$ 表示相换次数。当受端交流电网发生故障时，将故障时刻 t_{f} 与换相角对应的时间区间 $[t'+k\pi/6\omega, t''+k\pi/6\omega]$ 进行比较来确定换相失败临界电压用于预测。

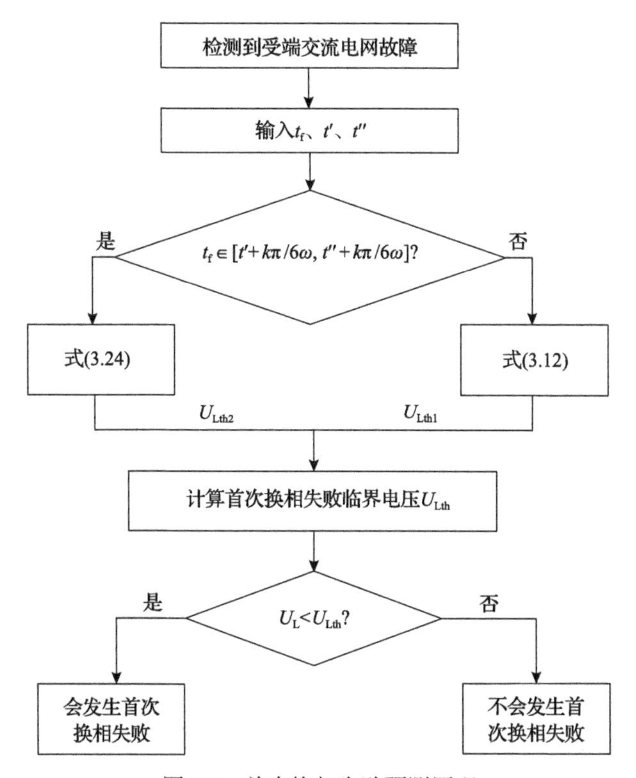

图 3.4　首次换相失败预测原理

若故障时刻位于时间区间 $[t'+k\pi/6\omega, t''+k\pi/6\omega]$ 以外，即交流电网故障发生在换相过程前，则利用式(3.12)计算的首次换相失败临界电压作为判据；若故障时刻位于时间区间 $[t'+k\pi/6\omega, t''+k\pi/6\omega]$ 内，即交流电网故障发生在换相过程中，为了避免提前触发影响下一次换相的正常运行，首次换相失败临界电压应取故障发生于换相过程初期和故障发生于换相过程后期两种情况下换相失败临界电压的较大者，即此时的换相失败临界电压为

$$U_{\mathrm{Lth2}} = \max\left\{U'_{\mathrm{Lth}}, U''_{\mathrm{Lth}}\right\} \tag{3.24}$$

采集故障瞬间逆变站换流母线电压与计算出的首次换相失败临界电压值进行比较，若换流母线电压低于首次换相失败临界电压，则可预测直流输电系统将发生首次换相失败，从而实施换相失败的预防控制。

3.4　改进换相失败预防控制方法

3.4.1　控制原理

换相失败预防控制以换相失败的预测为条件，当换流母线电压小于启动电压时，预测直流输电系统将发生换相失败，输出触发角调节量以阻止换相失败。换相失败预防控制的有效性与启动电压密切相关。若启动电压过小，将延迟触发角调节的启动时刻，限制换相失败预防控制的效果；若启动电压过大，则换相失败预防控制容易受电网电压扰动影响而频繁动作，给交流电网造成不必要的冲击。受端交流电网发生故障后，当关断角下降至临界值以下时，逆变站发生换相失败，因此将达到临界关断角时的换相失败临界电压作为启动电压来实施预防控制是最直接的方式。

根据式(3.24)的首次换相失败临界电压，可构建改进的换相失败预防控制：首先对三相瞬时电压进行 abc/$\alpha\beta$ 坐标变换，将检测到的电压跌落量 $\Delta u_{\alpha\beta}$ 与相应的设定值$(1-u_{\text{set}})$相比，若 $\Delta u_{\alpha\beta}$ 大于$(1-u_{\text{set}})$，则将检测到的电压跌落量 $\Delta u_{\alpha\beta}$ 转化为触发角调节量 $\Delta\alpha_{\text{pred}}$ 对逆变站触发角进行调节。u_{set} 为换相失败预防控制的启动电压，设置为首次换相失败临界电压。首次换相失败临界电压通过测量故障时刻与换相角对应的时间计算。

直流输电系统首次换相失败的发生时刻与交流电网故障发生时刻一般仅相差几毫秒。换相失败预防控制由交流电压跌落的快速检测来启动，由于换相失败预防控制基于快速数字信号处理器(DSP)模块执行计算，其执行周期一般为 50～80μs，因此换相失败预防控制可快速响应交流电压的跌落，在响应速度方面具有优势。由于考虑了直流电流动态变化和故障发生时刻的影响，式(3.24)的首次换相失败临界电压可较为准确地预测换相失败，更为准确地确定触发角调节量需求，从而有效抑制换相失败。

3.4.2　触发角调节量

除启动电压外，换相失败预防控制的效果还受触发角调节量的影响。触发角调节量过小则不能充分提升换相裕度，触发角调节量过大则会增加换流站的无功消耗，甚至导致连续换相失败。由于换流母线电压跌落幅度对换相裕度具有直接影响，因此应根据电压跌落程度输出充足的触发角调节量。

对处于换相过程中的逆变站换流母线电压进行积分即为换相面积，能同时反映换流母线电压幅值和换相角大小对换相的影响。直流输电系统稳态运行时的换相面积可写为

$$A_{\mu}=\int_{\alpha_0}^{\pi-\gamma_0}\sqrt{2}U_{\mathrm{L}}\sin\omega t\mathrm{d}(\omega t)=\sqrt{2}U_{\mathrm{L}}\left(\cos\alpha_0+\cos\gamma_0\right)=2\omega L_{\mathrm{c}}I_{\mathrm{d}} \tag{3.25}$$

式中，α_0 和 γ_0 分别为直流输电系统正常运行时的逆变站触发角和关断角。

当受端交流电网故障使逆变站换流母线电压跌落，导致关断角下降至临界值时，换相面积随之减小。为保证换流阀的正常工作，换相失败预防控制输出触发角调节量以增大换相裕度，此时换相面积应满足：

$$A_{\mu}'=\int_{\alpha_{\mathrm{pre}}}^{\pi-\gamma_{\min}}\sqrt{2}U_{\mathrm{L}}'\sin\omega t\mathrm{d}(\omega t)=\sqrt{2}U_{\mathrm{L}}'\left(\cos\alpha_{\mathrm{pre}}+\cos\gamma_{\min}\right) \tag{3.26}$$

式中，α_{pre} 为逆变站换相成功所需的最小触发角。

令换流母线电压跌落后的换相面积等于稳态下的换相面积，在避免换相失败的同时保证充足的换相裕度，结合式(3.25)和式(3.26)可以得到逆变站换相成功所需的最小触发角为

$$\alpha_{\mathrm{pre}}=\arccos\left[\frac{U_{\mathrm{L}}}{U_{\mathrm{L}}'}\left(\cos\alpha_0+\cos\gamma_0\right)-\cos\gamma_{\min}\right] \tag{3.27}$$

式(3.27)中触发角的计算需要换流母线的线电压有效值，其采集与检测至少需要半个周波。因此，可利用受端三相交流电压通过 abc / $\alpha\beta$ 坐标变换得到 $u_{\alpha\beta}'$。换相失败预防控制的触发角调节量可表示为

$$\Delta\alpha_{\mathrm{pre}}=\alpha_0-\arccos\left[\frac{u_{\alpha\beta}}{u_{\alpha\beta}'}\left(\cos\alpha_0+\cos\gamma_0\right)-\cos\gamma_{\min}\right] \tag{3.28}$$

式(3.28)反映了不同电压跌落程度下换相失败预防控制对触发角调节量的需求，相对于常规换相失败预防控制中触发角的线性调节特性，基于故障前后的换相面积和关断面积确定的触发角调节量可更准确地反映不同电压跌落程度下的逆变站换相裕度控制需求。

图 3.5 为触发角调节量的计算框图。如图 3.5 所示，交流电网发生三相短路故障时，采集换流母线三相电压 u_{a}、u_{b}、u_{c} 并经 abc/$\alpha\beta$ 坐标变换得到 α-β 平面上的电压 $u_{\alpha\beta}$，再将 $u_{\alpha\beta}$ 代入式(3.28)计算换相失败预防控制的触发角调节量。换相失败预防控制启动时，触发角瞬间减小，逆变站消耗的无功迅速增大，将威胁受端电网电压的稳定性，甚至会引发后续换相失败。为了避免触发角调节量过大，触发角调节量必须设置上限值，一般取为 0.476rad。

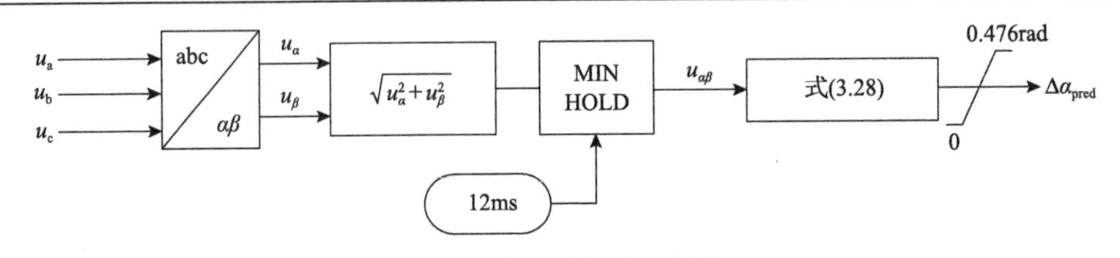

图 3.5　触发角调节量计算

3.4.3　改进预防控制方案

图 3.6 所示为改进换相失败预防控制[3]的框图。正常运行时，测量电压过零点到触发角脉冲作用间的时间 t' 、电压过零点到对应的阀关断时间 t'' 。当受端交流电网发生故障时，判断故障时刻 t_f 是否处于时间区间 $[t',t'']$ 内，当故障时刻处于时间区间 $[t',t'']$ 外时，利用式(3.12)计算首次换相失败临界电压；当故障时刻处于区间 $[t',t'']$ 内时，利用式(3.24)得到首次换相失败临界电压。同时，测量故障瞬间换流母线电压 $u'_{\alpha\beta}$ ，将故障瞬间换流母线电压与首次换相失败临界电压比较，当故障瞬间换流母线电压小于首次换相失败临界电压时，将故障瞬间换流母线电压代入式(3.28)确定触发角调节量，从而施加控制，阻止换相失败的发生。

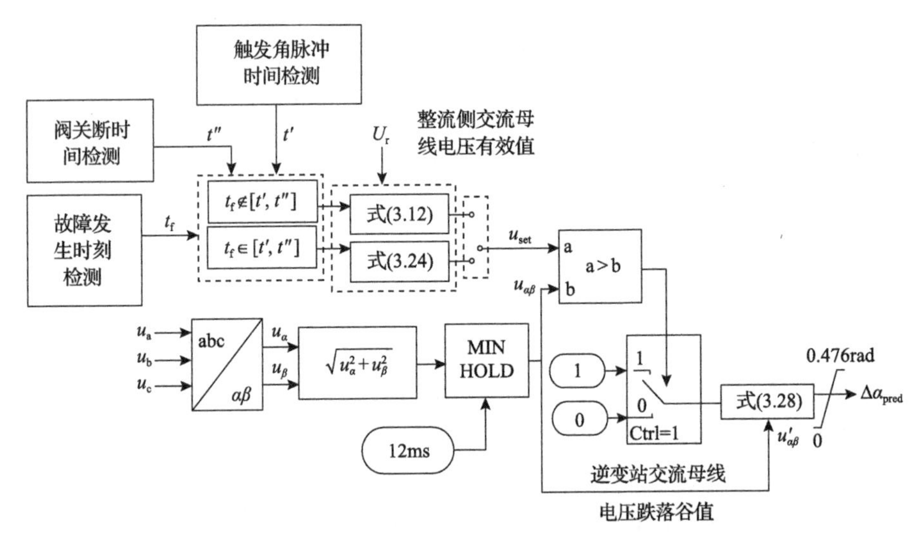

图 3.6　改进换相失败预防控制框图

换相失败预防控制的数据采集、相关计算和指令判断模块均基于 DSP 实现，其响应时间均为纳秒级，能有效抑制换相失败的发生。目前，利用同步相量测量装置提供的同步高精度节点电压和线路电流相量，可实现故障及其发生时刻的判断。将同步相量测量装置采集到的故障信息通过 DSP 处理后传输至直流输电系统逆变站控制系统，可实现换相失败预防控制的触发。

交流电网故障信号的传输仍不可避免地产生延时，可能造成检测到的故障时刻比实际故障发生时刻晚，进而可能会出现以下两种情况：改进换相失败预防控制投入过晚而换相失败已经发生或改进换相失败预防控制对于故障发生时刻所处区间判断不准确。当出现第一种情况时，换相失败会导致交流母线电压下降，当交流母线电压低于改进换相失败预防控制门槛值时，改进换相失败预防控制仍会输出触发角调节量，能够为后续的换相过程提供一定的换相裕度，改善系统的恢复过程。当出现第二种情况时，改进换相失败预防控制因故障时刻误判而产生拒动，但并不会影响定关断角控制和低压限流控制的正常启动，此时换相失败的影响不会因为改进换相失败预防控制的拒动而扩大。

3.5　首次换相失败预测与预防控制性能

采用 PSCAD/EMTDC 中搭建 CIGRE 直流输电系统标准测试模型分析首次换相失败预测效果以及预防控制性能，仿真系统如图 3.7 所示，采用单极 500kV、1000MW 直流输电，整流站和逆变站均采用 12 脉波换流器。换流站交流侧包括交流系统、系统等效阻抗、滤波器和电容器；换流站直流侧包括平波电抗器和交流输电线路。直流输电系统的参数如附表 1 所示。正常运行条件下整流站触发角为 20°，逆变站关断角为 15°，逆变站超前触发角为 38.3°，逆变站定关断角控制的 PI 控制器的比例系数为 0.7506、积分时间常数为 0.0544s。

3.5.1　首次换相失败预测

1. 换相过程前发生故障

根据式(3.12)，可计算得到在换相过程前发生故障时的首次换相失败临界电压为 0.9443p.u.。在桥 1 的阀 1 到阀 3 换相过程前的时刻，即 t=1.0031s 时，设置逆变站换流母线发生三相短路故障。图 3.8 所示为交流电网故障导致关断角降低至临界关断角时逆变站的电气量。由图 3.8 可见，逆变站关断角在故障发生时刻后的 2.7ms 左右降至临界关断角，在故障时刻到临界关断角期间，直流电流逐渐增大，在达到临界关断角时直流电流增大为 1.085p.u.。而整流站触发角和逆变站超前触发角维持不变，与理论分析一致。

在逆变站换流母线处设置三相短路故障，通过改变故障发生时刻使故障均发生在换相过程前，调节过渡电阻使逆变站关断角降至临界关断角，此时的换相失败临界电压如表 3.1 所示。由表 3.1 可见，首次换相失败一般发生在短路故障发生后的 3ms 内。根据式(3.20)计算得到的首次换相失败临界电压与仿真得到的

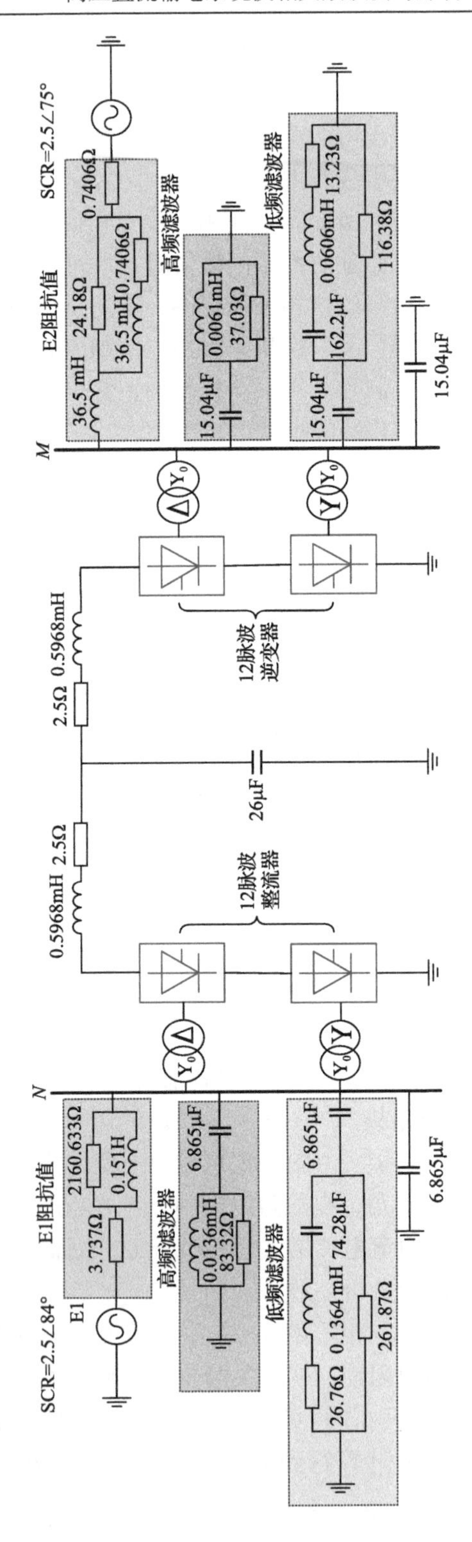

图 3.7　CIGRE直流输电系统标准测试模型

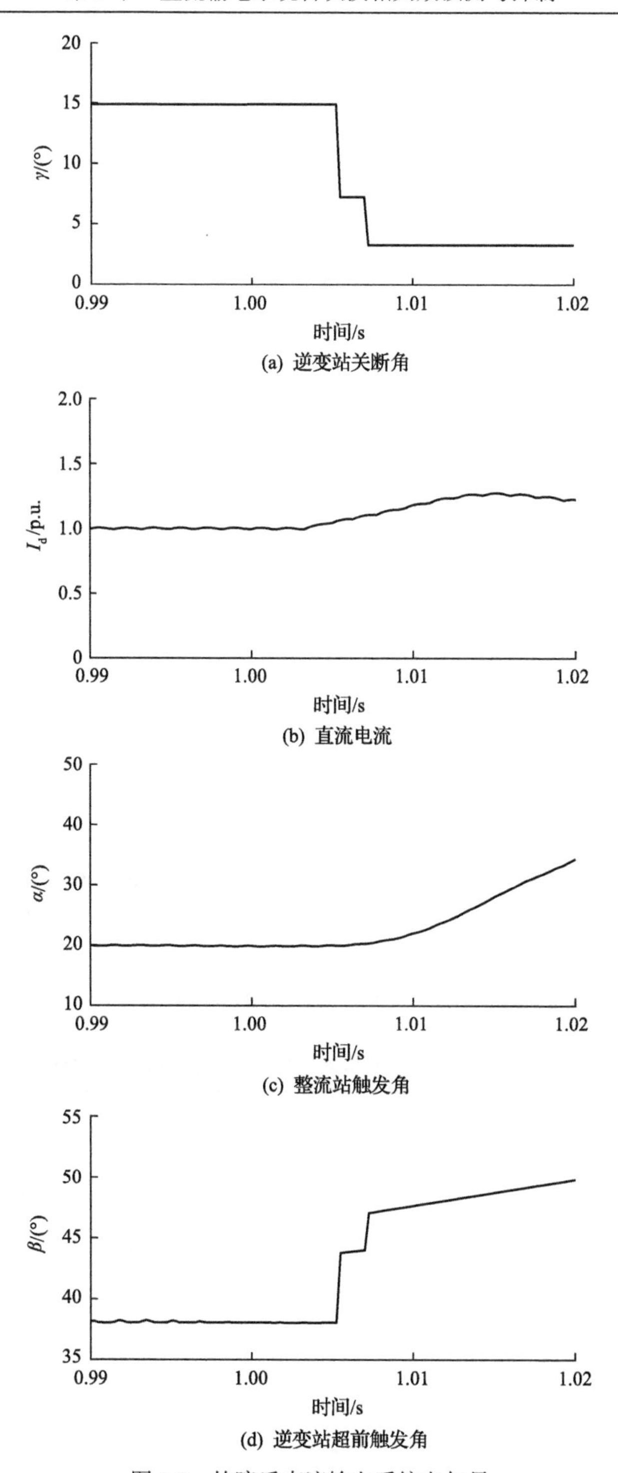

图3.8　故障后直流输电系统电气量

表 3.1　换相过程前发生故障时换相失败临界电压对比

故障时刻/s	过渡电阻/Ω	临界关断角对应时刻/s	仿真值/p.u.	计算值/p.u.	误差/%
0.9997	203	1.0023	0.9417	0.9443	0.28
1.0031	200	1.0055	0.9400	0.9443	0.46
1.0063	202	1.0090	0.9378	0.9443	0.69
1.0097	202	1.0123	0.9391	0.9443	0.55
1.0131	200	1.0155	0.9397	0.9443	0.49
1.0163	209	1.0190	0.9393	0.9443	0.53
1.0197	198	1.0223	0.9412	0.9443	0.33
1.0231	195	1.0255	0.9384	0.9443	0.63

临界电压的误差在 1%以内。若不考虑直流电流的变化，临界关断角对应的换流母线电压为 0.88p.u.，而在计及故障后直流电流阶跃变化条件下得到的临界关断角对应的换流母线电压分别为 0.92p.u.和 0.97p.u.，计及故障后直流电流动态变化后得到的换相失败临界电压具有更高的精度。

2. 换相过程中发生故障

在逆变站桥 1 的阀 2 向阀 4、阀 3 向阀 5 换相过程的不同时刻设置三相短路故障，通过改变过渡电阻可以得到不同时刻下达到临界关断角对应的首次换相失败临界电压，如表 3.2 所示。由表 3.2 可见，首次换相失败临界电压的仿真结果与计算结果的误差在 3.0%以内，最小仅为 1.0%。不考虑故障后直流电流上升与故障时刻的情况下计算的首次换相失败临界电压为 0.88p.u.，与表 3.2 相比的最小误差达到 3.93%。因此，考虑直流电流上升和故障时刻的换相失败临界电压计算结果具有较高精度，能更为准确地判断首次换相失败的发生。

表 3.2　换相过程中发生故障时换相失败临界电压对比

故障发生时刻/s	过渡电阻/Ω	临界关断角对应时刻/s	仿真值/p.u.	计算值/p.u.	误差/%
1.0000	172	1.0023	0.9262	0.9437	1.9
1.0002	145	1.0022	0.9164	0.9433	2.9
1.0009	198	1.0040	0.9284	0.9436	1.6
1.0011	209	1.0040	0.9335	0.9434	1.1
1.0034	168	1.0055	0.9251	0.9438	2.0
1.0036	142	1.0055	0.9160	0.9435	3.0
1.0043	200	1.0073	0.9290	0.9436	1.6
1.0045	215	1.0073	0.9344	0.9433	1.0

3.5.2　首次换相失败预防控制

在 CIGRE 直流输电系统标准测试模型的基础上增加图 3.6 所示的改进换相失败预防控制。目前，常用的换相失败预防控制启动电压一般为 0.75～0.85p.u.。因此选取启动电压为 0.85p.u.、触发角调节增益为 0.15 作为对比，以此反映改进换相失败预防控制的效果。

1. 三相短路故障

设置 1.0011s 时刻在逆变站换流母线处发生三相短路故障，故障持续时间为 0.05s，短路过渡电抗为 0.85H。由于该时刻处于换相过程中，利用式(3.24)得到换相失败临界电压为 0.9434p.u.，触发角调节量由式(3.28)可计算为 6.697°。

图 3.9 为两种换相失败预防控制下逆变站的关断角与触发角调节量。两种控制下，故障均造成了关断角的瞬间减小。在改进换相失败预防控制下，关断角减小至约 8°，未发生首次换相失败；而在常规换相失败预防控制下，关断角跌落至零，发生了首次换相失败。如图 3.9(b)所示，两种控制在故障后通过调节触发角

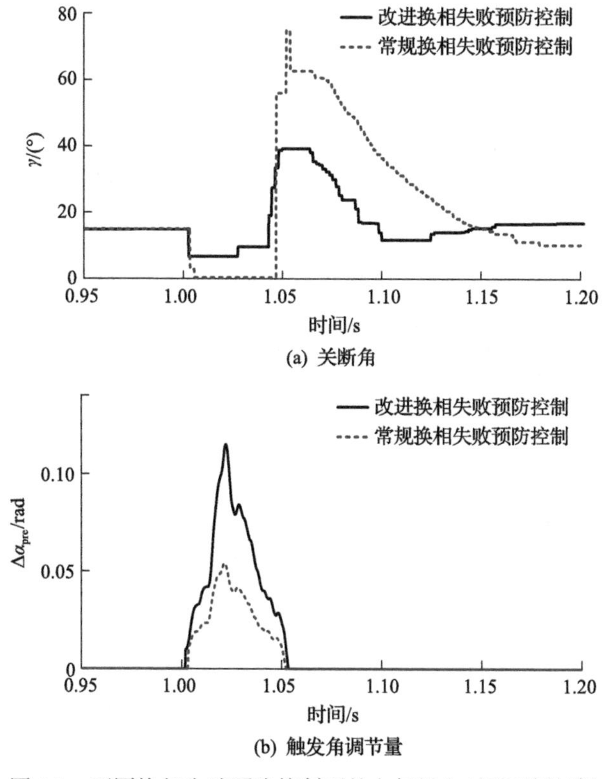

图 3.9　不同换相失败预防控制下的电气量(三相短路故障)

来抑制换相失败，但是由于改进换相失败预防控制的启动电压比常规换相失败预防控制更大，其触发角调节量的增加也更快，因此成功抑制了首次换相失败。

在逆变站换流母线处设置三相短路故障，故障发生时刻为 1～1.008s，每次变化步长为 1ms，故障持续 0.05s 后清除，通过设置故障过渡电抗为 0.75～1.40H，可以得到换相失败预防控制的效果，如图 3.10 所示。由图 3.10 可见，常规换相失败预防控制下，一共发生 75 次换相失败；而在改进换相失败预防控制下，仅发生 44 次换相失败，换相失败次数减少了 31 次。改进换相失败预防控制显著提升了首次换相失败的免疫能力。

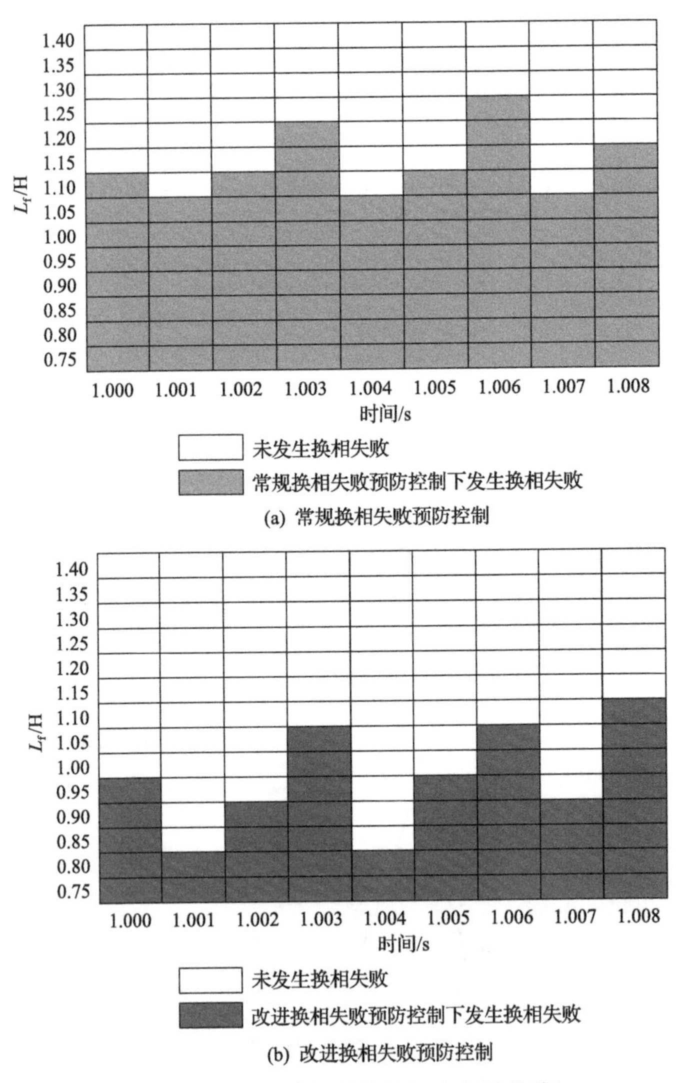

图 3.10　换相失败抑制效果(三相短路故障)

2. 单相短路故障

设置在 1.0063s 时刻逆变站换流母线处发生单相短路故障。设置故障持续时间为 0.05s，接地电抗为 0.4H 时。由于该时刻处于换相过程中，利用式(3.24)计算的换相失败临界电压为 0.9443p.u.，按式(3.28)计算触发角调节量为 6.697°。常规换相失败预防控制和改进换相失败预防控制下的关断角和触发角调节量如图 3.11 所示。两种控制在故障后通过调节触发角来抑制换相失败，但是改进换相失败预防控制的触发角调节量增速更快。因此，在改进换相失败预防控制下，尽管故障造成关断角减小，但未发生换相失败。而常规换相失败预防控制下关断角跌落至零，发生了换相失败。改进换相失败预防控制在单相短路故障下同样有效。

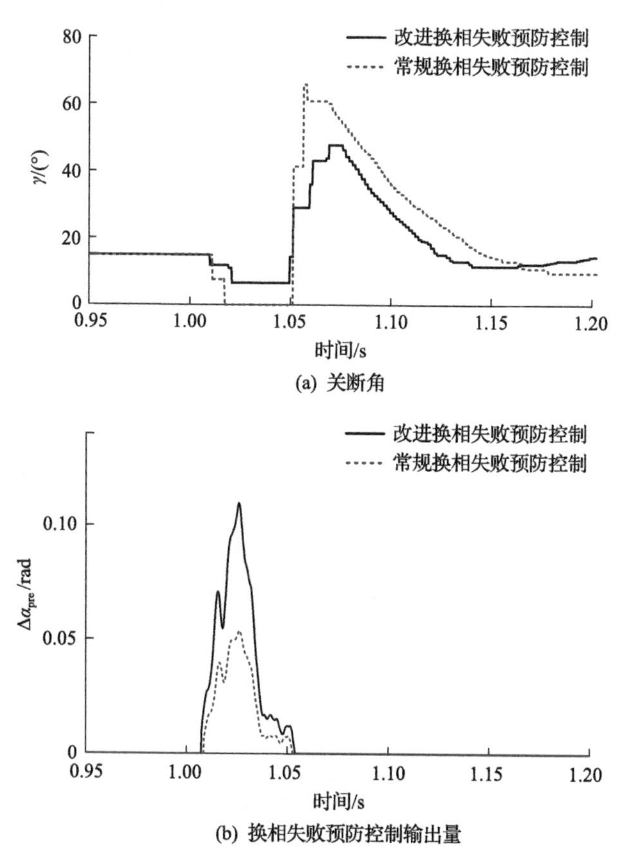

(a) 关断角

(b) 换相失败预防控制输出量

图 3.11 不同换相失败预防控制下的电气量(单相短路故障)

过渡电抗为 0.05～0.7H，故障时刻为 1～1.008s，在逆变侧交流母线单相短路故障下换相失败的抑制效果如图 3.12 所示。常规换相失败预防控制下，逆变站一共发生 96 次换相失败；而在改进换相失败预防控制下，仅发生 64 次换相失败，换相失败次数减少了 32 次。与常规换相失败预防控制相比，改进换相失败预防控制显著减少了换相失败的次数，换相失败率由 76.19%降低为 50.79%。改进换相失败预防控制对于不同故障类型均有较高适应性。

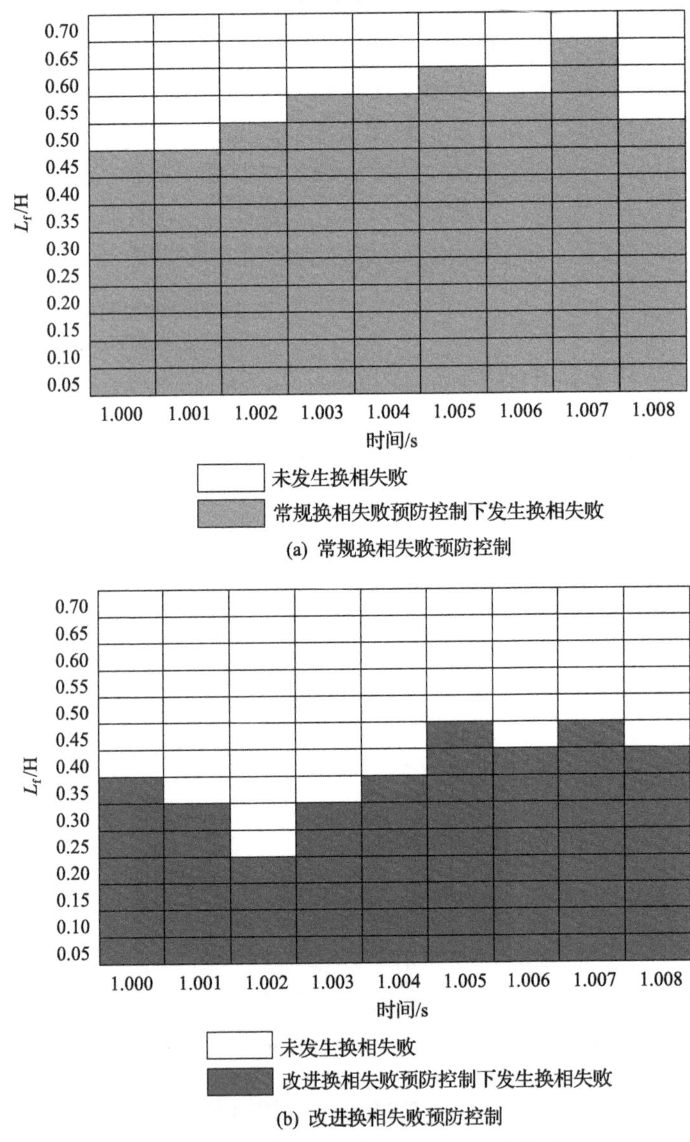

图 3.12　换相失败抑制效果(单相短路故障)

第4章　直流输电系统后续换相失败预测与抑制方法

4.1　后续换相失败过程建模

4.1.1　关断角解析表达

后续换相失败是在首次换相失败后的恢复过程中再次发生的换相失败。后续换相失败使交直流系统再次受扰，对送、受端交流系统造成较大的有功、无功功率冲击。后续换相失败可能进一步引发连续换相失败，导致换流站闭锁，进而引发一系列连锁反应。与首次换相失败相比，后续换相失败的影响程度更深、范围更广，给电力系统的安全运行带来更为严峻的挑战，且后续换相失败的机理更为复杂，不仅受到系统电气量变化的影响，而且恢复阶段控制系统的调节及系统内设备暂态响应特性等均会影响后续换相失败的发生。

直流输电系统逆变站发生换相失败时，关断角的演变如图 4.1 所示。在正常运行时，关断角始终保持稳态值γ_{ref}不变。在t_1时刻受端交流电网发生故障，关断角跌落至γ'，若γ'小于临界关断角γ_{th}，逆变站发生首次换相失败。关断角对于换流母线电压十分敏感，发生换相失败时的关断角通常跌落为零。随后，逆变站定关断角控制的作用使触发角减小，关断角迅速增大。由于关断角上升过程非常快，因此在t_2时刻关断角可近似阶跃至最大关断角γ_{max}。因为γ'很小，所以在定关断角控制的比例控制环节作用下最大关断角γ_{max}一般远大于稳态值γ_{ref}。随后，定关断角控制继续作用使触发角增大，使关断角逐渐减小。在t_3时刻，关断

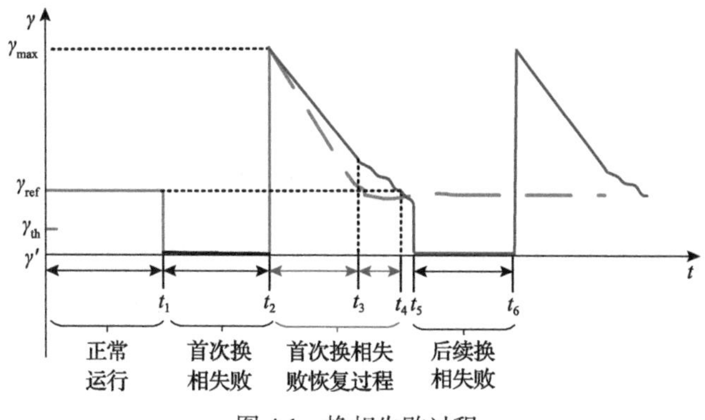

图 4.1　换相失败过程

角减小至稳态值 γ_{ref}。若不再发生换相失败，关断角将逐渐稳定至稳态值 γ_{ref}，如图 4.1 中长虚线条所示。否则，关断角持续减小，当 t_4 时刻关断角小于临界关断角时，直流逆变站再次发生换相失败，即后续换相失败，如图 4.1 中实线所示。其中，$t_1 \sim t_2$ 为首次换相失败过程；$t_2 \sim t_4$ 为首次换相失败恢复过程；$t_5 \sim t_6$ 的实线为后续换相失败过程，t_6 时刻以后的实线为后续换相失败恢复过程。

由于首次换相失败恢复过程为毫秒级，加之换相恢复瞬间的最大关断角较大，因此首次换相失败恢复过程中关断角可近似为线性变化。交流电网故障后逆变站关断角可写为

$$\gamma = \begin{cases} \gamma_{\text{ref}}, & t = t_1 \\ \gamma', & t_1 \leqslant t < t_2 \\ \gamma_{\max} + k_\gamma t, & t_2 \leqslant t \leqslant t_4 \end{cases} \tag{4.1}$$

式中，k_γ 为首次换相失败恢复过程关断角的下降斜率。

首次换相失败恢复过程最大关断角和下降斜率可由观测数据确定：

$$\begin{cases} \gamma_{\max} = \dfrac{1}{n}\sum_{i=1}^{n}\gamma_i - k_\gamma \sum_{i=1}^{n} t_i \\ k_\gamma = \dfrac{\sum_{i=1}^{n} t_i\gamma_i - n\bar{t}\,\dfrac{1}{n}\sum_{i=1}^{n}\gamma_i}{\sum_{i=1}^{n} t_i^2 - n\left(\sum_{i=1}^{n} t_i\right)^2} \end{cases} \tag{4.2}$$

式中，γ_i 为第 i 次采集的关断角，$i = 1, 2, \cdots, n$；t_i 为第 i 次采样的时刻；$\bar{t}$ 为平均采样时刻；n 为采集的总样本数。

关断角满足以下关系：

$$\gamma = \beta - \mu = \pi - \alpha - \mu \tag{4.3}$$

由于换相角由逆变站换流变电抗决定，因此由式(4.3)可知，对于具有相同换流变参数的不同逆变站，首次换相失败恢复过程的关断角的区别仅决定于触发角。在首次换相失败恢复过程中，触发角主要由定关断角控制决定。定关断角控制根据实时关断角与关断角定值的偏差调整触发角，由于首次换相失败恢复瞬间不同逆变站的关断角基本为零，当定关断角控制参数相同且换流变参数相近时，其关断角的变化应基本一致。这表明，首次换相失败恢复过程的逆变站关断角仅由换流变电抗和定关断角控制参数决定，与运行工况以及故障类型和程度均

无关。实际系统中直流输电系统的换流变和定关断角控制参数有限，因此利用式(4.2)，通过少量的测试即可得到典型参数下首次换相失败恢复过程的最大关断角和下降斜率。

4.1.2　后续换相失败影响因素

逆变站定关断角控制可以调节关断角跟踪指令值以换取足够的换相裕度，避免关断角过小造成换相失败。发生首次换相失败后，定关断角控制通过调节触发延迟角来维持足够的关断面积用于消除换相失败。低压限流控制通过降低输出的直流电流指令值使直流电流逐步恢复，限制直流电流能够降低叠弧面积的需求量，促进换相过程。在首次换相失败中，低压限流控制通过降低直流电流参考值来降低叠弧面积的需求量，以便尽快恢复正常换相。

图 4.2 所示为逆变站换相失败过程的控制器作用顺序。发生首次换相失败后，低压限流控制快速投入。但是，由于定关断角控制将一个周期内关断角的最小值作为输入，因此从首次换相失败发生到定关断角控制投入存在一定延时，最大延时为工频周期。在首次换相失败发生后，定关断角控制的启动一般滞后于低压限流控制。随后在低压限流控制和定关断角控制的共同作用下，逆变站恢复正常换相，进入首次换相失败恢复过程。

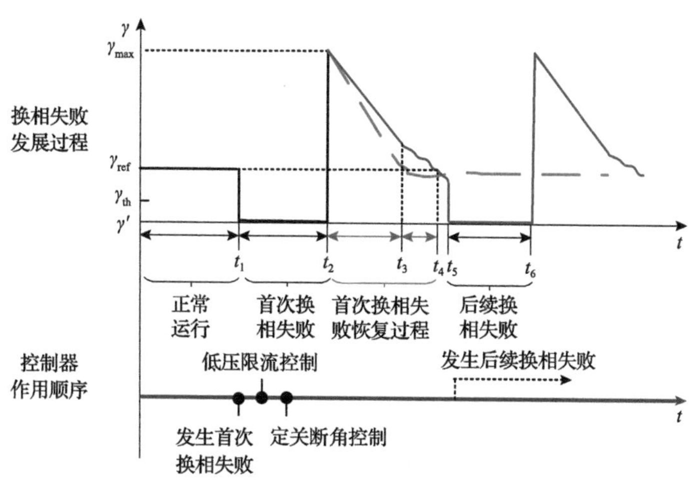

图 4.2　控制器作用与换相失败的关系

交流电网故障导致换流母线电压降低，为恢复正常运行，逆变站需要消耗大量无功功率。定关断角控制可能使关断角的下降速率过慢，或低压限流控制可能使直流电流恢复速率过快，均会导致逆变站从受端交流电网吸收过多的无功功率，不利于换相的恢复。因此，在首次换相失败的恢复过程中，由于逆变站控制参数无法根据故障严重程度和电网调节作用做出相应的变化，可能使关断角持续降低，可能再次发生后续换相失败。首次换相失败主要取决于故障初始状态和直流逆变站的运行情况。与首次换相失败不同，后续换相失败发生在首次换相失败的恢复过程中，关断角和换流母线电压的跌落已触发低压限流控制和定关断角控制等控制系统启动以促使换相恢复。控制系统的响应特性成为决定是否发生后续换相失败的关键因素。直流逆变站的后续换相失败不仅与故障初始状态有关，也与直流逆变站控制系统的调节作用息息相关。

4.2 后续换相失败临界电压

4.2.1 逆变站控制响应解析

与首次换相失败相同，换流母线电压的变化也是导致后续换相失败的根本原因，因此可以利用临界电压作为判断后续换相失败的依据。但是，后续换相失败临界电压不仅需要考虑故障导致的换流母线电压跌落，还需计及首次换相失败期间逆变站控制系统的响应特性。交流电网故障下，定关断角控制启动，通过调节超前触发角来增加换相裕度。利用定关断角控制的控制方程，对超前触发角求导后可得

$$\frac{\mathrm{d}\beta(t)}{\mathrm{d}t}=K_{\mathrm{p}}\left[-\frac{\mathrm{d}\gamma(t)}{\mathrm{d}t}+\frac{1}{T_{\mathrm{i}}}\left(\gamma_{\mathrm{ref}}-\gamma(t)\right)\right] \tag{4.4}$$

对 $\mathrm{d}\beta(t)/\mathrm{d}t$ 进行等价变换：

$$\frac{\mathrm{d}\beta(t)}{\mathrm{d}t}=\frac{\mathrm{d}\beta}{\mathrm{d}\gamma}\frac{\mathrm{d}\gamma}{\mathrm{d}t} \tag{4.5}$$

将式(4.1)和式(4.5)代入式(4.4)，可得首次换相失败恢复过程中超前触发角的动态方程为

$$\frac{\mathrm{d}\beta}{\mathrm{d}\gamma}=\frac{K_{\mathrm{p}}}{T_{\mathrm{i}}k_{\gamma}}(\gamma_{\mathrm{ref}}-\gamma)-K_{\mathrm{p}} \tag{4.6}$$

对式(4.6)进行积分，可以得到超前触发角的表达式为

$$\beta=-\frac{K_{\mathrm{p}}}{2T_{\mathrm{i}}k_{\gamma}}\gamma^{2}+\left(\frac{\gamma_{\mathrm{ref}}}{T_{\mathrm{i}}k_{\gamma}}-1\right)K_{\mathrm{p}}\gamma+C_{1} \tag{4.7}$$

式中，C_1 为积分常数，可由式(4.7)代入正常运行参数计算得到。

逆变站直流电压与换流母线电压的关系为

$$U_{\mathrm{d}}=\frac{3\sqrt{2}U_{\mathrm{L}}}{2\pi}(\cos\gamma+\cos\beta) \tag{4.8}$$

联立式(4.7)和式(4.8)，可得计及定关断角控制作用的逆变站直流电压为

$$U_{\mathrm{d}}=\frac{3\sqrt{2}N}{2\pi}U_{\mathrm{L}}\left\{\cos\gamma+\cos\left[-\frac{K_{\mathrm{p}}}{2T_{\mathrm{i}}k_{\gamma}}\gamma^{2}+\left(\frac{\gamma_{\mathrm{ref}}}{T_{\mathrm{i}}k_{\gamma}}-1\right)K_{\mathrm{p}}\gamma+C_{1}\right]\right\} \tag{4.9}$$

逆变站直流电压还可表示为

$$U_{\mathrm{d}}=N\left(\frac{3\sqrt{2}U_{\mathrm{L}}}{\pi}\cos\gamma-\frac{3}{\pi}X_{\mathrm{r}}I_{\mathrm{d}}\right) \tag{4.10}$$

将低压限流控制方程代入式(4.10)，可以得到计及低压限流控制的直流电压为

$$U_{\mathrm{d}}=N\left[\frac{3\sqrt{2}U_{\mathrm{L}}}{\pi}\cos\gamma-\frac{3}{\pi}X_{\mathrm{r}}I_{\mathrm{dN}}\left(k_{\mathrm{d}}\frac{U_{\mathrm{d}}}{U_{\mathrm{dN}}}+b\right)\right] \tag{4.11}$$

式中，b 为式(2.1)低压限流控制方程中的常数项；U_{dN}、I_{dN} 为直流电压、电流的基准值。

4.2.2 临界电压计算方法

联立式(4.9)和式(4.11)，可得计及低压限流控制和定关断角控制响应的逆变站换流母线电压与关断角的关系函数，进一步代入临界关断角，即可得到后续换相失败临界电压为

$$U_{\mathrm{th}}=\frac{NX_{\mathrm{r}}I_{\mathrm{dN}}b}{\sqrt{2}N\cos\gamma_{\min}-\dfrac{\sqrt{2}N}{2}\left(1+\dfrac{3}{\pi}NX_{\mathrm{r}}k_{\mathrm{d}}\dfrac{I_{\mathrm{dN}}}{U_{\mathrm{dN}}}\right)(\cos\gamma_{\min}+\cos\beta')} \tag{4.12}$$

式中，$\beta'=-\dfrac{K_{\mathrm{p}}}{2T_{\mathrm{i}}k_{\gamma}}\gamma_{\min}^{2}+\left(\dfrac{\gamma_{\mathrm{ref}}}{T_{\mathrm{i}}k_{\gamma}}-1\right)K_{\mathrm{p}}\gamma_{\min}+C_{1}$。

后续换相失败临界电压表征了发生后续换相失败时逆变站换流母线电压的临界值，当换流母线电压降落至临界电压以下时即会发生后续换相失败。由式(4.12)可知，后续换相失败临界电压与控制器参数密切相关。利用低压限流控制和定关断角控制参数可确定后续换相失败临界电压，进而通过比较故障瞬间的换流母线电压与后续换相失败临界电压的大小，即可提前判断是否发生后续换相失败。

4.3　后续换相失败预测方法

4.3.1　预测原理

当交流电网发生故障时，逆变站换流母线电压迅速跌落，使直流电流突增，直流电压减小，关断角骤降。当关断角小于临界关断角时，逆变站发生首次换相失败。在换流母线电压跌落后，低压限流控制和定关断角控制启动，直流电流降低，触发角增加，关断角和换流母线电压随之逐渐恢复。不同电网故障程度下(图中的黑线和灰线)，逆变站换流母线电压随换相失败的变化过程如图 4.3 所示。

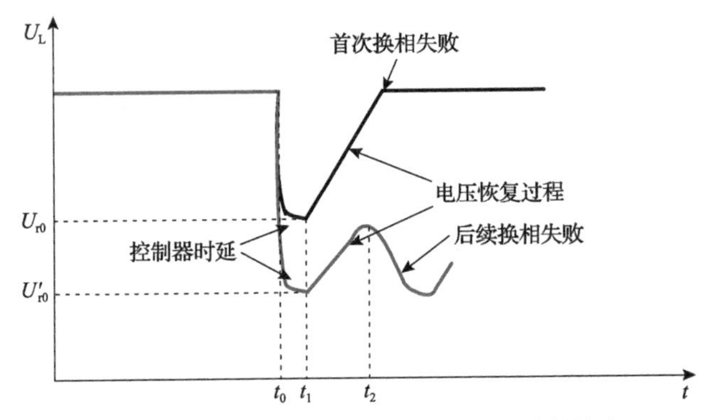

图 4.3　逆变站换流母线电压随换相失败的演变

在 t_0 时刻交流电网发生故障，换流母线电压快速跌落。但由于测量环节和控制系统的延时，换流阀组在 t_1 时刻恢复正常换相，关断角和换流母线电压均逐渐上升，并最终稳定至新的稳态值。将 t_1 时刻的换流母线电压 U_{r0} 和 U'_{r0} 称为换相恢复瞬间电压。在电网故障较严重，换流母线电压跌落得更深时，由于换相恢复瞬间电压不同，即使低压限流控制和定关断角控制的效果相同，在其作用下换流母线电压的恢复趋势与轻微故障时一致，在换流母线电压恢复过程中仍可能出现关断角小于临界关断角，即在换相恢复过程中发生再次换相失败的情况。

由低压限流控制和定关断角控制的控制方程可知，低压限流控制的性能取决于控制器的直流电压门槛值、电流上下限和直流电流；定关断角控制的性能取决于关断角整定值、关断角以及 PI 控制器参数。直流电流可由换流母线电压表示为

$$I_d=N\left[\frac{\sqrt{2}}{2X_r}U_L\left(\cos\gamma-\cos\beta\right)\right] \tag{4.13}$$

根据式(2.18)和式(4.13)，关断角和直流电流取决于换流母线电压和超前触发角，而超前触发角又取决于定关断角控制的输出，即直流电流和关断角取决于换流母线电压。因此，如图 4.4 所示，在一定的控制参数下，换流母线电压决定了直流电流和关断角，进而决定低压限流控制和定关断角控制的性能，低压限流控制和定关断角控制又影响了换流母线电压的恢复过程，即换流母线电压的恢复过程与首次换相失败后关断角的恢复过程一一对应。

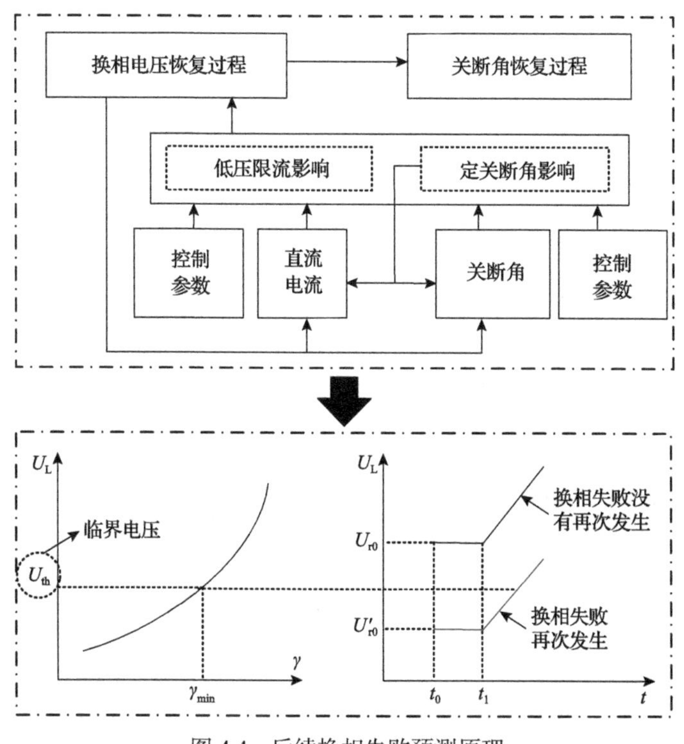

图 4.4 后续换相失败预测原理

首次换相失败恢复过程中关断角突增后单调降低。当首次换相失败恢复过程中的最小关断角小于临界关断角时，换流阀发生后续换相失败，而最小关断角等于临界关断角时的换流母线电压即为后续换相失败临界电压。由于在首次换相失败恢复过程中换流母线电压连续增加，因此当换相恢复瞬间电压小于或等于后续换相失败临界电压时，在首次换相失败恢复过程中必然出现关断角小于临界关断角，即再次发生换相失败的情况。因此，通过比较故障后的换流母线电压与后续换相失败临界电压即可实现后续换相失败预测，其原理如图 4.4 所示。由于测量环节和控制系统的延时仅约为 20ms，且在电网故障点电压的影响下，首次换相失败恢复瞬间电压与电网故障瞬间的换流母线电压接近，因此，利用故障瞬间的换流母线电压与后续换相失败临界电压进行比较，即可提前预测首次换相失败恢复过程中是否发生后续换相失败。

4.3.2 实现方法

直流输电系统后续换相失败预测的实现方法[4]如图 4.5 所示。根据式(4.1)和式(4.2)，通过仿真可以提前制定各种典型参数下首次换相失败恢复过程的关断角下降斜率的离线表。当交流电网故障造成直流输电系统的逆变站换流母线电压跌落时，启动后续换相失败的预测。首先，通过查表确定关断角下降斜率，并根据故障前一瞬间的超前触发角和关断角，利用式(4.7)计算常数 C_1，进而利用式(4.12)确定后续换相失败临界电压。将故障瞬间的逆变站换流母线电压与后续换相失败临界电压相比，若换流母线电压小于后续换相失败临界电压，即判断首次换相失败恢复过程中会发生后续换相失败。

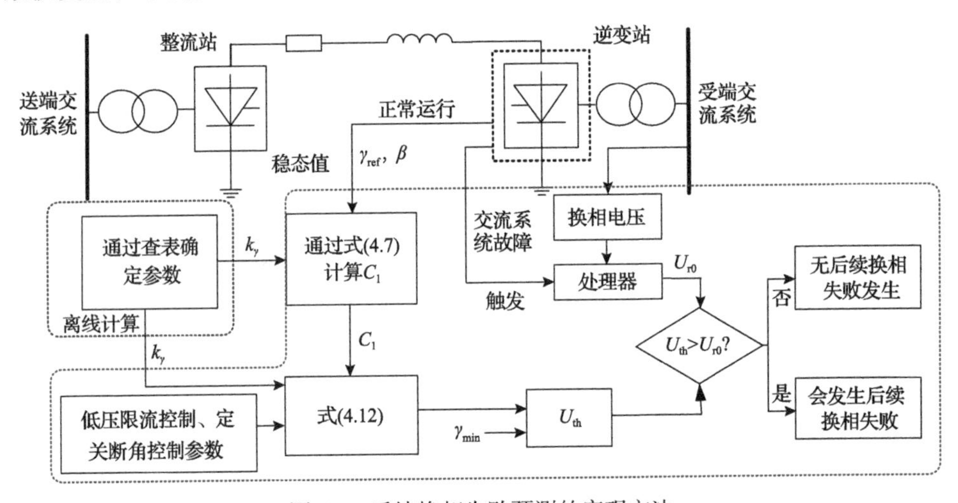

图 4.5　后续换相失败预测的实现方法

由于数据采集、传输及处理时间均为纳秒级，因此利用故障瞬间的换流母线电压与后续换相失败临界电压的比较，可以在首次换相失败前预测后续换相失败。根据首次换相失败的持续时间，后续换相失败的预测可以提前数十毫秒。因此，可以提前调整直流输电系统的控制策略或者通过电网电压、功率的控制来避免后续换相失败的发生或缓解后续换相失败对电网的影响。

4.3.3 算例分析

仿真系统如图 3.7 所示，其中直流输电系统采用 CIGRE 直流输电系统标准测试模型，单极高压直流系统的额定电压为 500kV、基准容量为 1000MW，两侧换流站均配备 12 脉波换流器，换流变电抗为 13.5Ω。整流站和逆变站交流系统的短路比分别为 2.5∠84°和 2.5∠75°。定关断角控制的 PI 控制器比例系数为 0.7506，积分时间常数为 0.0544s；低压限流控制的直流电流上下限分别为 1.0p.u.和 0.55p.u.，直流电压上下门槛值分别为 0.9p.u.和 0.4p.u.。正常运行时，换流母线电压为 230kV，直流电流为 2kA，逆变站关断角为 15°，超前触发角为 38°。

1. 换相失败恢复特性

在逆变站换流母线处设置三相短路故障，故障发生时刻为 1s、持续时间为 0.5s、过渡电阻为 12Ω，逆变站换流母线电压如图 4.6(a)所示。故障后逆变站换流母线电压跌落至 0.4275p.u.，随后在控制系统的作用下逐渐恢复，由于在 1.2064s 时发生后续换相失败，逆变站换流母线电压随之跌落。逆变站换流母线电压的演变过程与理论分析一致。

图 4.6(b)所示为逆变站关断角。故障后关断角迅速跌落，并在 1.0032s 时发生首次换相失败。随着控制系统的响应，关断角在 1.0454s 时上升，随后不断下降。关断角的下降过程基本呈现线性，与图中长虚线所示的由式(4.2)确定的曲线

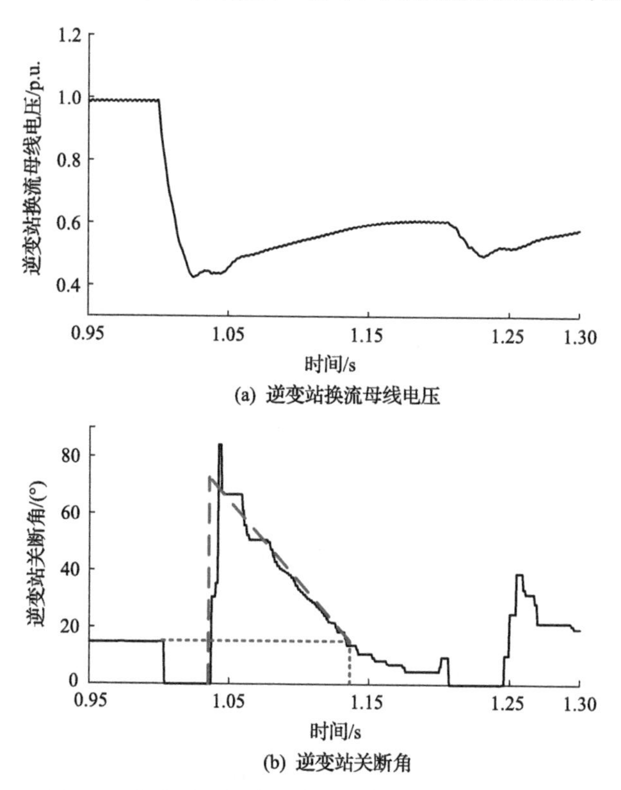

(a) 逆变站换流母线电压

(b) 逆变站关断角

图 4.6　交流系统故障下直流输电系统逆变站电气量

基本吻合，下降斜率为–561.3115°/s。在 1.1337s 时，关断角降至稳态值，随后继续下降，在 1.1525s 时降至临界关断角，随之发生后续换相失败。关断角的变化过程与理论分析一致，且与换流母线电压对应。

设故障过渡电阻为 8～40Ω，可得逆变站的关断角如图 4.7(a)所示。在不同的过渡电阻下，尽管换流母线电压、直流电流等均有所不同，但是关断角的恢复过程基本一致，首次换相失败恢复过程中关断角的下降斜率基本相同。当过渡电阻为 12Ω 时，以 0.004s 为步长改变故障发生时刻(从 1s 到 1.02s)，可得逆变站的关断角如图 4.7(b)所示。在不同的故障发生时刻下，首次换相失败恢复过程中关断角的下降斜率也基本相同。

当过渡电阻为 12Ω、故障时刻为 1s、持续时间为 0.5s 时，改变逆变站换流变电抗和定关断角控制参数，可得逆变站关断角分别如图 4.7(c)和图 4.7(d)所示。图 4.7(c)中，当换流变电抗从 0.12p.u.增至 0.21p.u.时，关断角的下降斜率逐渐减小；图 4.7(d)中，不同定关断角控制的 PI 参数下，关断角的下降斜率也有所不同。仿真结果表明，相同的换流变电抗和定关断角控制参数下，首次换相失败后关断角恢复的下降斜率与交流系统故障时间和严重程度均无关，而在

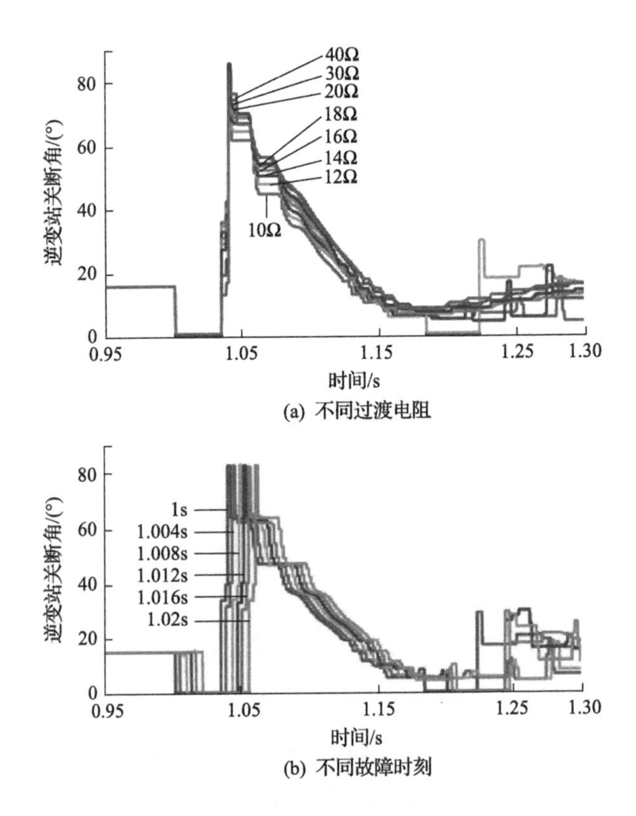

(a) 不同过渡电阻

(b) 不同故障时刻

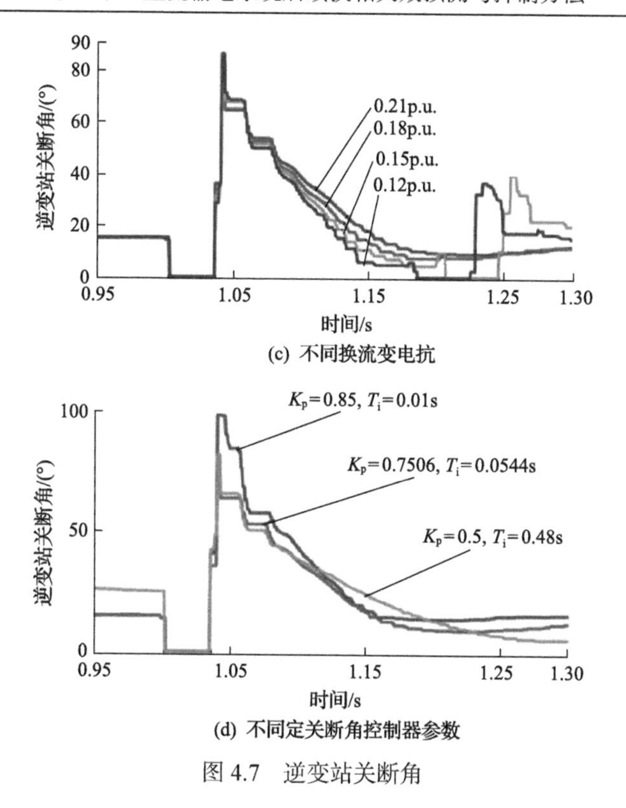

(c) 不同换流变电抗

(d) 不同定关断角控制器参数

图 4.7　逆变站关断角

不同的换流变电抗和定关断角控制参数下，关断角的下降斜率则有所区别，与理论分析一致。

2. 后续换相失败预测的准确性

1) 三相短路故障

设置逆变站换流母线发生三相短路故障，故障发生时刻为 1s，持续时间为 0.1s，不同接地电感下逆变站电气量如图 4.8 所示。U_{L1} 和 γ_1 分别为接地电感为 0.3p.u.时的换流母线电压和关断角；U_{L2} 和 γ_2 分别为接地电感为 0.4p.u.时的换流母线电压和关断角；U_{L3} 和 γ_3 分别为接地电感为 0.5p.u.时的换流母线电压和关断角；U_{L4} 和 γ_4 分别为接地电感为 0.6p.u.时的换流母线电压和关断角。根据图 4.8(b)，关断角恢复过程的下降斜率为–561.3115°/s，故障前一瞬间的关断角为 15.2°、超前触发角为 38.3°，由式(4.7)可计算得到系数 C_1 为 51.0641°。因此利用式(4.12)可以得到后续换相失败临界电压为 0.451p.u.。如图 4.8(a)所示，U_{L3}、U_{L4} 所示换流母线电压在故障后跌落至 0.451p.u.以下，导致了后续换相失败。但是，U_{L1}、U_{L2} 的跌落程度较轻，故障后始终高于 0.451p.u.，未导致后续换相失败。仿真结果与理论分析一致。

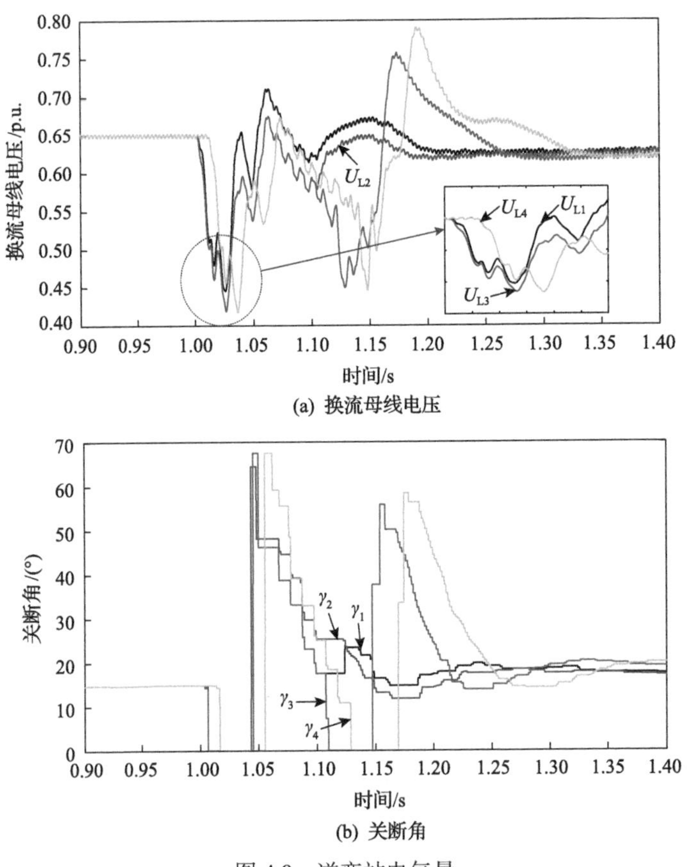

图 4.8　逆变站电气量

设故障时间由 1.000s 依次变为 1.024s，过渡电阻由 7Ω 依次变为 18Ω，根据后续换相失败临界电压预测后续换相失败的效果，如图 4.9 所示。图中横坐标为故障时间，纵坐标为过渡电阻；数字为故障瞬间逆变站换流母线电压(单位为 p.u.)。灰色框中的电压小于后续换相失败临界电压，表明能正确预测后续换相失败。在共计 56 次后续换相失败中，正确预测率达到 87.5%，并且在共计 84 组测试中无误报。

2) 单相短路故障

在相同的模型和参数下，在逆变站换流母线上设置单相短路故障，故障持续时间为 0.5s，故障时间由 1.000s 依次变为 1.024s，故障过渡电阻由 3Ω 依次变为 14Ω。根据式(4.12)，后续换相失败临界电压为 0.712p.u.。图 4.10 为利用后续换相失败临界电压进行预测的效果。横坐标是故障时间，纵坐标为过渡电阻。矩形中的数字是故障时刻的逆变站换流母线电压。当换流母线电压小于后续换相失败

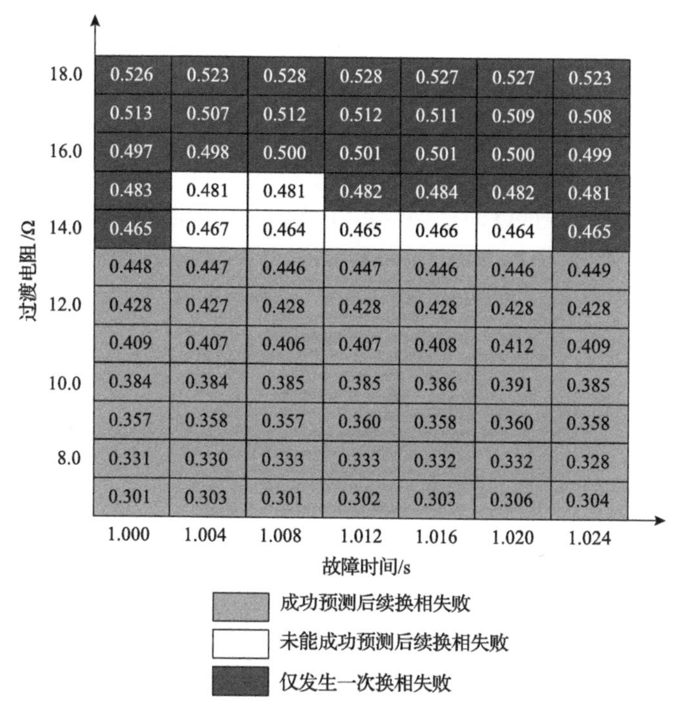

图 4.9　三相短路故障下后续换相失败预测准确性(换流变电抗为 13.5Ω)

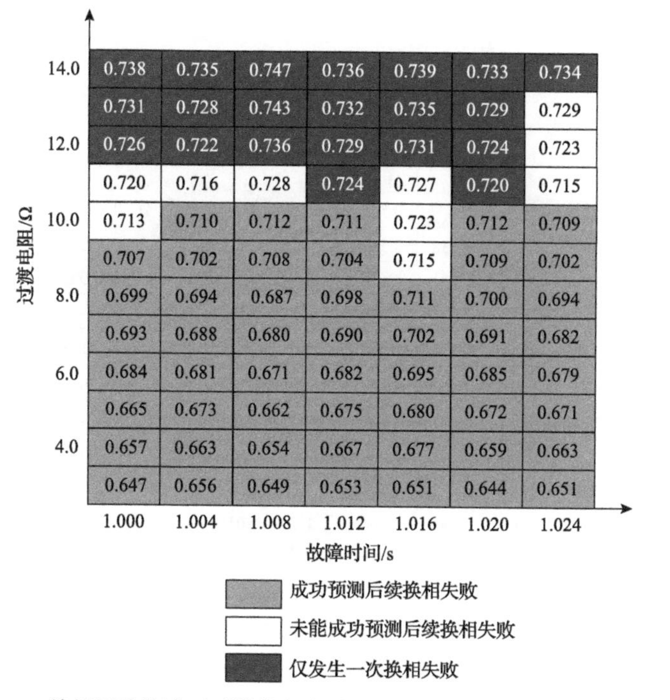

图 4.10　单相短路故障下后续换相失败预测准确性(换流变电抗为 13.5Ω)

临界电压时，表明预测正确。在 63 个单相短路故障引起的后续换相失败中，后续换相失败的正确预测率达到 84.13%。结果表明，单相短路故障下的预测精度与三相短路故障下的预测精度相似。

3) 换流变参数的影响

当换流变电抗为 15.69Ω 时，如图 4.11 所示，首次换相失败恢复过程的关断角下降斜率为–613.4043°/s，根据(4.12)可计算得到后续换相失败临界电压为 0.512p.u.。在逆变站交流母线三相短路故障的情况下，过渡电阻从 5Ω 变化至 27Ω、故障时间从 1s 变化至 1.024s 时，后续换相失败预测效果如图 4.12 所示，在共计 56 次后

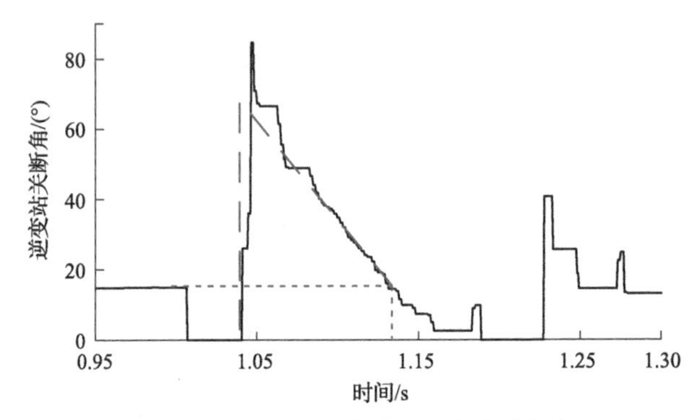

图 4.11　交流电网故障下逆变站关断角

过渡电阻/Ω	1.000	1.004	1.008	1.012	1.016	1.020	1.024
	0.623	0.624	0.629	0.621	0.625	0.620	0.618
25.0	0.600	0.600	0.603	0.598	0.604	0.600	0.600
	0.586	0.584	0.582	0.582	0.585	0.582	0.584
21.0	0.561	0.562	0.561	0.561	0.562	0.562	0.560
	0.538	0.538	0.537	0.538	0.539	0.539	0.536
17.0	0.512	0.511	0.511	0.509	0.512	0.513	0.510
	0.480	0.481	0.480	0.479	0.483	0.486	0.479
13.0	0.445	0.447	0.446	0.450	0.445	0.453	0.451
	0.406	0.406	0.407	0.406	0.405	0.405	0.406
9.00	0.359	0.357	0.360	0.361	0.361	0.362	0.362
	0.300	0.301	0.301	0.304	0.300	0.300	0.298
5.00	0.215	0.221	0.218	0.210	0.220	0.225	0.227

故障时间/s

成功预测后续换相失败

未能成功预测后续换相失败

仅发生一次换相失败

图 4.12　三相短路故障下后续换相失败预测准确性(换流变电抗为 15.69Ω)

续换相失败中，正确预测率达 85.71%。结果表明，在不同换流变电抗下后续换相失败的预测方法同样具有较高精度。产生预测误差的主要原因是关断角恢复过程的线性化，但是其影响有限，能够满足实际工程的需要。

4.4　基于自适应启动电压的限流控制方法

4.4.1　限流控制思想

直流逆变站发生首次换相失败后，关断角首先跌落，随后逐渐恢复至稳态值。逆变站的故障初始状态决定了首次换相失败过程中关断角恢复路径的起始点。当交流电网发生故障后，故障初始状态随即确定，此时首次换相失败过程的关断角恢复路径取决于低压限流控制和定关断角控制的响应特性。这意味着低压限流控制的 U_d-$I_{d\text{-ord}}$ 特性曲线和定关断角控制的参数一旦确定，首次换相失败就将按照预设的路径恢复。由于低压限流控制的 U_d-$I_{d\text{-ord}}$ 特性曲线和定关断角控制的参数为固定值，因此不能在任意故障初始状态下均能避免后续换相失败。故障初始状态不同会导致首次换相失败恢复的需求有所不同，预设参数下的固定恢复路径甚至可能会因无法满足首次换相失败恢复的需求而成为后续换相失败的推动力。

首次换相失败过程的关断角恢复路径由低压限流控制的 U_d-$I_{d\text{-ord}}$ 特性曲线和定关断角控制器以及故障初始状态共同决定。其中，定关断角控制的参数可提前确定，故障初始状态可由交流电网故障后的换流母线电压表征。在受端交流电网故障后，即可根据换流母线电压和低压限流控制的 U_d-$I_{d\text{-ord}}$ 特性曲线及定关断角控制的参数确定首次换相失败关断角恢复路径。因此，在受端电网故障后，根据首次换相失败过程的关断角恢复路径和临界关断角可提前量化首次换相失败恢复的后果，判断是否发生后续换相失败。根据故障初始状态、定关断角控制参数以及首次换相失败恢复的后果调整 U_d-$I_{d\text{-ord}}$ 特性曲线的斜率，控制直流输电系统的直流电流，可实现后续换相失败的自适应控制。

如图 4.13 所示为后续换相失败的抑制思想[5]。由于 U_d-$I_{d\text{-ord}}$ 特性曲线斜率越大，在首次换相失败恢复过程中越易发生后续换相失败，即后续换相失败发生的可能性与 U_d-$I_{d\text{-ord}}$ 特性曲线斜率成正比，因此在某一故障后的换流母线电压和定关断角控制参数下，必然存在一个斜率 $k_{d,cv}$，当 U_d-$I_{d\text{-ord}}$ 特性曲线斜率小于或等于 $k_{d,cv}$ 时，可避免在首次换相失败恢复过程中发生后续换相失败，而当 U_d-$I_{d\text{-ord}}$ 特性曲线斜率大于 $k_{d,cv}$ 时，必然发生后续换相失败。将 $k_{d,cv}$ 定义为不发生后续换相失败的 U_d-$I_{d\text{-ord}}$ 特性曲线临界斜率。随着故障严重程度不同，U_d-$I_{d\text{-ord}}$ 特性曲线临界斜率发生改变，但是在一定的故障条件下，根据换流母线电压和定关断角控制参数即可确定 U_d-$I_{d\text{-ord}}$ 特性曲线临界斜率。

虽然U_{d}-$I_{d\text{-}ord}$特性曲线的斜率越小于$k_{d,cv}$则能够越可靠地避免后续换相失败，但是U_{d}-$I_{d\text{-}ord}$特性曲线斜率越小，直流输电系统传输的功率越小。直流输电系统传输的功率降低导致受端交流电网的等值机械功率增加，从而增加加速面积，降低减速面积，易威胁受端交流电网的功角稳定。根据受端交流电网的功角稳定约束，可以确定U_{d}-$I_{d\text{-}ord}$特性曲线斜率的最小值$k_{d,min}$，可得能够避免后续换相失败的U_{d}-$I_{d\text{-}ord}$特性曲线的范围，如图4.13阴影所示。在交流电网发生故障后，根据阴影范围内的U_{d}-$I_{d\text{-}ord}$特性曲线控制直流电流，即可在保证交流系统安全的前提下，最大限度地避免后续换相失败的发生。

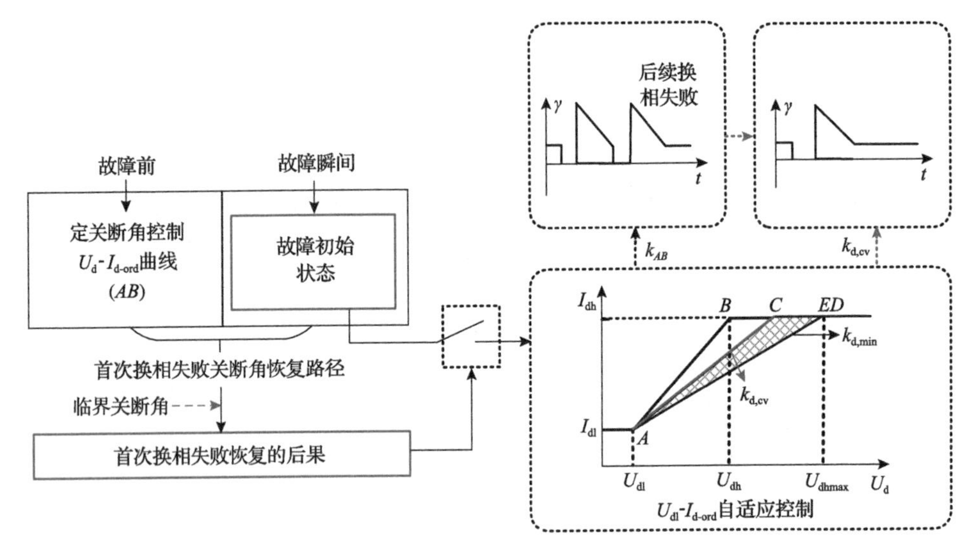

图4.13 后续换相失败抑制思想

4.4.2 临界斜率计算

由式(4.9)和式(4.11)可得计及低压限流控制和定关断角控制作用的直流电压的表达式分别为

$$\begin{cases} U_{d}=\dfrac{3\sqrt{2}N}{2\pi}U_{L}\left\{\cos\gamma+\cos\left[-\dfrac{K_{p}}{2T_{i}k_{\gamma}}\gamma^{2}+\left(\dfrac{\gamma_{ref}}{T_{i}k_{\gamma}}-1\right)K_{p}\gamma+C_{1}\right]\right\} \\ U_{d}=N\left[\dfrac{3\sqrt{2}U_{L}}{\pi}\cos\gamma-\dfrac{3}{\pi}X_{r}I_{dN}\left(k_{d}\dfrac{U_{d}}{U_{dN}}+b\right)\right] \end{cases} \tag{4.14}$$

联立上述两式消去直流电压，可得U_{d}-$I_{d\text{-}ord}$特性曲线斜率与换流母线电压、逆变站关断角的关系函数：

$$k_{\mathrm{d}}=\left(\frac{2U_{\mathrm{L}}\cos\gamma-\sqrt{2}X_{\mathrm{r}}I_{\mathrm{dN}}b}{U_{\mathrm{L}}\left\{\cos\gamma+\cos\left[-\frac{K_{\mathrm{p}}}{2T_{\mathrm{i}}k_{\gamma}}\gamma^{2}+\left(\frac{\gamma_{\mathrm{ref}}}{T_{\mathrm{i}}k_{\gamma}}-1\right)K_{\mathrm{p}}\gamma+C_{1}\right]\right\}}-1\right)\frac{\pi U_{\mathrm{dN}}}{3NX_{\mathrm{r}}I_{\mathrm{dN}}} \tag{4.15}$$

为了避免后续换相失败，应满足关断角大于临界关断角，因此U_{d}-$I_{\mathrm{d\text{-}ord}}$特性曲线的临界斜率为

$$k_{\mathrm{d,cv}}=\left[\frac{2U_{\mathrm{L}}\cos\gamma_{\min}-\sqrt{2}X_{\mathrm{r}}I_{\mathrm{dN}}b}{U_{\mathrm{L}}\left(\cos\gamma_{\min}+\cos\beta_{\mathrm{th}}\right)}-1\right]\frac{\pi U_{\mathrm{dN}}}{3NX_{\mathrm{r}}I_{\mathrm{dN}}} \tag{4.16}$$

式中，$\beta_{\mathrm{th}}=-\frac{K_{\mathrm{p}}}{2T_{\mathrm{i}}k_{\gamma}}\gamma_{\min}^{2}+\left(\frac{\gamma_{\mathrm{ref}}}{T_{\mathrm{i}}k_{\gamma}}-1\right)K_{\mathrm{p}}\gamma_{\min}+C_{1}$。

根据故障瞬间换流母线电压，由式(4.16)即可求出避免逆变站在首次换线失败恢复过程中发生后续换相失败的U_{d}-$I_{\mathrm{d\text{-}ord}}$特性曲线临界斜率。在首次换相恢复过程中，若低压限流控制的U_{d}-$I_{\mathrm{d\text{-}ord}}$特性曲线斜率小于式(4.16)，则可避免发生后续换相失败。

4.4.3　启动电压计算

在实际工程中，低压限流控制通过改变直流电压门槛值U_{dh}、U_{dl}或直流电流上下限值I_{dh}、I_{dl}的方式改变U_{d}-$I_{\mathrm{d\text{-}ord}}$特性曲线的斜率，因此需要对式(4.16)的后续换相失败临界斜率进行进一步转换。由U_{d}-$I_{\mathrm{d\text{-}ord}}$特性曲线临界斜率可得到直流电压门槛值为

$$U_{\mathrm{dh}}=\frac{I_{\mathrm{dh}}-I_{\mathrm{dl}}}{k_{\mathrm{d,cv}}}+U_{\mathrm{dl}} \tag{4.17}$$

为了避免受端电网功角失稳，U_{d}-$I_{\mathrm{d\text{-}ord}}$特性曲线斜率不应小于$k_{\mathrm{d,min}}$，$k_{\mathrm{d,min}}$可由受端交流电网在一系列扰动下的运行特性模拟确定。相应地，低压限流控制的直流电压门槛值存在最大值，可写为

$$U_{\mathrm{dhmax}}=\frac{I_{\mathrm{dh}}-I_{\mathrm{dl}}}{k_{\mathrm{d,min}}}+U_{\mathrm{dl}} \tag{4.18}$$

直流输电系统传输功率的减小导致加速面积减小，减速面积增大。直流输电系统传输功率随启动电压的升高而减小。当加速面积等于减速面积时，启动电压达到最大值。因此，最大启动电压应满足：

$$\int_{\delta_0}^{\delta_1}\left(P'_{\mathrm{m}}-P_{\mathrm{emax}}\sin\delta\right)\mathrm{d}\delta=\int_{\delta_2}^{\delta_3}\left(P_{\mathrm{emax}}\sin\delta-P_{\mathrm{m}}\right)\mathrm{d}\delta \tag{4.19}$$

式中，δ_0 为加速面积对应的初始功角；δ_1 为加速面积对应的最终功角；δ_2 为减速面积对应的初始功角；δ_3 为减速面积对应的最终功角；P_{emax} 为受端交流电网最大等效电磁功率；P'_{m} 为最大启动电压下的等效机械功率。

在首次换相失败恢复过程中，等效机械功率可表示为

$$P'_{\mathrm{m}}=\frac{P_{\mathrm{G}}}{T_{\mathrm{J}}/\omega_0}-\frac{P_{\mathrm{L}}}{T_{\mathrm{J}}/\omega_0}-\frac{N\left(\dfrac{1.35U'_{\mathrm{L}}\cos\gamma_{\mathrm{th}}}{k_{\mathrm{d}}}-\dfrac{3}{\pi}X_{\mathrm{c}}I_{\mathrm{d\text{-}ord}}\right)I_{\mathrm{d\text{-}ord}}}{T_{\mathrm{J}}/\omega_0} \tag{4.20}$$

式中，P_{G} 为受端交流系统发电机输出功率；P_{L} 为受端交流系统负荷；ω_0 为同步电角速度；T_{J} 为等值发电机惯性时间常数；$I_{\mathrm{d\text{-}ord}}$ 为首次换相失败过程中的直流电流指令值，可表示为

$$I_{\mathrm{d\text{-}ord}}=\frac{I_{\mathrm{dh}}-I_{\mathrm{dl}}}{U_{\mathrm{dhmax}}-U_{\mathrm{dl}}}\frac{3\sqrt{2}N}{2\pi}\left(\cos\gamma_{\mathrm{th}}+\cos\beta'\right)U'_{\mathrm{L}}+I_{\mathrm{dl}}-U_{\mathrm{dl}}\frac{I_{\mathrm{dh}}-I_{\mathrm{dl}}}{U_{\mathrm{dhmax}}-U_{\mathrm{dl}}} \tag{4.21}$$

在考虑受端交流系统功角稳定约束后，启动电压可以表示为

$$U_{\mathrm{dh,cv}}=\begin{cases}U_{\mathrm{dh}}, & U_{\mathrm{dh}}<U_{\mathrm{dhmax}}\\ U_{\mathrm{dhmax}}, & U_{\mathrm{dh}}\geqslant U_{\mathrm{dhmax}}\end{cases} \tag{4.22}$$

考虑到逆变站与受端交流电网之间的无功交换量小于零时，换流母线电压会在首次换线失败恢复过程中进一步下降，从而导致换相面积减小，不利于电网恢复，因此，为了保证受端交流电网的稳定性，应使逆变站与受端交流电网之间的无功交换量(Q_{ac})在首次换相失败恢复过程中始终大于或等于零，即低压限流控制器输出的直流电流指令值还应满足逆变站无功功率约束：

$$Q_{\mathrm{ac}}=Q_{\mathrm{c}}-Q_{\mathrm{d}}=B_{\mathrm{c}}U_{\mathrm{L}}^2-Q_{\mathrm{d}}\geqslant 0 \tag{4.23}$$

式中，B_{c} 为逆变站滤波器等效电纳；Q_{c} 为逆变站的无功补偿量；Q_{d} 为逆变站消耗的无功功率，可以写为

$$Q_{\mathrm{d}}=\sqrt{\begin{aligned}&\left[\left(\frac{3\sqrt{2}}{\pi}\right)^2-\left(\frac{3\sqrt{2}}{\pi}\cos\gamma\right)^2\right]N^2U_{\mathrm{L}}^2I_{\mathrm{d}}^2\\&+\frac{18\sqrt{2}X_{\mathrm{r}}\cos\gamma}{\pi^2}N^2U_{\mathrm{L}}I_{\mathrm{d}}^3-\left(\frac{3NX_{\mathrm{r}}I_{\mathrm{d}}^2}{\pi}\right)^2\end{aligned}} \tag{4.24}$$

将临界关断角代入式(4.24)，即可得到关于电流的方程 $I_{\mathrm{d}}=f\left(Q_{\mathrm{d}},U_{\mathrm{L}}\right)$，求解

最小实根，即可确定首次换相失败恢复阶段的直流电流上限值。

4.4.4 限流控制策略

基于自适应启动电压的限流控制框图如图 4.14 所示。当检测到受端交流电网发生故障导致逆变站换流母线电压跌落后，通过查表确定关断角恢复过程的下降斜率 k_γ，并根据故障前一瞬间的超前触发角和关断角，利用式(4.7)计算常数 C_1。同时，将换流母线电压 U_L 与 k_γ、C_1 代入式(4.16)计算首次换相失败恢复过程中不发生后续换相失败的 U_d-$I_{d\text{-ord}}$ 特性曲线临界斜率 $k_{d,cv}$；最后，将 $k_{d,cv}$ 代入式(4.17)计算启动电压 U_{dh}。进一步地，通过式(4.18)确定直流电压门槛值的最大限值 U_{dhmax}，随后通过 U_{dhmax} 和 U_{dh} 确定启动电压 $U_{dh,cv}$。此时，限流控制的输出直流电流指令值将在 U_d-$I_{d\text{-ord}}$ 特性曲线临界斜率的控制作用下上升，以促进直流电流的恢复。考虑到逆变站无功功率约束，将上述计算的直流电流指令与无功功率约束下直流指令值 I_d 进行对比，输出两者中的较小者作为直流输电系统的直流电流指令值 $I_{d\text{-ord}}$。由于首次换相失败恢复过程持续时间一般为 180ms，因此限流控制具有充足的响应时间，能够及时阻止后续换相失败的发生。

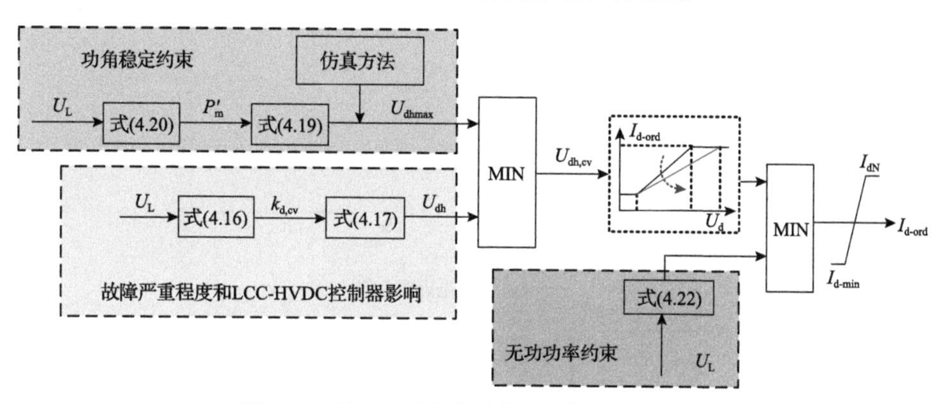

图 4.14　基于自适应启动电压的限流控制框图

4.4.5 算例分析

通过设置不同故障类型及过渡电阻，对比以下两种控制方法下首次换相失败的恢复性能以及后续换相失败的抑制效果。

控制方法 1：基于自适应启动电压的限流控制方法。其中，直流电压的门槛值为 0.4p.u.，启动电压由式(4.22)计算得到，直流电流上下限分别为 1.0p.u.和 0.55p.u.。

控制方法 2：CIGRE 直流输电系统标准测试模型的低压限流控制器。其中，直流电压的门槛值分别为 0.4p.u.和 0.9p.u.；直流电流上下限分别为 1.0p.u.和 0.55p.u.。

1. 三相短路故障

逆变站换流母线处发生三相短路故障，故障发生时刻为 1s，持续时间为 0.05s，接地电感为 0.6H，逆变站换流母线电压故障后跌落至 0.805p.u.。查表可得在换流变电抗为 13.5Ω 时首次换相失败恢复过程的关断角下降斜率为–923°/s，由式(4.7)可得积分常数 C_1 为 50.94，进而由式(4.16)可得到 U_{d}-$I_{\mathrm{d\text{-}ord}}$ 特性曲线临界斜率为 0.793，即 U_{dh} 为 0.970p.u.。将 U_{dhmax} 设置为 1.090p.u.，根据式(4.22)可得启动电压为 0.963p.u.。

如图 4.15 所示，若采取控制方法 1，则逆变站的电气量如实线所示，若采取控制方法 2 则如虚线所示。在交流电网故障发生瞬间，关断角跌落至 0°时，直流输电系统发生首次换相失败。由图 4.15(a)可见，首次换相失败恢复过程中，控制

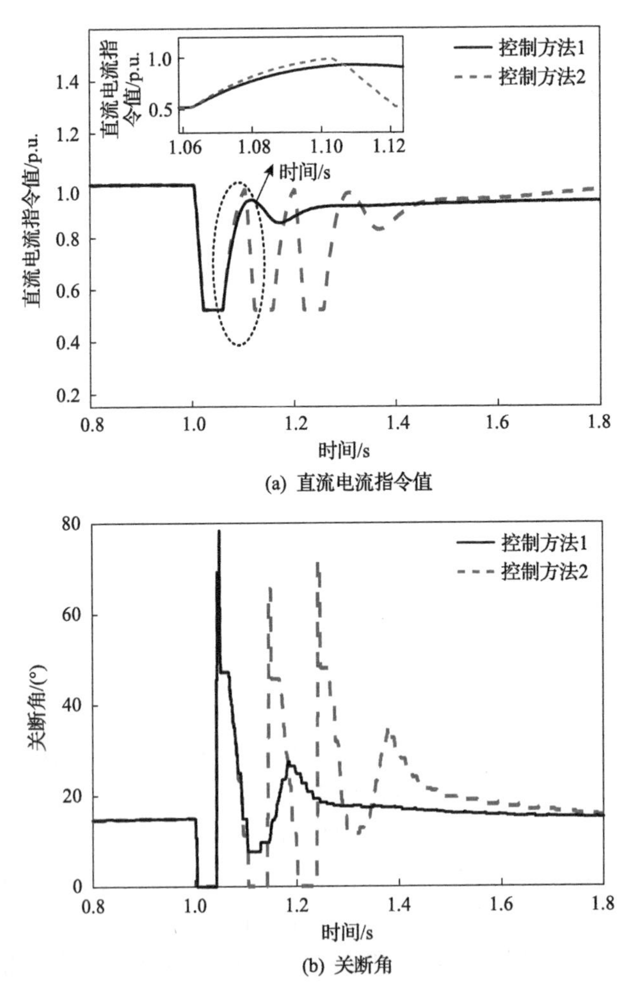

(a) 直流电流指令值

(b) 关断角

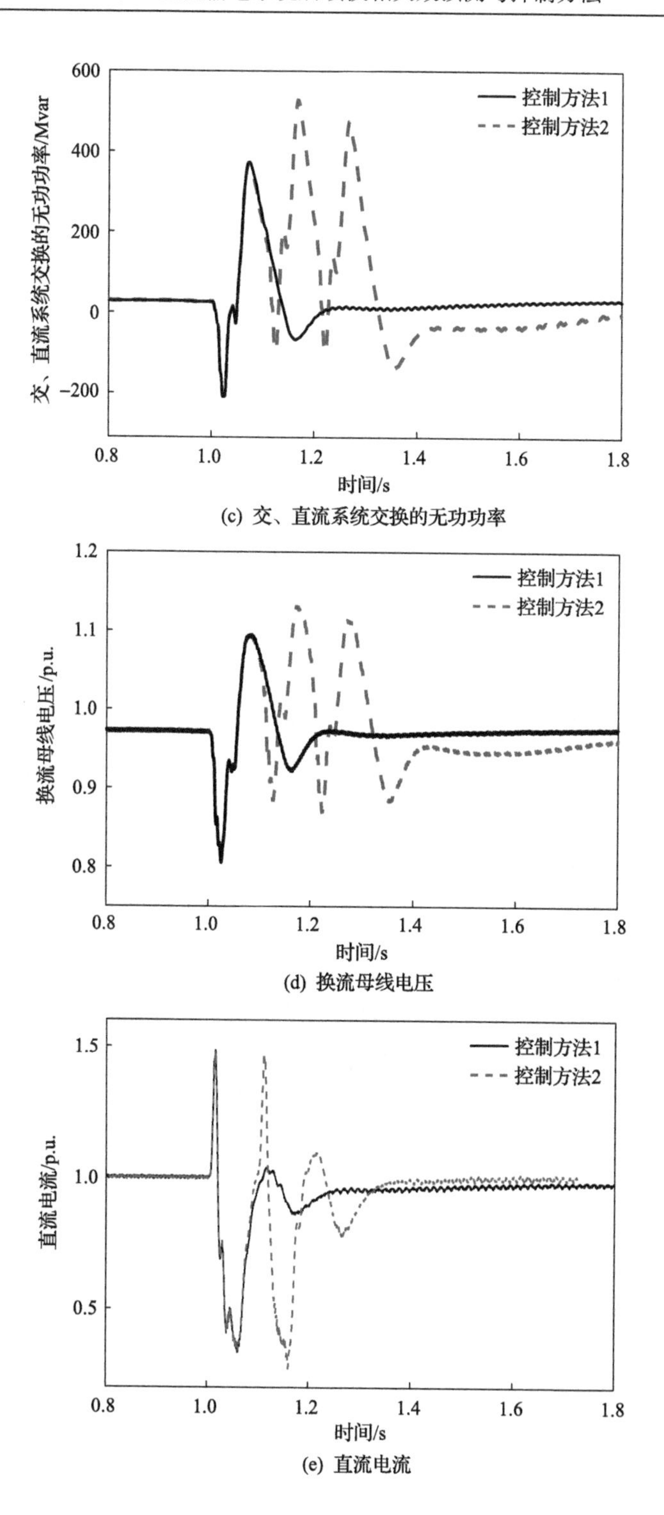

(c) 交、直流系统交换的无功功率

(d) 换流母线电压

(e) 直流电流

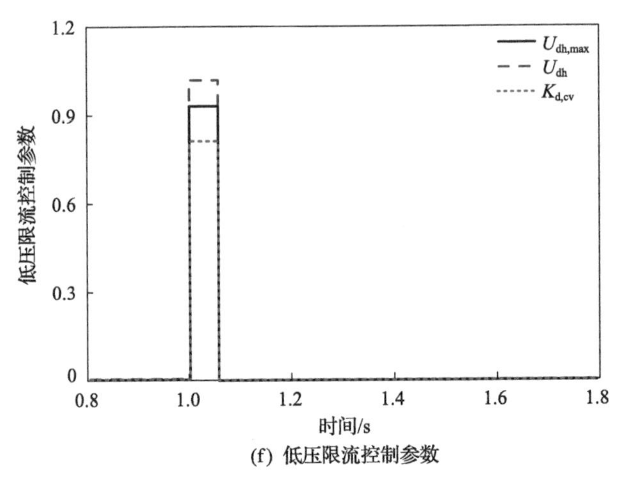

(f) 低压限流控制参数

图 4.15　交流电网三相短路故障下逆变站电气量(SCR=2.5)

方法 1 的直流电流指令值略低于控制方法 2。当采取控制方法 2 时，图 4.15(b)所示的关断角在 1.09s 时刻下降至临界值，并持续下降，进而发生后续换相失败。交、直流系统交换的无功功率如图 4.15(c)所示。在控制方法 2 下产生了大约 3 次无功功率冲击，换流母线电压持续大幅波动，如图 4.15(d)所示。在控制方法 1 的作用下，直流输电系统未发生后续换相失败，对无功功率的冲击和电压波动均得到有效缓解。控制方法 1 较大地改善了故障后直流输电系统的恢复特性。

2. 单相短路故障

逆变站换流母线处发生单相短路故障，故障发生时刻为 1s，持续时间为 0.05s，接地电感为 0.2H。逆变站换流母线电压 U_L 跌落至 0.802p.u.。将 U_L 与 k_γ、C_1 代入式(4.16)，得到 U_d-$I_{d\text{-ord}}$ 特性曲线临界斜率为 0.792，进而计算出 U_{dh} 为 0.968p.u.。因此，控制方法 1 的启动电压为 0.968p.u.。

控制方法 1 和 2 作用下逆变站电气量分别如图 4.16 中实线和虚线所示。由图 4.16(a)可见，在首次换相失败恢复过程中，控制方法 1 下的直流电流指令值依然略低于控制方法 2。关断角如图 4.16(b)所示，在故障发生瞬间，关断角均跌落至 0°，发生首次换相失败。在控制方法 2 的作用下，关断角依然跌落至临界值以下，发生后续换相失败；而在控制方法 1 的作用下，随着首次换相失败的恢复，关断角逐渐恢复至稳态值，避免了后续换相失败的发生。首次换相失败恢复期间交、直流系统交换的无功功率和换流母线电压分别如图 4.16(c)和图 4.16(d)所示，由于控制方法 2 下发生了后续换相失败，受端交流电网承受了反复的功率冲击，电压波动幅度大，对电网稳定性产生了较大威胁。而控制方法 1 能够有效阻止后续换相失败的发生，避免了无功功率和电压的波动，有助于保持电网的稳定性。

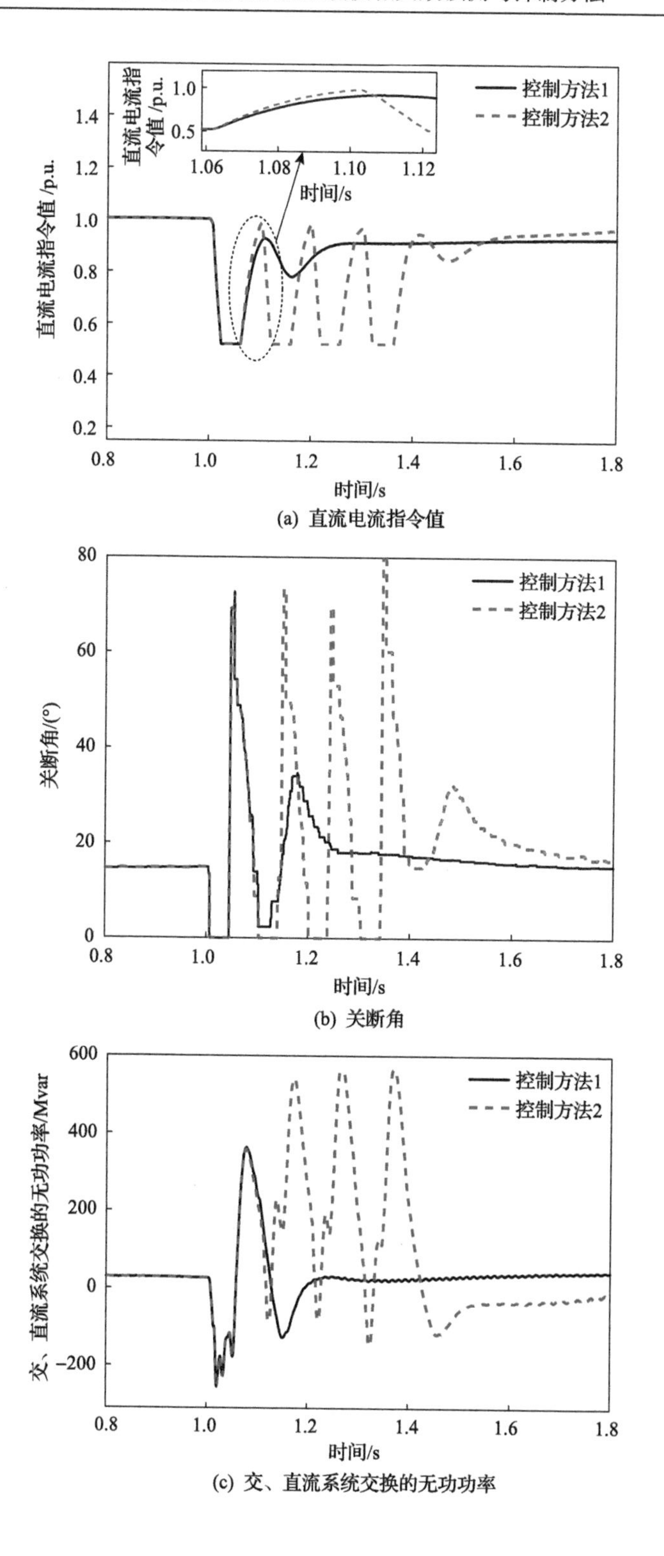

(a) 直流电流指令值

(b) 关断角

(c) 交、直流系统交换的无功功率

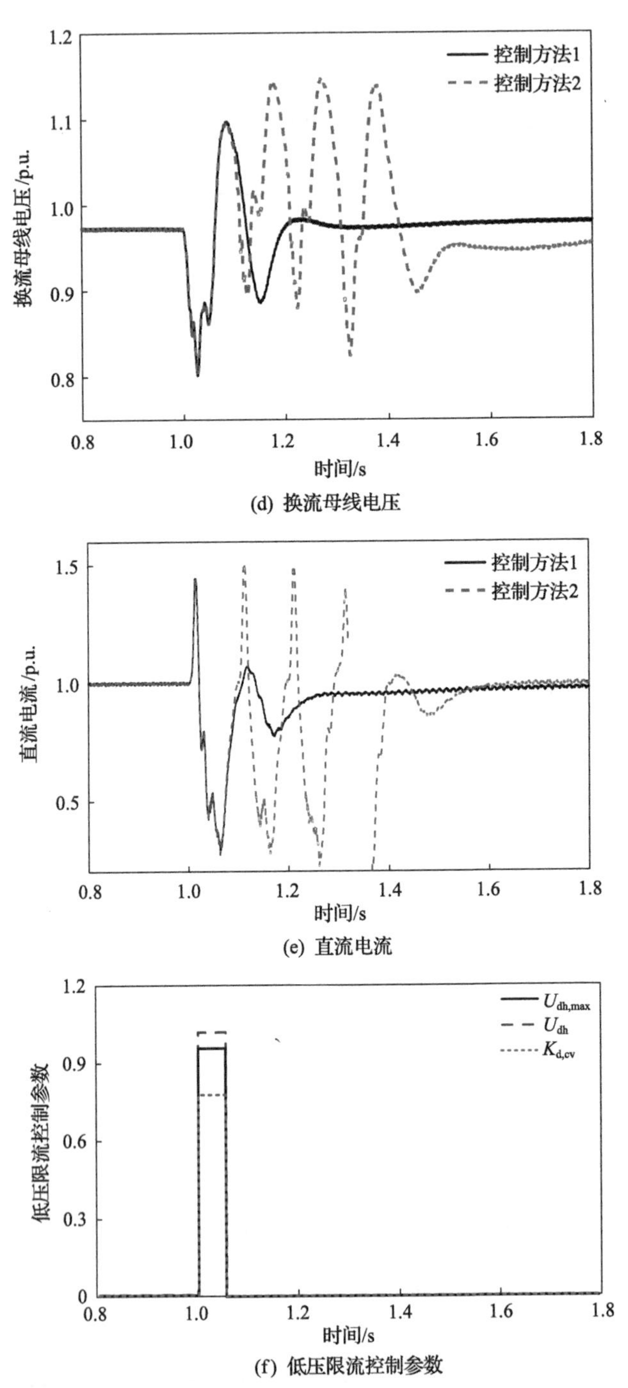

(d) 换流母线电压

(e) 直流电流

(f) 低压限流控制参数

图 4.16　交流系统单相短路故障下逆变站电气量波形(SCR=2.5)

3. 相间短路下的恢复性能

逆变站换流母线处发生相间短路，故障发生时刻为 1s，持续时间为 0.05s，接地电感为 0.700H，逆变站换流母线电压故障后跌落至 0.802p.u.。计算可得控制方法 1 启动电压为 0.968p.u.。

如图 4.17 所示，采取控制方法 1 时，逆变站的电气量如实线所示，采取控制方法 2 时则如虚线所示。由图 4.17(a)～(d)可见，在首次换相失败恢复过程中，控制方法 1 作用下的直流电流指令值略低于控制方法 2，且从关断角、换流母线电压和无功功率波形可以看出，在交流电网发生相间故障并处于控制方法 2 的作用时，逆变站发生了后续换相失败，造成电压大幅度波动，受端交流电网遭受三次无功功率冲击；而在控制方法 1 的作用下，直流输电系统未发生后续换相失败。

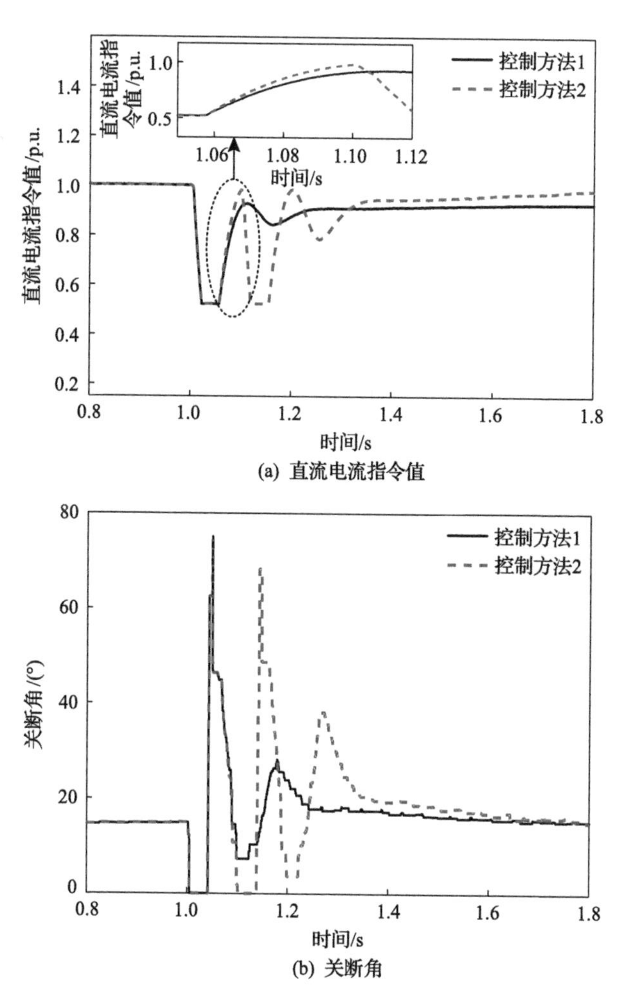

(a) 直流电流指令值

(b) 关断角

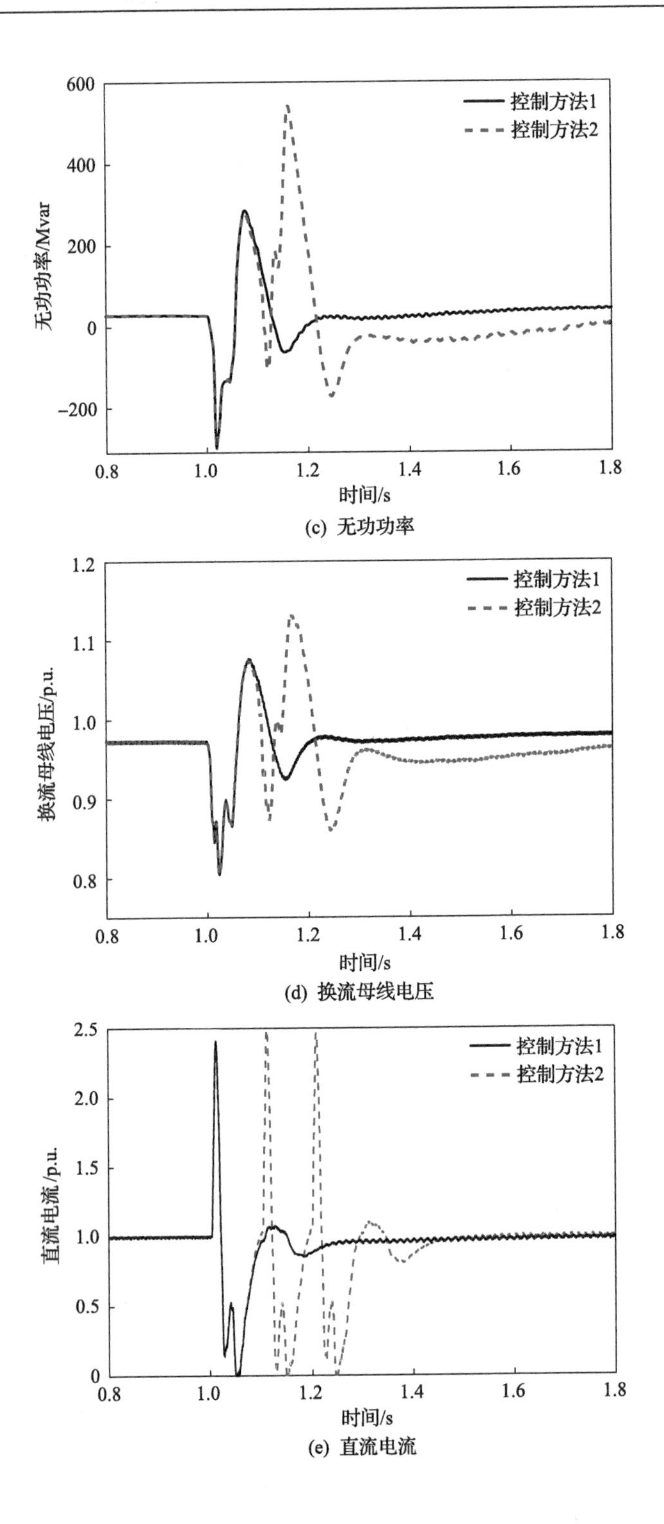

(c) 无功功率

(d) 换流母线电压

(e) 直流电流

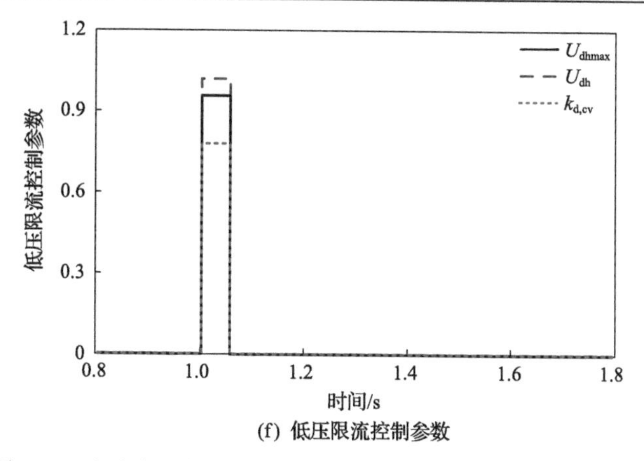

(f) 低压限流控制参数

图 4.17　交流电网相间短路故障下逆变站电气量波形(SCR=2.5)

4. IEEE 14 节点系统的恢复性能

将 IEEE14 节点系统的 24 号线改为直流输电线路。直流线路容量为 500MW，其余参数与 CIGRE 直流输电系统标准测试模型一致。逆变站换流母线上分别设置过渡电感为 0.6H 的三相短路故障、过渡电感为 0.3H 的单相短路故障、过渡电感为 0.3H 的相间故障。故障发生时间为 1s，0.05s 后清除，不同故障类型下逆变站关断角如图 4.18 所示。采用控制方法 1 时，逆变站的关断角如实线所示，采用控制方法 2 时，关断角如虚线所示。从图 4.18 的关断角可见，采用控制方法 2 时，单相短路故障、相间故障与三相短路故障下均发生了后续换相失败，在相间故

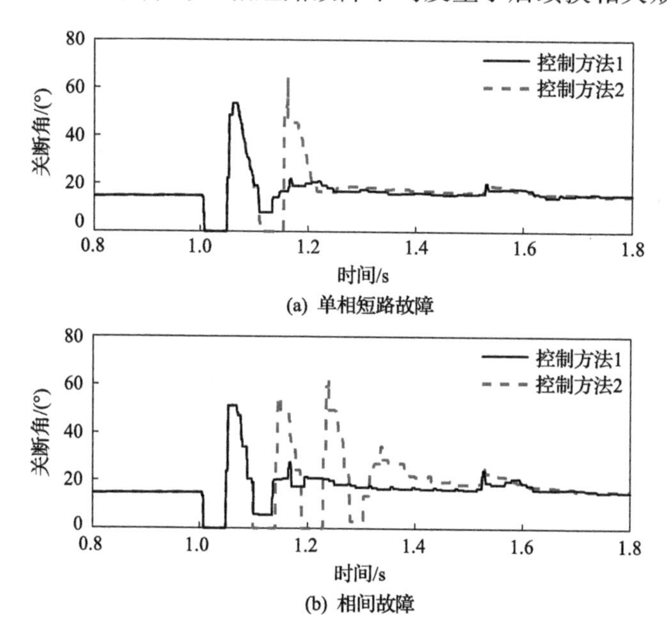

(a) 单相短路故障

(b) 相间故障

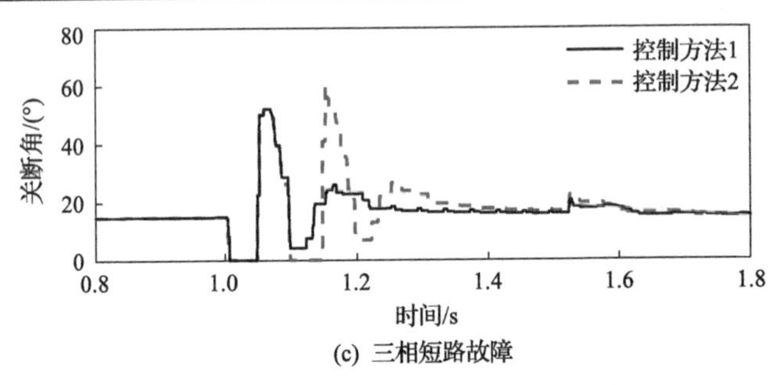

(c) 三相短路故障

图 4.18　不同故障类型下逆变站关断角

障时甚至发生了 3 次换相失败；但当采用控制方法 1 时，3 类故障下均未发生后续换相失败。基于自适应启动电压的限流控制方法在 IEEE 14 节点系统中同样可以有效地避免首次换相失败恢复过程中发生后续换相失败。

5. 不同故障严重度下的恢复性能

为了进一步验证后续换相失败的预防控制效果，下面对比控制方法 1 和 2 在不同故障严重程度下的恢复性能。故障的严重程度采用故障容量衡量，其定义为

$$F_{\mathrm{L}}=\frac{U_{\mathrm{L}}^{2}}{\omega L_{\mathrm{f}}}\frac{1}{P_{\mathrm{d}}}\times 100\% \tag{4.25}$$

式中，ω 为角频率；L_{f} 为接地电感值；P_{d} 为直流输电系统的额定功率。

故障容量反映了受端交流系统故障相对于直流输电系统的严重程度，其值越大，表明故障越严重。在逆变站换流母线处设置单相电感接地故障和三相电感接地故障，故障发生时刻为 1s，0.05s 后清除，改变接地电感使故障容量在 20%～60%内变化，可以得到逆变站发生换相失败的次数，如图 4.19 和图 4.20 所示。其中，浅灰色和深灰色方框分别表示逆变站采用控制方法 1 和控制方法 2 时换相失败的发生次数。

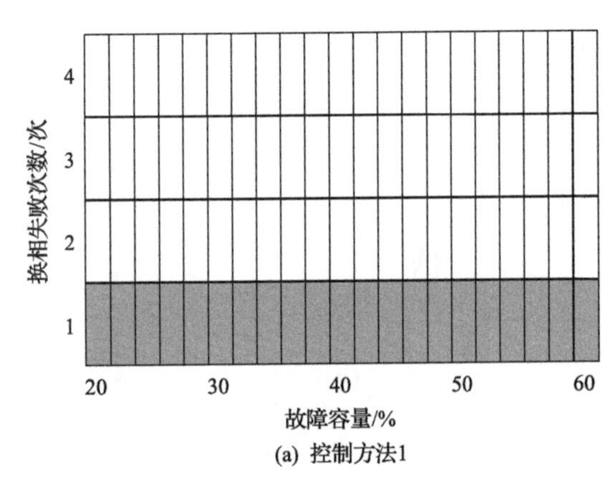

(a) 控制方法1

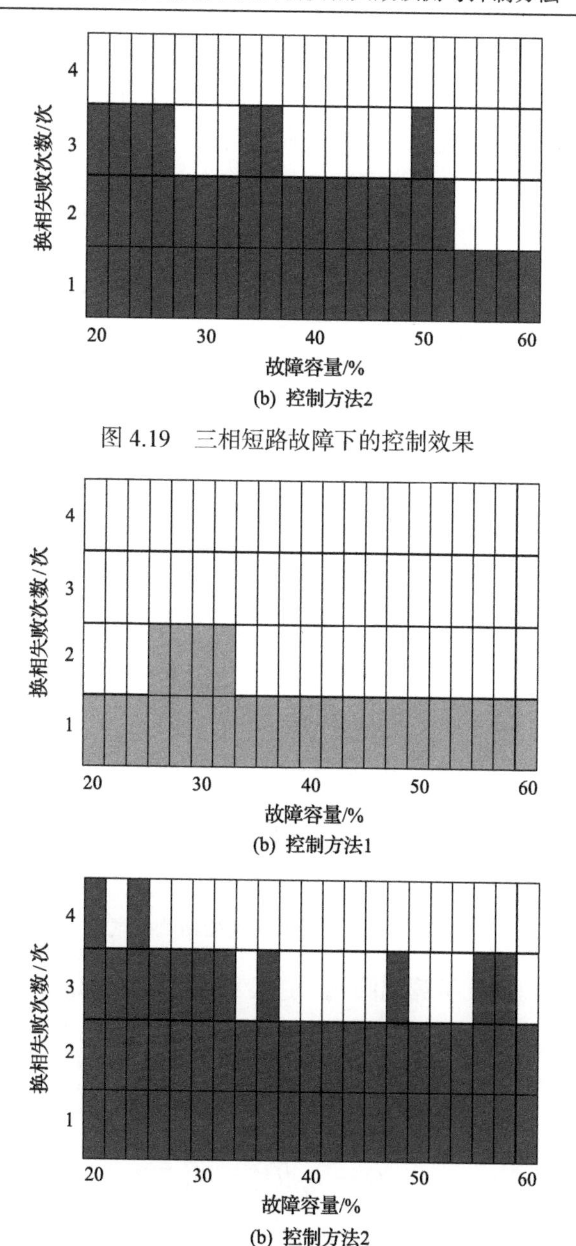

(b) 控制方法2

图 4.19　三相短路故障下的控制效果

(b) 控制方法1

(b) 控制方法2

图 4.20　单相短路故障下的控制效果

当交流电网发生三相短路故障时，在控制方法 2 的作用下，直流输电系统发生 17 次后续换相失败，其中包含第三次换相失败 7 次，与首次换相失败相比，发生后续换相失败的概率达 81%；而在控制方法 1 的作用下，直流输电系统未发生后续换相失败。当交流电网发生单相短路故障时，在控制方法 2 的作用下，直流输电系统均发生了后续换相失败，包含第三次换相失败 11 次，第四次换相失败 2 次；而在控制方法 1 的作用下，仅发生后续换相失败 4 次，后续换相失败减少了约 81%，且不存在发生多次后续换相失败的情况。

基于自适应启动电压的限流控制方法能够改善系统恢复特性，有效避免后续换相失败的发生，且具有较好的适用范围。尽管受分析过程中简化的影响，基于自适应启动电压的限流控制方法不能完全阻止后续换相失败的发生，但是，相比于常规换相失败预防控制方法，该方法能够显著降低不同故障类型和故障严重程度下后续换相失败发生的概率。

4.5　基于逆变站故障安全域的自适应电流控制方法

4.5.1　逆变站电气量耦合特性

直流输电系统逆变站侧的电气量如图 4.21 所示，B_c 为站内无功补偿装置的等效电纳，P_d 表示逆变站有功功率，均以逆变站向交流系统传输为正方向。

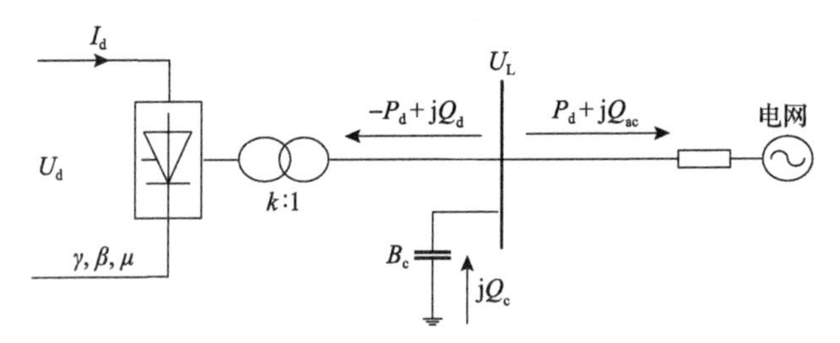

图 4.21　直流输电系统逆变站侧电气量

将换流变压器的漏抗折算到阀侧，逆变站有功功率和消耗的无功功率可分别表示为

$$P_d = U_d I_d \tag{4.26}$$

$$Q_d = I_d \sqrt{U_{d0}^2 - U_d^2} \tag{4.27}$$

式中，U_{d0} 为理想空载直流电压：

$$U_{d0} = \frac{3\sqrt{2}kNU_L}{\pi} \tag{4.28}$$

结合式(4.26)、式(4.27)和式(4.8)，可得逆变站有功功率和无功交换量分别为

$$P_{\mathrm{d}}(\gamma, I_{\mathrm{d}}) = N\left(\frac{3\sqrt{2}kU_{\mathrm{L}}}{\pi}\cos\gamma - \frac{3}{\pi}X_{\mathrm{r}}I_{\mathrm{d}}\right)I_{\mathrm{d}} \tag{4.29}$$

$$Q_{\mathrm{ac}}(\gamma, I_{\mathrm{d}}) = B_{\mathrm{c}}U_{\mathrm{L}}^2 - \left[\begin{array}{l}\left(\dfrac{3\sqrt{2}kN}{\pi}\right)^2(1-\cos^2\gamma)U_{\mathrm{L}}^2 I_{\mathrm{d}}^2 \\ -\left(\dfrac{3}{\pi}NX_{\mathrm{r}}\right)^2 I_{\mathrm{d}}^4 + \dfrac{18\sqrt{2}kX_{\mathrm{r}}N^2\cos\gamma}{\pi^2}U_{\mathrm{L}}I_{\mathrm{d}}^3\end{array}\right]^{1/2} \tag{4.30}$$

如式(4.8)和式(2.18)所示，关断角、超前触发角、直流电流、直流电压通过换流母线电压相互耦合。当交流系统发生故障时，换流母线电压下降，导致直流电流上升、关断角和直流电压降低。关断角的下降不仅与换流母线电压有关，也受直流电流和超前触发角变化的影响。增大超前触发角可以增大关断角，但导致直流电流和直流电压降低，又进一步影响关断角；降低直流电流也可以增大关断角，但会造成直流电压降低，进而可能造成关断角的跌落。任一电气量的调整难以确定性地控制关断角以避免换相失败。由式(4.29)和式(4.30)可见，逆变站有功功率和无功交换量受关断角、直流电流以及换流母线电压的共同影响。降低直流电流可减小无功交换量，有助于换流母线电压的恢复，但同时造成有功功率降低。而增大有功功率会导致逆变站消耗的无功增加。有功功率和无功交换量的变化均伴随着关断角、直流电压和直流电流以及换流母线电压的连锁变化。逆变站有功功率与无功交换量涵盖了换流母线电压与关断角、直流电流、直流电压的耦合关系。

4.5.2 逆变站故障安全域

在首次换相失败后，逆变站恢复正常换相，式(4.26)～式(4.28)及式(4.8)、式(2.18)的直流输电系统的准稳态方程成立，在故障初期仍然适用。求解式(4.29)，可得直流电流关于有功功率的两个解分别为

$$\begin{cases} I_{\mathrm{d1}} = \dfrac{kU_{\mathrm{L}}}{\sqrt{2}X_{\mathrm{r}}}\cos\gamma + \sqrt{\left(\dfrac{kU_{\mathrm{L}}\cos\gamma}{\sqrt{2}X_{\mathrm{r}}}\right)^2 - \dfrac{\pi}{3NX_{\mathrm{r}}}P_{\mathrm{d}}} \\ I_{\mathrm{d2}} = \dfrac{kU_{\mathrm{L}}}{\sqrt{2}X_{\mathrm{r}}}\cos\gamma - \sqrt{\left(\dfrac{kU_{\mathrm{L}}\cos\gamma}{\sqrt{2}X_{\mathrm{r}}}\right)^2 - \dfrac{\pi}{3NX_{\mathrm{r}}}P_{\mathrm{d}}} \end{cases} \tag{4.31}$$

根据式(2.18)的关断角，直流电流可表示为

$$I_{\mathrm{d}}=\frac{kU_{\mathrm{L}}}{\sqrt{2}X_{\mathrm{r}}}(\cos\gamma-\cos\beta) \tag{4.32}$$

由于关断角为逆变站超前触发角和换相角之差，根据式(4.32)，直流电流应满足：

$$I_{\mathrm{d}}<\frac{kU_{\mathrm{L}}}{\sqrt{2}X_{\mathrm{r}}}\cos\gamma \tag{4.33}$$

式(4.31)中，I_{d1} 不满足式(4.33)，因此 I_{d2} 是直流电流的可行解。将 I_{d2} 代入式(4.30)，可得 LCC-HVDC 的功率满足：

$$\varGamma\left(P_{\mathrm{d}},Q_{\mathrm{ac}}\right)=0 \tag{4.34}$$

式中，函数 $\varGamma\left(P_{\mathrm{d}},Q_{\mathrm{ac}}\right)$ 为

$$\varGamma\left(P_{\mathrm{d}},Q_{\mathrm{ac}}\right)=Q_{\mathrm{ac}}-B_{\mathrm{c}}U_{\mathrm{L}}^{2}+K\left[mU_{\mathrm{L}}\cos\gamma-n\sqrt{\left(pU_{\mathrm{L}}\cos\gamma\right)^{2}-qP_{\mathrm{d}}}\right] \tag{4.35}$$

系数 K 满足：

$$\begin{aligned}K^{2}=&\,p^{2}U_{\mathrm{L}}^{2}-0.5p^{2}U_{\mathrm{L}}^{2}\cos^{2}\gamma+0.25qP_{\mathrm{d}}\\&-0.5pU_{\mathrm{L}}\cos\gamma\sqrt{\left(pU_{\mathrm{L}}\cos\gamma\right)^{2}-qP_{\mathrm{d}}}\end{aligned} \tag{4.36}$$

系数 m、n、p 和 q 分别为

$$m=\frac{\sqrt{2}k}{2X_{\mathrm{r}}},\quad n=\frac{\pi}{6NX_{\mathrm{r}}},\quad p=\frac{3\sqrt{2}kN}{\pi},\quad q=\frac{12NX_{\mathrm{r}}}{\pi}$$

为了避免换相失败，逆变站的关断角应满足：

$$\gamma_{\min}\leqslant\gamma_{\mathrm{t}}\leqslant\gamma_{0} \tag{4.37}$$

式中，γ_0 为额定关断角，一般为 15°～18°；$\gamma_{\min}$ 为避免换相失败的临界关断角，一般为 7°。

将式(4.30)的无功交换量对电流求导可得

$$\frac{\partial Q_{\mathrm{ac}}}{\partial I_{\mathrm{d}}}=Y_{\mathrm{Q}}\left[\begin{array}{l}\left(\dfrac{6kN}{\pi}\right)^{2}U_{\mathrm{L}}^{2}I_{\mathrm{d}}-\left(\dfrac{6kN}{\pi}\cos\gamma\right)^{2}U_{\mathrm{L}}^{2}I_{\mathrm{d}}\\-\left(\dfrac{6}{\pi}NX_{\mathrm{r}}\right)^{2}I_{\mathrm{d}}^{3}+\dfrac{54\sqrt{2}kX_{\mathrm{r}}N^{2}\cos\gamma}{\pi^{2}}U_{\mathrm{L}}I_{\mathrm{d}}^{2}\end{array}\right] \tag{4.38}$$

式中，系数 Y_{Q} 为

$$Y_{\mathrm{Q}}=-\frac{1}{2}\left[\begin{array}{l}\left(\dfrac{3\sqrt{2}kN}{\pi}\right)^{2}U_{\mathrm{L}}^{2}I_{\mathrm{d}}^{2}-\left(\dfrac{3\sqrt{2}kN}{\pi}\cos\gamma\right)^{2}U_{\mathrm{L}}^{2}I_{\mathrm{d}}^{2}-\left(\dfrac{3}{\pi}NX_{\mathrm{r}}\right)^{2}I_{\mathrm{d}}^{4}\\+\dfrac{18\sqrt{2}kX_{\mathrm{r}}N^{2}\cos\gamma}{\pi^{2}}U_{\mathrm{L}}I_{\mathrm{d}}^{3}\end{array}\right]^{-1/2} \tag{4.39}$$

无功交换量对关断角求偏导可得

$$\frac{\partial Q_{\mathrm{ac}}}{\partial\gamma}=-\frac{9Y_{\mathrm{r}}kN^{2}U_{\mathrm{L}}I_{\mathrm{d}}^{2}\sin\gamma}{\pi^{2}}\left(kU_{\mathrm{L}}\cos\gamma-\frac{\sqrt{2}}{2}X_{\mathrm{r}}I_{\mathrm{d}}\right) \tag{4.40}$$

式中，系数 Y_{r} 为

$$Y_{\mathrm{r}}=\left[\begin{array}{l}\left(\dfrac{3\sqrt{2}kN}{\pi}\right)^{2}U_{\mathrm{L}}^{2}I_{\mathrm{d}}^{2}-\left(\dfrac{3\sqrt{2}kN}{\pi}\cos\gamma\right)^{2}U_{\mathrm{L}}^{2}I_{\mathrm{d}}^{2}\\+\dfrac{18\sqrt{2}kX_{\mathrm{r}}N^{2}\cos\gamma}{\pi^{2}}U_{\mathrm{L}}I_{\mathrm{d}}^{3}-\left(\dfrac{3}{\pi}NX_{\mathrm{r}}\right)^{2}I_{\mathrm{d}}^{4}\end{array}\right]^{-1/2} \tag{4.41}$$

根据直流输电系统换流母线电压、直流电流、关断角、换流变压器变比、换相电抗等参数的数值范围，可知系数 $Y_{\mathrm{Q}}<0$、$Y_{\mathrm{r}}>0$，因此，式(4.38)和式(4.40)均小于 0。无功交换量随着直流电流的减小而增大，随着关断角的增大而减小。由式(4.29)可知，有功功率也与关断角成反比。根据式(4.35)，在任一换流母线电压和无功交换量下，关断角约束下的有功功率与无功交换量满足：

$$\begin{cases}P_{\mathrm{dl}}\leqslant P_{\mathrm{d}}\leqslant P_{\mathrm{du}}\\Q_{\mathrm{dl}}\leqslant Q_{\mathrm{ac}}\leqslant Q_{\mathrm{du}}\end{cases} \tag{4.42}$$

式中，P_{dl} 和 P_{du} 分别为任一换流母线电压和无功交换量下有功功率的最小值和最大值；Q_{dl} 和 Q_{du} 分别为任一换流母线电压和有功功率下无功交换量的最小值和最大值，分别为

$$\begin{cases}P_{\mathrm{dl}}\in\left\{\varGamma\left(P_{\mathrm{d}},Q_{\mathrm{ac}}\right)\big|_{\gamma=\gamma_{0}}=0,Q_{\mathrm{ac}}\in\mathbf{R}_{+}\right\}\\P_{\mathrm{du}}\in\left\{\varGamma\left(P_{\mathrm{d}},Q_{\mathrm{ac}}\right)\big|_{\gamma=\gamma_{\min}}=0,Q_{\mathrm{ac}}\in\mathbf{R}_{+}\right\}\end{cases} \tag{4.43}$$

$$\begin{cases} Q_{\text{dl}} \in \left\{ \Gamma\left(P_{\text{d}}, Q_{\text{ac}}\right)\Big|_{\gamma=\gamma_0} = 0, P_{\text{d}} \in \mathbf{R}_+ \right\} \\ Q_{\text{du}} \in \left\{ \Gamma\left(P_{\text{d}}, Q_{\text{ac}}\right)\Big|_{\gamma=\gamma_{\min}} = 0, P_{\text{d}} \in \mathbf{R}_+ \right\} \end{cases} \tag{4.44}$$

式中，$\mathbf{R}_+$ 为正实数集。

为了避免直流电流断续在换流变压器和平波电抗器等电感元件上产生过电压，直流电流应始终大于最小限值 I_{dmin}。同时，为了保障换流阀及其冷却系统的安全，直流电流还存在最大限值 I_{dmax}。短期过负荷下，I_{dmax} 通常取为直流电流额定值的 1.1 倍。根据式(4.29)和式(4.37)，在关断角和直流电流的约束下，逆变侧有功功率的最大和最小允许值为

$$\begin{cases} P_{\text{dmax}} = P_{\text{d}}\left(\gamma_{\min}, I_{\text{dmax}}\right) \\ P_{\text{dmin}} = P_{\text{d}}\left(\gamma_0, I_{\text{dmin}}\right) \end{cases} \tag{4.45}$$

根据式(4.30)、式(4.38)和式(4.40)，可得交流系统故障下逆变侧无功交换量的最大和最小允许值分别为

$$\begin{cases} Q_{\text{acmax}} = Q_{\text{ac}}\left(\gamma_{\min}, I_{\text{dmin}}\right) \\ Q_{\text{acmin}} = Q_{\text{ac}}\left(\gamma_0, I_{\text{dmax}}\right) \end{cases} \tag{4.46}$$

式(4.42)表明，在有功-无功坐标系中，曲线 $\Gamma\left(P_{\text{d}}, Q_{\text{ac}}\right)\Big|_{\gamma=\gamma_0} = 0$ 始终在曲线 $\Gamma\left(P_{\text{d}}, Q_{\text{ac}}\right)\Big|_{\gamma=\gamma_{\min}} = 0$ 的下方。在任一换流母线电压下，同时满足式(4.42)、式(4.45)和式(4.46)的功率集合是交流系统故障时关断角、直流电流约束下逆变站有功和无功交换量的可行范围，即逆变站故障安全域[6]。

如图 4.22 所示为逆变站故障安全域。区域 Φ_1 为换流母线电压 $U_{\text{L.f1}}$ 下的逆变站故障安全域。A 点和 D 点的无功功率分别为关断角和直流电流约束下无功交换量的最大值和最小值；B 点和 C 点的有功功率分别为关断角和直流电流约束下有功功率的最大值和最小值。P'_{dmax} 和 Q'_{acmax} 分别为关断角 γ_0 下有功功率与无功交换量的最大值，P'_{dmin} 和 Q'_{acmin} 分别为关断角 $\gamma_{\min}$ 下有功功率与无功交换量的最小值。

逆变站故障安全域的大小与额定和临界关断角、直流电流最大和最小限值以及换流母线电压有关。在逆变站参数一定的条件下，安全域的大小取决于换流母线电压。根据式(4.30)，随着换流母线电压跌落程度的增大，逆变站消耗的无功增大，无功交换量可能由容性变成感性。因此，逆变站故障安全域随着换流母线电压的降低由第一象限向第四象限移动。如图 4.22 所示，区域 Φ_2 为 $U_{\text{L.f2}}$ 下的逆变站故障安全域，其中 $U_{\text{L.f2}} < U_{\text{L.f1}}$。根据式(4.30)，不同换流母线电压下，式(4.43)中的无功交换量的最大和最小允许值呈现非线性变化，因此逆变站故障安全域的

大小随着换流母线电压呈现非线性变化的特征。

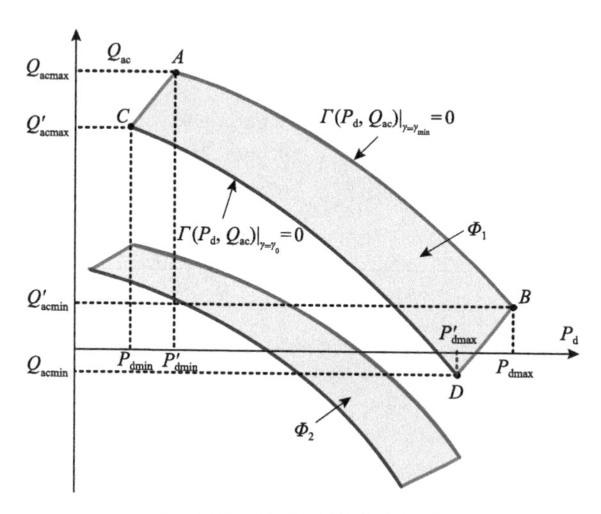

图4.22　逆变站故障安全域

4.5.3　自适应电流控制思想

故障安全域表征了在逆变站电气量安全限制下能够避免换相失败的有功功率和无功交换量运行点的集合。随着直流电流的增大，有功功率逐渐增大，无功交换量减小。因此，在一定的换流母线电压和关断角下，通过调节直流电流可控制逆变站运行点在安全域内变化。在一定的换流母线电压下，逆变站无功交换量的最大值在关断角为γ_{min}、直流电流为I_{dmin}时取得。若无功交换量最大值小于或等于零，则表明在该故障条件下逆变站的无功交换量始终呈感性。将关断角γ_{min}、直流电流I_{dmin}下使无功交换量最大值等于零的电压称为无功交换临界电压，可由式(4.47)求解：

$$U_{L.c} \in \left\{ Q_{ac}\left(\gamma_{min}, I_{dmin}\right)=0 \right\} \tag{4.47}$$

当交流系统故障后换流母线电压$U_{L.f} \geqslant U_{L.c}$时，$\Gamma\left(P_d, Q_{ac}\right)\big|_{\gamma=\gamma_{min}}=0$曲线经过有功-无功坐标系的第一和第四象限。当$U_{L.f} < U_{L.c}$时，曲线仅经过第四象限。如图4.23所示，实线为换流母线电压$U_{L.f}=U_{L.f1}$时的$\Gamma\left(P_d, Q_{ac}\right)\big|_{\gamma=\gamma_{min}}=0$曲线，虚线为$U_{L.f3}$时的$\Gamma\left(P_d, Q_{ac}\right)\big|_{\gamma=\gamma_{min}}=0$曲线。其中，$U_{L.f1} \geqslant U_{L.c}$，$U_{L.f3} < U_{L.c}$。在$U_{L.f3}$下，能够避免换相失败的无功交换量始终为负。在$U_{L.f1}$下，$M$点为无功交换量为零的点。当关断角为$\gamma_{lim}$时，随着直流电流的增大，逆变站输送的有功功率逐渐

增大，功率运行点从 A_1 点向 C_1 点移动。在 M 点至 A_1 点，无功交换量为正，逆变站向交流系统输送无功功率；在 M 点至 C_1 点，无功交换量为负，逆变站从交流系统吸收无功功率。

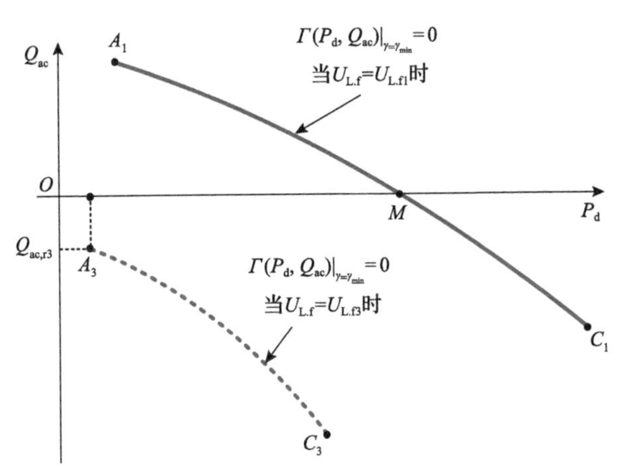

图 4.23 自适应电流控制原理

在交流系统故障下，若无功交换量为负，将对交流系统的故障恢复和稳定极其不利，因此应尽可能避免无功交换量小于零。但是，逆变站无功交换量与有功功率成反比，增大无功可能牺牲有功输送。由于有功功率的降低严重威胁受端电网的频率和功角稳定性，因此在避免换相失败的条件下，应兼顾逆变站有功和无功功率对电网的影响。当 $U_{L.f} \geqslant U_{L.c}$ 时，在避免逆变站吸收无功功率的条件下，以输送有功功率最大化为控制目标。当 $U_{L.f} < U_{L.c}$ 时，无功交换量始终小于零。为了确保电网故障电压的恢复，以逆变站吸收的无功功率尽可能少为控制目标。

如图 4.23 所示，当换流母线电压为 $U_{L.f1}$ 时，M 点为无功交换量为零且有功功率最大的运行点，可通过控制直流电流使运行点移动至 M 点。当换流母线电压为 $U_{L.f3}$ 时，A_3 点为有功功率最小允许值限制下吸收无功功率最小的运行点。此时，可通过控制直流电流使运行点移动至 A_3 点。在交流系统故障后，根据换流母线电压的跌落程度的不同，自适应地调整逆变站直流电流，即可既抑制逆变站换相失败，又最大限度地缓解对交流系统的影响[7]。

4.5.4 自适应电流控制策略

自适应电流控制策略如图 4.24 所示。首先根据式(4.47)确定无功交换临界电压。比较换流母线电压与无功交换临界电压的大小。当 $U_{L.f} < U_{L.c}$ 时，以无功交换量最大为控制目标。根据式(4.38)和式(4.46)，此时最大无功交换量在直流电流最小限值处取得，因此逆变站直流电流指令值 $I_{d,ref}$ 设置为 I_{dmin} 。

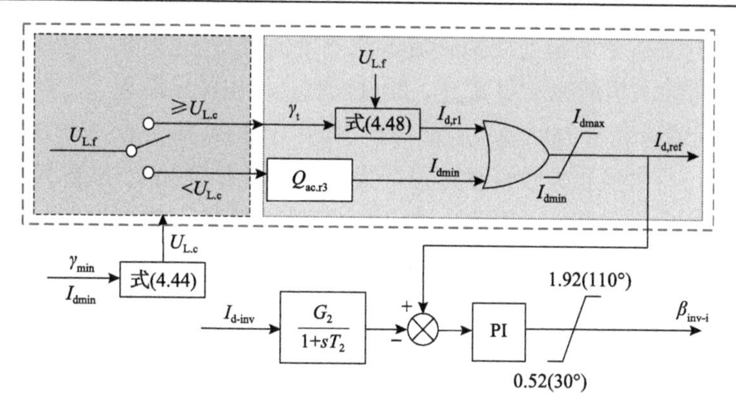

图 4.24　自适应电流控制策略

当$U_{\mathrm{L.f}} \geqslant U_{\mathrm{L.c}}$时，根据故障后的换流母线电压，求解式(4.30)可以得到直流电流指令值为

$$I_{\mathrm{d,ref}} = I_{\mathrm{d,r1}} = \frac{-b + \sqrt{b^2 - \frac{8}{3}ac + 4a\left(M+N\right)} - \sqrt{S+T}}{4a} \tag{4.48}$$

式中

$$M = \sqrt[3]{\left[\left(\frac{2c^3 + 27b^2e - 72ace}{54}\right)^2 - \left(\frac{c^2 + 12ae}{9}\right)^3\right]^{1/2} + \frac{2c^3 + 27b^2e - 72ace}{54}}$$

$$N = \frac{c^2 + 12ae}{9M},\quad S = 2b^2 - \frac{16}{3}ac - 4a\left(M+N\right),\quad T = \frac{8abc - 2b^3}{\sqrt{b^2 - \frac{8}{3}ac + 4a\left(M+N\right)}}$$

其中，系数 a、b、c、e 分别为

$$a = \frac{9N^2X_{\mathrm{r}}^2}{\pi^2},\quad b = -\frac{18\sqrt{2}kX_{\mathrm{r}}N^2\cos\gamma_{\mathrm{t}}}{\pi^2}U_{\mathrm{LL.f}},$$
$$c = \frac{18k^2N^2\left(\cos^2\gamma_{\mathrm{t}} - 1\right)}{\pi^2}U_{\mathrm{L.f}}^2,\quad e = B_{\mathrm{c}}^2U_{\mathrm{L.f}}^4$$

式中，$\gamma_{\mathrm{t}} = \gamma_{\min} + \Delta\gamma$，$\Delta\gamma$为关断角裕度，一般取 8°。

将直流电流指令值与逆变站直流电流测量值 $\beta_{\text{d-inv}}$ 之差作为 PI 控制器的输入。PI 控制器输出超前触发角 $\beta_{\text{inv-i}}$，即可控制直流电流跟踪 $I_{\text{d,ref}}$。控制器的数据采集、相关计算和指令判断模块在故障后启动，且均可基于 DSP 实现，其执行周期约为 80μs。首次换相失败恢复过程持续时间一般为 180ms，故障发生至后续换相失败的发生约为 100ms，因此自适应电流控制具有充足的响应时间阻止后续换相失败的发生。

自适应电流控制策略考虑了直流电流、直流电压、关断角与换流母线电压耦合作用下有功功率与无功交换量的关系，在关断角、直流电流的约束条件下，兼顾了直流输电系统有功、无功输出对电网的影响。与低压限流控制相比，自适应电流控制策略能够避免直流电流上升速度过慢导致逆变站从受端交流系统吸收过多的无功及其对有功输送的影响。与零无功交换量控制相比，自适应电流控制策略能更为准确地量化各电气量的关系并精准控制关断角，可满足无功交换量、关断角、有功功率的控制目标，有效抑制后续换相失败并兼顾有功对电网的影响。特别是在故障电压小于无功交换临界电压时，自适应电流控制策略能够避免电气量越限造成设备损坏或退出。

4.5.5 算例分析

仿真模型参数同 4.4 节。直流电流最小限值 I_{dmin} 为 0.55p.u.。正常运行时，换流母线电压为 230kV，直流电流为 2kA，逆变站关断角为 15.2°。通过设置不同故障类型和不同故障程度，对以下两种控制方法进行仿真分析：控制方法 1 为自适应电流控制方法。其中，根据式(4.47)可得无功交换临界电压为 0.5p.u.。控制方法 2 为 CIGRE 直流输电系统标准测试模型的低压限流控制方法。

1. 故障电压大于无功交换临界电压

逆变站换流母线在 1s 时发生三相短路，接地电感为 0.60H，故障持续时间为 0.4s，换流母线电压跌落至 0.811p.u.。故障电压大于无功交换临界电压，因此由式(4.48)确定直流电流指令值。仿真可得逆变站电气量，如图 4.25 所示。

实线和虚线分别为采取控制方法 1 和控制方法 2 时逆变站的电气量。由图 4.25(a)可见，故障后关断角跌落至 0°，发生首次换相失败。如图 4.25(b)所示，在控制方法 2 下，直流电流指令值随着直流电压的变化而变化，呈现出 2 次大幅变化，导致无功交换量、有功功率以及换流母线电压出现 2 次较大波动。而在控制方法 1 下，在首次换相失败恢复后直流电流指令值保持在 0.842p.u.，无功交换量和有功功率均保持稳定。在控制方法 2 下，首次换相失败后约 100ms 关断角再

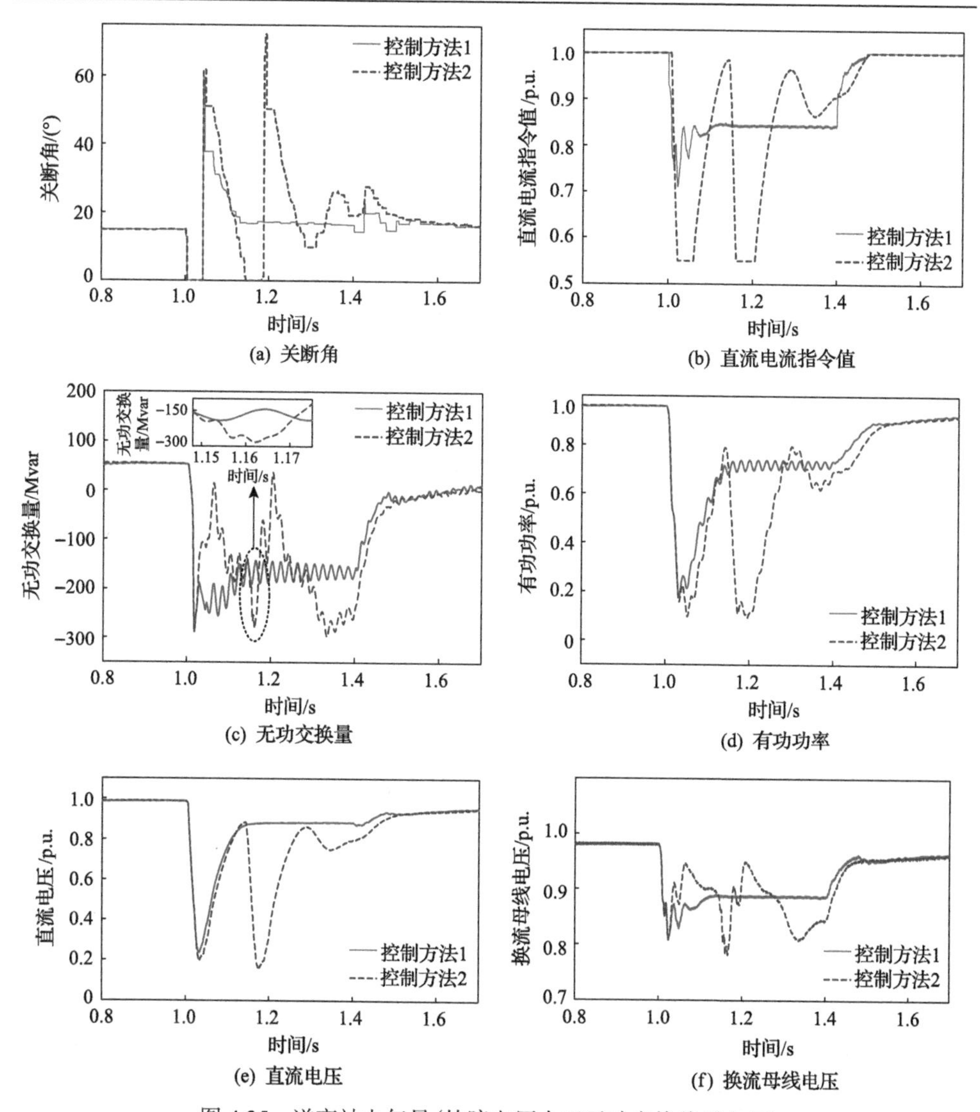

图 4.25 逆变站电气量(故障电压大于无功交换临界电压)

次下降至 0°，发生了后续换相失败；而在控制方法 1 下，逆变站未发生后续换相失败。控制方法 1 下，故障持续期间内的有功功率显著高于控制方法 2。控制方法 1 在抑制后续换相失败的同时最大限度地保障了有功功率的传输并加速了电压的恢复。

2. 故障电压小于无功交换临界电压

逆变站换流母线在 1s 时发生三相短路故障，接地电感为 0.085H，故障持续时间为 0.4s。换流母线电压跌落至 0.495p.u.。故障电压小于无功交换临界电压，直流电流控制指令值设置为最小限值 0.55p.u.。仿真可得逆变站电气量，如图 4.26 所示。

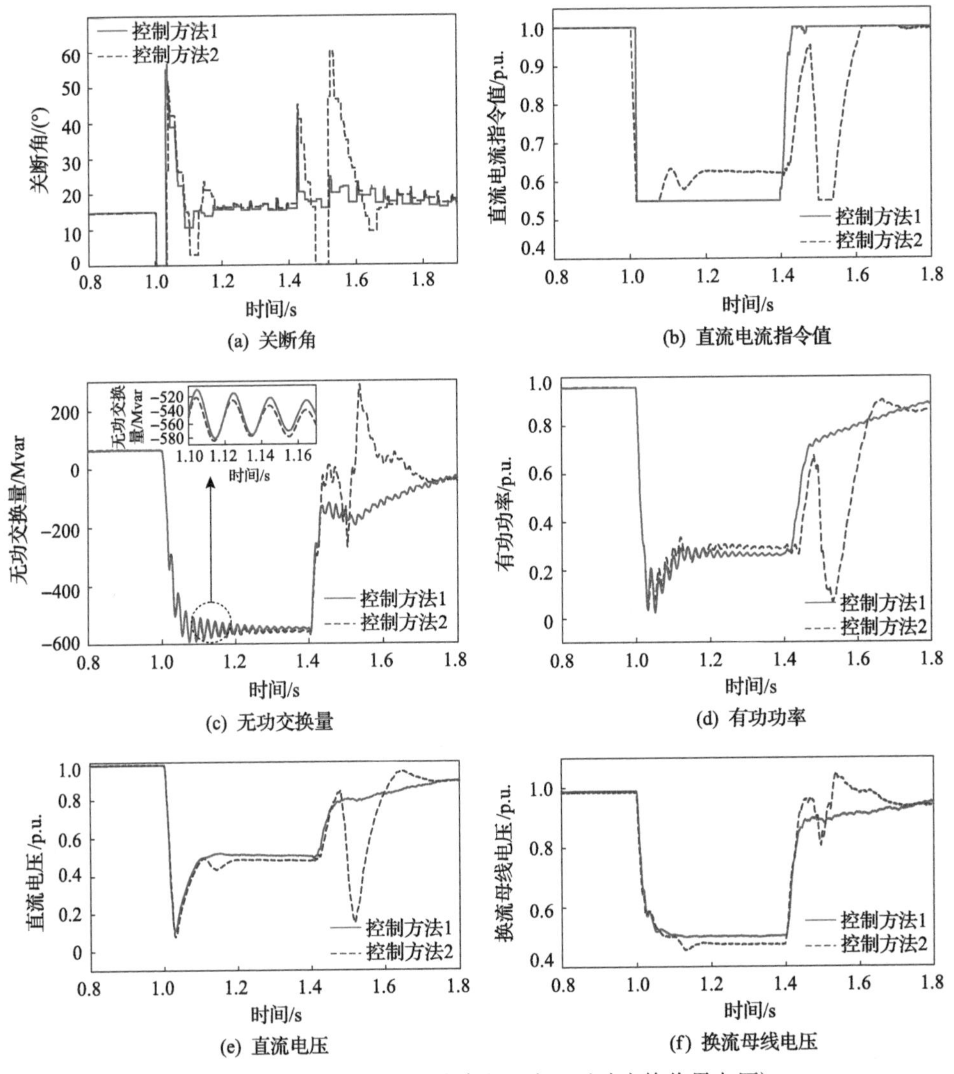

图 4.26　逆变站电气量(故障电压小于无功交换临界电压)

由图 4.26(a)可见，故障后关断角跌落至 0°，发生了首次换相失败。控制方法 2 下，直流电流指令值为 0.55p.u.。随着直流电压上升至 0.4p.u.以上，直流电流指令值逐渐增大，如图 4.26(e)和图 4.26(b)所示。在控制方法 1 下直流电流指令值调整至 I_{dmin} 并保持不变。控制方法 1 的直流电流指令值低于控制方法 2，因此方法 1 下无功交换量高于控制方法 2，有功功率略低于后者，如图 4.26(c)和图 4.26(d)所示。在首次换相失败恢复过程中，控制方法 2 下关断角跌落至 2.8°，发生了后续换相失败；而在控制方法 1 下，首次换相失败恢复后，关断角始终大于临界关断角，未发生后续换相失败。控制方法 1 通过少量降低有功功率，有效抑制了后续换相失败。

3. 不同故障严重程度下的控制效果

下面对比不同故障严重程度下控制方法 1 和 2 的控制效果。采用故障容量衡量故障的严重程度，故障容量反映了交流系统故障相对于直流输电系统的严重程度，其值越大，表明故障越严重。在逆变站换流母线处分别设置单相短路故障和三相短路故障，故障持续时间为 0.4s。通过改变接地电感值模拟故障容量在 20%～80%的变化，仿真可得逆变站换相失败的次数，如图 4.27 所示。

浅灰色和深灰色方框分别表示控制方法 1 和控制方法 2 作用下发生换相失败的次数。从图 4.27(b)和(d)可见，在控制方法 2 下，三相短路故障和单相短路故障时逆变站均发生后续换相失败，且发生了多次后续换相失败。在三相短路故障

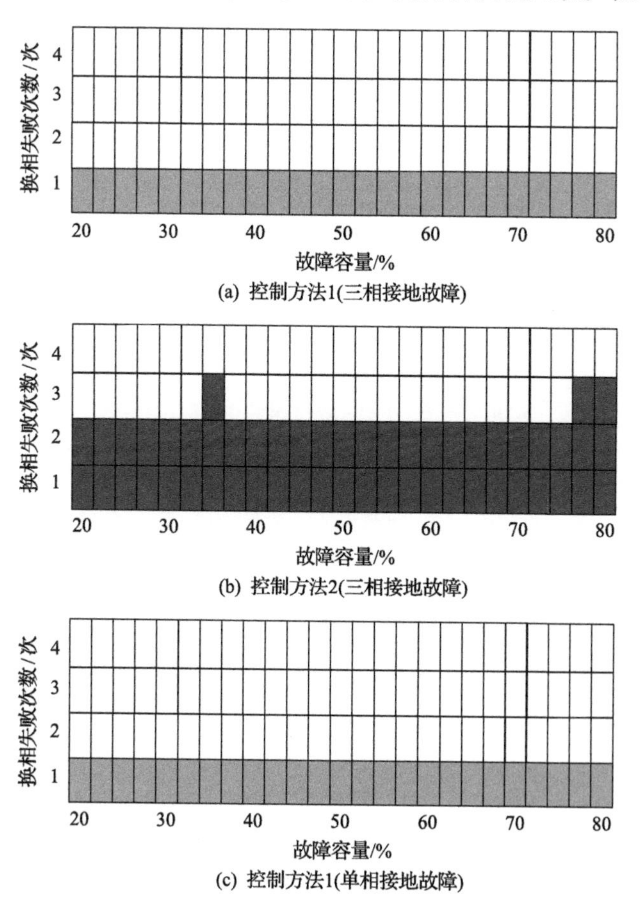

(a) 控制方法1(三相接地故障)

(b) 控制方法2(三相接地故障)

(c) 控制方法1(单相接地故障)

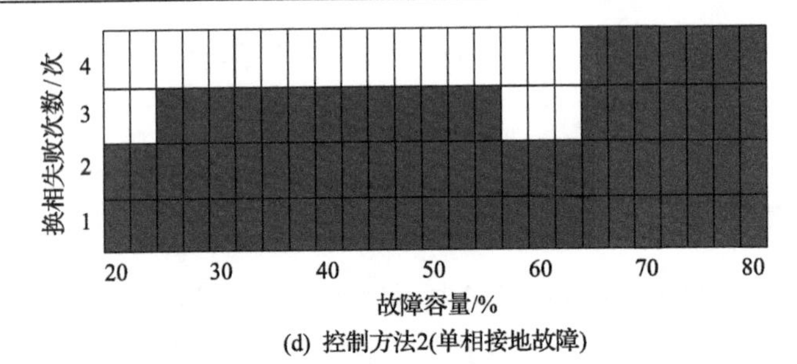

(d) 控制方法2(单相接地故障)

图 4.27　不同故障严重程度控制效果

下发生了 3 次第三次换相失败，在单相短路故障下发生了 20 次第三次换相失败。在故障容量较大时，甚至发生了第四次换相失败。而在控制方法 1 下，25 组仿真中逆变站均未发生后续换相失败。在各种严重程度下，自适应电流控制方法有效抑制了后续换相失败的发生。

第5章　直流输电系统换相失败穿越能力及其提升方法

5.1　直流输电系统换相失败穿越能力

5.1.1　直流输电系统换相失败的后果

换相失败导致逆变站在一段时间内直流电压降低，直流电流增大，直流输送功率减少。换相失败时短暂的功率变化，还会导致直流输电系统吸收的无功功率增多。一般情况下，当直流输电系统发生短时换相失败时不会导致直流闭锁，但若交流电网故障较长时间未被清除，其近区的换流母线电压持续保持较低水平，可能造成多次换相失败，威胁电网的稳定性，从而引起直流闭锁。直流闭锁造成直流输送功率的中断，严重时将造成系统稳定被破坏。

目前直流输电工程中一般配有换相失败保护，当检测到两个6脉动桥之一发生换相失败时一般延时600ms闭锁直流；而2个6脉动桥均发生换相失败则常常认为是交流电网故障造成的，需要与交流保护配合，一般延时2.6s闭锁直流。即对于直流自身故障引起的换相失败，延时600ms闭锁直流；对于交流电网故障引起的换相失败，延时2.6s闭锁直流。不同直流输电工程配置的直流闭锁动作时间会有所差异，例如，天广直流配置的换相失败保护在3.5s内检测到150次换相失败时请求控制系统切换，而保护在3.5s内检测到260次换相失败则动作闭锁直流。

针对连续换相失败需根据交流电网对连续换相失败的最大承受次数来闭锁直流换流站。然而，直流闭锁造成持续的功率不平衡同样威胁交流电网的安全，可能造成交流电网频率、功角等稳定问题，并导致长时间的恢复启动过程。事实上，直流输电系统通常能够在若干次连续换相失败后恢复正常换相，避免连续换相失败期间直流输电系统的过早闭锁，对于提高电力系统的安全稳定运行能力具有重要意义。将一定次数连续换相失败条件下交流系统保持稳定运行的能力定义为直流输电系统的换相失败穿越能力。提升直流输电系统换相失败穿越能力可避免换流站的闭锁，进而降低连续换相失败引发的电网安全风险。在连续换相失败过程采取紧急控制措施提升交流系统稳定裕度，降低连续换相失败对交流系统稳定性的影响，可提升直流输电系统的换相失败穿越能力。

5.1.2　直流输电系统的闭锁措施

直流输电系统停运分为正常闭锁和保护闭锁。正常停运时，控制系统以整定的速率降低输送功率至最小功率，随后换流站先闭锁触发脉冲，直流输电系统随即退出运行。保护闭锁手段包括移相并停发触发脉冲，即不投旁通对的闭锁；立即移相，根据时间或其他条件判断投或不投旁通对，然后停发触发脉冲；立即投旁通对、移相、停发触发脉冲，即总是投入旁通对的闭锁；在投旁通对的闭锁过程中，若直流电压变为反向且超过定值，则停止投旁通对。

直流输电系统的闭锁命令均由直流控制系统执行，根据闭锁信号的来源不同，可分为三类：直流控制系统软件的闭锁信号、外部输入的闭锁信号、切换逻辑装置产生的闭锁信号。

1. 直流控制系统软件的闭锁信号

直流输电系统有正常解锁运行和空载加压试验两种工况。在正常解锁运行中，通过监视直流电流是否能够正常建立来判断换流器是否故障。若换流器故障，则闭锁直流输电系统。此外，当理想空载电压大于一定倍数的额定值时闭锁直流输电系统，从而在交流过电压且直流控制系统不起作用时保护换流阀等设备，使其免受过应力，同时避免阀避雷器过应力和换流变压器过励磁。直流输电系统的空载加压试验主要是为了检测主设备的绝缘能力。直流控制系统软件监视空载加压试验的整个过程，当满足一定条件时，判空载加压试验失败，发闭锁直流命令。

2. 外部输入的闭锁信号

1) 无功/电压控制闭锁

直流输电系统运行时，整流站和逆变站均需消耗大量的无功功率。换流站的无功/电压控制根据换流器的功率水平与交流系统电压计算所需的无功功率，并通过投入或切除无功补偿设备实现无功补偿或平衡。当控制系统检测到母线过电压或绝对最小滤波器不满足无功补偿要求时发闭锁信号，闭锁直流输电系统。

2) 稳控系统闭锁

电网安全稳定控制系统在电网发生严重故障和突发事件时能够及时调整电网运行方式，从而维持电网稳定和避免故障范围的继续扩大。当不满足稳定运行时，稳控系统可发送闭锁直流信号并送极控执行。稳控系统闭锁是直流输电系统闭锁较常见的原因。换相失败引起的直流输电系统闭锁，即是稳控系统为避免换相失败导致的电网功率波动威胁稳定性所采取的应对措施。

3) 直流保护闭锁

直流保护用于保护换流器单元、直流场设备，采用三重化配置，通常经“3 取 2”逻辑发闭锁信号。根据故障类型的不同，向直流控制系统发送不同类型的直流闭锁信号。

4) 其他闭锁信号

换流阀冷却系统、换流变电气量保护、换流变和平波电器非电气量保护、直流测量装置密度继电器、中开关逻辑、最后断路器等均作为外部跳闸信号发送直流闭锁命令给直流控制系统。此外，换流阀是直流输电的核心设备，运行时发热量大，发生火灾时损失严重，因此配置阀厅火灾闭锁直流输电系统功能。当阀厅紫外和烟感探头检测到火灾信号时，立即向直流控制系统发送闭锁直流命令。

3. 切换逻辑装置产生的闭锁信号

直流控制系统为双重化配置，切换逻辑装置监测控制系统状态，当一套系统不可用时，切换至另一套系统，两套系统均不可用时，闭锁直流。

5.1.3　直流输电系统闭锁后的电网特性

直流输电系统的闭锁导致电网功率不平衡，电网安全自动装置陆续启动以维持电网稳定。通常在直流闭锁后的几秒内，电网安全自动装置按照事先制定的策略表动作。在送端电网，紧急控制装置动作切除部分机组，保证送端电网的功率平衡；在受端电网，通过切负荷或调制其余直流传输功率避免系统低频运行。切负荷可由区域稳控系统的切负荷装置完成，也可通过低频减载装置完成。由于低频减载装置动作速度较慢，可能切除较多负荷，因此实际应用中大多采用快速切负荷执行站接收切负荷命令后直接切负荷。通常切负荷的量或直流调制量都小于直流输电系统闭锁造成的功率缺额。

在直流闭锁后的 10～20s 内，发电机调速系统感受到汽轮机或水轮机转速与额定转速的差别，开始调整机组出力，试图恢复系统频率。但是，一次调频为有差调频，且调节量有限，系统频率不能恢复到额定值。因此，在直流闭锁后的 5～15min 后系统进入频率恢复阶段，通过调出系统的旋转备用，使系统频率偏差恢复到允许范围内。

系统频率恢复方式分为自动恢复和手动恢复两种。自动恢复由自动发电控制(AGC)系统完成，AGC 电厂(机组)接收电网调度中心能量管理系统(EMS)传来的 AGC 信号调整机组出力。此时，控制目标为区域控制误差为零，力求恢复系统频率和保证联络线潮流在计划值。若功率缺额小于故障所在控制区的 AGC 调节容量，最终频率恢复至额定值，联络线功率也维持在计划值；否则，频率和联络线功率均会偏离正常值。目前区域电网的 AGC 系统一般采用联络线频率偏差控制。频率偏差控制方式可以做到各控制区域的 AGC 系统只负责本区内的负荷扰动控制，实现发电-负荷的就地平衡。但是，这种控制方式在系统发生大功率扰动时，若扰动所在区域电网 AGC 备用容量不足，则联络线交换功率和频率都将偏离正常值，并且传统 AGC 策略在调节机组出力时只考虑机组的调节能力，未考虑系统的安全约束，容易引起稳定断面潮流越限。

手动恢复方式包括以下步骤：所有发电厂退出 AGC 功能，抽水蓄能电站机组并网发电；当值调度员下令，在各断面功率不超极限条件下，手动增加发电机组出力，逐渐调出旋转备用容量，使系统频率恢复到某一限值以上。目前，直流输电系统闭锁后的调度处置方案大多都采用手动恢复方式。但是，各地区支援功率分摊比例和对电厂的二次分配基本上由调度员凭经验确定，缺乏理论依据；且在退出 AGC 功能的时段内，系统将无法根据实际用电负荷与计划偏差的波动精确调整机组出力，频率控制的实时性和准确性较差；此外，从调度员电话通知相关电厂到机组完成出力调整经历的时间较长，电网频率恢复缓慢，事故处理的自动化水平较低。

直流输电系统闭锁后可能造成送、受端电网存在频率偏移超过允许范围、部分线路或断面潮流过重或越限、节点电压偏低或偏高等情况。直流输电系统闭锁后，应确保电网频率、电压在合格范围内，严格控制线路和断面限额；同时，应充分挖掘一切可用的电力资源，尽可能降低直流输电系统闭锁对电网的影响，最大限度地满足电网供电需求。尽管直流输电系统闭锁后电网安全自动装置陆续启动，但是仍难以彻底避免电网的失稳风险，因此直流输电系统的闭锁是系统安全稳定运行的重大威胁之一。

5.2　直流输电系统换相失败穿越解析

5.2.1　换相失败下的交流系统稳定性

连续换相失败引发换流阀直流侧连续性短路，产生对交流电网的连续性功率冲击。在低压限流控制作用下，交流电网故障引发的连续换相失败期间直流电流不会大幅增加，因此连续换相失败一般不会威胁换流阀、换流变等一次设备的安全。因此，换相失败穿越能力主要受连续换相失败期间交流系统稳定性的影响。连续换相失败对交流电网稳定性影响越小，则换相失败穿越能力越强。

以图 5.1 所示交直流混联系统为例，稳态运行下送端电网通过两回直流输电系统向母线 B_3 和母线 B_4 输送功率，送端电网内部包括存在弱电气联系的两个同步互联子区域。$E_{s1}\angle\delta_{s1}$、$E_{s2}\angle\delta_{s2}$ 分别为等值发电机 G_1 和 G_2 的内电势和转子角；U_1、U_2 和 θ_1、θ_2 分别为母线 B_1、B_2 的电压幅值和相角；x_1 和 x_2 分别为发电机 G_1 和 G_2 的等值电抗；x_{12} 为母线 B_1 和母线 B_2 之间的联络线电抗；送端电网内部经交流联络线由母线 B_1 向母线 B_2 传输有功功率 P_{12}；P_{DC1} 和 P_{DC2} 为直流 DC_1 和 DC_2 传输的直流功率。

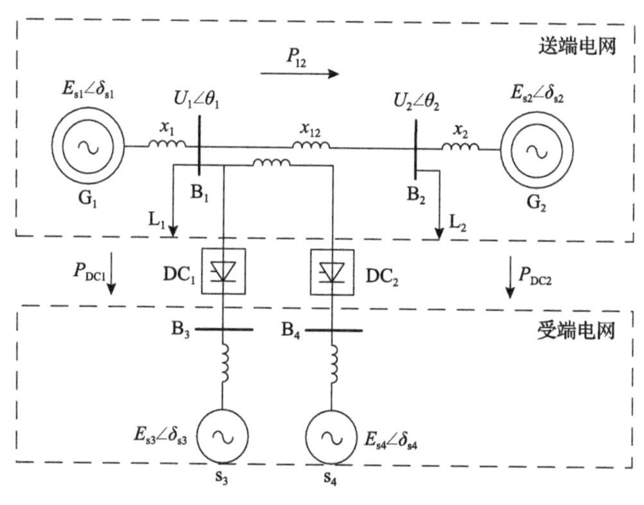

图 5.1　交直流混联系统

若送端电网内部为弱互联，即联络线电抗 x_{12} 远大于等值发电机电抗，可近似为 $\theta_1 \approx \delta_{s1}$，$\theta_2 \approx \delta_{s2}$。忽略发电机内阻抗，送端等值发电机的转子运动方程可表示为

$$\begin{cases} \dfrac{T_{J1}}{\omega_0}\dfrac{d^2\delta_{s1}}{dt^2} = P_{G1} - P_{DC} - P_{L1} - \dfrac{U_1U_2\sin(\theta_1-\theta_2)}{x_{12}} \\ \dfrac{T_{J2}}{\omega_0}\dfrac{d^2\delta_{s2}}{dt^2} = P_{G2} - P_{L2} + \dfrac{U_1U_2\sin(\theta_1-\theta_2)}{x_{12}} \end{cases} \tag{5.1}$$

式中，T_{J1} 和 T_{J2} 分别为等值发电机的惯性时间常数；ω_0 为同步电角速度；P_{DC} 为所有直流输电系统传输的有功功率之和；P_{G1} 和 P_{G2} 分别为发电机 G_1 和 G_2 的机械功率；P_{L1} 和 P_{L2} 分别为负荷 L_1 和 L_2 的功率。

将式(5.1)中两式相减，可得等效单机转子运动方程为

$$\frac{d\delta^2}{dt^2} = P_m - P_{emax}\sin\delta \tag{5.2}$$

式中，δ 为送端 G_1 和 G_2 等值发电机功角差，$\delta=\delta_{s1}-\delta_{s2}$；$P_m$ 为等效机械功率；P_{emax} 为等效电磁功率的最大值。

等效机械功率 P_m 为

$$P_m = \left(\frac{P_{G1}}{M_1} - \frac{P_{G2}}{M_2}\right) - \left(\frac{P_{L1}}{M_1} - \frac{P_{L2}}{M_2}\right) - \frac{P_{DC}}{M_1} \tag{5.3}$$

式中，$M_1 = T_{J1} / \omega_0$；$M_2 = T_{J2} / \omega_0$。

等效电磁功率的最大值为

$$P_{emax} = \left(\frac{1}{M_1} + \frac{1}{M_2}\right)\frac{U_1 U_2}{x_{12}} \tag{5.4}$$

设母线 B_3 发生短路故障引发直流输电系统 DC_1 发生连续 j 次换相失败，由式(5.2)～式(5.4)可得直流输电系统 DC_1 连续换相失败下送端电网功率特性曲线，如图 5.2 所示。其中，A_a 和 A_d 分别为加速面积和减速面积。连续换相过程中，直流输电系统传输的有功功率呈现连续性的先下降后恢复的变化过程，其对送端电网功角的影响过程如下：换相失败发生前系统稳态运行点为 a，其对应的功角为 δ_1；

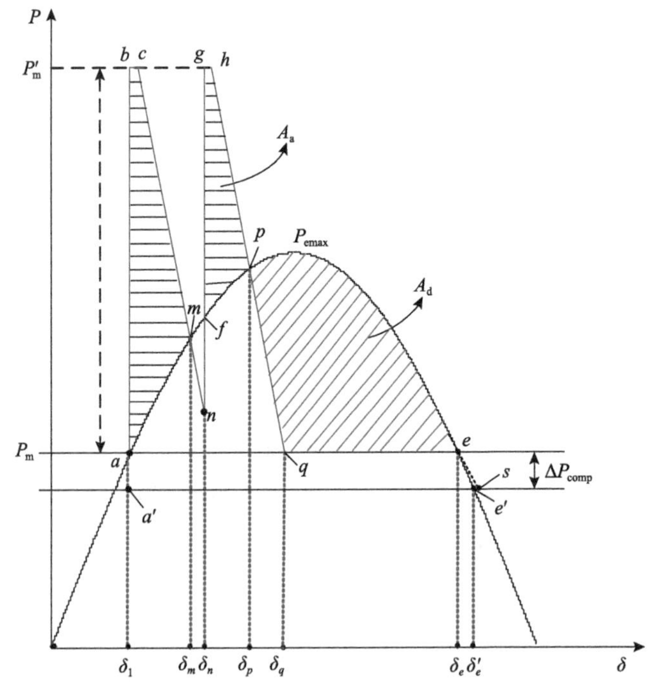

图 5.2　直流输电系统 DC_1 连续换相失败下送端电网功率特性曲线

由式(5.2)～式(5.4)可知，直流输电系统发生连续换相失败导致直流传输功率 P_{DC} 发生连续暂降并引起等效机械功率 P_m 增大至 P'_m；在等效机械功率 P_m 大于电磁功率期间，送端等值发电机的功角 δ 逐渐增大，运行点由 a 点沿着功率曲线移动至 m 点，对应的加速面积为 A_{abcm}；随着换相失败后直流功率的恢复，电磁功率逐渐大于等效机械功率，送端等值发电机转子开始减速，但是功角 δ 仍将增大至 f 点，对应的减速面积为 A_{mnf}。

同理，在第 j 次换相失败过程中，由于直流传输功率的降低，在等效机械功率 P_m 大于电磁功率期间，送端等值发电机的功角 δ 逐渐增大，运行点 f 沿着电磁功率曲线移动至 p 点，加速面积为 A_{fghp}；在 δ_p 时刻后等效机械功率小于电磁功率，转子减速但功角仍逐渐增大，运行点由 p 点沿着电磁功率曲线继续移动，直到减速面积等于加速面积，功角达到最大值并逐渐减小。若运行点移动至 e 点时的减速面积 A_{pqe} 小于累积加速面积，则送端电网发生功角失稳。因此，连续换相失败下送端电网保持稳定的条件为换相失败期间累积加速面积小于减速面积，即

$$A_{abcm} + A_{fghp} < A_{pqe} \tag{5.5}$$

5.2.2　换相失败期间直流功率建模

为了掌握直流输电系统连续换相失败对送端电网稳定性的影响程度，需准确刻画直流输电系统连续换相失败期间的功率特性。逆变站的直流电压和交流侧有功功率可分别表示为

$$U_d = N\left(\frac{1.35U_L\cos\gamma}{k} - \frac{3}{\pi}X_c I_d\right) \tag{5.6}$$

$$P_{d0} = N\left(\frac{1.35U_L\cos\gamma}{k} - \frac{3}{\pi}X_c I_d\right)I_d \tag{5.7}$$

式中，U_L 为换流母线电压。

在交流电压跌落期间，直流电流由低压限流控制器决定：

$$I_d = \begin{cases} I_{dl}, & U_d < U_{dl} \\ \dfrac{I_{dh} - I_{dh}}{U_{dh} - U_{dl}}U_d + \dfrac{U_{dh}I_{dl} - U_{dl}I_{dh}}{U_{dh} - U_{dl}}, & U_{dl} \leqslant U_d \leqslant U_{dh} \\ I_{dh}, & U_d > U_{dh} \end{cases} \tag{5.8}$$

式中，I_{dh}、I_{dl} 分别为直流电流的上下限；U_{dh}、U_{dl} 分别为直流电压的门槛值。

连续换相失败多发生于首次换相失败后的恢复阶段，换相失败恢复阶段的直流功率最大值由交流侧故障电压和直流电流决定。根据式(5.7)，当关断角为零时，直流功率取得最大值：

$$P_{d1} = N\left(1.35\frac{U_L'}{k} - \frac{3}{\pi}X_c I_d\right)I_d \tag{5.9}$$

其中，U_L' 为故障初始时刻换流母线电压。

由于换相失败恢复过程的持续时间短且功率变化率较大，功率恢复过程可近似为线性，因此连续换相失败下直流逆变站输出功率的变化如图 5.3 所示。其中，首次换相失败引起的功率暂降过程的持续时间ΔT 受整流站定电流控制器、逆变站的关断角调节器 PI 参数和低压限流控制器指令等参数影响，一般在160～200ms。换相失败期间逆变站直流侧短路对应的电角度为 120°+μ，在此期间直流侧功率无法送至交流系统，因此直流换相失败时逆变站交流侧有功功率为零的持续时间ΔT_1一般为 10ms。当换相失败恢复过程中发生连续换相失败时，交流电压跌落幅值越深，恢复过程中直流功率恢复的峰值 P_{d1} 越小，换相失败的恢复时间ΔT_2 也会有所减小。若恢复正常换相过程，则直流功率恢复至稳态运行值 P_{d0}。

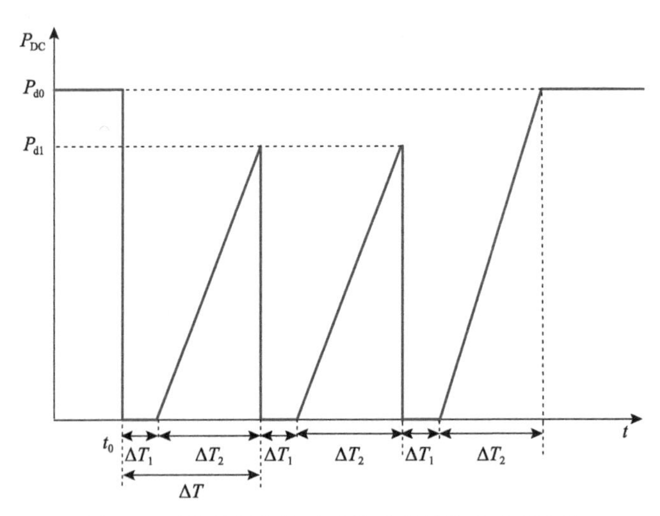

图 5.3　连续换相失败下直流逆变站输出功率特性

因此，在连续换相失败期间，直流功率可表示为

$$
P_{\mathrm{DC}}=\begin{cases}P_{\mathrm{d0}}, & t\in[0,t_0)\\ 0, & t\in[t_0,t_0+j\Delta T_1+(j-1)\Delta T_2)\\ \dfrac{P_{\mathrm{d1}}\left[t-t_0-j\Delta T_1-(j-1)\Delta T_2\right]}{\Delta T_2}, & t\in[t_0+j\Delta T_1+(j-1)\Delta T_2,t_0+j\Delta T_1+j\Delta T_2),\quad j<N\\ \dfrac{P_{\mathrm{d0}}\left[t-t_0-j\Delta T_1-(j-1)\Delta T_2\right]}{\Delta T_2}, & t\in[t_0+j\Delta T_1+(j-1)\Delta T_2,t_0+j\Delta T_1+j\Delta T_2),\quad j=N\\ P_{\mathrm{d0}}\ , & t\in[t_0+N\Delta T_1+N\Delta T_2,\infty)\end{cases}
\tag{5.10}
$$

其中，t_0 为换相失败发生时刻；j 为连续换相失败发生次数，j=1, 2,···, N。

5.3　换相失败穿越能力提升方法

5.3.1　控制思想

换相失败穿越能力提升原理如图 5.4 示，主要通过健全直流输电系统的紧急功率控制来缓解相邻直流输电系统换相失败对交流电网功角稳定的影响，以避免换相失败的直流输电系统闭锁。由于换相失败功率暂降过程中等效机械功率不断变化，功角变化量和加速面积均难以准确计算，因此对等效机械功率和电磁功率曲线按一定步长进行分段线性化处理，逐点求出送端电网的功角和加速面积变化量。当检测到换相失败时，根据加速面积和减速面积的相对大小确定紧急功率控制量，根据模型预测控制思想，在对健全直流输电系统功率进行调节的过程中，进行送端电网功角和加速面积变化量的反馈校正计算，从而实现闭环滚动控制过程。将一次换相失败得到的送端电网功角最大变化量作为下次换相失败初始功角并对减速面积进行修正，计算得到紧急功率控制量以保证送端电网的稳定性，避

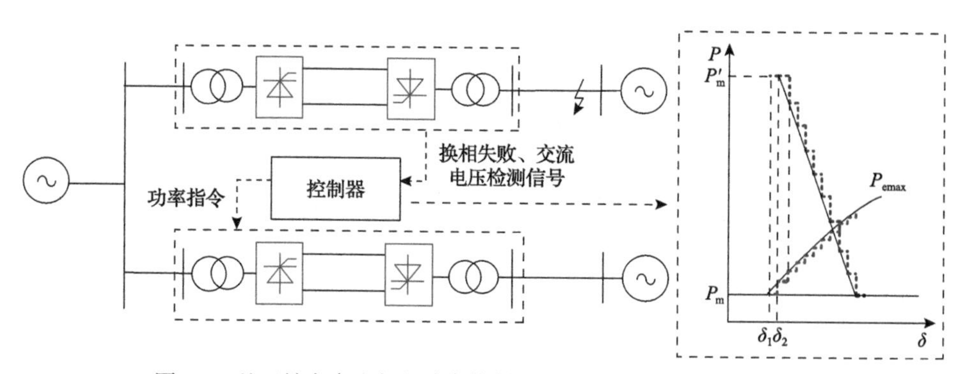

图 5.4　基于健全直流紧急功率控制的换相失败穿越能力提升原理

免连续换相失败直流输电系统的闭锁。

5.3.2　控制量计算方法

健全直流输电系统的紧急功率控制量可按以下方法确定。

步骤 1：根据式(5.1)～式(5.4)求解稳态运行点 a 对应的功角稳态值 δ_1 和临界稳定运行点 e 的功角值 δ_e。当检测到第一次换相失败信号时令 j=1，将首次换相失败功率暂降引起的等效机械功率和电磁功率变化过程按步长Δt=10ms 分成 n 个周期进行分段线性化处理，离散采样点序列为$\left[t_1,t_2,t_3,\cdots,t_n\right]$。其中，$n=\Delta T/\Delta t$，$t_n=t_1+(n-1)\Delta t$。设 δ_i 为第 j 次换相失败中第 i 个采样点对应的功角，其对应的等效机械功率和电磁功率分别为 $P'_{\mathrm{m}i}$ 和 $P_{\mathrm{emax}}\sin\delta_i$。

令 i=1，对转子运动方程求积分，可得 δ_{i+1} 为

$$\delta_{i+1}=\frac{1}{2}\left(P'_{\mathrm{m}i}-P_{\mathrm{emax}}\sin\delta_i\right)\Delta t^2+\delta_i \tag{5.11}$$

每个采样点对应的送端电网等值功角差变化序列为$\left[\delta_1,\delta_2,\cdots,\delta_m,\cdots,\delta_n\right]$，其中 δ_m 为系统加速过程中功角差的最大值。

步骤 2：第 j 次换相失败的加速面积预估值为

$$A_{\mathrm{a}\_j}=\sum_{i=1}^{m-1}\int_{\delta_i}^{\delta_{i+1}}\left(P'_{\mathrm{m}i}-P_{\mathrm{emax}}\sin\delta\right)\mathrm{d}\delta \tag{5.12}$$

区间(δ_n, δ_e)内的减速面积 A_{d} 为

$$A_{\mathrm{d}}=\int_{\delta_n}^{\delta_e}\left(P_{\mathrm{emax}}\sin\delta-P_{\mathrm{m}}\right)\mathrm{d}\delta \tag{5.13}$$

步骤 3：通过比较 A_{a_j} 和 A_{d} 的大小计算紧急功率控制量。若 $A_{\mathrm{a}\_j}\leqslant A_{\mathrm{d}}$，则不启动健全直流紧急功率控制，即紧急功率控制量 $P_{\mathrm{em}\_j}=0$。若 $A_{\mathrm{a}\_j}>A_{\mathrm{d}}$，则根据加减速面积差计算紧急功率控制量 P_{em_j}。在上述加、减速面积计算过程中，忽略了每次换相失败恢复过程中的减速面积 A_{mnf}，因此通过式(5.12)和式(5.13)中加速面积和减速面积的相对大小计算紧急控制量，可以保证一定的控制裕度，有利于提升送端电网的稳定性。

如图 5.2 所示，设紧急功率控制前后的不稳定平衡点分别为 e 和 e'，该区间内的电磁功率变化可近似为一条直线，设电磁功率方程在 e 点的切线与等效机械功率的交点为点 s，切线斜率为 k，则有

$$k = \frac{P_{\mathrm{em}\_j}}{\delta_e - \delta_{e'}} \tag{5.14}$$

为避免加速面积导致系统失稳，需增加的减速面积为

$$\Delta A_{\mathrm{d}} = A_{\mathrm{a}\_j} - A_{\mathrm{d}} \approx \frac{1}{2}\left(\delta_e + \delta_{e\_j} - 2\delta_1\right)P_{\mathrm{em}\_j} \tag{5.15}$$

联立式(5.14)和式(5.15)，可得 e' 点对应的功角值 $\delta_{e'}$ 和紧急功率控制量 P_{em_j}:

$$P_{\mathrm{em}\_j} = \sqrt{-2k\left(A_{\mathrm{a}\_j} - A_{\mathrm{d}}\right) + k^2\left(\delta_e - \delta_1\right)^2} + k\left(\delta_e - \delta_1\right) \tag{5.16}$$

步骤 4：若健全直流最大功率支援量$\Delta P_{\mathrm{DC_max}}$大于或等于 P_{em_j}，则令直流紧急控制指令值 $P_{\mathrm{DC\_comp}}$ 为 P_{em_j}；反之，若$\Delta P_{\mathrm{DC_max}}$小于 P_{em_j}，则除了通过对健全直流施加最大紧急控制量$\Delta P_{\mathrm{DC_max}}$外，还需附加送端电网切机控制来满足稳定性要求，最小切机量 $\Delta P_{\mathrm{comp}} = P_{\mathrm{em}\_j} - \Delta P_{\mathrm{DC\_max}}$。

步骤 5：根据得到的紧急功率控制量 P_{em_j} 并结合式(5.11)，重新计算计及紧急功率控制后第 j 次换相失败过程引起的功角变化序列$\left[\delta_1, \delta_2', \cdots, \delta_m', \cdots, \delta_n'\right]$。

考虑紧急功率控制后的加速面积 A_{a_j}' 为

$$A_{\mathrm{a}\_j}' = \sum_{i=1}^{m-1}\int_{\delta_i'}^{\delta_{i+1}'}\left(P_{\mathrm{m}i}' - P_{\mathrm{em}\_j} - P_{\mathrm{emax}}\sin\delta\right)\mathrm{d}\delta \tag{5.17}$$

步骤 6：若未发生连续换相失败，则退出紧急控制流程；若检测到连续下一次换相失败信号，令 j=j+1，并将上一次换相失败加速过程计算得到的最大功角变化量 δ_n' 作为本次换相失败加速过程的初始功角 δ_1。根据式(5.18)计算第 j 次换相失败期间每个采样点对应的送端电网等值功角变化序列$\left[\delta_1, \delta_2, \cdots, \delta_m, \cdots, \delta_n\right]$。

$$\delta_{i+1} = \frac{1}{2}\left(P_{\mathrm{m}i}' - P_{\mathrm{em}\_j\text{-}1} - P_{\mathrm{emax}}\sin\delta_i\right)\Delta t^2 + \delta_i \tag{5.18}$$

第 j 次换相失败引起的加速面积计算值为

$$A_{\mathrm{a}\_j} = \sum_{i=1}^{m-1}\int_{\delta_i}^{\delta_{i+1}}\left(P_{\mathrm{m}i}' - P_{\mathrm{em}\_j-1} - P_{\mathrm{emax}}\sin\delta\right)\mathrm{d}\delta \tag{5.19}$$

连续换相失败引起的加速面积累积量为

$$A_{\mathrm{a}} = A_{\mathrm{a}\_j} + \sum_{j=1}^{j-1} A'_{\mathrm{a}\_j} \tag{5.20}$$

区间$(\delta_n,\delta_{e'})$内的减速面积A_{d}为

$$A_{\mathrm{d}} = \int_{\delta_n}^{\delta_{e'}} \left(P_{\mathrm{emax}} \sin\delta - P_{\mathrm{m}} - P_{\mathrm{em}\_j-1}\right)\mathrm{d}\delta \tag{5.21}$$

步骤 7：结合第j次换相失败的加减速面积和第j–1 次紧急功率控制后的不稳定平衡点e'的功角$\delta_{e'}$，重复式(5.16)得到紧急功率控制量P_{em_j}。

第j次换相失败时紧急功率控制量P_{em}为

$$P_{\mathrm{em}} = +\sum_{j=1}^{j} P_{\mathrm{em}\_j} \tag{5.22}$$

根据得到的紧急功率控制量返回步骤 5 重新校正功角变化序列和加速面积，再根据是否检测到后续换相失败信号选择退出计算步骤或返回步骤 6 执行下一周期控制量计算。

若$\delta_n \geqslant \delta_{e'}$，则送端电网首摆稳定裕度较低，应主动闭锁直流并采取对应的电网安全稳定控制措施。根据上述连续换相失败的紧急功率控制量计算流程，可最大限度地改善送端电网首摆稳定性并减小切机量，提升交流系统对连续换相失败的穿越能力，若连续换相失败过程能恢复正常，系统可快速恢复正常运行。

5.3.3　控制方法

当某回直流输电系统发生换相失败时，用于提升换相失败穿越能力的健全直流输电系统紧急功率控制流程如图 5.5 所示，当直流输电系统检测到换相失败时，比较加速面积和减速面积，若加速面积大于减速面积，则不启动健全直流紧急功率控制，反之计算紧急功率控制量；若未发生连续换相失败，则退出紧急控制，若检测到下一次换相失败，重复比较加减速面积和计算紧急功率控制量的步骤；直到矫正功角大于不稳定平衡功角，闭锁直流输电系统并采取对应的电网安全稳定控制措施。在连续换相失败期间，相邻健全直流输电系统紧急功率支援能降低等效机械功率变化量，改善送端电网首摆稳定性，但若紧急功率控制退出时间过晚将对反向摆动稳定性不利，因此在送端电网首摆结束前应及时退出健全直流输电系统紧急功率控制。考虑到系统受扰后的首摆失稳模式一般发生在故障后的 1.5s 左右，因此，可设定健全直流输电系统的紧急功率退出时间为故障后 1.5s。

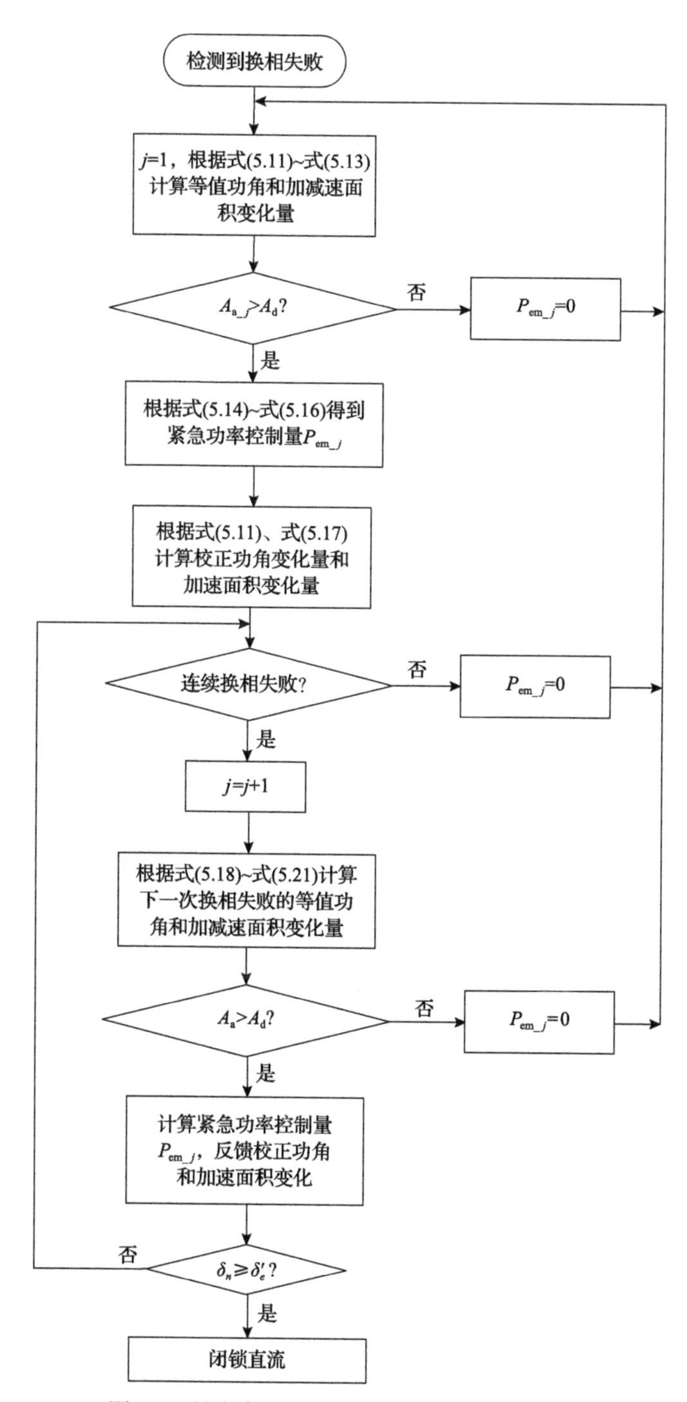

图 5.5　健全直流输电系统紧急功率控制流程图

5.4 算例分析

搭建图 5.1 所示的交直流互联系统，系统基准容量为 100MW，交流系统线电压为 220kV，交流系统频率为 50Hz。G_1 表示四台同步发电机，其中两台同步发电机输出功率为 10.0p.u.，另外两台同步发电机输出功率分别为 2.0p.u.和 4.0p.u.；G_2 包含一台输出功率为 10.0p.u.的同步发电机，单台同步发电机的惯性时间常数 T_J 均为 3.2s。s_3 和 s_4 采用电压源和串联阻抗等值模型，负荷 L_1 和 L_2 分别为 2.2p.u.和 13.8p.u.。送端电网通过母线 B_1 连接两回直流输电系统 DC_1 和 DC_2，直流输电系统采用 12 脉波换流器的直流输电模型，每回直流输电系统传输的功率为 10.0p.u.。整流站采用定电流控制，逆变站采用定关断角控制和定电流控制。低压限流控制参数 I_{dl} 和 I_{dh} 分别为 0.5p.u.和 1.0p.u.，U_{dl} 和 U_{dh} 分别为 0.5p.u.和 0.9p.u.。正常运行时 G_1 向 G_2 传输的功率为 180MW，母线 B_1 和母线 B_2 之间的联络线感抗 X_L 为 300Ω。s_3 和 s_4 的系统等值阻抗均为 5.4+j22.8Ω。单回直流的补偿量 P_{DC_comp} 限制在额定传输功率的 1.2 倍，即单回直流最大紧急功率控制量限定为 12.0p.u.，单次换相失败恢复过程时间最大值为 160ms。

5.4.1 换相失败的影响

t=15s 时，直流输电系统 DC_1 的逆变站交流母线 B_3 发生三相短路，导致交流母线电压跌落至 0.94p.u.，故障持续 0.4s 清除，短路故障引发直流输电系统 DC_1 的逆变站发生连续换相失败。图 5.6 为直流输电系统 DC_1 逆变站的交流侧有功功率和关断角波形，由图 5.6 可知故障导致直流输电系统 DC_1 发生连续 3 次换相失败及连续性直流功率暂降。根据式(5.9)可计算得 P_{d1}=9.7p.u.，图 5.6(a)中虚线为根据式(5.10)得到的逆变站交流侧有功功率曲线，与仿真所得功率波形基本一致。

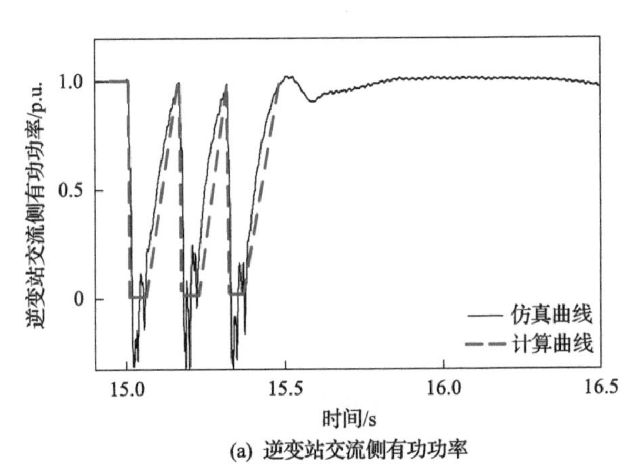

(a) 逆变站交流侧有功功率

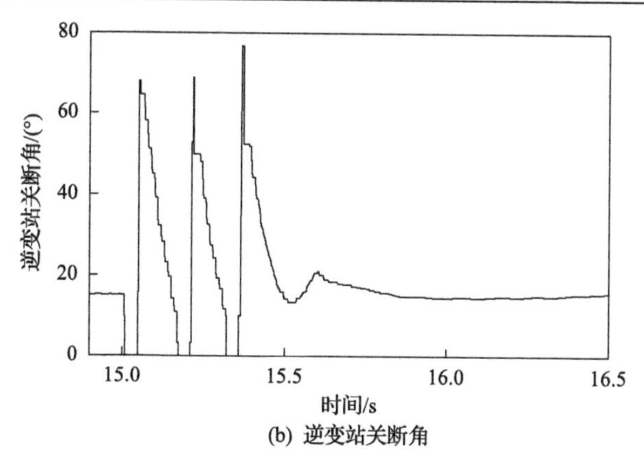

(b) 逆变站关断角

图 5.6　直流输电系统 DC_1 的运行特性

图 5.7 为直流输电系统 DC_2 的逆变站交流侧有功功率和关断角波形。在直流输电系统 DC_1 发生连续换相失败的影响下，直流输电系统 DC_2 的交流侧有功功率和关断角出现小幅波动，功率波动约为额定传输功率的 5%；关断角未大幅降低，

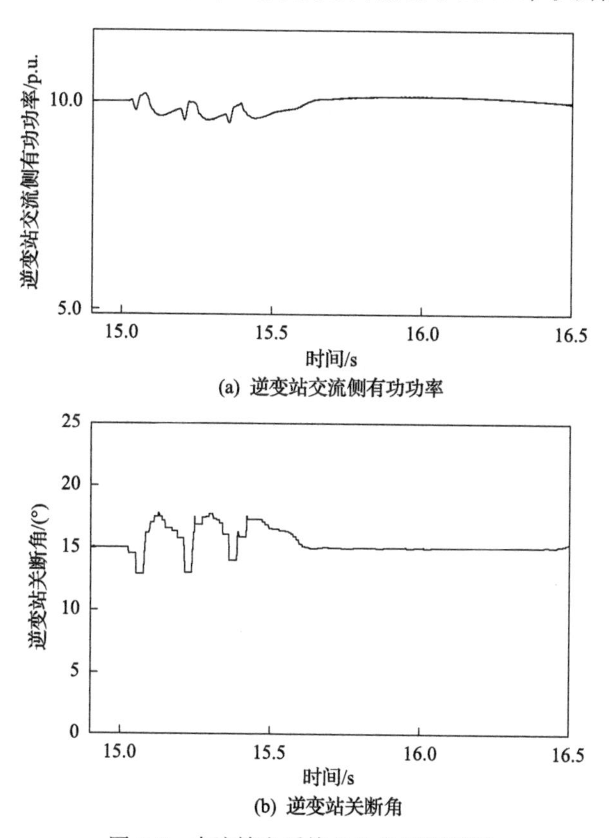

(b) 逆变站关断角

图 5.7　直流输电系统 DC_2 的运行特性

直流输电系统 DC_2 未发生换相失败。在直流输电系统连续功率暂降下，送端等值发电机 G_1 与 G_2 功角差变化如图 5.8 所示。直流输电系统的功率暂降导致送端电网等效机械功率上升，送端电网等值发电机 G_1 与 G_2 之间的功角差逐渐增大并引发首摆失稳。

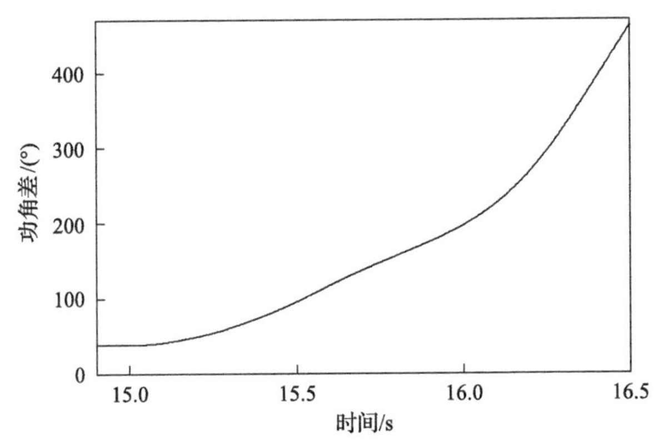

图 5.8　连续换相失败后送端发电机 G_1 与 G_2 功角差

5.4.2　不同控制方法下的控制效果

将基于健全直流紧急功率控制的方法作为控制方法 1，采用换相失败功率能量补偿方法作为控制方法 2，通过比较控制效果验证控制方法 1 的有效性。控制方法 1 中，设置健全直流紧急功率控制退出时间为故障后的 1.5s。控制方法 2 为在直流输电系统 DC_1 发生连续换相失败扰动结束后实施紧急控制，提升健全直流输电系统 DC_2 的功率控制量至 12p.u.，同时送端电网 G_1 切机 4p.u.。图 5.9 为两种不同控制措施下健全直流输电系统 DC_2 逆变站交流侧有功功率和送端发电机功角差变化曲线。

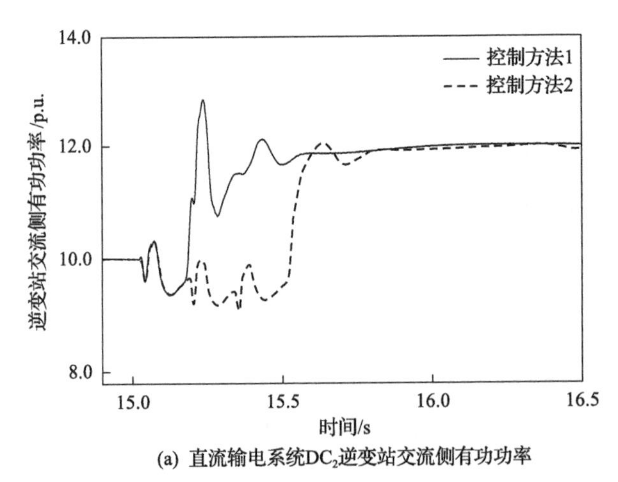

(a) 直流输电系统DC_2逆变站交流侧有功功率

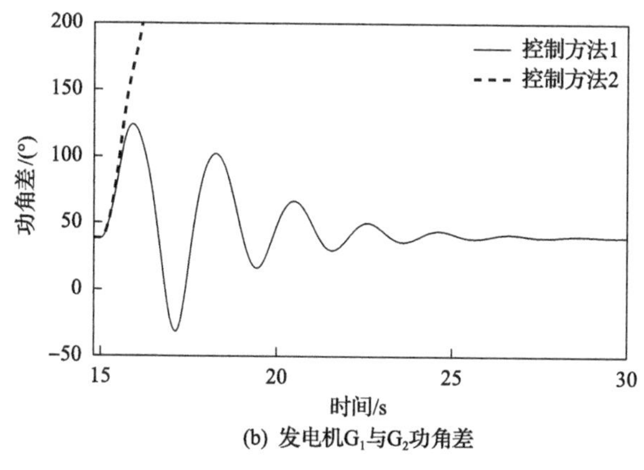

(b) 发电机G_1与G_2功角差

图 5.9　不同控制方法下的效果

根据图 5.9 所示仿真结果，控制方法 2 在应对连续换相失败时不能保证电网功角稳定。控制方法 1 通过实时计算系统稳定裕度，在检测到第 2 次换相失败时启动健全直流输电系统 DC_2 紧急功率控制，功率控制量调整至 12p.u.，保证了送端电网的稳定性，当连续换相失败恢复后，系统可快速恢复稳定运行。与控制方法 2 相比，控制方法 1 可提前投入紧急功率控制，避免了连续换相失败结束后功角变化量过大导致系统稳定裕度不足的问题。控制方法 1 保障了连续换相失败下的系统稳定，进而降低了为满足稳定控制要求而闭锁直流的风险，提升了交流系统的换相失败穿越能力。

5.4.3　不同直流容量配比下的控制效果

改变直流输电系统 DC_1 的传输容量为 6p.u.，并退出 G_1 内发电机容量 4p.u.。在 t=15s 时，直流输电系统 DC_1 的逆变站交流母线 B_3 发生三相短路，故障持续 0.4s 清除，短路故障引发直流输电系统 DC_1 逆变站发生连续 3 次换相失败。

图 5.10 为不同容量配比下健全直流输电系统 DC_2 的交流侧有功功率和送端电网功角差。根据图 5.10，两种控制方法均避免了送端电网的功角失稳。控制方法 2 下，直流输电系统 DC_1 连续换相失败结束后，健全直流输电系统 DC_2 的控制量提升至 12p.u.并辅助送端 G_1 内切机 2p.u.；控制方法 1 下，15.32s 时直流输电系统 DC_1 发生第 3 次换相失败，随后健全直流输电系统 DC_2 的功率紧急控制至 12p.u.。两种控制方法均提升了直流输电系统 DC_1 的换相失败穿越能力，但相比控制方法 2，控制方法 1 减小了连续换相失败期间送端电网的切机量，有助于提升电网的安全性和经济性。

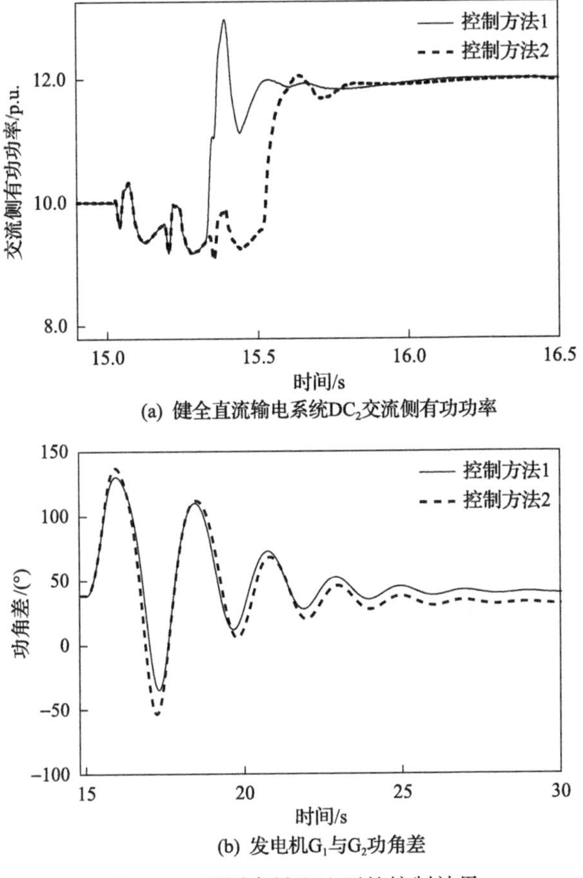

(a) 健全直流输电系统DC_2交流侧有功功率

(b) 发电机G_1与G_2功角差

图 5.10　不同容量配比下的控制效果

5.4.4　整流站无功补偿的影响

换相失败期间直流输电系统传输有功功率的大幅暂降是造成送端电网功角失稳的原因。然而，连续换相失败期间由于直流输电系统传输功率的大幅变化，整流站交流侧的无功特性随之改变，可能导致整流站无功功率过剩并引起暂态过电压，增大送端电网等效电磁功率峰值，导致连续换相失败期间加速面积的减小和减速面积的增大，影响换相失败穿越能力。在直流输电系统 DC_1 连续换相失败期间，在整流站分别投入和退出 80Mvar 无功补偿量（ΔQ_c），控制方法 1 作用下的送端电网功角变化如图 5.11 所示。由图 5.11 可见，整流站无功补偿对于送端电网的功角稳定具有一定影响。当投入 80Mvar 无功补偿时，整流站无功过剩使连续换相失败期间送端电网功角变化量更小，增大了送端电网的功角稳定裕度。但是，无论整流站无功功率过剩还是不足，均未影响控制方法 1 的有效性，在换相失败期间送端电网均能保证功角稳定。

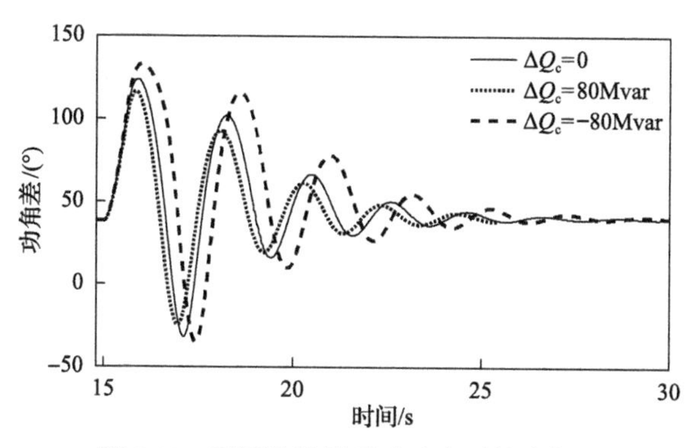

图 5.11　不同整流站无功功率下的功角差

第 6 章　多馈入直流输电系统换相失败特性

6.1　多馈入直流输电系统运行特性

在多馈入直流输电系统中，受端交流电网故障造成各回直流输电系统的换流母线电压跌落，易引发多回直流输电系统发生同时换相失败。但是，由于故障位置的差异，受端交流电网故障后各回直流输电系统换流母线电压的跌落程度不同，加之直流输电系统初始运行工况、参数、控制系统性能等的不同造成各回直流输电系统的换相失败免疫能力存在差别，受端交流电网故障也可能仅造成部分直流输电系统发生换相失败，其余直流输电系统能够保持正常运行。直流输电系统发生换相失败期间，换流器主回路的改变造成换流站交流侧外特性发生根本变化。特别是发生换相失败的直流输电系统无功特性大幅变化，并随着控制系统的启动和持续作用而动态变化，将通过交流电网电压的耦合对相邻健全直流输电系统产生冲击，不仅影响相邻直流输电系统的正常运行，甚至可能导致相邻直流输电系统换流母线电压大幅波动而引发相继换相失败。

6.1.1　多馈入直流输电系统结构

多馈入直流输电系统指多回直流输电馈入同一条交流母线或连接到电气距离邻近的交流母线上，从而构成的多回直流输电馈入的交直流混联系统。多馈入直流输电系统的典型结构如图 6.1 所示。图中共有 n 回直流输电系统，$x_{i1},\cdots,x_{in},\cdots,x_{n1}$ 为各回直流输电系统逆变站换流母线间的等效联络阻抗，其中 i=1, 2,$\cdots$,n；$x_1,\cdots,x_i,\cdots,x_n$ 为各回直流输电系统逆变站连接的交流系统等值阻抗，$B_{\mathrm{c1}},\cdots,B_{\mathrm{c}i},\cdots,B_{\mathrm{c}n}$ 为各回直流输电系统逆变站的滤波器等效电纳，$\gamma_1,\cdots,\gamma_i,\cdots,\gamma_n$ 为各回直流输电系统逆变站的关断角，$I_{\mathrm{d1}},\cdots,I_{\mathrm{d}i},\cdots,I_{\mathrm{d}n}$ 为各回直流输电系统的直流电流，$U_{\mathrm{L1}},\cdots,U_{\mathrm{L}i},\cdots,U_{\mathrm{L}n}$ 为各回直流输电系统逆变站的换流母线电压，$X_{K1\%},\cdots,X_{Ki\%},\cdots,X_{Kn\%}$为逆变站换流变电抗。

近年来直流输电工程快速建设，为了缓解大容量多馈入直流输电系统对受端电网安全稳定的冲击，将一回直流输电分成两个容量各半的直流输电系统，分别接入两条受端换流母线，形成了分层接入的多馈入直流输电系统结构。如图 6.2 所示，在受端直流侧，额定电压均为 400kV 的高端和低端 12 脉波逆变器串联；在受端交流电网侧，高、低端逆变站分别接入交流电压等级不同的换流母线，并配有独立的滤波与无功补偿装置。从拓扑结构上看，直流分层馈入系统即为串联型三端直流输电系统。从降低换流变压器绝缘要求考虑，高、低端逆变器分别接入交流低电压等级和高电压等级从整体上提高了多馈入直流输电系统的短路比与电压支撑能力。

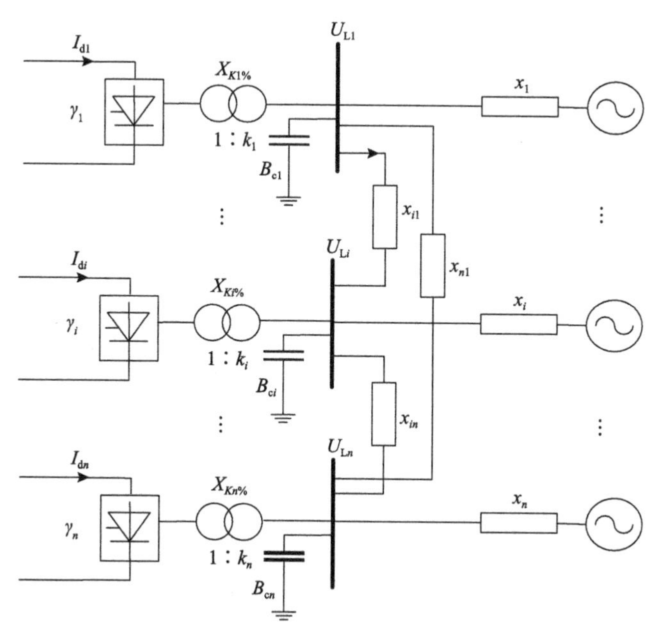

图 6.1　多馈入直流输电系统典型结构

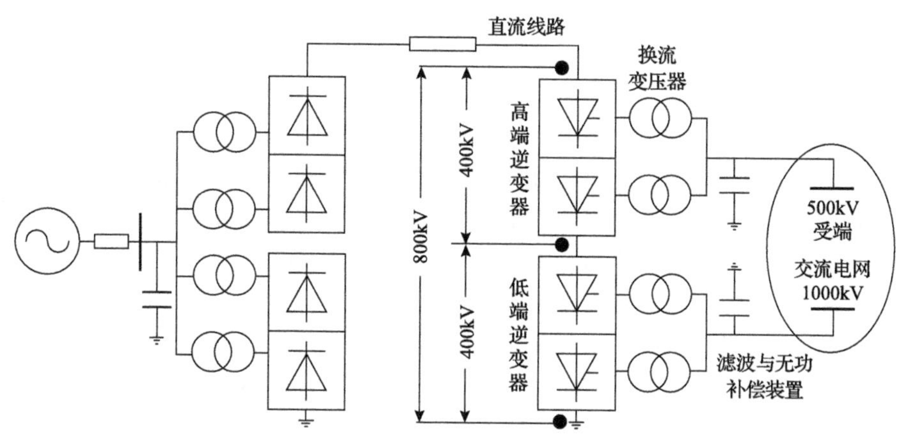

图 6.2　分层接入的多馈入直流输电系统典型结构

6.1.2　多馈入交互作用因子

为了衡量各回直流输电系统之间的相互作用，CIGRE 直流工作小组提出了多馈入交互作用因子(multi-infeed interation factor，MIIF)。多馈入交互作用因子指直流输电系统以额定直流功率运行的情况下，在第 j 回直流输电系统换流母线上并入感性负载，使该母线电压下降 1%时，第 i 回直流输电系统换流母线电压的变化率。第 i 回直流输电系统换流母线的多馈入交互作用因子的计算式为

$$\mathrm{MIIF}_{ij}=\frac{\Delta U_i}{1\%U_j} \tag{6.1}$$

式中，U_i 和 U_j 为第 i 回和第 j 回直流输电系统换流母线电压。

多馈入交互作用因子的范围为 0～1，其大小反映两个换流母线之间电气距离的远近。若第 i 回直流输电系统换流母线的多馈入交互作用因子等于零，则表示第 j 回直流输电系统换流母线和第 i 回直流输电系统换流母线之间的电气距离为无穷大，即两个母线之间在电气上隔离；若第 i 回直流输电系统换流母线多馈入交互作用因子等于 1，则表示第 j 回直流输电系统换流母线和第 i 回直流输电系统换流母线为同一母线。多馈入交互作用因子是一个受网络拓扑和运行因素影响的技术指标，具有以下特点。

(1) 拓扑结构是影响多馈入交互作用因子的重要因素。换流母线之间的电气距离越远，多馈入交互作用因子越小。

(2) 直流输电系统的控制方式影响多馈入交互作用因子的大小。例如，当交流电压降低时，定直流电流控制使直流输电系统的传输功率下降，无功消耗相应减小，可避免电压进一步下降，因此采取定直流电流控制时的多馈入交互作用因子比采用定直流功率控制方式时更小。

(3) 电网电压安全稳定控制措施能够减小多馈入交互作用因子。发电机励磁、静止无功补偿装置和静止同步补偿装置等动态无功补偿设备能稳定电网电压，因此有助于减小多馈入交互作用因子。

(4) 负荷特性对多馈入交互作用因子具有重要影响。恒阻抗负荷有利于电压稳定，因此负荷为恒阻抗负荷时，多馈入交互作用因子的数值较小；恒功率负荷不利于电压稳定，因此负荷为恒功率负荷时，多馈入交互作用因子的数值较大。

多馈入交互作用因子可直接由时域仿真确定，但是时域仿真得到的多馈入交互作用因子是实验性指标，缺乏明确的物理解释。多馈入交互作用因子与受端交流电网的参数有关，换流母线电压变化之比等于换流母线对应节点的互阻抗与自阻抗的比值，因此多馈入交互作用因子的计算式可写为

$$\mathrm{MIIF}_{ij}=\left|\frac{Z_{ij}}{Z_{ii}}\right| \tag{6.2}$$

式中，Z_{ii} 为电网阻抗矩阵中第 i 回直流输电系统换流母线节点的自阻抗；Z_{ij} 为电网阻抗矩阵中第 i 回直流输电系统换流母线节点和第 j 回直流输电系统换流母线

节点间的互阻抗。

利用式(6.2)计算多馈入交互作用因子较为方便，且物理含义清晰，但是只适用于保留直流换流母线节点的交流电网等值网络。为了计及直流输电系统外特性的影响，应首先计算直流输电系统在不同控制方式下的等效附加导纳 Y_Δ，再利用 Y_Δ 修正交流系统的节点导纳矩阵，最后经矩阵求逆得到阻抗矩阵后再由式(6.2)计算多馈入交互作用因子。

通常直流输电系统整流站控制电流或功率、逆变站控制电压或关断角，当直流输电系统运行于定电流/定关断角控制方式时，等效附加导纳按式(6.3)计算：

$$Y_\Delta=\frac{3NX_\mathrm{r}I_\mathrm{d}^2}{\pi U_\mathrm{L}^2}\left(1-\mathrm{j}\frac{A}{\sqrt{2U_\mathrm{L}^2-A^2}}\right) \tag{6.3}$$

$$A=\sqrt{2}U_\mathrm{L}\cos\gamma-X_\mathrm{r}I_\mathrm{d} \tag{6.4}$$

式中，U_L 为逆变站换流母线电压有效值；X_r 为逆变站换相电抗；I_d 为直流电流；N 为逆变站 6 脉波换流桥个数；γ 为逆变站关断角。

当直流输电系统运行于定功率/定关断角控制方式时，等效附加导纳的计算式为

$$Y_\Delta=\frac{1}{U_\mathrm{L}^2}\left\{\left[MU_\mathrm{L}-\left(P_\mathrm{d}-I_\mathrm{d}^2R_\mathrm{d}\right)\right]-\mathrm{j}\left[NU_\mathrm{L}+\left(P_\mathrm{d}-I_\mathrm{d}^2R_\mathrm{d}\right)\frac{\sqrt{2U_\mathrm{L}^2-A}}{A}\right]\right\} \tag{6.5}$$

$$M=-2I_\mathrm{d}R_\mathrm{d}K \tag{6.6}$$

$$N=-\frac{M\sqrt{2U_\mathrm{L}^2-A^2}}{A}-\frac{\left(P_\mathrm{d}-I_\mathrm{d}^2R_\mathrm{d}\right)\left[2AU_\mathrm{L}-2U_\mathrm{L}^2\left(\sqrt{2}\cos\gamma-KX_\mathrm{r}\right)\right]}{A^2\sqrt{2U_\mathrm{L}^2-A^2}} \tag{6.7}$$

$$K=\frac{3\sqrt{2}N\cos\gamma\left(b+\sqrt{b^2-4ac}\right)}{2\pi a\sqrt{b^2-4ac}} \tag{6.8}$$

式中，$a=3\left(NX_\mathrm{r}-R_\mathrm{d}\right)/\pi$；$b=-3\sqrt{2}NU_\mathrm{L}\cos\gamma/\pi$；$c=P_\mathrm{d}$；$R_\mathrm{d}$ 为直流线路的等值阻抗；P_d 为直流功率。

式(6.3)和式(6.5)在计算多馈入交互作用因子时将电网有源元件等效为恒流源，但是考虑到发电机励磁系统的调节作用，小扰动后发电机应等效为恒压源。

因此，先形成受端交流电网潮流计算所用全维节点导纳矩阵，再划去发电机节点所在的行和列，最后对此降维节点导纳矩阵求逆，形成节点阻抗矩阵后计算的多馈入交互作用因子具有更高的精度。

6.1.3　多馈入短路比

短路比是一个能有效衡量受端交流电网强度的指标，短路比越大，受端交流电网就越强，越不容易发生电压失稳。在多馈入直流输电系统中，针对多回直流输电系统逆变站通过受端交流电网的相互影响，CIGRE B4-41 工作组基于多馈入交互作用因子定义了多馈入短路比。图 6.1 中，第 i 回直流输电系统逆变站的多馈入短路比可写为

$$\mathrm{MISR}_i = \frac{S_{\mathrm{ac}i}}{P_{\mathrm{dN}i}} = \frac{S_{\mathrm{ac}i}}{P_{\mathrm{dN}i} + \sum\limits_{j=1, j\neq i}^{n} \mathrm{MIIF}_{ji} \cdot P_{\mathrm{dN}j}} \tag{6.9}$$

式中，$S_{\mathrm{ac}i}$ 为第 i 回直流输电系统逆变站换流母线处的短路容量；$P_{\mathrm{dN}i}$ 为第 i 回直流输电系统的额定传输功率；$P_{\mathrm{dN}j}$ 为第 j 回直流输电系统的额定传输功率。

第 i 回直流输电系统逆变站换流母线处的短路容量可写为

$$S_{\mathrm{ac}i} = \frac{U_{\mathrm{L}i}^2}{\left|Z_{\mathrm{eq}ii}\right|} \tag{6.10}$$

式中，$U_{\mathrm{L}i}$ 为第 i 回直流输电系统逆变站换流母线的额定电压；$Z_{\mathrm{eq}ii}$ 为从各直流换流母线看进去的等值节点阻抗矩阵的自阻抗。

将式(6.10)代入式(6.9)中，则第 i 回直流输电系统逆变站的多馈入短路比为

$$\mathrm{MISR}_i = \frac{1}{\left|Z_{\mathrm{eq}ii}\right| P_{\mathrm{dN}i} + \sum\limits_{j=1, j\neq i}^{n} \left|Z_{\mathrm{eq}ij}\right| P_{\mathrm{dN}j}} \tag{6.11}$$

在每回直流输电系统输送功率固定的情况下，多馈入短路比的大小与各回直流输电系统逆变站侧的交流系统等值阻抗和各直流输电系统逆变站换流母线间的联系阻抗密切相关。在多馈入直流输电系统中，多馈入短路比越大，代表交流系统强度越高，即在故障引发无功大幅度波动的情况下，逆变站换流母线电压变化幅度较小，不易引发换相失败；而当馈入短路比较小时，交流系统故障带来的无功波动极易引发逆变站换相失败。

6.2　多馈入直流输电系统同时换相失败

6.2.1　同时换相失败过程

同时换相失败指多回直流输电系统在同一时间段发生换相失败。受端交流电网故障导致多回直流输电系统逆变站换流母线电压跌落和换流母线电压过零点相角偏移是引发同时换相失败的主要原因。故障距离换流母线越近，对电压的影响程度越大，发生换相失败的概率也越大。另外，若故障导致受端交流电网发生振荡，即便距离换流母线较远，也可能引起直流系统同时换相失败。同时换相失败较单回直流输电系统换相失败的后果更为严重。同时换相失败后，多回直流输电系统出现短时大额功率瞬降，送受端功率严重不平衡，且换相失败逆变站在恢复过程中从受端系统吸收大量的无功功率，往往影响交流系统的稳定运行。

如图 6.3 所示，第一回直流输电系统换流母线发生故障后，引发其相邻的第二回直流同时发生换相失败。在 1.007s 时，第一回和第二回直流逆变站的关断角几乎同时降低至临界值以下，发生同时换相失败，第一回和第二回直流换流母线电压和直流电流的变化趋势基本一致，在换相失败发生前无功交换量连续上升。两回直流输电系统的同时换相失败均由电网故障引起的电压跌落所产生。故障

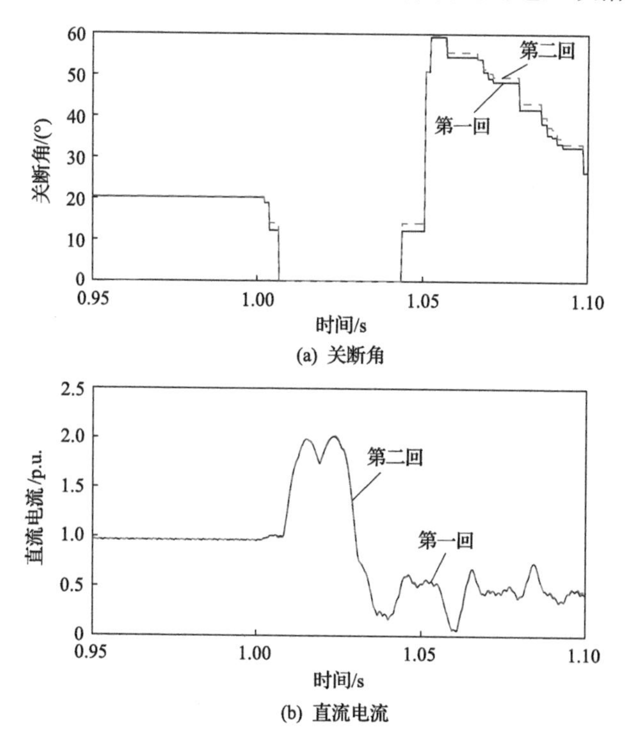

(a) 关断角

(b) 直流电流

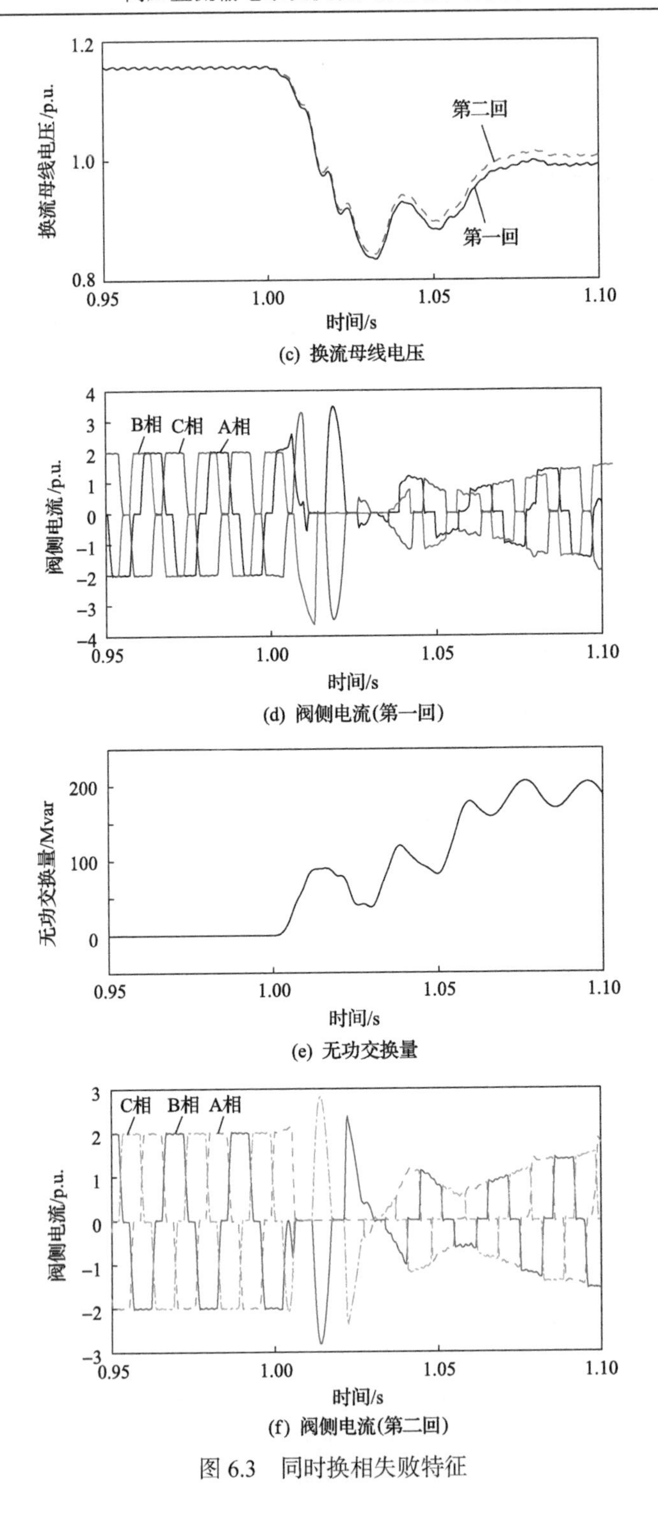

图 6.3　同时换相失败特征

后约 7ms 发生同时换相失败，因此是否发生同时换相失败主要受电网故障严重程度的影响。

6.2.2　同时换相失败的边界条件

若第 i 回直流输电系统逆变站换流母线发生短路故障，故障瞬间换流母线 i 处的电压跌落。设故障前第 i 回和第 j 回直流输电系统换流母线电压分别为 $U_{\mathrm{L}i0}$ 和 $U_{\mathrm{L}j0}$，相邻第 j 回直流输电系统换流母线的电压幅值变化量即为

$$\Delta U_{\mathrm{L}j}=\mathrm{MIIF}_{ji}\Delta U_{\mathrm{L}i}\frac{U_{\mathrm{LN}j}}{U_{\mathrm{LN}i}} \tag{6.12}$$

式中，$U_{\mathrm{LN}i}$ 和 $U_{\mathrm{LN}j}$ 分别为第 i 回和第 j 回直流输电系统逆变站换流母线的额定线电压；$\Delta U_{\mathrm{L}i}$ 为故障后第 i 回直流输电系统逆变站换流母线电压变化量。

故障瞬间第 j 回直流输电系统换流母线处的电压可写为

$$U_{\mathrm{L}j}=U_{\mathrm{L}j0}-\Delta U_{\mathrm{L}j}=U_{\mathrm{L}j0}-\mathrm{MIIF}_{ji}\Delta U_{\mathrm{L}i}\frac{U_{\mathrm{LN}j}}{U_{\mathrm{LN}i}} \tag{6.13}$$

当受端交流电网发生故障时，邻近换流站直流电流增大。故障后第 j 回直流输电系统的直流电流为

$$I_{\mathrm{d}j}=\frac{\sqrt{2}U_{\mathrm{L}j}}{2kX_{\mathrm{c}}}\left(\cos\gamma_{j}-\cos\beta_{j0}\right) \tag{6.14}$$

式中，γ_j 为故障发生后第 j 回直流输电系统逆变站的关断角；β_{j0} 为稳态下第 j 回直流输电系统逆变站的超前触发角；X_{c} 为换相电抗；k 为换流变压器变比。

逆变站定关断角控制将所测得的关断角取最小值进行跟踪控制，因此定关断角控制输出的超前触发角指令值在换相失败发生前基本无变化。由式(6.14)可得故障后第 j 回直流输电系统换流母线电压的变化率为

$$\frac{U_{\mathrm{L}j}}{U_{\mathrm{L}j0}}=\frac{I_{\mathrm{d}j}}{I_{\mathrm{d}j0}}\cdot\frac{\cos\gamma_{j0}-\cos\beta_{j0}}{\cos\gamma_{j}-\cos\beta_{j0}} \tag{6.15}$$

式中，γ_{j0} 和 $I_{\mathrm{d}j0}$ 分别为稳态下第 j 回直流输电系统逆变站的关断角和直流电流。

除故障节点外，直流输电系统传输功率在故障后的很短时间内基本不变，因此可得

$$\frac{I_{\mathrm{d}j}}{I_{\mathrm{d}j0}}=\frac{U_{\mathrm{d}j0}}{U_{\mathrm{d}j}} \tag{6.16}$$

式中，$U_{\mathrm{d}j0}$ 和 $U_{\mathrm{d}j}$ 为故障发生前后第 j 回直流输电系统逆变站的直流电压。

由换流器特性，直流电压与换流母线电压的关系为

$$U_{\mathrm{d}j0}=\frac{3\sqrt{2}U_{\mathrm{L}j0}}{2\pi}\left(\cos\gamma_{j0}+\cos\beta_{j0}\right) \tag{6.17}$$

依据式(6.17)，可得故障后直流电压的变化为

$$\frac{U_{\mathrm{d}j0}}{U_{\mathrm{d}j}}=\frac{U_{\mathrm{L}j0}}{U_{\mathrm{L}j}}\cdot\frac{\cos\gamma_{j0}+\cos\beta_{j0}}{\cos\gamma_{j}+\cos\beta_{j0}} \tag{6.18}$$

联立求解式(6.14)、式(6.15)和式(6.18)，可得到受端交流电网故障后第 j 回直流输电系统逆变站的关断角为

$$\begin{aligned}\gamma_j&=\arccos\left[\sqrt{\frac{\cos^2\gamma_{j0}-\cos^2\beta_{j0}}{\left(U_{\mathrm{L}j}/U_{\mathrm{L}j0}\right)^2}+\cos^2\beta_{j0}}\right]\\&=\arccos\left\{\sqrt{\left[\left(U_{\mathrm{L}j0}-\mathrm{MIIF}_{ji}\Delta U_{\mathrm{L}i}\frac{U_{\mathrm{LN}j}}{U_{\mathrm{LN}i}}\right)/U_{\mathrm{L}j0}\right]+\cos^2\beta_{j0}}\right\}\end{aligned} \tag{6.19}$$

故障后逆变站关断角不仅与换流母线电压相关，还与故障发生前的逆变站运行方式相关，同时还受相邻逆变站间的多馈入交互作用因子的影响。多馈入交互作用因子越大，逆变站关断角就越小，多馈入直流输电系统逆变站发生同时换相失败的可能性越大。

将临界关断角代入式(6.19)，对应的多馈入交互作用因子即为同时换相失败交互因子。第 j 回直流输电系统的同时换相失败交互因子为

$$\mathrm{CCFIF}_{ji}=\frac{1-\sqrt{\dfrac{\cos^2\gamma_{j0}-\cos^2\beta_{j0}}{\cos^2\gamma_{\min}-\cos^2\beta_{j0}}}}{\dfrac{\Delta U_{\mathrm{L}i}U_{\mathrm{LN}j}}{U_{\mathrm{L}j0}U_{\mathrm{LN}i}}} \tag{6.20}$$

式中，$\gamma_{\min}$ 为固有极限关断角，即换相失败临界关断角。

当第 j 回直流输电系统换流母线与第 i 回直流输电系统换流母线的多馈入交互作用因子大于同时换相失败交互因子时，若受端交流电网故障导致第 i 回直流输

电系统发生换相失败，则第 j 回直流输电系统也会同时发生换相失败。同时换相失败交互因子可用于表征多馈入直流输电系统同时换相失败的边界条件。

6.3　多馈入直流输电系统相继换相失败

6.3.1　无功功率交互特性

多馈入直流输电系统逆变站侧的无功功率关系如图 6.4 所示。任意一回直流输电系统的逆变站与交流系统交换的无功功率满足

$$Q_{ac} = Q_l - Q_f - Q_{ex} \tag{6.21}$$

式中，Q_l 为逆变站消耗的无功功率；Q_f 为逆变站无功补偿装置提供的无功功率；Q_{ac} 为逆变站从受端交流电网吸收的无功功率，规定正方向为无功功率由受端交流电网流向逆变站；Q_{ex} 为相邻直流输电系统逆变站间交换的无功功率。

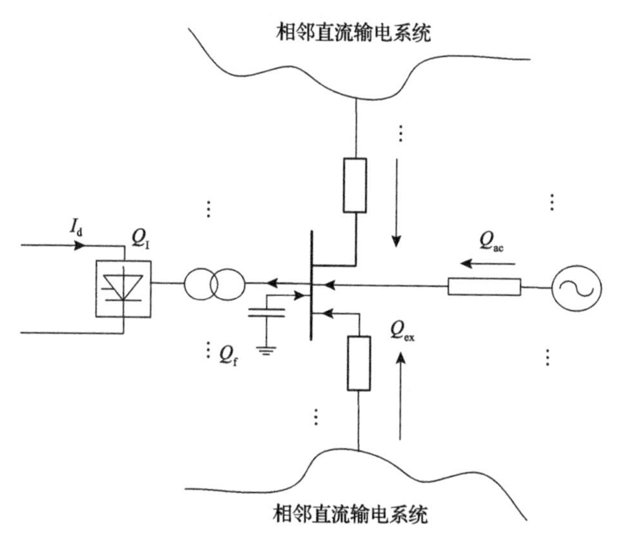

图 6.4　多馈入直流输电系统逆变站侧无功功率关系

如图 6.4 所示，受端交流电网故障后，直流输电系统的逆变站换流母线电压下降，无功消耗量发生变化，受端交流电网无功平衡被打破。直流输电系统逆变站无功消耗的变化量由受端系统和相邻直流输电系统共同承担。任意第 i 回直流输电系统逆变站的无功消耗量满足

$$Q_{li} = Q_{aci} + Q_{fi} + Q_{exj} \tag{6.22}$$

式中，Q_{exj} 为故障后相邻直流输电系统为第 i 回直流输电系统逆变站提供的无功功

率；Q_{aci} 为故障后第 i 回直流输电系统逆变站从受端交流电网吸收的无功功率；Q_{fi} 为故障后第 i 回直流输电系统逆变站无功补偿装置提供的无功功率，可写为

$$Q'_{fi}=B_{fi}U_{Li}^2 \tag{6.23}$$

式中，U_{Li} 为故障后第 i 回直流输电系统的逆变站换流母线电压；B_{fi} 为第 i 回直流输电系统滤波器等效电纳。

故障后直流逆变站从受端交流电网吸收的无功功率取决于换流母线电压的跌落量以及受端等值系统的短路容量。因此，相邻直流输电系统向第 i 回直流输电系统提供的无功功率的变化量可以表示为

$$\Delta Q_{exj}=\left(Q_{Ii}-Q_{Ii0}\right)-\left(B_{fi}U_{Li}^2-B_{fi}U_{Li0}^2\right)-\frac{\Delta U_{Li}S_{aci}}{U_{LNi}} \tag{6.24}$$

式中，Q_{Ii0} 为第 i 回直流输电系统逆变站消耗的无功功率，满足

$$Q_{Ii0}=P_{di0}\tan\varphi_{i0}=I_{di0}\sqrt{U_{ni0}^2-U_{di0}^2} \tag{6.25}$$

式中，P_{di0}、φ_{i0}、U_{ni0}、U_{di0} 分别为故障前第 i 回直流输电系统的传输功率、功率因数角、空载直流电压和直流电压。

若故障后第 i 回直流输电系统发生换相失败，在换相失败初期，第 i 回直流输电系统的直流电压满足

$$\begin{cases}U_{di}=N_i\left(\dfrac{3\sqrt{2}k_iU_{Li}}{\pi}\cos\beta_i+\dfrac{3}{\pi}X_cI_{di}\right)\\U_{di0}=\dfrac{3\sqrt{2}k_iN_iU_{Li}}{\pi}\end{cases} \tag{6.26}$$

式中，k_i 为第 i 回直流输电系统换流变压器的变比；N_i 为逆变站每极中的 6 脉波换流器数量；X_c 为换相电抗。

结合式(6.25)和式(6.26)，可得第 i 回直流输电系统逆变站的无功消耗量为

$$Q_{Ii}=I_{di}\sqrt{\left(\frac{3\sqrt{2}k_iN_iU_{Li}}{\pi}\right)^2-\left[N_i\left(\frac{3\sqrt{2}k_iU_{Li}}{\pi}\cos\beta_i+\frac{3}{\pi}X_cI_{di}\right)\right]^2} \tag{6.27}$$

将式(6.27)进一步变形为

$$Q_{\mathrm{I}i}=\sqrt{\left(\frac{3\sqrt{2}k_iN_i}{\pi}\right)^2\left(1-\cos\beta_i^2\right)U_{\mathrm{L}i}^2I_{\mathrm{d}i}^2-\left(\frac{3}{\pi}N_iX_{\mathrm{c}}\right)^2I_{\mathrm{d}i}^4-\frac{18\sqrt{2}N_i^2k_iX_{\mathrm{c}}\cos\beta_i}{\pi^2}U_{\mathrm{L}i}I_{\mathrm{d}i}^3} \tag{6.28}$$

当直流输电系统的受端为弱电网时，逆变站无功特性对受端电网的电压产生显著影响。低压限流控制和定关断角控制的响应改变了直流电压和超前触发角，因此在换相失败初期，交流系统的动态无功特性与低压限流控制和定关断角控制有关。利用低压限流控制方程，可将直流电流转换为

$$I_{\mathrm{d}i}=\frac{3\sqrt{2}I_{\mathrm{dN}i}k_ik_{\mathrm{d}i}N_i\cos\beta_i}{\pi U_{\mathrm{dN}i}-3I_{\mathrm{dN}i}k_{\mathrm{d}i}N_iX_{\mathrm{c}}}U_{\mathrm{L}i}+\frac{\pi I_{\mathrm{dN}i}U_{\mathrm{dN}i}b_i}{\pi U_{\mathrm{dN}i}-3I_{\mathrm{dN}i}k_{\mathrm{d}i}N_iX_{\mathrm{c}}} \tag{6.29}$$

因此，可以建立第 i 回直流输电系统逆变站关于超前触发角和换流母线电压的动态无功模型：

$$\begin{aligned}Q_{\mathrm{I}i}=&\left|\frac{3\sqrt{2}I_{\mathrm{dN}i}k_ik_{\mathrm{d}i}N_i\cos\beta_i}{\pi U_{\mathrm{dN}i}-3I_{\mathrm{dN}i}k_{\mathrm{d}i}N_iX_{\mathrm{c}}}U'_{\mathrm{L}i}+\frac{\pi I_{\mathrm{dN}i}U_{\mathrm{dN}i}b_i}{\pi U_{\mathrm{dN}i}-3I_{\mathrm{dN}i}k_{\mathrm{d}i}N_iX_{\mathrm{c}}}\right|\\&\times\sqrt{f_{1i}(\beta_j)U_{\mathrm{L}i}^2-f_{2i}(\beta_i)U_{\mathrm{L}i}-f_{3i}}\end{aligned} \tag{6.30}$$

式中

$$\begin{aligned}f_{1i}(\beta_i)=&\left(\frac{3\sqrt{2}k_iN_i}{\pi}\right)^2\left(1-\cos\beta_i^2\right)-\frac{108I_{\mathrm{dN}i}N_i^3k_i^2k_{\mathrm{d}i}X_{\mathrm{c}}\cos\beta_i^2}{\pi^2\left(\pi U_{\mathrm{dN}i}-3I_{\mathrm{dN}i}k_{\mathrm{d}i}N_iX_{\mathrm{c}}\right)}\\&-\left[\frac{9\sqrt{2}I_{\mathrm{dN}i}N_i^2k_ik_{\mathrm{d}i}X_{\mathrm{c}}\cos\beta_i}{\pi\left(\pi U_{\mathrm{dN}i}-3I_{\mathrm{dN}i}k_{\mathrm{d}i}N_iX_{\mathrm{c}}\right)}\right]^2\end{aligned}$$

$$f_{2i}(\beta_i)=\frac{54\sqrt{2}U_{\mathrm{dN}i}I_{\mathrm{dN}i}^2N_i^3k_ik_{\mathrm{d}i}X_{\mathrm{c}}^2b_i\cos\beta_i}{\pi\left(\pi U_{\mathrm{dN}i}-3I_{\mathrm{dN}i}k_{\mathrm{d}i}N_iX_{\mathrm{c}}\right)^2}+\frac{18\sqrt{2}U_{\mathrm{dN}i}I_{\mathrm{dN}i}N_i^2k_ib_iX_{\mathrm{c}}\cos\beta_i}{\pi\left(\pi U_{\mathrm{dN}i}-3I_{\mathrm{dN}i}k_{\mathrm{d}i}N_iX_{\mathrm{c}}\right)}$$

$$f_{3i}=\left(\frac{3U_{\mathrm{dN}i}I_{\mathrm{dN}i}N_ib_iX_{\mathrm{c}}}{\pi U_{\mathrm{dN}i}-3I_{\mathrm{dN}i}k_{\mathrm{d}i}N_iX_{\mathrm{c}}}\right)^2$$

根据 CIGRE 直流输电系统标准测试模型参数，得到逆变站无功消耗量与直流电流、超前触发角的关系，如图 6.5 所示。由图 6.5(a)可见，逆变站无功消耗量始终与换流母线电压、直流电流正相关。由图 6.5(b)所示，无功消耗量随着换流母线电压和超前触发角的增加而上升。在一定的换流母线电压下，无功消耗量随着直流电流以及超前触发角的增加而增加。

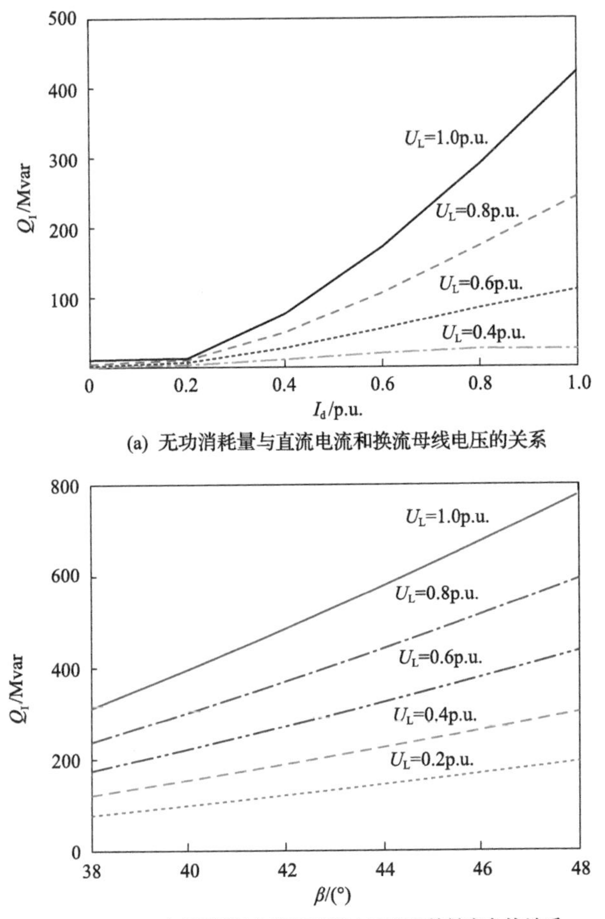

(a) 无功消耗量与直流电流和换流母线电压的关系

(b) 无功消耗量与换流母线电压和超前触出角的关系

图 6.5　逆变站控制系统对无功消耗量的影响

交流电网故障后，由于低压限流控制在直流电压低于一定值时启动，无法避免电网故障后直流电流的增加。在电网故障初期，逆变站无功消耗量随着直流电流的增加而上升。随着低压限流控制的启动，直流电流指令值的降低使直流电流减小，无功消耗量随之降低。在故障后直流电流的大幅变化下，逆变站无功消耗量先增加后减小。低压限流控制的启动电压越小，在故障后投入越迟，则逆变站无功消耗量越多。低压限流控制将直流电流限制在较低水平，而定关断角控制持续作用。特别是当低压限流控制作用使直流电流小于指令值时，定关断角控制将使超前触发角突增。定关断角控制作用下，超前触发角不断上升，造成逆变站无功消耗量的增加。因此，在控制系统的作用下，逆变站无功消耗量呈现“二次上升”趋势。

图 6.6 所示为受端交流电网三相短路故障下直流输电系统逆变站的无功消耗量、换流母线电压、直流电流和超前触发角。仿真采用 CIGRE 直流输电系统标准

测试模型，故障发生时间为 1s，逆变站于 1.004s 发生首次换相失败。故障后，逆变站换流母线电压的下降使无功消耗量呈现轨迹①所示的下降趋势。随后，直流电压和关断角的下降分别触发低压限流控制和定关断角控制启动。在低压限流控制(VDCOL)的作用下，直流电流先增加后减小；在定关断角控制 CEAC 的作用下，超前触发角呈阶跃式上升。逆变站无功消耗量与直流电流和超前触发角均呈正比例关系，因此随着在控制系统作用下直流电流和超前触发角的变化，逆变站无功消耗量呈现如图 6.6 轨迹②和③所示的“先上升后下降”趋势。随着直流电流逐渐稳定在较低水平，在超前触发角持续增大，特别是在电流偏差控制(CEC)作用下超前触发角进一步阶跃上升，此时逆变站无功消耗量呈现如图 6.6 轨迹④所示的二次上升。

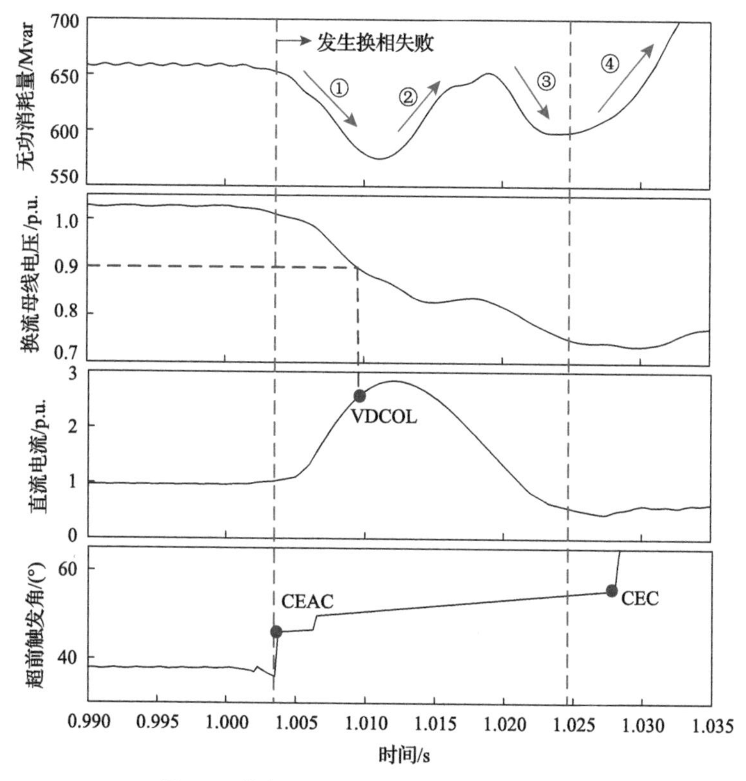

图 6.6　换相失败初期逆变站动态无功特性

6.3.2　相继换相失败的产生机理

受端交流电网故障后，多回直流输电系统的逆变站换流母线电压均会发生跌落。若电压跌落引发多回直流输电系统的逆变站发生换相失败，即发生同时换相失败。但是，各直流逆变站与故障点的电气距离不同，故障后换流母线电压不同。

交流电网故障可能仅导致部分直流逆变站发生换相失败。当某回直流输电系统的逆变站发生换相失败后，其控制系统启动引发与相邻直流输电系统逆变站的无功交换量出现“两次上升”。若受端交流电网在换相失败期间向逆变站提供的无功功率有限,“两次上升”的逆变站无功交换量将主要由相邻直流输电系统的逆变站提供，进一步造成相邻直流逆变站的换流母线电压出现二次跌落。由于换流母线电压与关断角成反比，因此换流母线电压的二次跌落必然引发相邻直流逆变站关断角出现再次下降，当关断角小于临界关断角时，即发生了新的换相失败[8]。

如图 6.7 所示，在故障后约 8ms 时，一回直流输电系统逆变站关断角跌落至 0，发生换相失败。在换相失败后约 7ms，在低压限流控制和定关断角控制作用下，逆变站无功消耗量 Q_{1i} 逐步增大，使与相邻直流输电系统逆变站的无功交换量 Q_{ex} 出现“两次上升”的态势，即图 6.7 中的轨迹①和④。随着无功交换量的上升，相邻直流输电系统的逆变站关断角跌落，发生换相失败。此时，相邻直流输电系统的换相失败延时约 16ms 后发生，不是由电网故障直接导致，而是发生换相失败的直流逆变站响应引发的继发性换相失败，即相继换相失败。

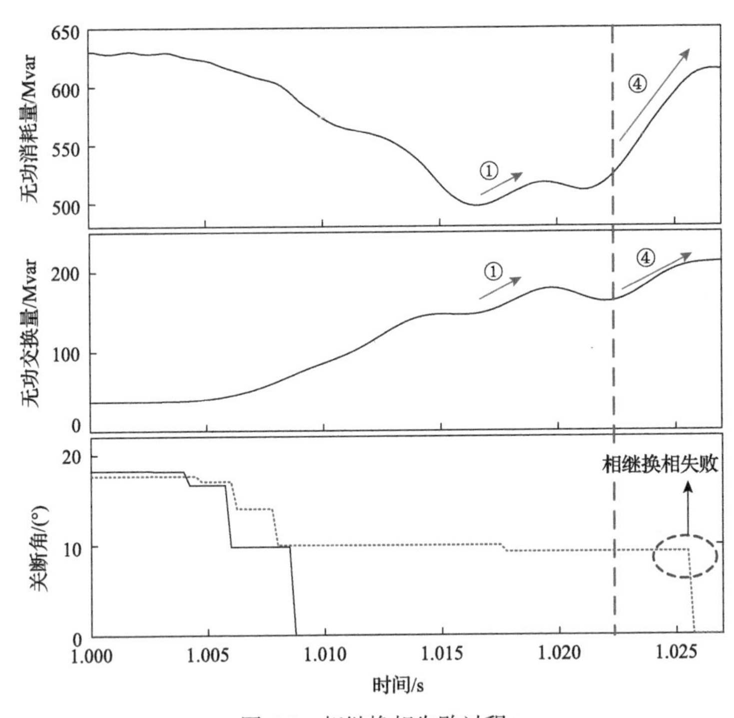

图 6.7　相继换相失败过程

6.3.3　相继换相失败过程

图 6.8(a)和图 6.8(b)分别为受端交流电网发生单相短路故障和三相短路故障

下两回直流输电系统逆变站的无功交换量、直流电流、关断角。两回直流输电系统的受端系统短路比分别为 2 和 5。1s 时在距离第一回直流输电系统逆变站换流

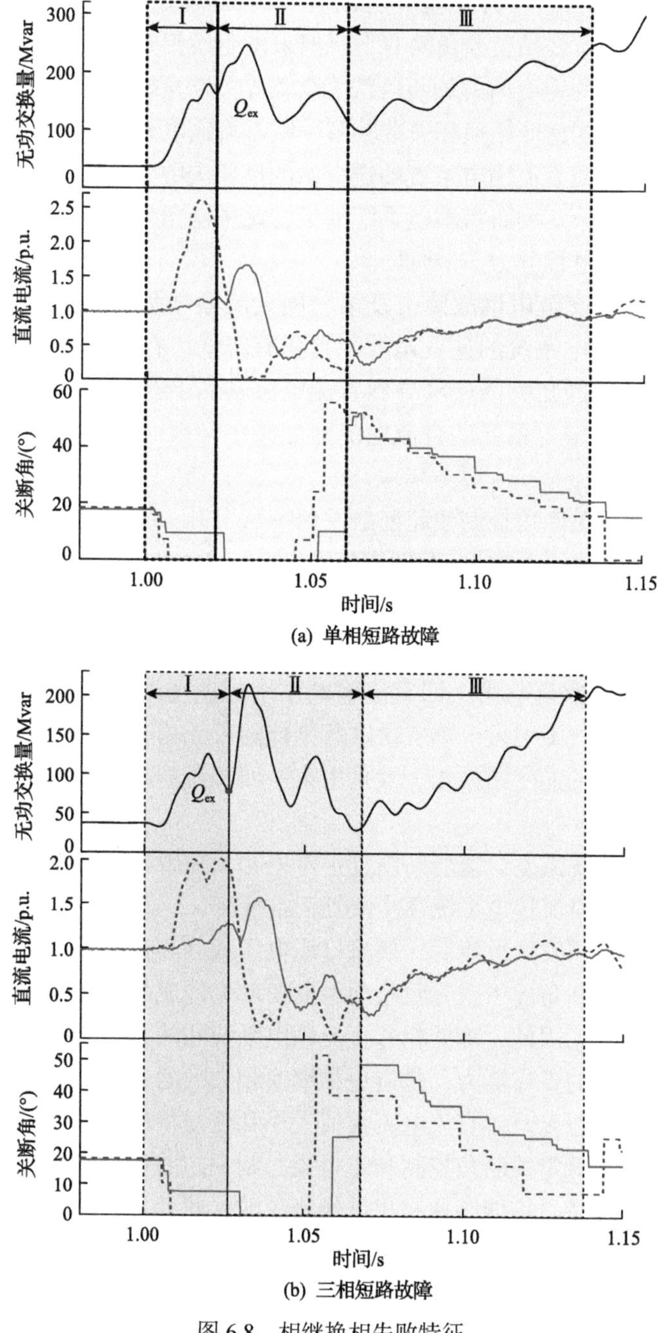

图 6.8　相继换相失败特征

母线 30km 处发生故障，故障持续 0.5s。图 6.8 中，虚线为第一回直流输电系统的电气量；实线为第二回直流输电系统的电气量。

由图 6.8 可见，第一回直流输电系统在 1.012s 时发生换相失败。此时，第二回直流输电系统的逆变站关断角略有下降但未发生换相失败。直至 1.034s 后，第二回直流输电系统的逆变站的关断角跌落至临界关断角以下，发生换相失败。第二回直流输电系统的逆变站换相失败较第一回直流输电系统滞后了 22ms，呈现出明显的时延。第二回直流输电系统的逆变站的换相失败不是由电网故障直接造成的同时换相失败。第二回直流输电系统的逆变站关断角呈现三次显著不同的变化趋势，因此可将该过程分为三个阶段。

第Ⅰ阶段：由交流电网故障引发第一回直流输电系统的逆变站发生换相失败，第二回直流输电系统的逆变站关断角稍有降低。在此期间，第一回直流输电系统的逆变站关断角瞬间下降导致直流电流剧烈上升。在低压限流控制的作用下，第一回直流输电系统的直流电流随之减小，因而无功交换量持续上升后稍下降。

第Ⅱ阶段：定关断角控制使超前触发角持续上升，导致第一回直流输电系统的逆变站无功消耗量再次增大，两回直流输电系统逆变站的无功交换量再次上升。无功交换量的增加引发第二回直流输电系统的逆变站换流母线电压以及关断角出现再次跌落，导致第二回直流输电系统的换相失败。第二回直流输电系统的逆变站关断角的第一次跌落与第一回直流输电系统的逆变站关断角跌落时刻基本一致，均由交流电网故障引发。第二次跌落则伴随着无功交换量的上升，这表明第二回直流输电系统的逆变站换相失败是由第一回直流输电系统的换相失败所引发的相继换相失败。

第Ⅲ阶段：系统恢复，逆变站恢复正常换相。随着第二回直流输电系统控制系统的投入，两回直流输电系统逐步恢复正常换相。

在受端交流电网发生故障后，换流母线电压跌落和直流电流突增造成的无功交换量增大以及关断角的下跌导致超前触发角增大造成的无功交换量增加均是相继换相失败的原因。因此，降低相邻直流输电系统间的无功交换量、提高受端电网对换流母线电压的支撑能力，是避免相继换相失败的主要方法。改变低压限流控制的电流参考值可以改善直流电流幅值大小和恢复特性，可以降低直流逆变站的无功消耗量；降低定关断角控制和定电流控制中超前触发角的指令值可减小相邻直流的无功交换量，均能够抑制相继换相失败。此外，利用动态无功补偿装置或提高受端交流电网的强度可在故障后短时间内提供无功功率，能够降低无功交换量，从而抑制相继换相失败。逆变站通过交流电网的耦合而相互作用。耦合阻抗由网络结构决定，与送受端交流电网等值导纳、受端交流电网输电线路导纳密切相关，因此直流输电系统落点于强受端交流电网，或增大直流落点间耦合电气距离，也能够降低发生相继换相失败的风险。

6.4　多馈入直流输电系统换相失败特征

6.4.1　同时换相失败

在 PSCAD 中基于 CIGRE 直流输电系统标准测试模型搭建如图 6.9 所示的双馈入直流输电系统模型，并在第一回直流输电系统的逆变站换流母线设置故障点。故障时刻为 1.003s。故障过渡电感为 0.3H 时，两回直流输电系统的逆变站关断角、直流电流、换流母线电压以及无功交换量如图 6.10 所示。第一回和第二回直流输电系统的逆变站关断角在 1.007s 时均降低至临界关断角以下，两回直流发生同时换相失败。第一回和第二回直流输电系统的逆变站换流母线电压和直流电流变化规律基本一致，在换相失败发生前后无功交换量仅连续上升，换相失败均由电网故障引起的电压跌落直接产生。

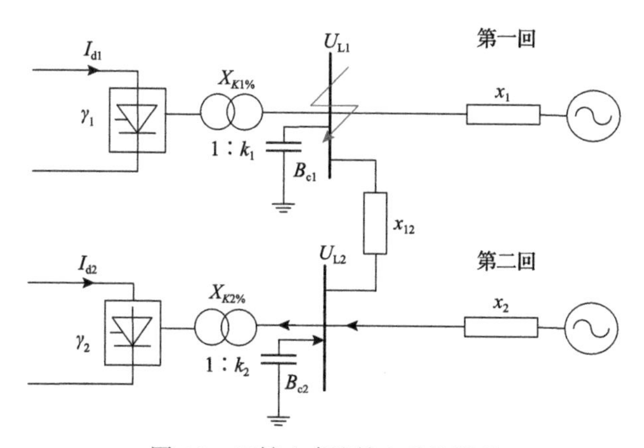

图 6.9　双馈入直流输电系统模型

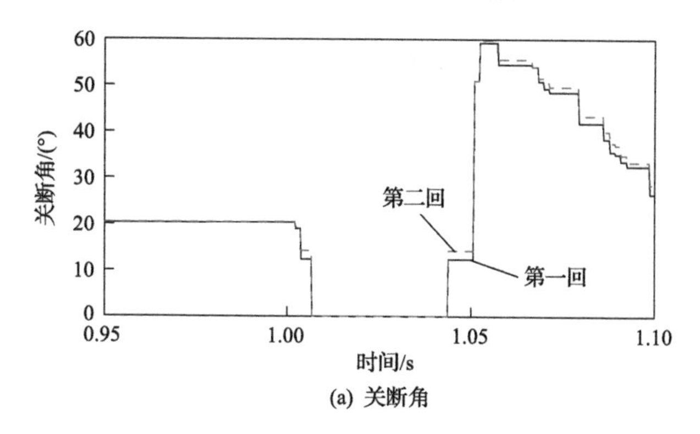

(a) 关断角

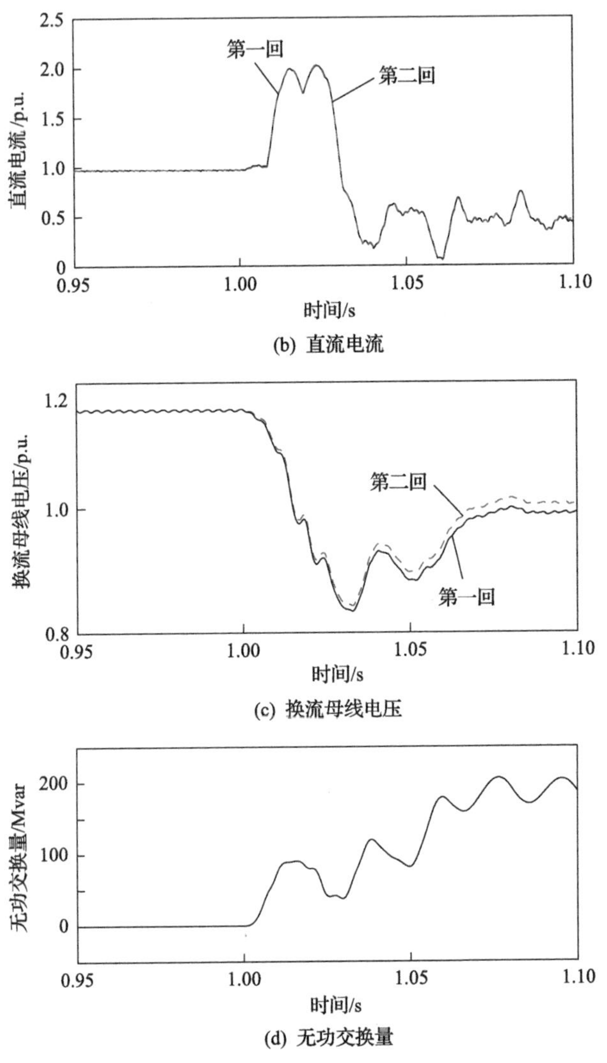

(b) 直流电流

(c) 换流母线电压

(d) 无功交换量

图 6.10　同时换相失败下的逆变站电气量

如图 6.11 所示，当多馈入交互作用因子为 0.10 时，故障后第一回直流输电系统的关断角降至 0°，而第二回直流输电系统的关断角仅仅出现轻微扰动，即故障导致第一回直流输电系统的逆变站发生换相失败，但未引发第二回直流输电系统的逆变站发生同时换相失败。这表明，多馈入交互作用因子小于同时换相失败交互因子，不会发生同时换相失败。如图 6.12 所示，当多馈入交互作用因子为 0.18 时，故障后第一回和第二回直流输电系统的关断角均跌落至 0°，两回直流输电系统的逆变站发生了同时换相失败。这表明，若多馈入交互作用因子大于同时换相失败交互因子，必然发生同时换相失败。

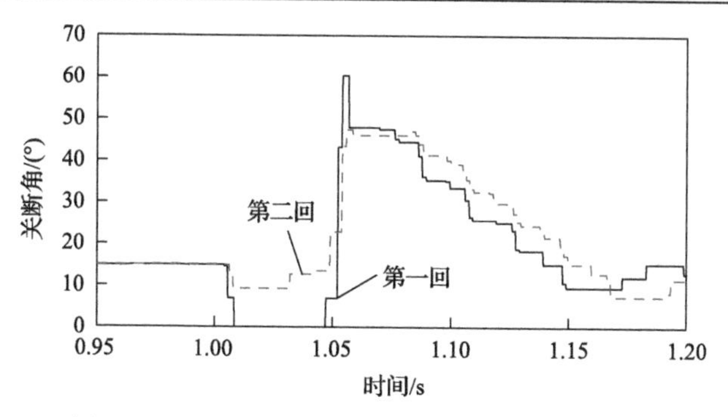

图 6.11　多馈入交互作用因子为 0.10 时的关断角

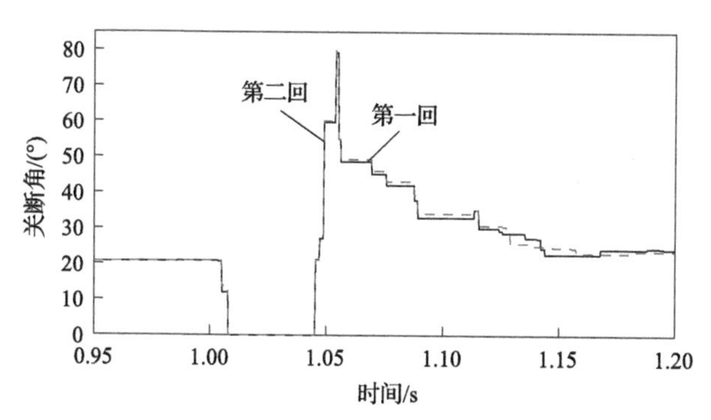

图 6.12　多馈入交互作用因子为 0.18 时的关断角

6.4.2　相继换相失败

当两回直流输电系统的受端系统多馈入短路比均为 2 时，在距离第一回直流输电系统的逆变站换流母线 20km 处设置三相短路故障和单相短路故障，过渡电感分别为 0.5H 和 0.4H。故障发生时间为 1s，持续 0.1s 后清除。两回直流输电系统的逆变站电气量如图 6.13 和图 6.14 所示。

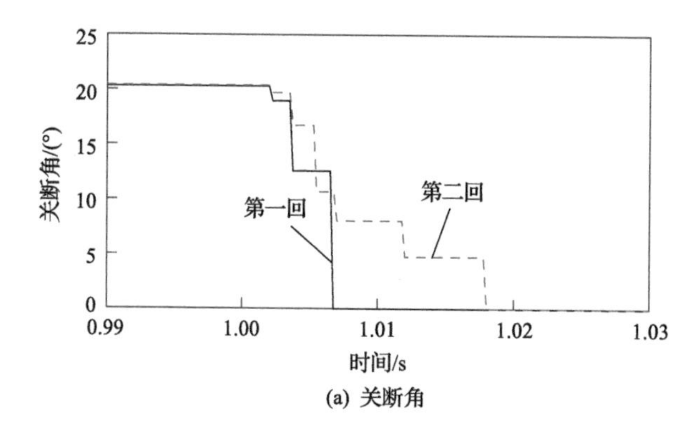

(a) 关断角

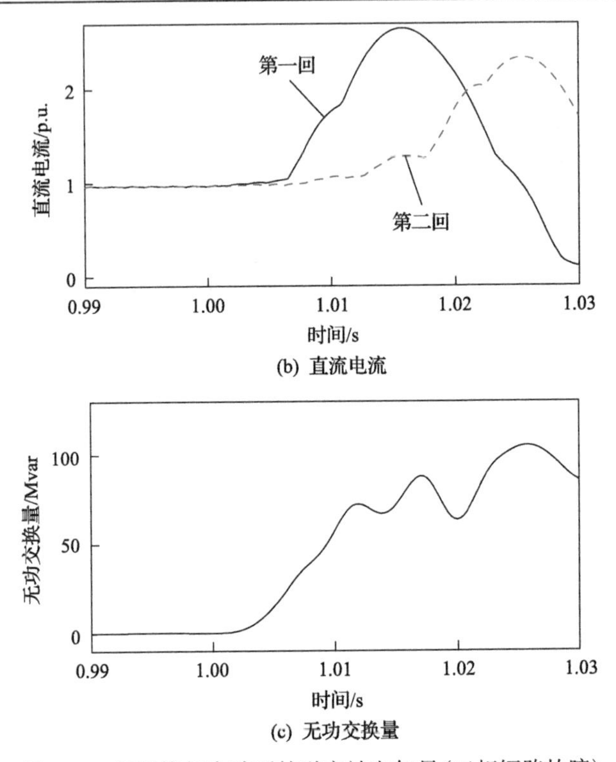

(b) 直流电流

(c) 无功交换量

图 6.13　相继换相失败下的逆变站电气量(三相短路故障)

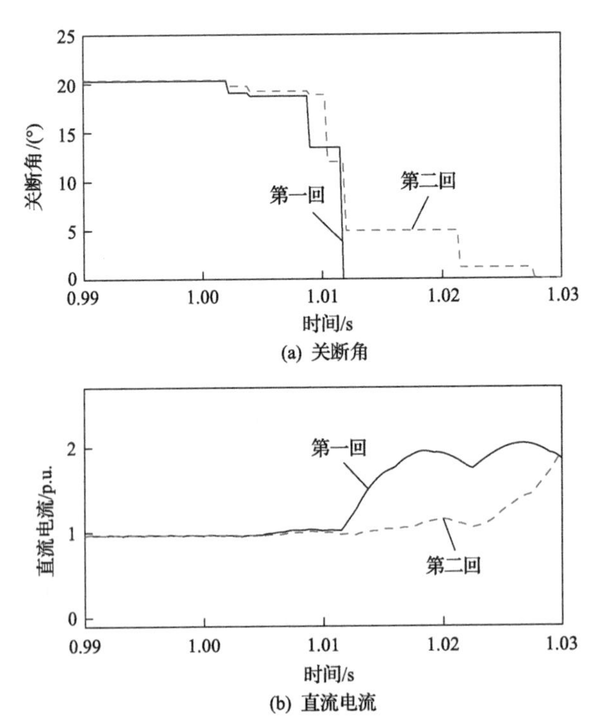

(a) 关断角

(b) 直流电流

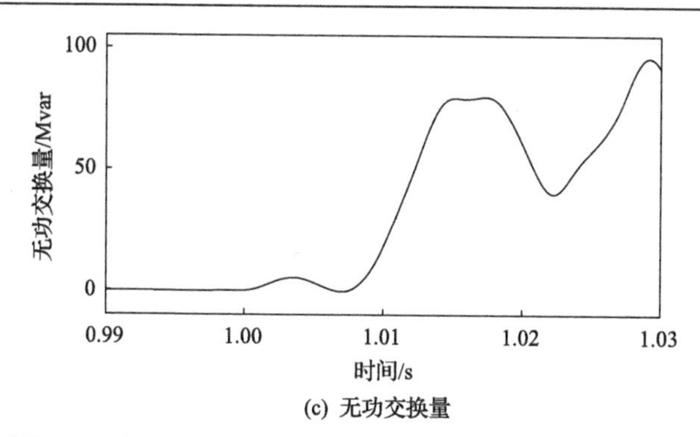

(c) 无功交换量

图 6.14　相继换相失败下的逆变站电气量(单相短路故障)

由图 6.13 可见，三相短路故障下，第一回直流输电系统的关断角在 1.0068s 降低至临界关断角以下，发生了换相失败。此时，第二回直流输电系统的关断角略有下降，但是未发生换相失败。直至 1.0181s 时，第二回直流输电系统的关断角再次下降，发生换相失败。第二回直流的换相失败较第一回滞后了约 11.3ms。第二回直流输电系统的关断角首次跌落时刻与第一回直流输电系统逆变站关断角首次跌落时刻相同，均是由电网故障导致两回直流输电系统逆变站换流母线电压的跌落所造成的。这表明电网故障导致两回直流输电系统逆变站换流母线电压的跌落基本同时。在故障初期，第二回直流输电系统的逆变站换流母线电压、直流电流的变化与第一回直流输电系统基本一致。而在第一回直流输电系统的逆变站发生换相失败后，换流母线电压、直流电流差别才逐渐增加。由此可见，第二回直流输电系统的逆变站换相失败不是由交流电网故障直接引发的，而是由第一回直流输电系统的换相失败导致的相继换相失败。

如图 6.14 所示，单相短路故障下第一回直流输电系统的逆变站在 1.0120s 时发生换相失败,而此时第二回直流输电系统的关断角略有下降但未发生换相失败。第二回直流输电系统的逆变站直至 1.0277s 才发生了换相失败。两回直流输电系统的逆变站发生换相失败的间隔达 15.7ms。与三相短路故障类似，电网故障导致两回直流输电系统的关断角基本同时跌落，并引发趋势相似的直流电流变化。但是，在第一回直流输电系统的逆变站换相失败后，第二回直流输电系统的逆变站换流母线电压进一步跌落。第二回直流输电系统的逆变站换相失败同样不是由故障所直接导致的，而是相继换相失败。

在不同的多馈入短路比(MISCR)条件下，改变故障点的位置，两回直流输电系统的逆变站换相失败情况如表 6.1 所示。其中，t_f 为换相失败发生时刻，Δt 为两回直流换相失败的时间间隔。可见，在两回直流输电系统的多馈入短路比均为 2，即受端交流电网为弱系统时，电网三相短路故障引起了两回直流输电系统逆变站的换相失败。当故障点与直流逆变站换流母线的距离 L_f 均为 50km 时，两回直流输电系统发生换相失败的时间相同，电网故障导致两回直流输电系统发生了同时换相失败。当故障点距离第一回直流输电系统的逆变站换流母线分别为 5km、10km、20km、30km 和 40km 时，三相短路故障下第二回直流输电系统的换相失败发生均滞后于第一回直流输电系统，但两回直流输电系统发生换相失败的最大时间间隔仅为 11.3ms，变化不大，这表明故障位置导致直流输电系统换流母线电压跌落的时间的差别微乎其微。因此，第二回直流输电系统的换相失败不是电网故障引发的，而是第一回直流输电系统的换相失败引起的相继换相失败。

表 6.1　不同条件下的换相失败（三相短路故障）

多馈入短路比	L_f/km	t_f/s		Δt /ms
		第一回	第二回	
$MISCR_1$=2 $MISCR_2$=2	5	1.0067	1.0168	10.1
	10	1.0068	1.0178	11
	20	1.0068	1.0181	11.3
	30	1.0069	1.0181	11.2
	40	1.0080	1.0192	11.2
	50	1.0081	1.0081	0
$MISCR_1$=2 $MISCR_2$=8	5	1.0054	—	—
	10	1.0055	—	—
	20	1.0055	—	—
	30	1.0055	—	—
	40	1.0056	—	—
	50	1.0067	—	—

当第一回直流输电系统的受端系统多馈入短路比为 2，第二回直流输电系统的受端系统多馈入短路比为 8 时，电网三相短路故障引起了第一回直流输电系统逆变站的换相失败。当故障点与第一回直流输电系统逆变站换流母线的距离分别为 5km、10km、20km、30km、40km 和 50km 时，第一回直流输电系统均发生了换相失败。但是，由于第二回直流输电系统的受端系统较强，因而第二回直流输电系统均未发生换相失败。这表明，两回直流输电系统无功交换量的变化是第二回直流输电系统发生相继换相失败的主要原因，与理论分析一致。

当交流电网发生单相短路故障时，不同故障位置下第二回与第一回直流输电系统发生换相失败的时间间隔与三相短路故障时相差不大。这同样表明单相短路故障下第二回直流输电系统发生了相继换相失败。由表 6.2 可见，当故障点与直流逆变站换流母线的距离均为 50km 时，两回直流输电系统发生换相失败的时间相同，电网故障导致两回直流输电系统发生了同时换相失败。随着故障点距第一回直流输电系统变远，第一回直流输电系统的换相失败发生时间稍有滞后，但最大延时仅为 1.2ms，因此可知单相短路故障位置对换相失败发生时间的影响很小。相继换相失败受到交流系统强度、直流控制器参数、直流间电气耦合关系等因素影响。

表 6.2　不同条件下的换相失败(单相短路故障)

多馈入短路比	L_f/km	t_f/s		Δt /ms
		第一回	第二回	
$MISCR_1=2$ $MISCR_2=2$	5	1.0117	1.0230	11.3
	10	1.0117	1.0239	12.2
	20	1.0120	1.0277	15.7
	30	1.0120	1.0277	15.7
	40	1.0122	1.0281	15.9
	50	1.0129	1.0129	0
$MISCR_1=2$ $MISCR_2=8$	5	1.0122	—	—
	10	1.0123	—	—
	20	1.0123	—	—
	30	1.0131	—	—
	40	1.0131	—	—
	50	1.0125	—	—

当第一回直流输电系统受端系统的多馈入短路比为 2，第二回直流输电系统受端系统的多馈入短路比为 8 时，电网单相短路故障引起了第一回直流输电系统的逆变站换相失败。当故障点与第一回直流输电系统的逆变站换流母线距离分别为 5km、10km、20km、30km、40km 和 50km 时，第一回直流输电系统均发生了换相失败，但是，由于第二回直流输电系统的受端系统较强，因而第二回直流输电系统均未发生换相失败。这表明，两回直流输电系统无功交换量的变化是第二回直流输电系统发生相继换相失败的主要原因，与理论分析一致。

6.4.3　同时换相失败与相继换相失败的区别

当第一回和第二回直流输电系统的受端系统短路比均为 2 时，在距离第一回换流母线 40km 处设置三相短路故障，故障时刻为 1s，持续时间为 0.5s。不同故障严重程度下直流逆变站电气量如图 6.15 所示。

由图 6.15(a)可见，第一回和第二回直流输电系统关断角在 1.007s 降低至临界值以下，发生同时换相失败。如图 6.15(b)所示，第一回直流在 1.008s 发生换相

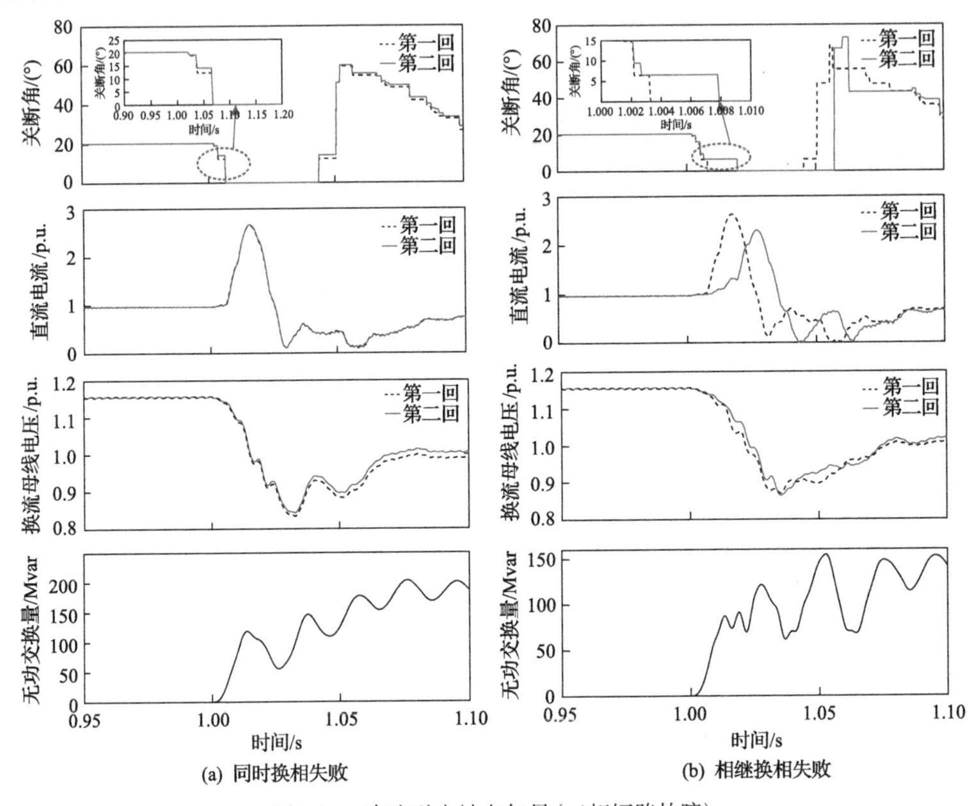

图 6.15　直流逆变站电气量(三相短路故障)

失败，此时，第二回直流输电系统逆变站的关断角略有下降但是未发生换相失败。直至 1.02s 时，第二回直流输电系统逆变站关断角下降，发生相继换相失败，两次换相失败间隔 12ms。在同时换相失败中，第一回和第二回直流输电系统换流母线电压和直流电流的变化规律基本一致，在换相失败发生前后无功交换量连续上升，这表明第二回直流换相失败由故障直接引发。在图 6.15(b)中，由直流电流变化可知，第二回直流输电系统的突增滞后于第一回直流输电系统，并且第一回直流输电系统换流母线电压变化也同样滞后于第二回直流输电系统，二者的间隔时间均大于直流控制系统的启动时间。在此期间，无功交换量经历了第二次上升。因此，第二回直流输电系统的换相失败是在第一回直流输电系统换相失败后控制器启动带来的无功波动引起的，并不是由故障直接引发的，而是由第一回直流输电系统换相失败导致的相继换相失败。

当第一回和第二回直流的受端系统短路比均为 2 时，在距离第一回直流输电系统换流母线 40km 处设置单相短路故障，故障时刻为 1s，持续时间为 0.5s。不同故障严重程度下直流逆变站电气量如图 6.16 所示。图 6.16(a)中，单相短路故障下第一回和第二回直流输电系统在 1.007s 时发生同时换相失败。如图 6.16(b)

所示，第一回直流输电系统在 1.007s 发生换相失败，第二回直流输电系统直至 1.017s 才发生相继换相失败。两回直流输电系统发生换相失败的间隔达 10ms。由图 6.16(a)可见，换流母线电压和直流电流变化趋势一致，在换相失败发生前后无功交换量连续上升。在图 6.16(b)所示的相继换相失败中，与三相短路故障类似，第二回直流输电系统直流电流变化滞后于第一回直流输电系统，且无功交换量在两回直流输电系统换相失败期间经历了第二次上升。第二回直流输电系统的换相失败同样不是由故障所直接导致，而是由第一回直流换相失败所引发的相继换相失败。

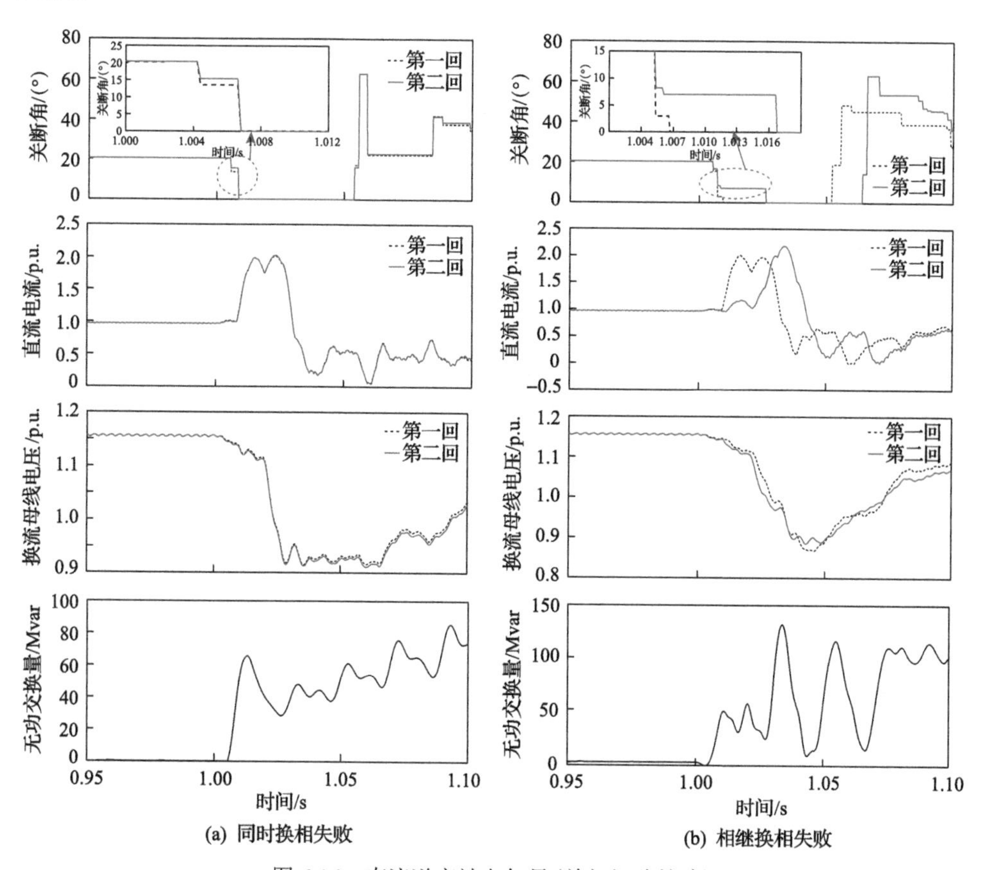

图 6.16　直流逆变站电气量(单相短路故障)

相继换相失败和同时换相失败的对比如表 6.3 所示，二者的主要区别如下。

(1)同时换相失败由电网故障引起的电压跌落直接产生，而相继换相失败的发生则由电压跌落与直流输电系统的控制系统响应共同决定。因此，同时换相失败的发生主要受电网故障严重程度的影响，而相继换相失败受到交流系统强度、直流控制器参数、直流输电系统之间的电气耦合程度等因素影响。

表 6.3　相继换相失败和同时换相失败对比

对比项	相继换相失败	同时换相失败
主要原因	交流系统故障和控制器响应	交流系统故障
表现形式	无功交换量二次上升	故障导致电压跌落
间隔时间	可达数十毫秒	数毫秒
影响因素	交流系统强度、直流控制器参数、直流输电系统之间的电气耦合程度	电网故障严重程度

(2)故障导致的多回直流输电系统同时换相失败的时间基本相同，主要取决于系统时间常数，其通常在数毫秒内；而直流输电系统的控制系统响应存在一定延时，因而一回直流输电系统换相失败引发相邻直流输电系统的逆变站换流母线电压再次下降较故障后的电压跌落存在明显延时，不同直流输电系统的逆变站换相失败存在继发性，其间隔可达数十毫秒。

(3)利用无功补偿装置提供无功电压支撑是抑制直流输电系统同时换相失败的重要手段，通过优化配置静止无功补偿装置、调相机等无功补偿装置能有效提升交流系统的动态无功支撑能力，在一定程度上抑制同时换相失败。除上述措施外，控制系统的优化改进对于相继换相失败的抑制同样重要，通过改变低压限流控制的电流参考值可以降低相邻直流输电系统间的无功交换量，可以减轻相邻直流输电系统换流母线电压的跌落；修改换相失败预防控制的电压门槛值实现提前触发，同样有助于抑制相继换相失败。

第 7 章　多馈入直流输电系统换相失败预测与抑制方法

7.1　多馈入直流输电系统相继换相失败临界电压

7.1.1　换流母线电压交互因子

逆变站换流母线电压的交互作用是多馈入直流输电系统发生相继换相失败的主要因素。换流母线电压的交互作用可用换流母线电压交互因子度量。当故障点位于受端交流电网的任一线路上时，第 i 回和第 j 回直流输电系统的逆变站换流母线电压交互因子可以表示为

$$\mathrm{BVIF}_{ji}(l)=\frac{\Delta U_j}{\Delta U_i}=\frac{\dfrac{\Delta U_j}{\Delta U_{\mathrm{f}}}}{\dfrac{\Delta U_i}{\Delta U_{\mathrm{f}}}} \tag{7.1}$$

式中，ΔU_j 和 ΔU_i 分别为故障后第 j 回和第 i 回直流输电系统的逆变站换流母线电压跌落量；ΔU_{f} 为故障点的电压跌落量；l 表示故障位置，可由故障测距确定。

为反映多直流馈入受端系统交流母线与各直流换流母线之间的交互作用影响，假设在受端系统交流母线 m 发生三相对称电感性接地故障，使该母线上的电压下降 ΔU_m 时，逆变站换流母线 j 的电压变化量为 ΔU_j，定义交直流交互作用因子 ADIF_{jm}：

$$\mathrm{ADIF}_{jm}=\frac{\Delta U_j}{\Delta U_m}=\left|\frac{Z_{jm}}{Z_{mm}}\right| \tag{7.2}$$

式中，Z_{jm} 为故障前受端交流系统等值阻抗矩阵 Z 中母线 j 和母线 m 之间的互阻抗；Z_{mm} 为故障前系统等值阻抗矩阵 Z 中母线 m 的自阻抗。任意第 m 回直流输电系统的逆变站换流母线电压跌落量与交流线路故障点 f 处电压跌落量的比值可由节点矩阵推导而来。因此，计及了故障位置差异的交直流交互作用因子为

$$\mathrm{ADIF}_{mf}(l)=\frac{\Delta U_m}{\Delta U_\mathrm{f}}=\frac{A\cdot l+B}{C\cdot l^2+D\cdot l+E} \tag{7.3}$$

式中，系数 A、B、C、D、E 分别为

$$\begin{cases} A=z_{rs}\cdot[Z'_{ms}-Z'_{mr}] \\ B=Z'_{mr}\cdot\left[Z'_{ss}-Z'_{sr}\right]+Z'_{ms}\cdot\left[Z'_{rr}-Z'_{sr}\right]+z_{rs}\cdot Z'_{mr} \\ C=-z_{rs}^2 \\ D=z_{rs}\cdot\left[z_{rs}+Z'_{ss}-Z'_{rr}\right] \\ E=Z'_{rr}\cdot Z'_{ss}-Z'^2_{sr}+z_{rs}\cdot Z'_{rr} \end{cases} \tag{7.4}$$

式中，z_{rs} 为交流故障线路的阻抗；Z'_{ms}、Z'_{mr} 和 Z'_{sr} 分别为该 n–1 阶节点阻抗矩阵中节点 m 与节点 s、节点 m 与节点 r、节点 s 与节点 r 之间的互阻抗；Z'_{ss} 和 Z'_{rr} 分别为该 n–1 阶节点阻抗矩阵中节点 r 和节点 s 的自阻抗。

7.1.2 相继换相失败临界电压

受端交流电网故障前，第 j 回直流输电系统的直流电流可以写为

$$I_{\mathrm{d}j0}=\frac{U_{\mathrm{L}j0}}{\sqrt{2}X_\mathrm{c}}\left(\cos\gamma_{j0}-\cos\beta_{j0}\right) \tag{7.5}$$

式中，$U_{\mathrm{L}j0}$、γ_{j0}、β_{j0} 分别为正常运行下第 j 回直流输电系统逆变站的换流母线电压、关断角和超前触发角；X_c 为换相电抗。

受端交流电网发生故障后，在定关断角控制作用下直流输电系统逆变站的超前触发角在故障后短时间内基本不变，因此故障后的第 j 回直流输电系统直流电流可写为

$$I_{\mathrm{d}j}=\frac{U_{\mathrm{L}j}}{\sqrt{2}X_\mathrm{c}}\left(\cos\gamma_j-\cos\beta_{j0}\right) \tag{7.6}$$

式中，$U_{\mathrm{L}j}$、γ_j 分别为交流电网故障后第 j 回直流输电系统逆变站的换流母线电压和关断角。

由式(7.5)和式(7.6)可得，受端交流电网故障前后，第 j 回直流输电系统的直流电流比为

$$\frac{I_{\mathrm{d}j}}{I_{\mathrm{d}j0}}=\frac{U_{\mathrm{L}j}\left(\cos\gamma_j-\cos\beta_{j0}\right)}{U_{\mathrm{L}j0}\left(\cos\gamma_{j0}-\cos\beta_{j0}\right)} \tag{7.7}$$

又由于直流电压可以写为

$$U_{\mathrm{d}j0}=\frac{3\sqrt{2}U_{\mathrm{L}j0}}{2\pi}\left(\cos\gamma_{j0}+\cos\beta_{j0}\right) \tag{7.8}$$

因此，故障前后第 j 回直流输电系统的直流电压可以表示为

$$\frac{U_{\mathrm{d}j0}}{U_{\mathrm{d}j}}=\frac{U_{\mathrm{L}j0}\left(\cos\gamma_{j0}+\cos\beta_{j0}\right)}{U_{\mathrm{L}j}\left(\cos\gamma_{j}+\cos\beta_{j0}\right)} \tag{7.9}$$

考虑到受端交流电网发生故障时，整流侧交流电网传输至直流输电系统的直流功率在短时间内不变，即有

$$\frac{I_{\mathrm{d}j}}{I_{\mathrm{d}j0}}=\frac{U_{\mathrm{d}j0}}{U_{\mathrm{d}j}} \tag{7.10}$$

因此，结合式(7.7)～式(7.9)，故障后第 j 回直流输电系统的逆变站换流母线电压可写为

$$U_{\mathrm{L}j}=U_{\mathrm{L}j0}\sqrt{\frac{\cos^{2}\gamma_{j0}-\cos^{2}\beta_{j0}}{\cos^{2}\gamma_{j}-\cos^{2}\beta_{j0}}} \tag{7.11}$$

当受端交流电网故障后，第 j 回直流输电系统的逆变站换流母线电压可表示为

$$U_{\mathrm{L}j}=U_{\mathrm{LN}i}-\frac{(U_{\mathrm{LN}j}-U_{\mathrm{L}j})}{\mathrm{BVIF}_{ij}} \tag{7.12}$$

式中，$U_{\mathrm{LN}i}$ 和 $U_{\mathrm{LN}j}$ 分别为第 i 回和第 j 回直流输电系统换流母线电压的额定值。

正常运行时，直流输电系统逆变站与电网的无功交换量基本为零，因此根据式(6.30)可得交流故障下第 i 回和 j 回直流输电系统的无功交换量的变化量为

$$\begin{aligned}\Delta Q_{\mathrm{ex}j}=&\left|\frac{3\sqrt{2}I_{\mathrm{dN}i}k_{i}k_{\mathrm{d}i}N_{i}\cos\beta_{i0}}{\pi U_{\mathrm{dN}i}-3I_{\mathrm{dN}i}k_{\mathrm{d}i}N_{i}X_{\mathrm{c}}}U_{\mathrm{L}i}+\frac{\pi I_{\mathrm{dN}i}U_{\mathrm{dN}i}b_{i}}{\pi U_{\mathrm{dN}i}-3I_{\mathrm{dN}i}k_{\mathrm{d}i}N_{i}X_{\mathrm{c}}}\right|\\&\times\sqrt{f_{1i}(\beta_{i0})U_{\mathrm{L}i}^{2}-f_{2i}(\beta_{i0})U_{\mathrm{L}i}-f_{3i}}-B_{\mathrm{f}i}U_{\mathrm{L}i}^{2}-\sum_{i=1,\ i\neq j}^{n}\frac{(U_{\mathrm{LN}i}-U_{\mathrm{L}i})S_{\mathrm{ac}i}}{U_{\mathrm{LN}i}}\end{aligned} \tag{7.13}$$

式中，k_i 为第 i 回直流输电系统换流变压器的变比；N_i 为逆变站每极中的 6 脉波换流器数量；$U_{\mathrm{dN}i}$ 和 $I_{\mathrm{dN}i}$ 为第 i 回直流输电系统直流电压和直流电流额定值。

若第 i 回直流输电系统逆变站在故障后发生换相失败，在其控制系统作用下逆变站消耗的无功功率增加。此时，第 j 回直流输电系统逆变站换流母线电压的变化量为

$$\Delta U_{\mathrm{L}j}=\frac{\Delta Q_{\mathrm{ex}j}}{S_{\mathrm{ac}j}}U_{\mathrm{L}j} \tag{7.14}$$

式中，$S_{\mathrm{ac}j}$ 为第 j 回直流输电系统的受端交流系统短路容量；$\Delta Q_{\mathrm{ex}j}$ 为第 j 回直流输电系统逆变站为第 i 回直流输电系统逆变站提供的无功功率变化量。

进一步代入临界关断角，根据式(7.12)和式(7.13)即可得到第 j 回直流输电系统的相继换相失败临界电压为[9]

$$U_{\mathrm{th}j}=\frac{S_{\mathrm{ac}j}U_{\mathrm{LN}j}}{S_{\mathrm{ac}j}+\Delta Q_{\mathrm{ex}j}}\sqrt{\frac{\cos^2\gamma_{j0}+\cos^2\beta_{j0}}{\cos^2\gamma_{\min}-\cos^2\beta_{j0}}} \tag{7.15}$$

式中，$\gamma_{\min}$ 为固有极限关断角。

相继换相失败临界电压指因相邻直流输电系统逆变站换相失败而引发相继换相失败的直流输电系统逆变站换流母线电压的临界值。若故障后第 j 回直流输电系统逆变站换流母线电压下降至 $U_{\mathrm{th}j}$ 以下，则表明即使故障不直接导致第 j 回直流输电系统逆变站发生换相失败，也会因相邻直流输电系统的换相失败而引发相继换相失败。由式(7.15)可知，相继换相失败是否发生与受端交流电网的短路容量、定关断角控制的参数及其交直流系统运行参数均有关。

7.2 多馈入直流输电系统换相失败预测方法

7.2.1 预测原理

多馈入直流输电系统的相继换相失败预测方法如图 7.1 所示。首先，根据直流输电系统的参数和运行状态计算各回直流输电系统的相继换相失败临界电压。对于需要预测的第 j 回直流输电系统，实时采集其逆变站换流母线电压。当检测到换流母线电压跌落时，首先根据首次换相失败临界电压，判断第 j 回直流输电系统是否因故障引发换相失败。同时，由式(7.1)计算换流母线电压交互因子，根据第 j 回直流输电系统的逆变站换流母线电压计算相邻第 i 回直流输电系统的逆变站换流母线电压，判断相邻直流输电系统是否因故障导致换相失败。

若第 j 回及其相邻的第 i 回直流输电系统均因故障导致换相失败，则判断第 j

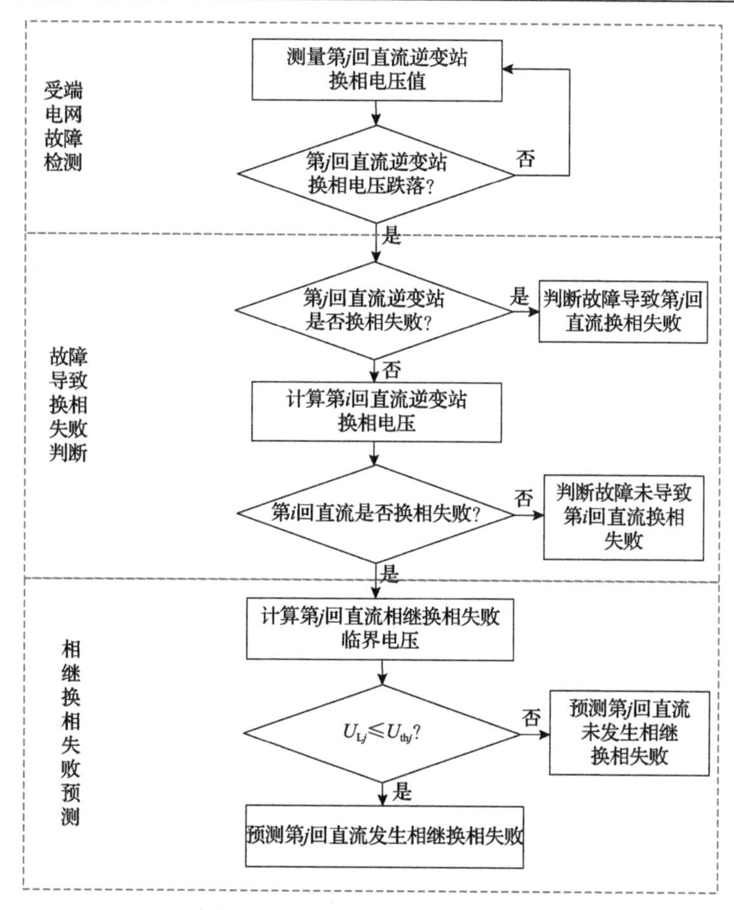

图 7.1　多馈入直流输电系统相继换相失败预测方法

回和第 i 回直流输电系统发生同时换相失败。若第 i 回直流输电系统因故障导致换相失败，但第 j 回直流输电系统未发生换相失败，则启动第 j 回直流输电系统相继换相失败的预测。利用式(7.13)计算第 i 回和第 j 回直流输电系统无功交换量的变化量。进一步，利用式(7.15)计算第 j 回直流输电系统相继换相失败临界电压。最后，实时测量第 j 回直流输电系统换流母线电压。比较 U_{Lj} 和相继换相失败临界电压，若 U_{Lj} 小于或等于相继换相失败临界电压，则判断第 j 回直流将发生相继换相失败。

多馈入直流输电系统换相失败的预测仅需逆变站的换流母线电压，不需与相邻直流输电系统通信，因此在检测到换流母线电压跌落后即可预测换相失败。相继换相失败的预测速度与首次换相失败的预防控制相当。通过相继换相失败的预测，可以提前调整直流输电系统的控制策略，也可提前控制电网的电压和功率，从而避免相继换相失败发生或降低相继换相失败的影响。

7.2.2　预测效果

仿真系统如附录所示。在不同的多馈入短路比条件下对相继换相失败的预测进行仿真验证。实验系统包括两回直流输电系统，额定直流电压为 500kV，额定直流电流为 2kA，逆变站换流变高压侧额定电压为 230kV，线路全长 100km，线路单位长度阻抗为 0.028+j0.271Ω/km。本章在两回直流输电系统之间设置不同类型的短路故障，以验证相继换相失败预测方法的准确性。

1. 三相短路故障

当第一回和第二回直流输电系统的受端交流系统多馈入短路比均为 2 时，在距第一回直流输电系统逆变站换流母线 20km 处设置三相短路故障。故障接地电感为 0.5H，1s 时发生故障，0.1s 后清除。故障后检测到第二回直流输电系统逆变站换流母线电压跌落至 0.9614p.u.，由式(7.1)计算得换流母线电压交互因子为 0.6603，进一步由式(7.11)计算得第一回直流输电系统逆变站的换流母线电压为 0.9416p.u.。计算首次换相失败临界电压为 0.9437p.u.，因此可判断电网故障导致第一回直流输电系统逆变站发生换相失败，未导致第二回直流输电系统逆变站发生换相失败。在第一回直流输电系统逆变站发生换相失败的影响下，由式(7.15)可得相继换相失败临界电压为 0.8523p.u.，第二回直流输电系统逆变站换相电压在 1.012s 时跌落至 0.8523p.u.并持续下降，换相电压小于相继换相失败临界电压，判断第二回直流输电系统逆变站会发生相继换相失败。因此，可预测第二回直流输电系统逆变站发生相继换相失败。

图 7.2(a)所示为逆变站关断角的仿真结果。第一回直流输电系统逆变站关断角在 1.0068s 跌落，发生换相失败。第二回直流输电系统逆变站在 1.0161s 时发生换相失败。换相失败间隔为 9.3ms。第二回直流输电系统逆变站发生了相继换相失败。预测结果与仿真一致。

故障条件不变，当第一回直流输电系统的受端交流系统多馈入短路比为 2、第二回直流输电系统的受端交流系统多馈入短路比为 8 时，故障后第二回直流输电系统逆变站换流母线电压跌落至 0.9775p.u.，由式(7.1)计算可得换流母线电压交互因子为 0.3594，进一步由式(7.11)计算得第一回直流输电系统逆变站换流母线电压为 0.9374p.u.。因此，可判断故障导致第一回直流输电系统逆变站发生换相失败，但不会导致第二回直流输电系统逆变站发生换相失败。由式(7.15)可得相继换相失败临界电压为 0.8523p.u.，第二回直流逆变站换相电压并未跌落至临界电压以下，因此可预测第二回直流输电系统逆变站不会发生相继换相失败。图 7.3(a)为仿真所得关断角波形，第一回直流输电系统逆变站在 1.0055s 发生

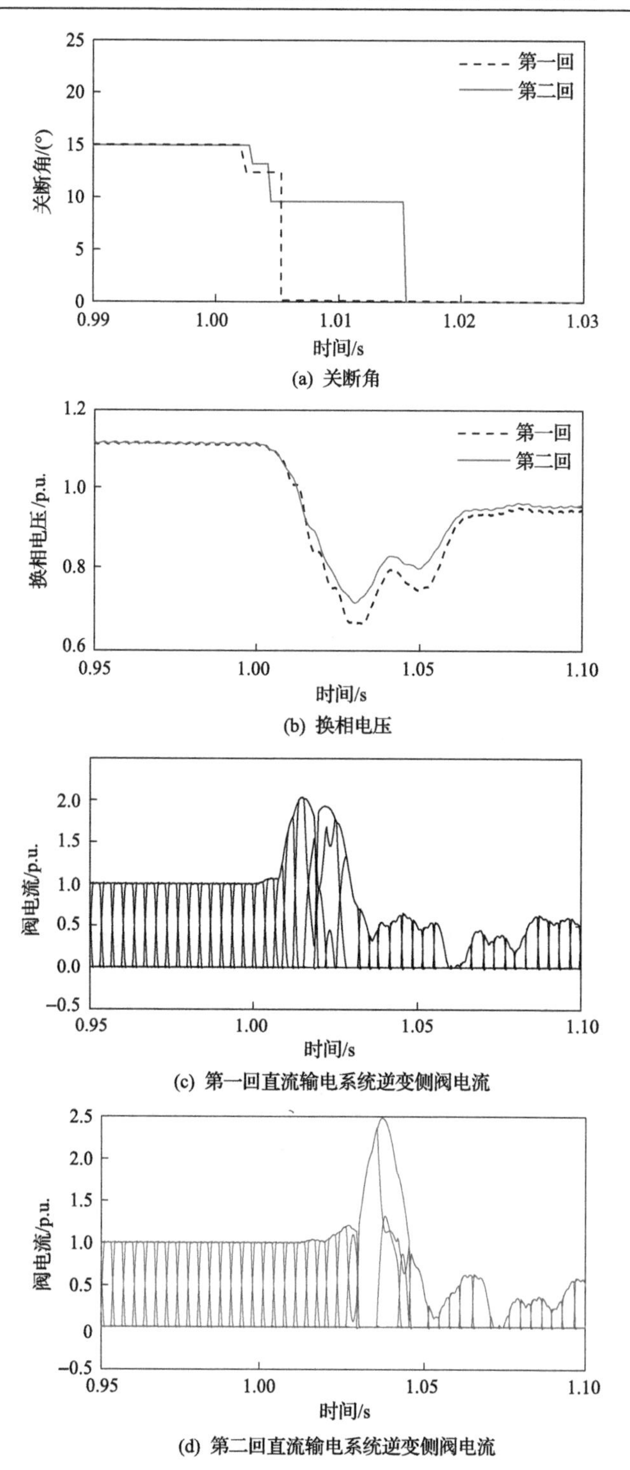

(a) 关断角

(b) 换相电压

(c) 第一回直流输电系统逆变侧阀电流

(d) 第二回直流输电系统逆变侧阀电流

图7.2　第一回和第二回直流输电系统多馈入短路比为2时，三相短路故障下逆变站电气量

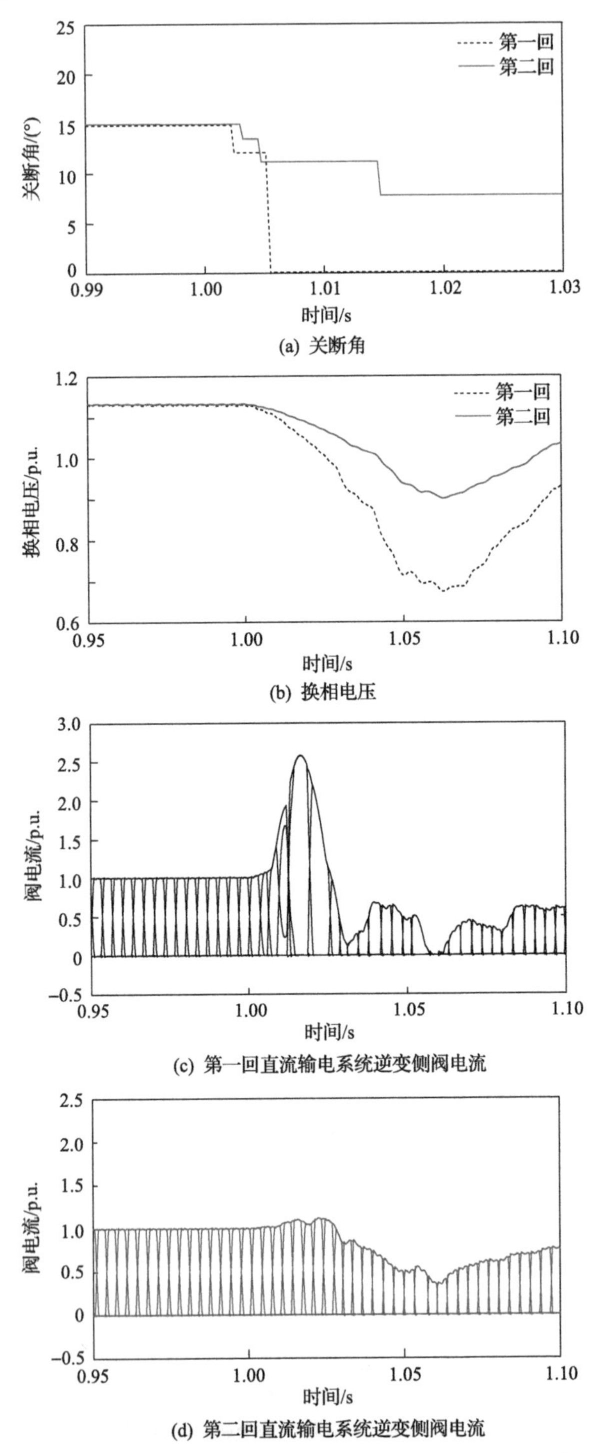

(a) 关断角

(b) 换相电压

(c) 第一回直流输电系统逆变侧阀电流

(d) 第二回直流输电系统逆变侧阀电流

图 7.3　第一回和第二回直流输电系统多馈入短路比为 2 和 8 时，三相短路故障下逆变站电气量

换相失败，第二回直流输电系统逆变站未发生换相失败。预测结果与仿真结果吻合。

2. 单相短路故障

如图 7.4 和图 7.5 所示，在距第一回直流输电系统逆变站换流母线 20km 处设置单相短路故障。故障接地电感为 0.4H，故障发生时刻为 1s，持续 0.1s。当第一回和第二回直流输电系统的受端交流系统多馈入短路比均为 2 时，由式(7.15)可得相继换相失败临界电压为 0.8523p.u.，第二回直流输电系统逆变站换相电压在 1.015s 时跌落至 0.8523p.u.并持续下降，可判断第二回直流逆变站发生相继换相失败。

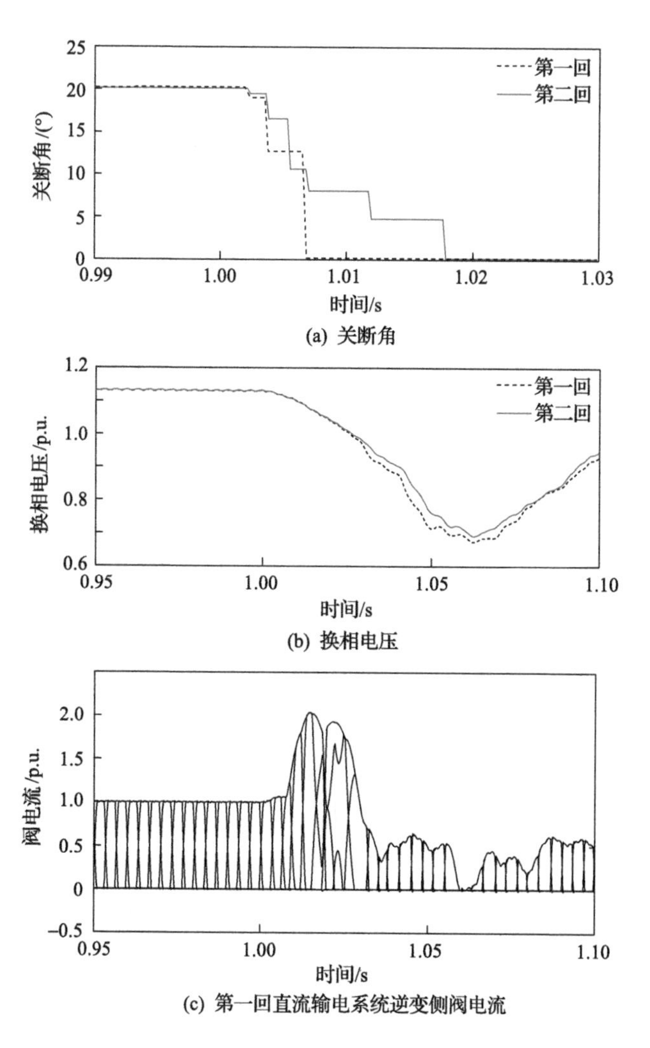

(a) 关断角

(b) 换相电压

(c) 第一回直流输电系统逆变侧阀电流

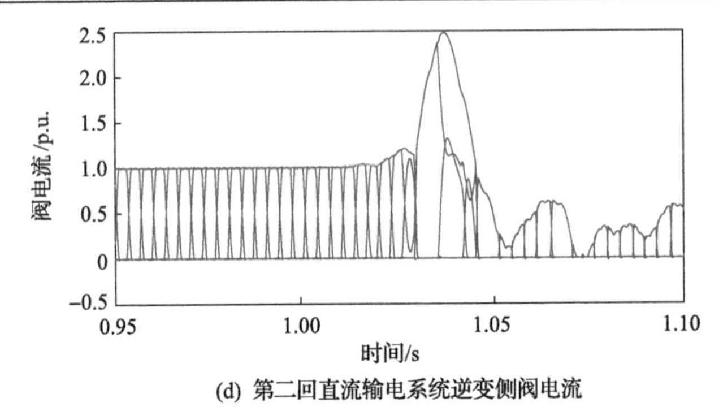

(d) 第二回直流输电系统逆变侧阀电流

图 7.4　第一回和第二回直流输电系统的多馈入短路比为 2 时，单相短路故障下逆变站电气量

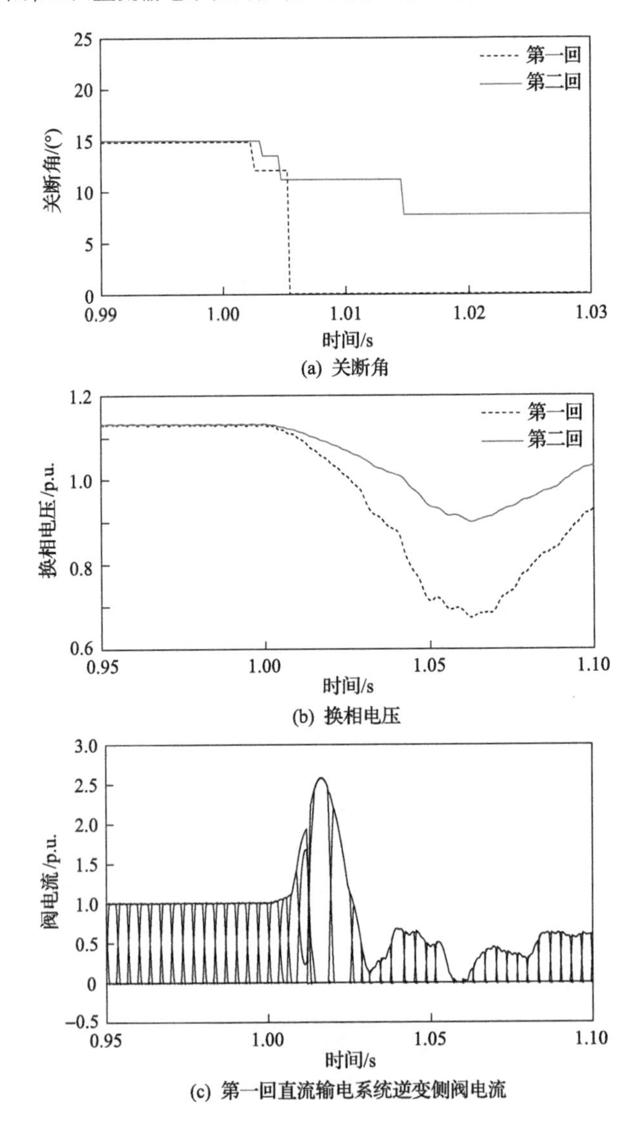

(a) 关断角

(b) 换相电压

(c) 第一回直流输电系统逆变侧阀电流

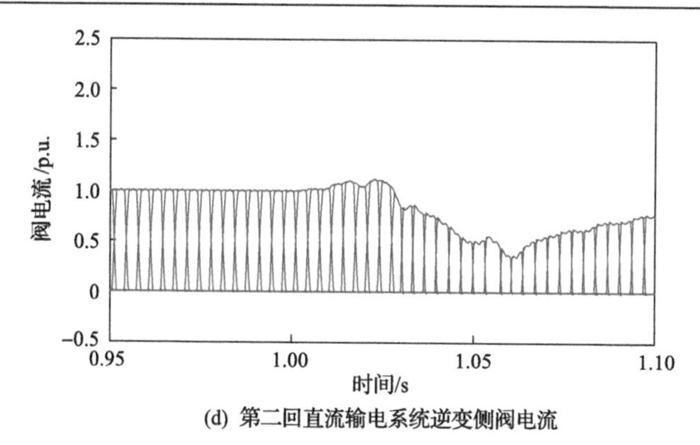

(d) 第二回直流输电系统逆变侧阀电流

图 7.5 第一和第二回直流输电系统的多馈入短路比分别为 2 和 8 时，单相短路故障下逆变站电气量

3. 故障位置对预测准确率的影响

故障过渡电阻和持续时间不变，不同故障位置下第二回直流输电系统逆变站相继换相失败预测结果如表 7.1 所示。当第一回和第二回直流输电系统的受端交流系统多馈入短路比均为 2 时，距第一回直流输电系统逆变站换流母线分别为 5km、10km、20km、30km、40km 处发生三相短路故障时，计算可得不同故障位置下的换流母线交互作用因子分别为 0.5008、0.5370、0.6003、0.7125、0.7535。进一步由式(7.15)可得相继换相失败临界电压为 0.8523p.u.。故障期间检测到第二回直流输电系统逆变站的换流母线电压跌落的最低值分别为 0.62p.u.、0.68p.u.、0.72p.u.、0.75p.u.和 0.82p.u.。因此，可判断在上述故障条件下第二回直流输电系统逆变站均发生相继换相失败。仿真结果表明，第二回直流输电系统逆变站分别在 1.0277s、1.031s、1.025s、1.028s 和 1.029s 发生相继换相失败，预测结果与仿真结果吻合，均能准确预测第二回直流输电系统逆变站发生的相继换相失败。

表 7.1 不同条件下第二回直流输电系统逆变站相继换相失败预测情况

多馈入短路比	与第一回直流输电系统距离/km	三相短路故障			单相短路故障		
		换流母线电压最低值/p.u.	相继换相失败预测结果	相继换相失败仿真结果	换流母线电压最低值/p.u.	相继换相失败预测结果	相继换相失败仿真结果
$MISCR_1=2$ $MISCR_2=2$	5	0.62	是	是	0.72	是	是
	10	0.68	是	是	0.69	是	是
	20	0.72	是	是	0.73	是	是
	30	0.75	是	是	0.71	是	是
	40	0.82	是	是	0.81	是	是

续表

多馈入短路比	与第一回直流输电系统距离/km	三相短路故障			单相短路故障		
		换流母线电压最低值/p.u.	相继换相失败预测结果	相继换相失败仿真结果	换流母线电压最低值/p.u.	相继换相失败预测结果	相继换相失败仿真结果
$MISCR_1=2$ $MISCR_2=8$	5	0.87	否	否	0.88	否	否
	10	0.88	否	否	0.86	否	否
	20	0.89	否	否	0.92	否	否
	30	0.91	否	否	0.91	否	否
	40	0.92	否	否	0.82	否	否

如表 7.1 所示，距第一回直流输电系统逆变站换流母线分别为 5km、10km、20km、30km、40km 处发生单相短路故障时，由式(7.15)可得相继换相失败临界电压为 0.8523p.u.。故障期间检测到第二回直流输电系统逆变站的换流母线电压跌落最低值分别为 0.72p.u.、0.69p.u.、0.73p.u.、0.71p.u.和 0.81p.u.。因此，可判断在上述故障条件下第二回直流输电系统逆变站均发生了相继换相失败。仿真结果表明，第二回直流输电系统的逆变站分别在 1.032s、1.0268s、1.025s、1.021s 和 1.024s 发生相继换相失败，预测结果与仿真结果吻合，均能准确预测第二回直流逆变站发生的相继换相失败。

当第一回和第二回直流输电系统的受端交流系统多馈入短路比分别为 2 和 8 时，距第一回直流输电系统逆变站换流母线距离分别为 5km、10km、20km、30km、40km 处发生三相短路故障和单相短路故障时，第二回直流输电系统逆变站的换流母线电压最小值均大于 0.8523p.u.，三相短路故障和单相短路故障不会导致第二回直流输电系统发生相继换相失败。仿真结果表明，第二回直流输电系统的逆变站未发生相继换相失败，预测结果与仿真结果吻合。

7.3　适用于多馈入直流输电系统的换相失败预防控制方法

7.3.1　控制思想

直流输电系统换相失败预防控制的效果受启动电压和增益系数共同影响。启动电压的取值决定了换相失败预防控制投入的快慢，即影响触发角调节的时刻。启动电压选取不当可能造成触发角调节的启动偏慢甚至不启动，降低对换相失败的抑制水平；增益系数的取值影响换相失败预防控制输出的触发角调节幅度，即触发角调节量，选取不当则不能充分提升换相裕度。

在多馈入直流输电系统中，由于一回直流输电系统换相失败后，可能因其触发角的调节导致相邻直流输电系统发生相继换相失败，因此任意一回直流输电系统逆变站触发角的调节应既充分抑制自身换相失败，又最大限度地避免造成相邻直流逆变站发生相继换相失败。图 7.6 所示为适用于多馈入直流输电系统的换相失败预防控制策略。当检测到受端交流电网故障时，针对第 i 回直流输电系统，采集故障后第 i 回直流输电系统的逆变站换流母线电压 U_{Li}，并计算相邻第 j 回直流输电系统的逆变站换流母线电压 U_{Lj}。如图 7.6 所示，比较第 i 回、第 j 回直流输电系统的逆变站换流母线电压与第 i 回、第 j 回直流输电系统的首次换相失败临界电压 U_{thi} 和 U_{thj} 以采用不同的控制策略。

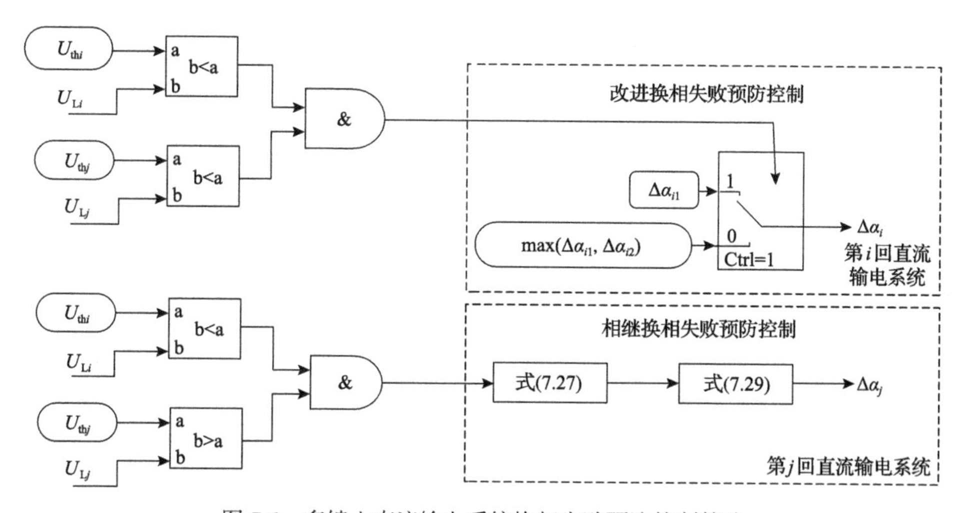

图 7.6　多馈入直流输电系统换相失败预防控制策略

(1) 若 $U_{Li} \geqslant U_{thi}$ 且 $U_{Lj} \geqslant U_{thj}$，则表明交流电网故障不会造成第 i 回和第 j 回直流输电系统发生换相失败，因此无须启动触发角的调节。

(2) 若 $U_{Li} < U_{thi}$ 且 $U_{Lj} < U_{thj}$，则表明第 i 回和第 j 回直流输电系统发生同时换相失败，任意一回直流输电系统逆变站触发角的调节均不会直接产生相继换相失败，因此第 i 回直流输电系统逆变站触发角的调节应优先考虑自身换相失败的抑制需求，输出触发角调节量设置为

$$\Delta\alpha_i = \Delta\alpha_{i1} \tag{7.16}$$

其中，$\Delta\alpha_{i1}$ 为为避免第 i 回直流输电系统因受端交流电网故障引发换相失败所需的最小触发角调节量。

(3) 若 $U_{Li} < U_{thi}$ 且 $U_{Lj} \geqslant U_{thj}$，则表明交流电网故障引发第 i 回直流输电系统发生换相失败，但是相邻第 j 回直流输电系统未发生换相失败，此时第 i 回直流输电

系统的逆变站触发角调节应考虑对相邻直流输电系统的影响，配置相继换相失败预防控制。同样地，对于第 j 回直流输电系统，若其未发换相失败，但相邻第 i 回直流输电系统发生换相失败，第 j 回直流输电系统配置相继换相失败预防控制，通过触发角的调节来平抑第 i 回直流输电系统换相失败的影响。

7.3.2　改进换相失败预防控制策略

发生换相失败的第 i 回直流输电系统的逆变站触发角调节量应同时满足以下两个条件：触发角调节量尽可能大以保证第 i 回直流输电系统具有较优的换相失败抑制效果；相邻第 j 回直流输电系统逆变站不因第 i 回直流输电系统逆变站触发角调节而发生相继换相失败。因此，第 i 回直流输电系统逆变站的触发角调节量应设置为

$$\Delta\alpha_i = \max(\Delta\alpha_{i1}, \Delta\alpha_{i2}) \tag{7.17}$$

其中，$\Delta\alpha_{i2}$ 为计及对相邻直流输电系统影响的第 i 回直流输电系统触发角调节量。

当 $\Delta\alpha_{i1} > \Delta\alpha_{i2}$ 时，第 i 回直流输电系统逆变站触发角调节量设置为 $\Delta\alpha_{i1}$，优先保证第 i 回直流输电系统不发生换相失败；当 $\Delta\alpha_{i1} < \Delta\alpha_{i2}$ 时，触发角调节量设置为 $\Delta\alpha_{i2}$，$\Delta\alpha_{i2}$ 计及了第 i 回直流输电系统的逆变站无功消耗量的约束，可避免引起第 j 回直流逆变站发生相继换相失败。因此，改进换相失败预防控制的流程如下。

(1) 实时采集各回直流输电系统的逆变站换流母线电压，针对第 i 回直流输电系统，计算第 i 回及其相邻直流输电系统的首次换相失败临界电压，利用式(7.12)计算相邻第 j 回直流输电系统的逆变站换流母线电压。

(2) 比较第 i 回直流输电系统的逆变站换流母线电压测量值与首次换相失败临界电压，若第 i 回和第 j 回直流输电系统换流母线电压均大于首次换相失败临界电压，换相失败预防控制不启动；若第 i 回和第 j 回直流输电系统换流母线电压均小于换相失败临界电压，第 i 回触发角的调节优先考虑自身换相失败抑制，输出触发角调节量 $\Delta\alpha_{i1}$；若第 i 回直流输电系统逆变站换流母线电压低于换相失败临界电压，且第 j 回直流输电系统逆变站换流母线电压高于换相失败临界电压，计算触发角调节量 $\Delta\alpha_{i1}$ 与 $\Delta\alpha_{i2}$。

(3) 比较 $\Delta\alpha_{i1}$ 与 $\Delta\alpha_{i2}$ 的大小，若 $\Delta\alpha_{i1} > \Delta\alpha_{i2}$，将 $\Delta\alpha_{i1}$ 作为换相失败预防控制的触发角调节量，从而实施控制；若 $\Delta\alpha_{i1} < \Delta\alpha_{i2}$，将 $\Delta\alpha_{i2}$ 作为换相失败预防控制的触发角调节量，从而实施控制。

1. 触发角调节量$\Delta\alpha_{i1}$

换相面积反映了换流阀在换相过程中换流母线电压与换相角的关系，正常运行条件下的换相面积可表示为

$$A_\mu = \int_{\alpha_0}^{\pi-\gamma_0} \sqrt{2}U_{\mathrm{L}i0} \sin \omega t \mathrm{d}(\omega t) \tag{7.18}$$

式中，α_0和γ_0分别为正常运行条件下逆变站的触发角和关断角；ω为交流系统角频率。

进一步可写为

$$A_{\mu 0} = \sqrt{2}U_{\mathrm{L}i0}\left(\cos\alpha_0 + \cos\gamma_0\right) = 2\omega L_{\mathrm{r}} I_{\mathrm{d}i0} \tag{7.19}$$

式中，L_{r}为等值换相电感。

当电网故障使直流输电系统逆变站换流母线电压跌落时，换相面积减小，换相面积可表示为

$$A_\mu = \int_{\alpha_{\mathrm{pre}}}^{\pi-\gamma_{\min}} \sqrt{2}U_{\mathrm{L}i} \sin \omega t \mathrm{d}(\omega t) = \sqrt{2}U_{\mathrm{L}i}\left(\cos\alpha_{\mathrm{pre}} + \cos\gamma\right) \tag{7.20}$$

式中，α_{pre}为电网故障下逆变站换相成功所需的最小触发角。

为了避免换相失败并保证充足的换相裕度，令换流母线电压跌落后的换相面积等于正常运行时的换相面积，结合式(7.19)和式(7.20)可得到触发角调节量$\Delta\alpha_{i1}$为

$$\Delta\alpha_{i1} = \Delta\alpha_i = \alpha_0 - \arccos\left[\frac{U_{\mathrm{L}i0}}{U_{\mathrm{L}i}}\left(\cos\alpha_0 + \cos\gamma_0\right) - \cos\gamma_{\mathrm{th}}\right] \tag{7.21}$$

$\Delta\alpha_{i1}$表征了不同换流母线电压跌落程度下能够确保第i回直流输电系统逆变站不发生换相失败的最小触发角调节量。

2. 触发角调节量$\Delta\alpha_{i2}$

由于定关断角控制包含积分环节，第j回直流输电系统逆变站超前触发角短时间内不会发生大的变化，可设故障后β_{j0}短时间内不变。结合式(7.14)可得无功功率交换量的变化量为

$$\Delta Q_{\mathrm{ex}j}=\frac{S_{\mathrm{ac}j}}{U_{\mathrm{L}j0}}\left(U_{\mathrm{L}j}-U_{\mathrm{L}j0}\sqrt{\frac{\cos^2\gamma_{j0}-\cos^2\beta_{j0}}{\cos^2\gamma_j-\cos^2\beta_{j0}}}\right) \tag{7.22}$$

为避免因第 i 回直流输电系统换相失败引发第 j 回直流输电系统换相失败，第 i 回直流输电系统的无功功率应满足：

$$Q_{\mathrm{I}i}\geqslant Q_{\mathrm{I}i\text{-th}} \tag{7.23}$$

式中，$Q_{\mathrm{I}i\text{-th}}$ 为第 i 回直流输电系统逆变站无功功率消耗量的临界值，可由式(7.26)计算：

$$\begin{aligned}Q_{\mathrm{I}i\text{-th}}=&B_{\mathrm{f}i}U_{\mathrm{L}i}^2+\frac{S_{\mathrm{ac}j}}{U_{\mathrm{LN}j}}\left(U_{\mathrm{L}j}-U_{\mathrm{L}j0}\sqrt{\frac{\cos^2\gamma_{j0}-\cos^2\beta_{j0}}{\cos^2\gamma_{\min}-\cos^2\beta_{j0}}}\right)\\&-\left[Q_{\mathrm{ac}i}+\frac{S_{\mathrm{ac}i}}{U_{\mathrm{LN}i}}\left(U_{\mathrm{LN}i}-U_{\mathrm{L}i}\right)\right]\end{aligned} \tag{7.24}$$

令第 i 回直流输电系统的逆变站无功功率消耗量等于临界值 $Q_{\mathrm{I}i\text{-th}}$，即可以得到避免第 i 回直流输电系统换相失败导致相邻直流输电系统发生相继换相失败的触发角调节量的最小值 $\Delta\alpha_{i2}$ 为

$$\Delta\alpha_{i2}=\Delta\alpha_i=\alpha_0-\arccos\left[\frac{1}{\cos\dfrac{\mu_i}{2}\sqrt{\left(\dfrac{Q_{\mathrm{I}i\text{-th}}}{P_{\mathrm{d}i}}\right)^2+1}}\right]+\frac{\mu}{2} \tag{7.25}$$

与 $\Delta\alpha_{i1}$ 相比，$\Delta\alpha_{i2}$ 考虑了逆变站触发角调节量通过无功功率交互对相邻直流输电系统逆变站换相过程的影响，兼顾了相邻直流输电系统相继换相失败的抑制需求。

7.3.3　相继换相失败预防控制策略

若第 j 回直流输电系统配置传统或改进的换相失败预防控制，在第 i 回直流输电系统换相失败导致第 j 回直流输电系统发生相继换相失败的过程中，由于不能根据相继换相失败的条件和需求启动触发角调节，可能造成因换流母线电压始终大于启动电压而未启动，或因触发角调节不当给受端交流电网带来冲击。此时，应闭锁第 j 回直流输电系统的改进预防控制，利用相继换相失败预防控制调节触发角，以避免相邻第 i 回直流输电系统引发第 j 回直流输电系统发生相继换

相失败。

相继换相失败临界电压可表征相邻直流输电系统逆变站换相失败而引发相继换相失败的直流输电系统逆变站换流母线电压的临界值。因此，可采用相继换相失败临界电压作为相继换相失败预防控制的启动电压，第 j 回直流输电系统相继换相失败预防控制的启动电压为

$$U_{\mathrm{diff},j} = U_{\mathrm{th}j} = \frac{S_{\mathrm{ac}j}U_{\mathrm{LN}j}}{S_{\mathrm{ac}j} + \Delta Q_{\mathrm{ex}i}}\sqrt{\frac{\cos^2\gamma_{j0} + \cos^2\beta_{j0}}{\cos^2\gamma_{\min} - \cos^2\beta_{j0}}} \tag{7.26}$$

正常运行的直流输电系统为相邻发生换相失败的直流输电系统提供额外的无功功率是造成相继换相失败的原因。因此，根据不发生相继换相失败的无功交换量临界值来确定触发角调节量。根据相继换相失败临界电压，结合式(6.30)，第 j 回直流输电系统逆变站换相失败的无功消耗量临界值为

$$\begin{aligned} Q_{\mathrm{I}j\text{-th}} = & \left| \frac{3\sqrt{2}I_{\mathrm{dN}j}k_j k_{\mathrm{d}j}N_j\cos\beta_{j0}}{\pi U_{\mathrm{dN}j} - 3I_{\mathrm{dN}j}k_{\mathrm{d}j}N_j X_{\mathrm{c}}}U_{\mathrm{th}j} + \frac{\pi I_{\mathrm{dN}i}b_j}{\pi U_{\mathrm{dN}j} - 3I_{\mathrm{dN}j}k_{\mathrm{d}j}N_j X_{\mathrm{c}}} \right| \\ & \times\sqrt{f_{1j}(\beta_{j0})U_{\mathrm{th}j}^2 - f_{2j}(\beta_{j0})U_{\mathrm{th}j} - f_{3j}} \end{aligned} \tag{7.27}$$

结合式(7.27)，可以得到第 j 回直流输电系统逆变站发生换相失败的触发角最小值为

$$\alpha_{\mathrm{pre}} = \arccos\left[\frac{1}{\cos\dfrac{\mu_j}{2}\sqrt{\left(\dfrac{Q_{\mathrm{I}j\text{-th}}}{P_{\mathrm{d}j}}\right)^2 + 1}}\right] - \frac{\mu_j}{2} \tag{7.28}$$

因此，相继换相失败预防控制的触发角调节量为

$$\Delta\alpha_j = \alpha_0 - \arccos\left[\frac{1}{\cos\dfrac{\mu_j}{2}\sqrt{\left(\dfrac{Q_{\mathrm{I}j\text{-th}}}{P_{\mathrm{d}j}}\right)^2 + 1}}\right] + \frac{\mu_j}{2} \tag{7.29}$$

式(7.29)表征了第 i 回直流输电系统逆变站发生换相失败后，第 j 回直流输电系统不相继发生换相失败的最小触发角调节量。

7.3.4　改进换相失败预防控制效果

本节通过对比以下两种方法下直流输电系统的恢复性能，从而验证改进换相失败预防控制的效果。控制方法 1：采用 CIGRE 直流输电系统标准测试模型的换

相失败预防控制。控制方法 2：改进换相失败预防控制方法。

1. 三相短路故障

在第一回直流输电系统的逆变站换流母线处设置三相短路故障，故障起始时间为 1s，持续时间为 0.1s，故障电感为 0.5H。图 7.7(a)为第一回和第二回直流输电系统的逆变站换流母线电压的有效值，图 7.7(b)为第一回直流输电系统的逆变站触发角调节量，图 7.7(c)和图 7.7(d)分别为不同控制方法下第一回和第二回直流输电系统的逆变站关断角。

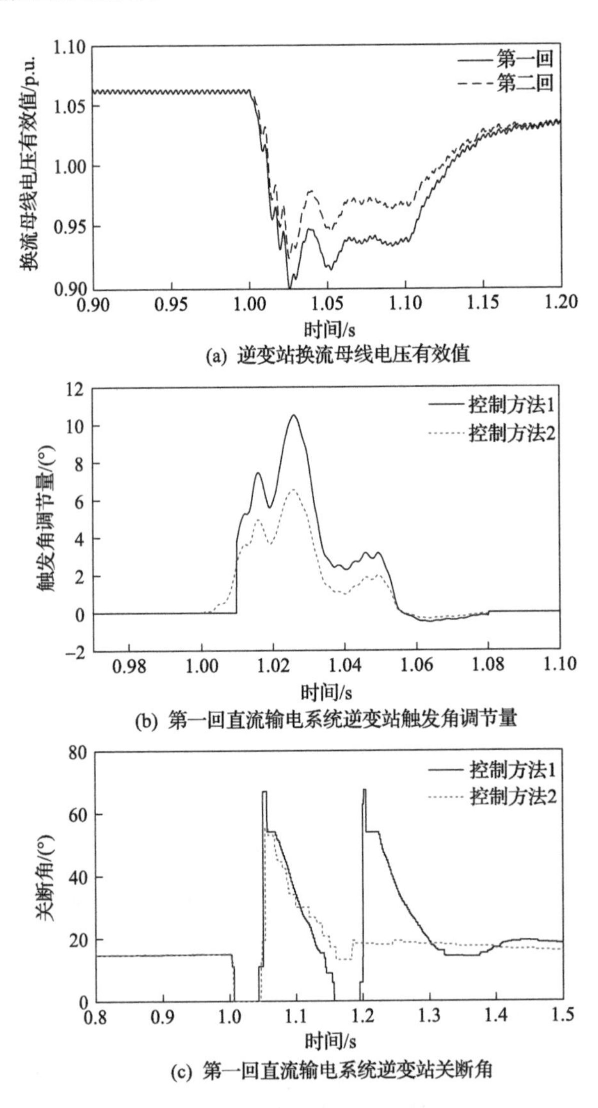

(a) 逆变站换流母线电压有效值

(b) 第一回直流输电系统逆变站触发角调节量

(c) 第一回直流输电系统逆变站关断角

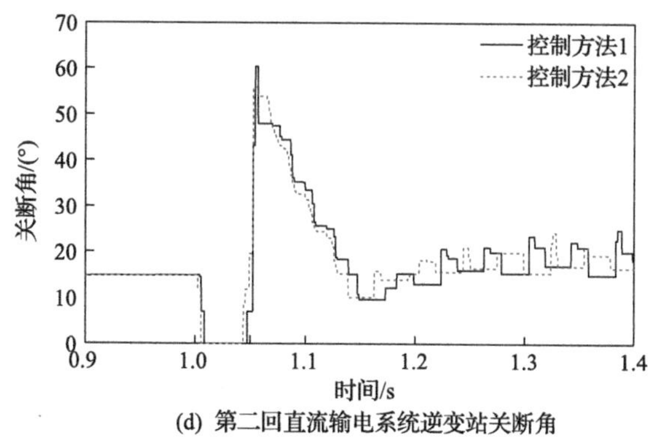

(d) 第二回直流输电系统逆变站关断角

图 7.7　三相短路故障下的控制效果(改进换相失败)

如图 7.7(a)所示，第一回和第二回直流输电系统逆变站换流母线电压在 1.03s 时同时降到其首次换相失败临界电压以下，两回直流输电系统逆变站发生了同时换相失败。因此，第一回直流输电系统逆变站输出的触发角调节量设置为 $\Delta\alpha_1$，为 4.32°，如图 7.7(b)所示，在采用控制方法 1 下，第一回直流输电系统逆变站触发角调节量最大值为 10.8°，而在控制方法 2 下，触发角调节量最大值为 6°。如图 7.7(c)所示，在控制方法 1 下，第一回和第二回直流输电系统的逆变站关断角在 1.01s 降至零，发生首次换相失败，在 1.15s 时第一回直流输电系统逆变站发生后续换相失败。如图 7.7(c)与图 7.7(d)所示，在控制方法 2 下，由于换流母线电压瞬时跌落量较大，第一回和第二回直流输电系统的逆变站均会发生首次换相失败，但第一回直流输电系统的逆变站未发生后续换相失败。这表明，通过降低触发角调节量的输出，控制方法 2 减小了逆变站的无功功率消耗量，从而避免了第一回直流输电系统逆变站发生后续换相失败。

2. 单相短路故障

在第一回直流输电系统的逆变站换流母线处设置单相短路故障，故障开始时间为 1s，持续时间为 0.1s，故障电感为 0.4H。根据式(3.23)可计算得到首次换相失败临界电压为 0.94p.u.。如图 7.8(a)所示，第一回直流输电系统的逆变站换流母线电压在 1.025s 时跌落至 0.94p.u.，第二回直流输电系统逆变站换流母线电压未跌落至 0.94 p.u.，因此控制方法 2 中的触发角调节量取为 6.28°。图 7.8(b)为第一回直流输电系统的逆变站触发角调节量，图 7.8(c)和(d)分别为第一回和第二回直流输电系统的逆变站关断角。

如图 7.8(b)所示，在控制方法 1 下，第一回直流输电系统的逆变站触发角调节量最大值接近 9.4°；在控制方法 2 下，第一回直流输电系统的逆变站触发角调节量最大值为 5°，触发角调节量降低以避免无功消耗量过大。如图 7.8(c)与(d)所

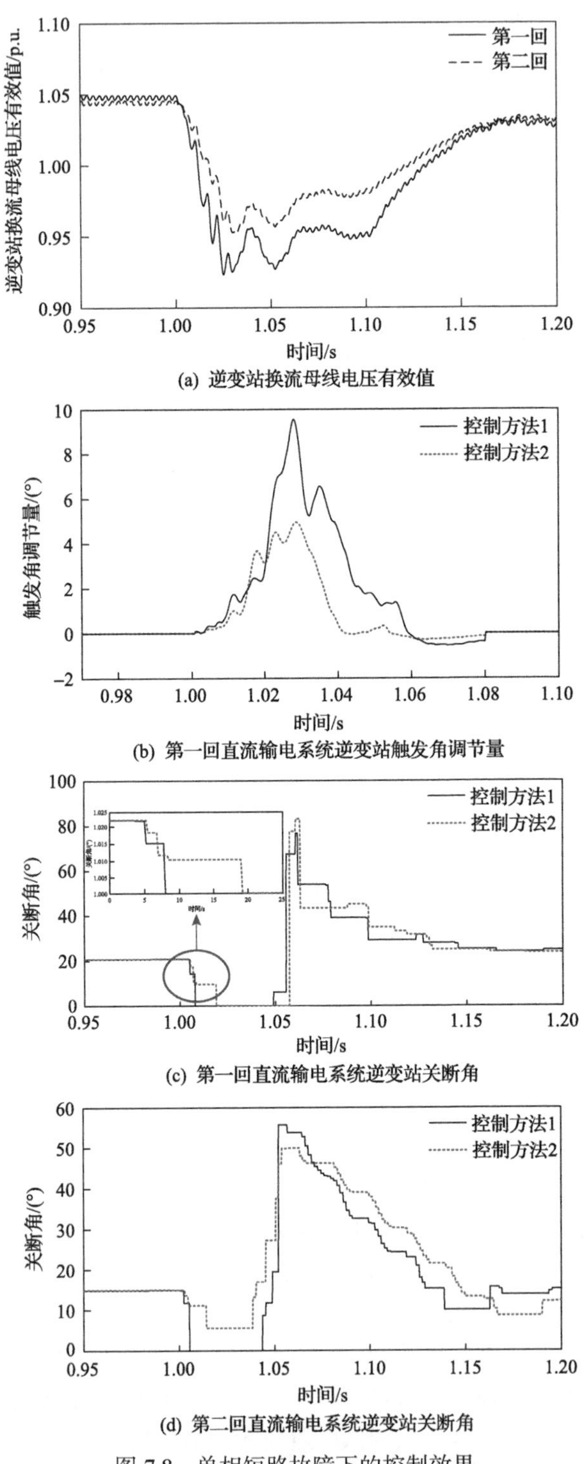

图 7.8　单相短路故障下的控制效果

示，在控制方法 1 下，第一回和第二回直流输电系统的逆变站关断角分别在 1.01s 和 1.02s 降至零，第二回直流输电系统的逆变站在第一回直流输电系统的逆变站首次换相失败后 10ms 发生相继换相失败；在控制方法 2 下，第一回直流输电系统的逆变站关断角在 1.012s 跌落并发生换相失败，第二回直流输电系统的逆变站未发生换相失败。控制方法 2 通过降低第一回直流输电系统逆变站的触发角调节量，减小了逆变站的无功功率消耗量，避免了第二回直流输电系统逆变站发生相继换相失败。

7.3.5　相继换相失败预防控制效果

本节通过对比以下两种控制方法下直流输电系统的恢复性能，从而验证相继换相失败预防控制的效果。

控制方法 1：CIGRE 直流输电系统标准测试模型的换相失败预防控制。

控制方法 2：相继换相失败预防控制。

1. 三相短路故障

在第一回直流逆变站换流母线处设置三相短路故障，故障时刻为 1s，故障持续时间为 0.1s，故障电感为 0.3H。控制方法 1 和控制方法 2 下电气量变化如图 7.9 所示。由式(7.26)可得第二回直流输电系统相继换相失败预防控制的启动电压为 0.91p.u.。

如图 7.9(a)所示，第一回直流输电系统逆变站在 1.01s 时均发生换相失败。如图 7.9(b)所示，在控制方法 1 下，第二回直流输电系统逆变站在 1.01s 发生换相失败；在控制方法 2 下，第二回直流输电系统逆变站的关断角未跌落到临界关断角以下，未发生换相失败。由图 7.9(c)可见，在控制方法 2 下，换流母线电压在 1.009s 时跌落到 0.91p.u.，相继换相失败预防控制启动，输出触发角调节量以抑制换相失败。与控制方法 1 相比，控制方法 2 在一定程度上抑制了换流母线电压的跌落。如图 7.9(d)所示，在 1.002s 前控制方法 2 的触发角调节量始终大于控制方法 1，控制方法 2 通过增加触发角调节量有效地避免了换相失败的发生。

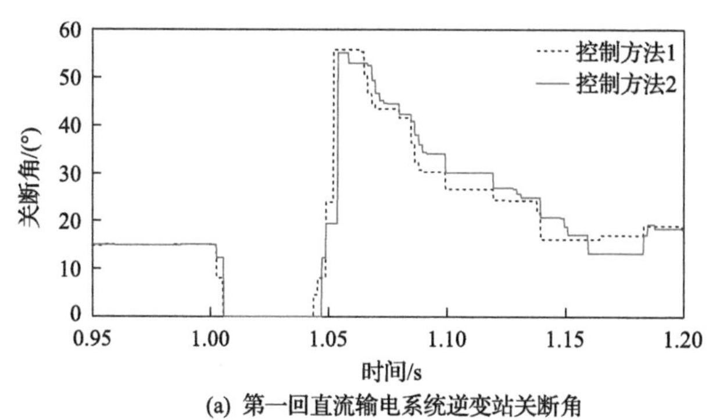

(a) 第一回直流输电系统逆变站关断角

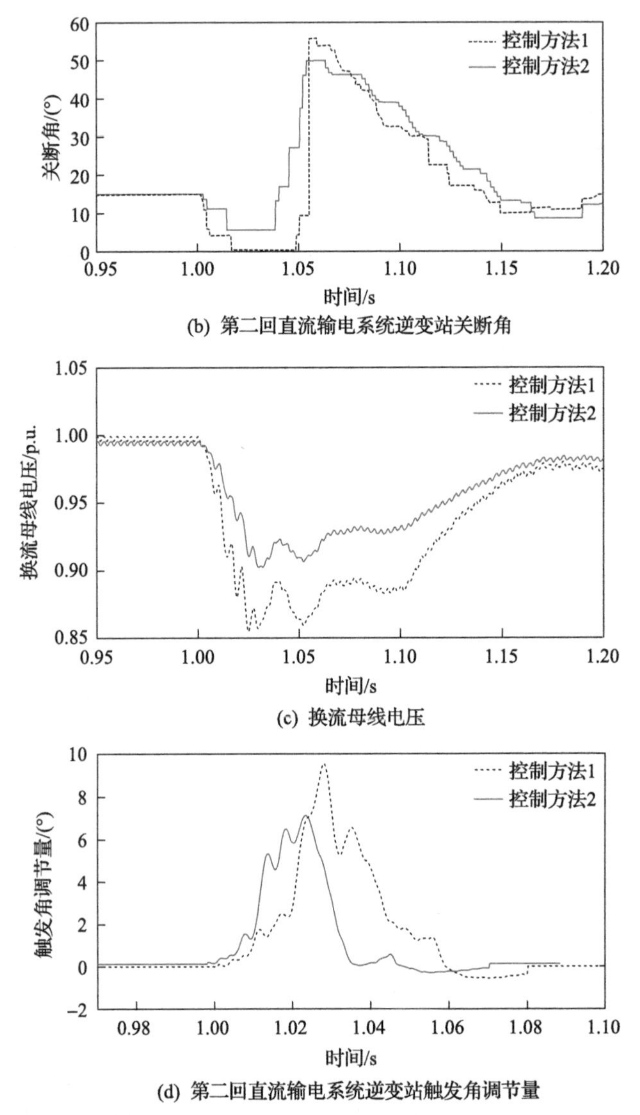

(b) 第二回直流输电系统逆变站关断角

(c) 换流母线电压

(d) 第二回直流输电系统逆变站触发角调节量

图 7.9　三相短路故障下相继换相失败预防控制的效果

2. 单相短路故障

在第一回直流输电系统逆变站换流母线处设置单相短路故障,故障时刻为 1s,故障持续时间为 0.1s,故障电感为 0.25H。控制方法 1 和控制方法 2 下的电气量如图 7.10 所示。如图 7.10(a)所示,两种控制方法下,第一回直流输电系统逆变站均发生了换相失败。如图 7.10(b)所示,在控制方法 1 下,第二回直流输电逆变站在 1.023s 发生换相失败;在控制方法 2 下,第二回直流输电系统逆变站未发生

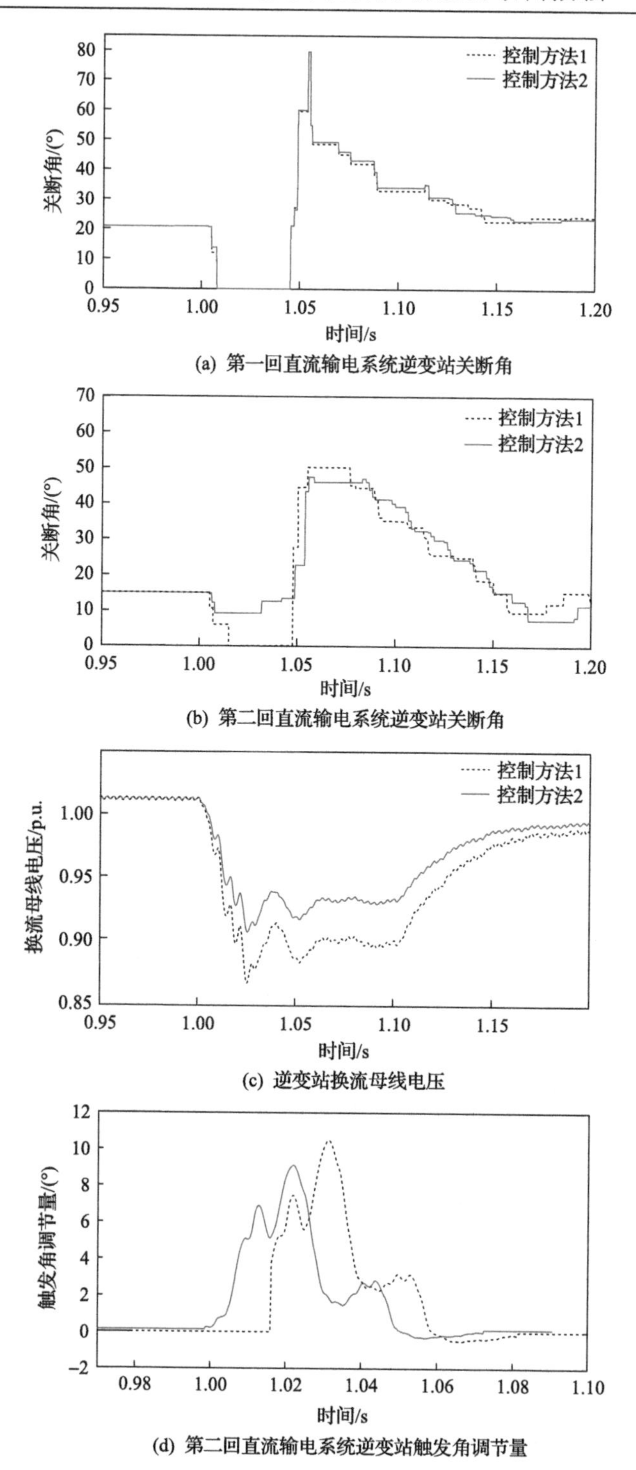

图 7.10　单相短路故障下相继换相失败预防控制的效果

换相失败。由图 7.10(c)可见，在控制方法 2 下，换流母线电压在 1.01s 时跌落到 0.91p.u.，相继换相失败预防控制启动，输出触发角调节量。在控制方法 1 下，第二回直流换流母线电压跌落更大，控制方法 2 减缓了换流母线电压的跌落。如图 7.10(d)所示，在 1.002s 前控制方法 2 的触发角调节量始终大于方法 1，控制方法 2 通过增加触发角调节量有效地抑制了换相失败的发生。

7.4　考虑换相失败连锁反应的多馈入直流输电系统协调控制方法

7.4.1　多馈入直流输电系统换相失败连锁反应

直流输电系统的首次换相失败一般发生在故障后 3～10ms，由于控制器难以响应，首次换相失败一般难以避免。在多馈入直流输电系统中，一回直流输电系统的首次换相失败可能产生如图 7.11 所示的连锁反应过程。若第 i 回直流输电系统因受端交流电网故障而发生首次换相失败，其控制系统启动以抑制换相失败。但是，低压限流控制、定关断角控制的启动造成第 i 回直流输电系统吸收的无功功率增加。换流母线电压的跌落导致第 i 回直流输电系统的无功补偿量下降，第 i 回直流输电系统的首次换相失败常进一步引发后续换相失败。同时，当第 i 回直流输电系统的受端交流电网无法提供足够的无功功率时，第 i 回直流输电系统从

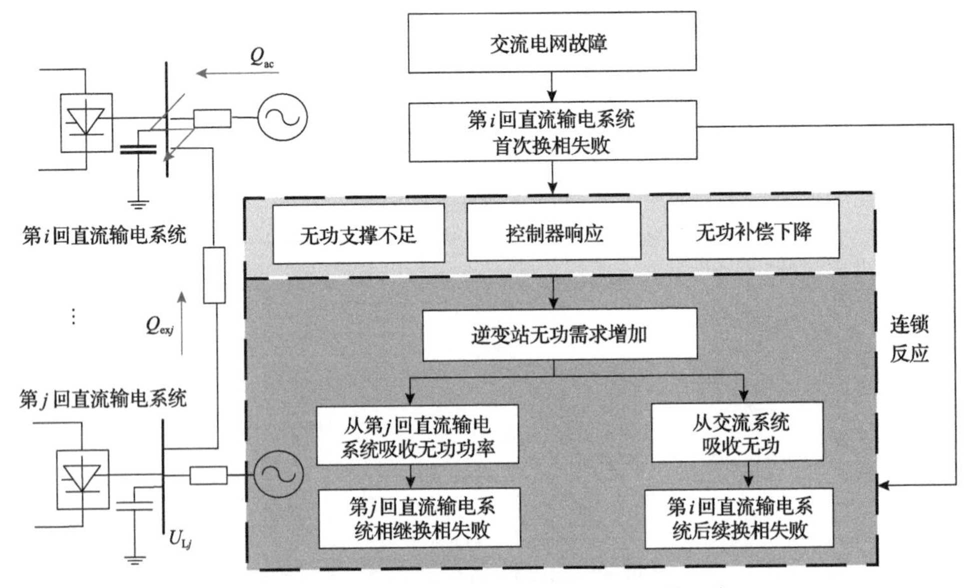

图 7.11　多馈入直流输电系统换相失败连锁反应

相邻直流输电系统吸收无功功率。若相邻的第 j 回直流输电系统换流母线电压持续降低，可能导致故障初期仍健全的第 j 回直流输电系统发生相继换相失败。而第j回直流输电系统的相继换相失败产生的无功波动又可能促进第i回直流输电系统后续换相失败的发生。在多馈入直流输电系统中，换相失败呈现出特殊的换相失败连锁反应过程，需协调直流输电系统的各种控制系统共同应对连锁反应的发生和蔓延。

7.4.2　换相失败连锁反应边界

首次换相失败发生后，直流输电系统的换相恢复过程主要受故障初始状态和控制作用共同影响。根据 4.4 节，为了避免后续换相失败，关断角应大于临界关断角，低压限流控制特性曲线的斜率应小于或等于 U_d-$I_{d\text{-ord}}$ 特性曲线临界斜率 $k_{d,cv}$。因此避免第 i 回直流输电系统换相失败的 U_d-$I_{d\text{-ord}}$ 特性的曲线斜率范围为

$$k_d \leqslant \left[\frac{2U_{Li}\cos\gamma_{\min} - \sqrt{2}X_c I_{dNi} b_i}{U_{Li}\left(\cos\gamma_{\min} + \cos\beta_{\min}\right)} - 1\right]\frac{\pi U_{dNi}}{3N_i X_c I_{dNi}} \tag{7.30}$$

根据 7.3 节，为避免一回直流输电系统换相失败引发相邻直流输电系统发生相继换相失败，其无功消耗量应小于临界值。对于第 i 回直流输电系统，可确定不导致相邻第 j 回直流输电系统发生相继换相失败的直流电流与超前触发角的可调范围为

$$\begin{cases} Q_{li}\left(U_{Li},\beta_i,I_{di}\right) \leqslant Q_{li\text{-th}}\left(U_{Li}\right) \\ I_{d\min} \leqslant I_{di} \leqslant I_{d\max} \\ \beta_{\min} \leqslant \beta_i \leqslant \beta_{\max} \end{cases} \tag{7.31}$$

由式(7.27)可得一定换相电压下，以无功消耗量临界值为边界，控制系统输出直流电流和超前触发角为变量，即可刻画出直流电流与超前触发角的可调范围，如图 7.12 所示。在范围$[I_{d\min}, I_{d\max}]$内调节直流电流大小即可避免相继换相失败的发生。为避免直流电流降低导致的有功功率缺额，最小直流电流 $I_{d\min}$ 一般为额定直流电流的 55%，最大直流电流 $I_{d\max}$ 可取为额定直流电流。最小超前触发角 $\beta_{\min}$ 为额定超前触发角；最大超前触发角 $\beta_{\max}$ 通常为 70°。

7.4.3　控制思想

在多馈入直流输电系统中，无功功率的不平衡可能造成一回直流输电系统的后续换相失败，也可能导致相邻直流输电系统的相继换相失败。因此，可以在计

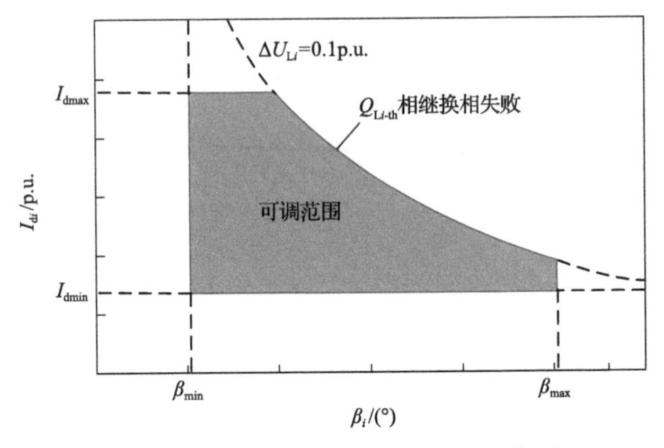

图 7.12　直流电流与超前触发角可调范围

及后续换相失败和相继换相失败之间相互影响的基础上，通过平衡直流逆变站的无功消耗量来抑制换相失败连锁反应的发生和发展。

考虑换相失败连锁反应的多馈入直流输电系统协调控制原理如图 7.13 所示[10]。首先，根据直流输电系统的参数和运行状态，在交流电网故障后采集直流输电系统的逆变站换流母线电压。根据换流母线电压和定关断角控制参数，确定避免后续换相失败的 U_d-$I_{d\text{-}ord}$ 特性曲线的临界斜率 $k_{d,cv}$，进而确定低压限流控制输出的直流电流指令值。以该直流电流为条件，根据一定换流母线电压下直流电流与超前触发角的可调范围，进一步确定超前触发角的指令值。直流电流与超前触发角可调范围共同构成了避免换相失败连锁反应的安全域。在安全域内协调控制直流逆变站的直流电流和超前触发角，即可在抑制直流逆变站后续换相失败的同时，避免相邻回直流输电系统逆变站发生相继换相失败。

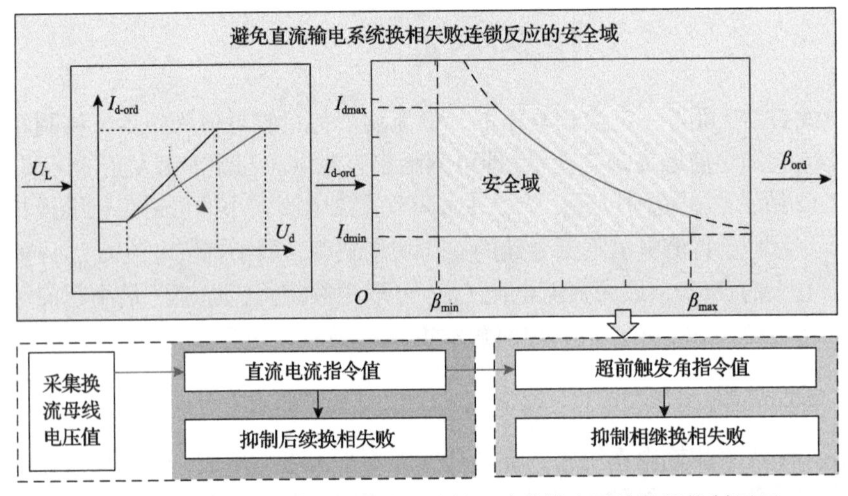

图 7.13　考虑换相失败连锁反应的多馈入直流输电系统协调控制原理

考虑换相失败连锁反应的多馈入直流输电系统协调控制框图如图 7.14 所示。当检测到某回直流输电系统换流母线电压下降时，首先根据式(4.16)计算后续换相失败 U_d-$I_{d\text{-ord}}$ 特性曲线临界斜率，进而确定低压限流控制输出的直流电流指令值。同时，计算逆变站无功补偿装置提供的无功功率和交流电网提供的无功功率；进一步将换流母线电压代入式(7.13)计算故障后相邻回直流输电系统提供的无功交换量的变化量。将交流电网提供的无功功率代入式(7.24)，计算本回直流输电系统逆变站临界无功功率消耗量。由式(7.31)即可得到一定换流母线电压下直流电流与超前触发角的可调范围，最后代入直流电流指令值确定超前触发角指令值，确定触发角调节量从而提前触发抑制换相失败。在故障较严重或直流输电系统之间联系紧密时，受端交流电网故障可能导致多回直流输电系统发生同时换相失败，根据临界斜率的低压限流控制特性曲线仍能随换流母线电压的变化调节直流电流，最大限度地抑制直流输电系统发生后续换相失败。

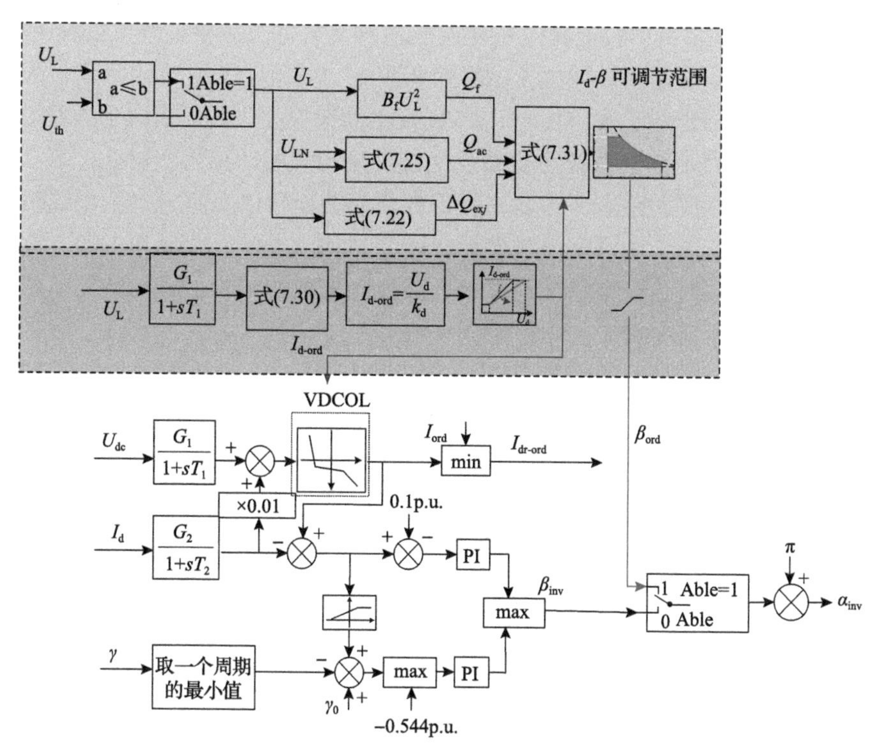

图 7.14　考虑换相失败连锁反应的多馈入直流输电系统协调控制框图

7.4.4　协调控制效果

本节通过对比以下两种方法下系统的恢复性能，从而验证考虑换相失败连锁反应的多馈入直流输电系统协调控制方法的适用性。

方法 1：CIGRE 直流输电系统标准测试模型的低压限流控制和定关断角控制，其中直流电压的门槛值 U_{dl}、U_{dh} 分别为 0.4p.u.和 0.9p.u.；直流电流上下限 I_{dh}、I_{dl} 分别为 1.0p.u.和 0.55p.u.；定关断角控制比例系数为 0.7506，积分时间常数为 0.0544s。

方法 2：考虑换相失败连锁反应的多馈入直流输电系统协调控制方法，直流电流指令值通过实时计算确定，上下限分别为 1.0p.u.和 0.55p.u.；超前触发角指令值由式(7.31)可调范围边界确定，上下限分别为 70°和 37°。

1. 三相短路故障

在第一回直流输电系统逆变站换流母线处设置三相短路故障，过渡电感为 0.4H。故障发生时间为 1s，持续 0.1s 后清除。两回直流输电系统逆变站关断角如图 7.15 所示，相应的逆变站电气量如图 7.16 所示。如图 7.15(a)所示，若采取方法 1，故障后 8ms 第一回直流输电系统逆变站发生了首次换相失败，32ms 后引发第二回直流输电系统逆变站发生了相继换相失败，并且随着故障的持续，两回直流输电系统逆变站分别于 1.141s 和 1.152s 发生后续换相失败。若采取方法 2，故障后 8ms 第一回直流输电系统逆变站发生首次换相失败，在其影响下，第二回直流输电系统逆变站关断角有所跌落，但仍在临界关断角以上，未发生相继换相失败。随着故障的持续，两回直流输电系统逆变站均未发生后续换相失败。方法 2 在有效抑制第一回直流输电系统逆变站后续换相失败的同时，成功避免了相邻第二回直流输电系统逆变站发生相继换相失败。

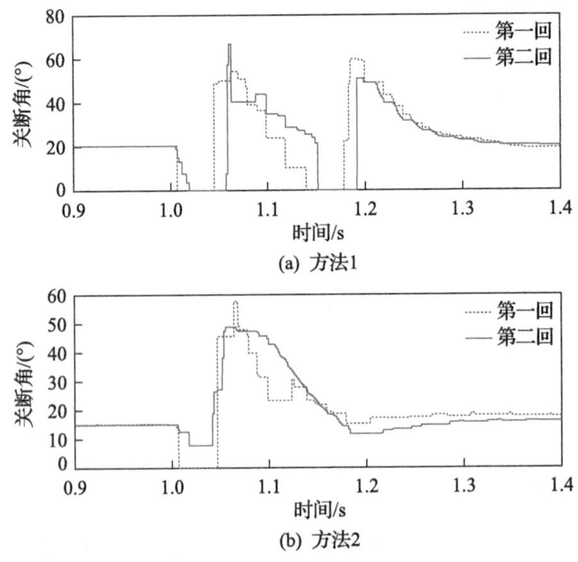

图 7.15　三相短路故障时，不同方法下的逆变站关断角

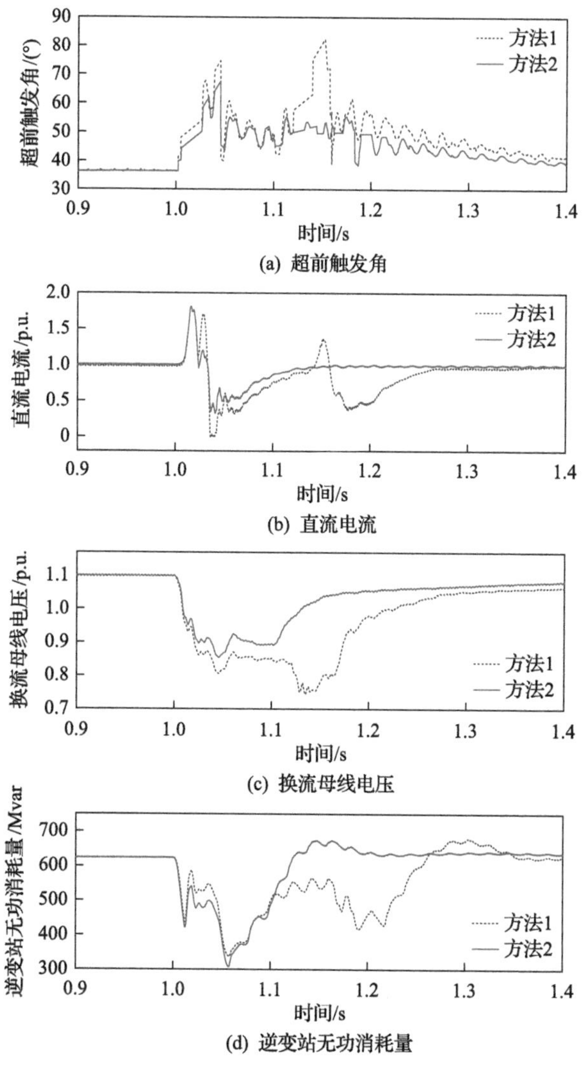

图 7.16　不同方法下的逆变站电气量(三相短路故障)

2. 单相短路故障

在第一回直流输电系统换流母线处设置过渡电感为 0.5H 的单相短路故障，故障发生时间为 1s，持续 0.1s 后清除。如图 7.17 和图 7.18 所示，在方法 1 下，第二回直流输电系统在第一回直流输电系统首次换相失败的 30ms 后发生相继换相失败，而且第一回直流输电系统发生了后续换相失败。在方法 2 下，通过减小换相恢复过程中的超前触发角，使逆变站无功功率消耗量显著降低，达到了抑制相邻直流输电系统相继换相失败的目的。并且，由于成功抑制了第一回直流输电系统的后续换相失败，无功功率消耗量更快恢复到稳态值，直流电流和换流母线电压仅有一次波动。

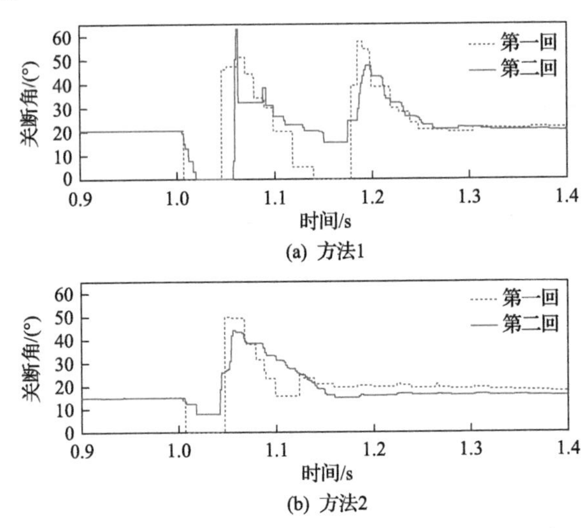

图 7.17　不同方法下的逆变站关断角(单相短路故障)

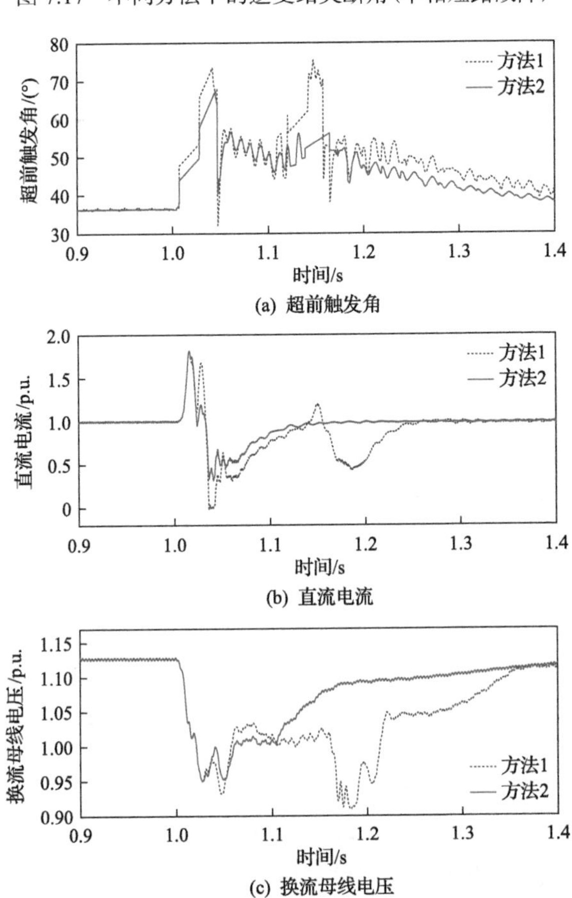

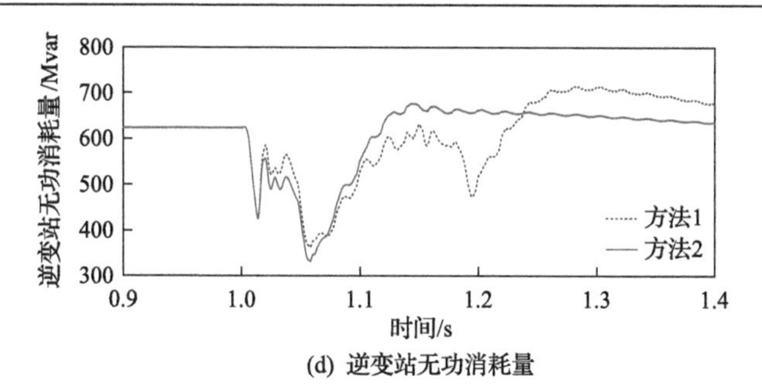

(d) 逆变站无功消耗量

图 7.18　不同方法下的逆变站电气量(单相短路故障)

3. 不同故障水平的影响

在第一回直流输电系统的逆变站换流母线不同故障时刻设置不同的单相短路故障，故障持续 0.15s，对比分析不同故障严重程度下两种方法的效果。故障严重程度由换流母线额定电压、故障电感和直流额定功率共同表征。

故障时刻为 1～1.014s，故障严重程度为 20%～60%，不同控制方法下的换相失败情况如图 7.19 所示。图中横坐标为故障时刻，纵坐标为故障严重程度。在方

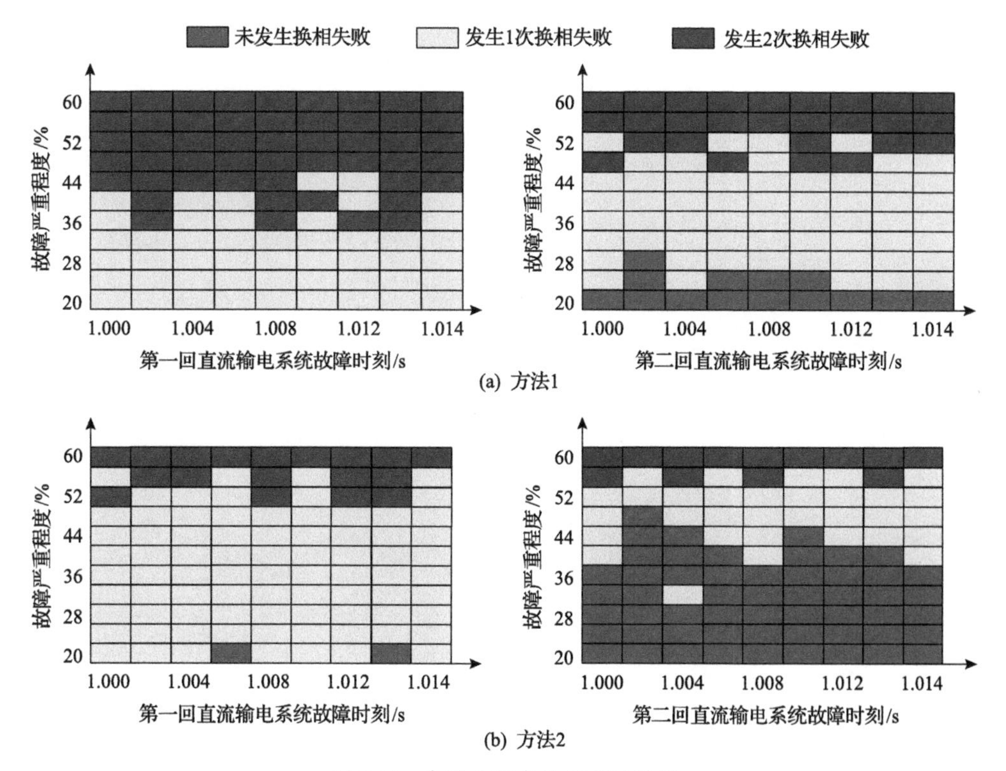

(a) 方法1

(b) 方法2

图 7.19　方法 1 和方法 2 下的效果

法 1 下第一回直流输电系统后续换相失败发生概率高达 51.5%；在方法 2 的作用下，第一回直流输电系统后续换相失败发生概率大幅下降为 18.2%。在较轻的故障程度下，方法 2 抑制了后续换相失败，减少控制器响应带来的无功功率冲击，同时抑制了第二回直流输电系统相继换相失败，第二回直流输电系统未发生换相失败的次数由 14 次增加至 54 次。在严重的故障程度下，第一回直流输电系统的逆变站直流电压跌落得较为迅速，第一回直流输电系统仍发生了换相失败，但主要为 1 次换相失败。

第 8 章　混合多馈入直流输电系统换相失败抑制方法

8.1　混合多馈入直流输电系统

8.1.1　柔性直流输电系统的类型

柔性直流输电以全控型 IGBT 器件为换流单元，采用脉宽调制技术，具有电流自关断能力。柔性直流输电具有如下优势：可对有功、无功功率独立控制，不需要使用附加的无功补偿设备；开关器件的通断不取决于所连接系统的交流电压，无换相失败的问题；具有黑启动能力，可以向无源网络供电；易实现功率的反转，无机械操作过程。现有柔性直流输电采用的电压源换流器(VSC)主要有三种，即两电平换流器、三电平换流器和模块化多电平换流器(modular multilevel converter，MMC)。

1. 两电平换流器

两电平换流器是典型的低电平换流器，其拓扑结构如图 8.1 所示，由 6 个桥臂组成，每个桥臂由 IGBT 和与之反并联的二极管组成。前期两电平换流器主要采用正弦脉宽调制技术，后期主要采用了优化脉宽调制技术，减小了开关频率，降低了系统的总损耗。由于实际工程的电压等级和功率等级一般都比较高，单个 IGBT 元件并不能达到工程所需的耐压水平，因此需要若干个 IGBT 模块串联使用。但是，串联过多的 IGBT 元件会造成动态电压不够稳定以及输出电压谐波含量比较大的问题。

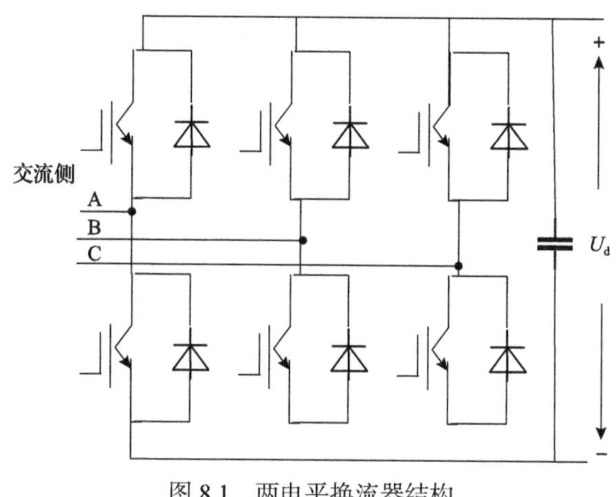

图 8.1　两电平换流器结构

2. 三电平换流器

三电平换流器是多电平换流器的一种，其结构如图 8.2 所示。三电平换流器每相可以输出三个电平，通过脉宽调制来逼近正弦波。相较于两电平换流器，三电平换流器需采用箝位二极管，同时控制电路和保护装置也更加复杂，因此建设成本更高。三电平换流器在采用与两电平换流器相同 IGBT 元件的条件下，输出电压增加了一倍，但是单管结构可能难以满足输出高电压的要求，所以仍需采取 IGBT 串联均压技术。在高压大容量输电场合，三电平换流器也存在动态电压不够稳定以及输出电压谐波含量比较大的问题。

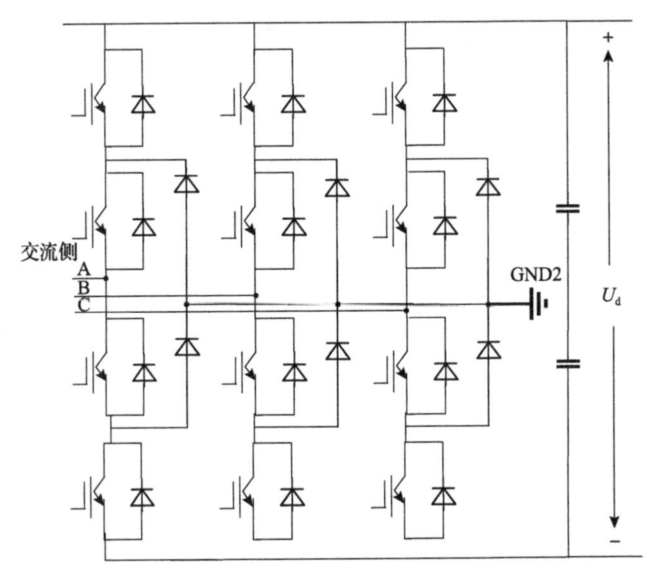

图 8.2　三电平换流器结构

3. 模块化多电平换流器

模块化多电平换流器由一系列电路结构完全相同的子单元以半桥结构、全桥结构、半桥结构+全桥结构的形式级联而成，如图 8.3 所示。模块化多电平换流器的每个桥臂由 N 个子模块和 1 个串联电抗器组成，同相的上下两个桥臂构成一个相单元。模块化多电平换流器的工作原理与两电平换流器和三电平换流器不同，不是采用脉宽调制来逼近正弦波，而是采用阶梯波的方式来逼近正弦波。模块化多电平换流器的模块化特性使其不存在 IGBT 模块的串联均压问题，且具有控制方式灵活、开关损耗小的优点，因此模块化多电平换流器适用于高电压等级、大输电容量、远输送距离的输电场合。

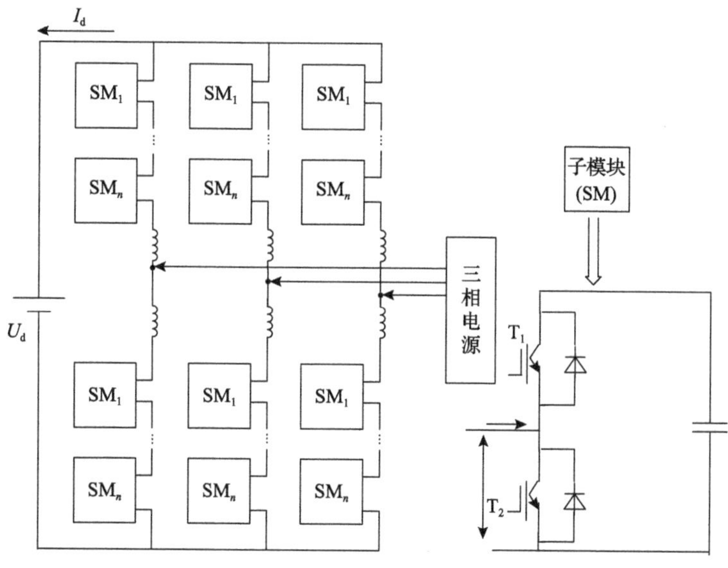

图 8.3 模块化多电平换流器结构

8.1.2 柔性直流输电系统的控制

图 8.4 所示为两端结构的柔性直流输电系统。柔性直流输电系统主要由电抗器、换流器以及直流线路构成。变压器一般采用 Y/△连接，接地阀侧绕组的中性点采用电阻接地，以使直流线路对地呈现出对称的正负极性，从而降低直流线路的绝缘水平。柔性直流输电系统能够灵活地实现电能的双端流动。交流侧电网端可以接无穷大电网，通过柔性直流输电系统对末端进行电力供应。由于模块化多电平换流器的可控性能够实现对新能源功率的有效控制传输，因此柔性直流输电也可用于新能源电能的远距离外送。

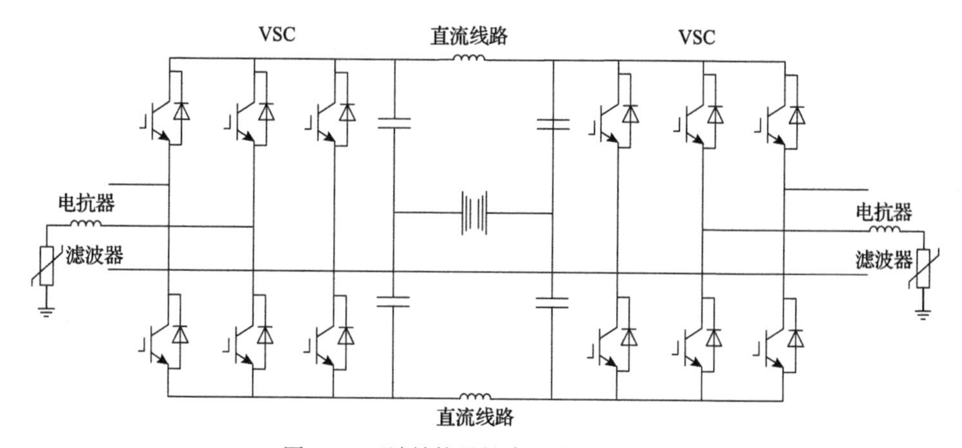

图 8.4 两端结构柔性直流输电系统结构

柔性直流输电工程的控制系统典型结构如图 8.5 所示，由上到下一般分为三级：第一级为系统级控制，主要根据整个系统的运行状态为换流站级控制提供功率指令和控制模式的切换；第二级为换流站级控制，用于根据第一级控制传送过来的极功率指令，产生正弦脉宽调制信号的相位角和调制比，第二级控制通常采用双闭环结构的矢量控制，包括外环功率控制和内环电流控制；第三级为换流阀级控制，可根据第二级控制的输出形成 IGBT 元器件的开断信号。

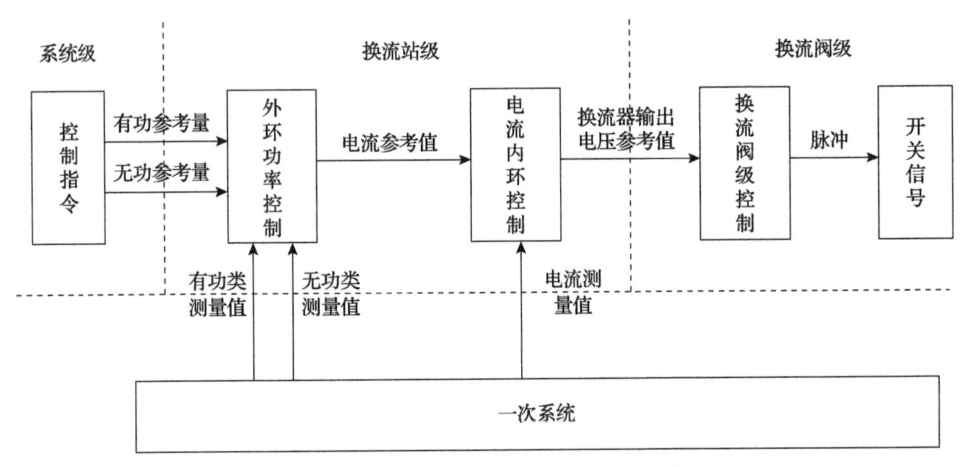

图 8.5　柔性直流输电工程控制系统典型结构

1. 内环电流控制

模块化多电平换流器单相等效模型如图 8.6 所示。图中，u_{sk} 为交流电网电压（k=a, b, c，下同）；PCC（point of common coupling，公共耦合点）为换流器接入交流电网的公共连接点；L_T 为换流变压器等效漏抗（忽略换流变压器等效电阻）；i_k 为换流器交流侧电流；L_0 为桥臂电抗；u_{vk} 为换流器交流侧输出电压；u_{pk}、u_{nk} 为换流器上、下桥臂电压；i_{pk}、i_{nk} 为换流器上、下桥臂电流；U_d、I_d 为换流器直流电压、直流电流；P、N 为换流器正、负极直流母线。

由基尔霍夫电流定律可得

$$\begin{cases} u_{sk}-\left(\dfrac{U_d}{2}-u_{pk}\right)=2L_0\dfrac{\mathrm{d}i_{pk}}{\mathrm{d}t}+L_T\dfrac{\mathrm{d}i_k}{\mathrm{d}t} \\ u_{sk}-\left(u_{nk}-\dfrac{U_d}{2}\right)=2L_0\dfrac{\mathrm{d}i_{nk}}{\mathrm{d}t}+L_T\dfrac{\mathrm{d}i_k}{\mathrm{d}t} \end{cases} \tag{8.1}$$

由桥臂电流和交流侧电流的数学关系可知：

$$
\begin{cases}
i_k = i_{pk} - i_{nk} \\
u_{sk} - u_{vk} = L\dfrac{di_k}{dt}
\end{cases}
\tag{8.2}
$$

式中，L 为换流器等效连接电抗，包括换流变压器等效漏抗 L_T 和桥臂电抗 L_0。

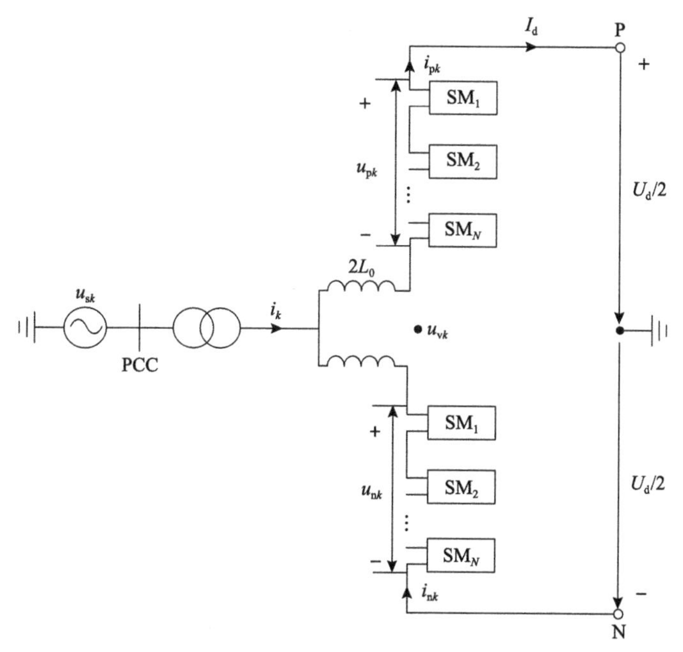

图 8.6　模块化多电平换流器单相电路拓扑

由式(8.1)和式(8.2)可知，换流器在三相静止坐标系下的时域方程如下：

$$
\begin{cases}
u_{sa} - u_{va} = L\dfrac{di_a}{dt} \\
u_{sb} - u_{vb} = L\dfrac{di_b}{dt} \\
u_{sc} - u_{vc} = L\dfrac{di_c}{dt}
\end{cases}
\tag{8.3}
$$

换流站交流电流的 d、q 轴分量互相耦合，为了实现有功、无功功率的解耦控制，一般使用前向反馈技术，对式(8.3)进行帕克变换，可得换流站交流电压在 dq 坐标系下的表达式：

$$
\begin{cases}
u_d = u_{sd} - u_{vd} - \omega L i_q \\
u_q = u_{sq} - u_{vq} - \omega L i_d
\end{cases}
\tag{8.4}
$$

式中，u_{sd}、u_{sq} 为交流电网电压的 dq 轴分量；u_{vd}、u_{vq} 为换流器交流输出电压的 dq 轴分量；i_{d}、i_{q} 为交流电流的 dq 轴分量；ω 为电网电压 U_{s} 的旋转角速度。

由式(8.4)可以看出，u_{d} 和 u_{q} 在 dq 轴上是两个独立的一阶模型，据此就形成了两个独立的电流控制回路。电流控制回路与交流电流共同形成反馈通道，对电网电压分量 u_{sd}、u_{sq} 采取前馈补偿，利用 PI 控制器即可实现交流电流 dq 轴分量的解耦控制。采用比例积分控制器后可得内环电流控制方程为

$$\begin{cases} u_{\mathrm{dref}} = k_{\mathrm{p1}}\left(i_{\mathrm{dref}} - i_{\mathrm{d}}\right) + k_{\mathrm{i1}}\int\left(i_{\mathrm{dref}} - i_{\mathrm{d}}\right)\mathrm{d}t \\ u_{\mathrm{qref}} = k_{\mathrm{p1}}\left(i_{\mathrm{qref}} - i_{\mathrm{q}}\right) + k_{\mathrm{i1}}\int\left(i_{\mathrm{qref}} - i_{\mathrm{q}}\right)\mathrm{d}t \end{cases} \tag{8.5}$$

式中，k_{p1}、k_{i1} 为控制器的比例系数和积分系数；i_{dref} 和 i_{qref} 为电流内环参考值；U_{dref}、U_{qref} 为换流站交流电压参考值。

图 8.7 为内环电流控制框图，电流内环参考值 i_{dref}、i_{qref} 由外环控制器输出确定，内环电流控制的输出量经帕克反变换至 abc 坐标系，再与调制波进行比较得到 IGBT 的开通和关断信号。

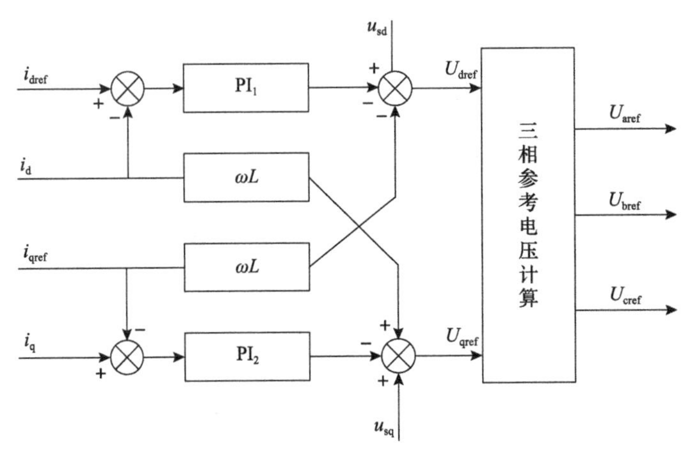

图 8.7　内环电流控制框图

2. 外环功率控制

外环功率控制的有功环节通常用于控制有功功率、直流电压或交流电网频率；无功环节用于控制无功功率或交流电网电压，用以实现定直流电压控制、定有功功率控制、定无功功率控制或定交流电压控制。定直流电压控制、定有功功率控制属于有功类控制，定无功功率控制和定交流电压控制则属于无功类控制。

1) 定功率控制

定功率控制是通过改变换流站交流侧电流的 dq 轴分量分别控制有功功率和无功功率。定功率控制通常采用 PI 控制器调节有功功率和无功功率的参考值与测量值的偏差来确定内环电流控制的电流参考值。定功率控制的框图如图 8.8 所示，在 dq 轴旋转坐标系下，定有功、无功功率控制的电流参考值可写为

$$\begin{cases} i_{\mathrm{dref}} = k_{\mathrm{p2}}\left(P_{\mathrm{sref}} - P_{\mathrm{s}}\right) + k_{\mathrm{i2}}\int\left(P_{\mathrm{sref}} - P_{\mathrm{s}}\right)\mathrm{d}t \\ i_{\mathrm{qref}} = k_{\mathrm{p2}}\left(Q_{\mathrm{sref}} - Q_{\mathrm{s}}\right) + k_{\mathrm{i2}}\int\left(Q_{\mathrm{sref}} - Q_{\mathrm{s}}\right)\mathrm{d}t \end{cases} \tag{8.6}$$

式中，k_{p2}、k_{i2} 为定功率控制的比例系数和积分系数；P_{s}、Q_{s} 分别为有功功率、无功功率测量值；P_{sref}、Q_{sref} 为有功功率、无功功率参考值。

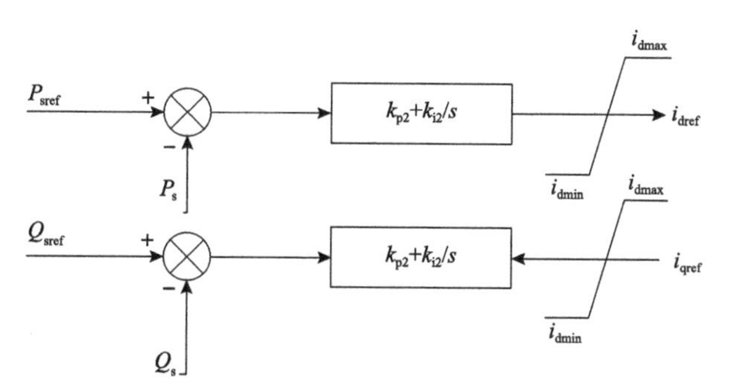

图 8.8　定功率控制框图

2) 定直流电压控制

直流电压工作在额定值是柔性直流输电系统稳定运行的基本要求。因此，定直流电压控制用于均衡柔性直流输电系统的实时功率，当柔性直流输电系统功率缺少或过剩时，通过调节有功功率使直流电压稳定在设定的参考值附近。定直流电压控制框图如图 8.9 所示，通常先对直流电压参考值与测量值求差，然后将差值通过 PI 控制器输出内环电流控制的参考值：

$$i_{\mathrm{dref}} = k_{\mathrm{p3}}\left(U_{\mathrm{dcref}} - U_{\mathrm{dc}}\right) + k_{\mathrm{i3}}\int\left(U_{\mathrm{dcref}} - U_{\mathrm{dc}}\right)\mathrm{d}t \tag{8.7}$$

式中，U_{dcref} 为直流电压参考值；U_{dc} 为直流电压测量值；k_{p3}、k_{i3} 为定直流电压控制的比例系数和积分系数。

3) 定交流电压控制

定交流电压控制的框图如图 8.10 所示，其原理是利用 PI 控制器确定无功电流参考值，以确保交流电压测量值跟踪参考值，控制方程可写为

$$i_{\mathrm{qref}} = k_{\mathrm{p4}}\left(U_{\mathrm{sref}} - U_{\mathrm{s}}\right) + k_{\mathrm{i4}}\int\left(U_{\mathrm{sref}} - U_{\mathrm{s}}\right)\mathrm{d}t \tag{8.8}$$

式中，U_{sref} 为交流电压参考值；U_{s} 为交流电压测量值；k_{p4}、k_{i4} 为定交流电压控制的比例系数和积分系数。

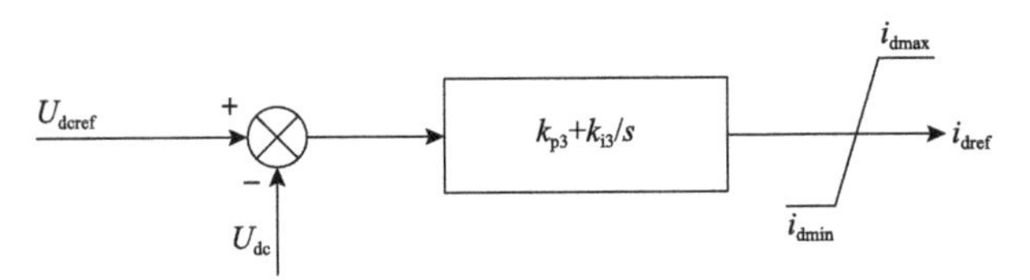

图 8.9　定直流电压控制框图

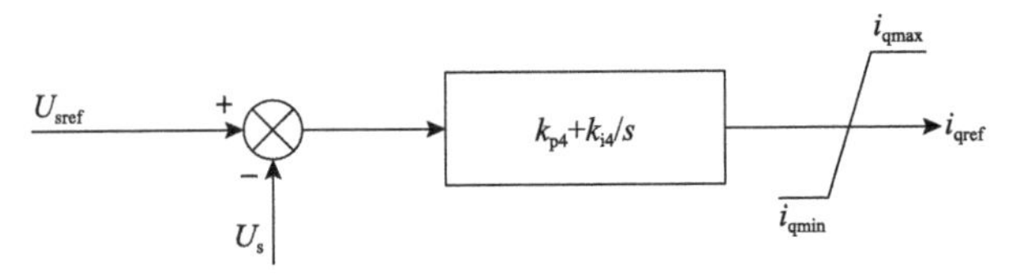

图 8.10　定交流电压控制框图

8.1.3　混合多馈入直流输电系统的运行特性

混合多馈入直流输电系统指两个及以上基于电网换相型换流器的常规直流和基于电压源型换流器的柔性直流馈入同一受端交流电网的直流输电系统，其结构如图 8.11 所示。常规直流输电系统和柔性直流输电系统馈入同一条母线或经较短联络线连接的不同母线，因此二者既相互影响又可相互支持。在常规直流输电系统的多馈入系统中，受端交流电网发生故障可能会导致多个逆变站发生换相失败，对电网造成巨大冲击。与之相比，在混合多馈入直流输电系统中，柔性直流输电系统能够动态补偿无功功率，提供紧急功率支援，提高电压稳定性，降低常规直流输电系统对受端电网的依赖程度；此外，在柔性直流输电系

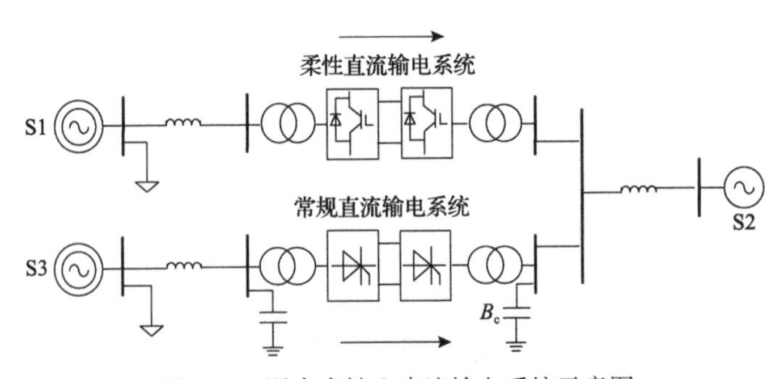

图 8.11　混合多馈入直流输电系统示意图

统容量允许的情况下，还可少装设无功补偿设备，减少了换流站占地面积和建设投资。

8.2　基于功率可控域的换相失败抑制方法

柔性直流输电系统可快速控制无功功率，甚至作为 STATCOM 运行，为交流电网提供电压支撑。在无功调节容量方面，柔性直流输电系统换流站在故障期间一般可以提供 1.2～1.5 倍的额定电流输出；在无功调节速度方面，在故障期间可通过直接调节内环电流参考值获得更快的响应速度，无功调节速度可达到毫秒级。在混合多馈入直流输电系统中，通过柔性直流输电系统的快速无功控制可支撑受端电网的电压水平，进而增大常规直流输电系统逆变站在受端电压跌落期间的换相裕度，避免换相失败的发生。

8.2.1　功率可控域建模

1. 换相失败约束

如图 8.12 所示的混合双馈入直流输电系统中，$E_{S2}\angle 0$ 为交流系统 S2 的等值电动势，X_{S2} 为受端交流系统 S2 的等值电抗，U_i 为常规直流输电系统的逆变站换流母线电压。混合双馈入直流输电系统通过母线 i 向受端交流电网注入的有功功率和无功功率可写为

$$\begin{cases} P_{\mathrm{s}} = P_{\mathrm{V}} + P_{\mathrm{L}} \\ Q_{\mathrm{s}} = Q_{\mathrm{V}} + Q_{\mathrm{L}} \end{cases} \tag{8.9}$$

式中，P_{L} 和 Q_{L} 分别为常规直流输电系统逆变站输出的有功功率和无功功率；P_{V} 和 Q_{V} 分别为柔性直流输电系统逆变站输出的有功功率和无功功率。

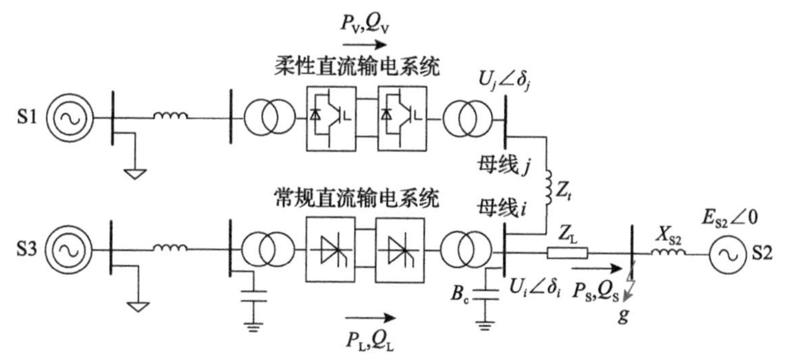

图 8.12　混合双馈入直流输电系统故障等值网络

当常规直流输电系统逆变站交流侧 g 点发生三相短路故障时，混合双馈入直

流输电系统的等值网络如图 8.12 所示。其中，U_g 为故障点电压的有效值，Z_L 为母线 i 到故障点的等效阻抗，Z_t 为两回直流联络线的电抗。令 $\dot{U}_i = U_i\angle\delta_i$，$\dot{U}_g = U_g\angle\delta_g$，母线 i 的电压可表示为

$$\dot{U}_i = \dot{U}_g + \dot{I}Z_{\mathrm{L}} = \dot{U}_g + \frac{P_{\mathrm{s}} - \mathrm{j}Q_{\mathrm{s}}}{U_i^*}Z_{\mathrm{L}} \tag{8.10}$$

式中，上标“*”表示取共轭；$\dot{I}$ 为母线 i 至母线 j 的线路电流。

由于高压交流线路的电抗远大于电阻，因此由式(8.10)可得母线 i 处功率和电压的关系式为

$$X_{\mathrm{L}}^2P_{\mathrm{s}}^2 + \left(X_{\mathrm{L}}Q_{\mathrm{s}} - U_i^2\right)^2 = U_g^2U_i^2 \tag{8.11}$$

式中，X_{L} 为母线 i 至故障点的线路电抗。

为避免常规直流输电系统发生换相失败，母线 i 的电压应满足

$$U_{\mathrm{lim}} \leqslant U_i \leqslant U_{\mathrm{rated}} \tag{8.12}$$

式中，U_{lim} 为常规输电系统的换相失败临界电压；U_{rated} 为额定电压。

结合式(8.11)可知，为满足式(8.12)，混合双馈入直流输电系统注入受端交流电网的功率应满足

$$\begin{cases} X_{\mathrm{L}}^2P_{\mathrm{s}}^2 + \left(X_{\mathrm{L}}Q_{\mathrm{s}} - U_{\mathrm{lim}}^2\right)^2 = U_g^2U_{\mathrm{lim}}^2 \\ X_{\mathrm{L}}^2P_{\mathrm{s}}^2 + \left(X_{\mathrm{L}}Q_{\mathrm{s}} - U_{\mathrm{rated}}^2\right)^2 = U_g^2U_{\mathrm{rated}}^2 \end{cases} \tag{8.13}$$

结合式(8.9)和式(8.13)，为了维持母线 i 的电压为换相失败临界电压 U_{lim}，柔性直流输电系统功率应满足

$$X_{\mathrm{L}}^2\left(P_{\mathrm{V}} + P_{\mathrm{L1}}\right)^2 + \left(X_{\mathrm{L}}Q_{\mathrm{VL}} + X_{\mathrm{L}}Q_{\mathrm{L1}} - U_{\mathrm{lim}}^2\right)^2 = U_g^2U_{\mathrm{lim}}^2 \tag{8.14}$$

$$X_{\mathrm{L}}^2\left(P_{\mathrm{V}} + P_{\mathrm{L1}}\right)^2 + \left(X_{\mathrm{L}}Q_{\mathrm{VL}} + X_{\mathrm{L}}Q_{\mathrm{L1}} - U_{\mathrm{rated}}^2\right)^2 = U_g^2U_{\mathrm{rated}}^2 \tag{8.15}$$

式中，P_{L1} 和 Q_{L1} 分别为换相失败临界电压下常规直流输电系统逆变站输出的有功功率和无功功率，可由换相失败临界电压 U_{lim} 和临界关断角 γ_{min} 得到。

因此，满足式(8.14)和式(8.15)的柔性直流输电系统换流站有功功率和无功功率可以避免常规直流输电系统的换相失败。

2. 柔性直流输电系统最大电流约束

由于柔性直流输电系统换流器的过流能力有限，若电网电压跌落较严重，流过换流器的电流会超过其最大允许值，可能导致 IGBT 元件及其他设备损坏，因此柔性直流输电系统换流站输出的交流电流应满足以下关系：

$$i_{\mathrm{vsc}} = \sqrt{i_{\mathrm{d}}^2 + i_{\mathrm{q}}^2} \leqslant i_{\mathrm{lim}} \tag{8.16}$$

式中，i_{lim} 为换流站最大允许电流，一般取 1～1.5 倍额定电流；i_{d} 和 i_{q} 分别为换流站输出电流的 dq 轴分量。

结合式(8.16)可得到柔性直流输电系统换流站最大电流约束下的功率范围为

$$P_{\mathrm{V}}^2 + Q_{\mathrm{V}}^2 \leqslant 1.5\left(U_j i_{\mathrm{lim}}\right)^2 \tag{8.17}$$

3. 送端电网频率约束

柔性直流输电系统可通过提高换流站无功功率的输出来避免常规直流输电系统的换流母线电压低于换相失败临界电压，但是无功输出量的提升可能需以降低有功功率为代价。而有功功率的降低受到送端电网频率的约束。当常规直流输电系统逆变站换流母线电压为换相失败临界电压时，送端电网有功功率变化量可表示为

$$\Delta P = \left(P_{\mathrm{V}}^* + P_{\mathrm{L}}^*\right) - \left(P_{\mathrm{V}}' + P_{\mathrm{L}}'\right) \tag{8.18}$$

式中，P_{L}^* 和 P_{V}^* 分别为常规直流输电系统和柔性直流输电系统的额定有功功率；P_{L}' 和 P_{V}' 为在换相失败临界电压下常规直流输电系统和柔性直流输电系统的最大有功功率。

电网的一次调频通过发电机组调速器进行功率调整，维持系统频率偏差在正常范围。对于送端交流电网，可将混合多馈入直流系统视为有功负荷，考虑送端电网一次调频能力，在允许最大频率偏移下的最大有功功率变化量可表示为

$$\Delta P_{\max} = -K_{\mathrm{S}} \cdot \Delta f_{\max} \tag{8.19}$$

式中，K_{S} 为送端电网单位调节功率；$\Delta f_{\max}$ 为送端电网允许的频率偏移范围。

为了满足电网频率约束，送端电网的有功功率变化量ΔP 应小于送端电网能承受的最大有功功率变化$\Delta P_{\max}$，结合式(8.18)和式(8.19)可以得到满足频率约束的

柔性直流输电系统的有功功率范围为

$$P_{\mathrm{V}}' \geqslant P_{\mathrm{V}}^{*} + P_{\mathrm{L}}^{*} - P_{\mathrm{L}}' - K_{\mathrm{S}} \cdot \Delta f_{\max} \tag{8.20}$$

根据式(8.14)和式(8.15)的电压与功率约束关系，在有功-无功坐标平面可以得到满足换相失败临界电压约束的柔性直流输电系统换流站功率运行点的集合，根据式(8.17)可以得到最大电流约束下柔性直流输电系统换流站功率运行点的集合，根据式(8.20)可以得到电网频率约束下柔性直流输电系统换流站功率运行点的集合。上述三个约束在有功-无功坐标系下的交集即为能够避免常规直流输电系统换相失败的柔性直流输电系统换流站功率可控域，如图 8.13 中点 A、B、C 包围的阴影区域所示。

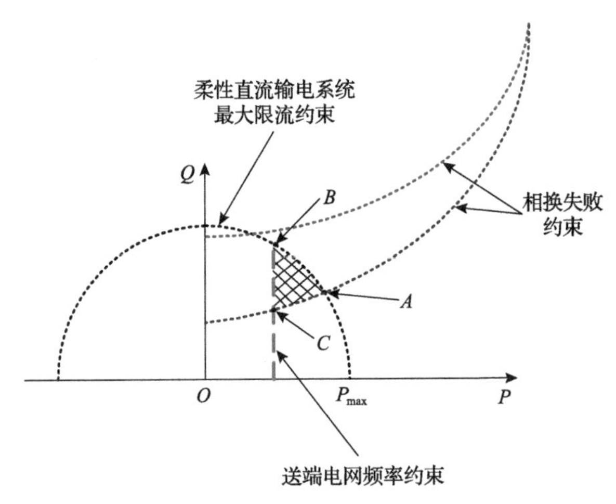

图 8.13　混合多馈入直流输电系统功率可控域

8.2.2　控制原理

在图 8.13 中，A 点为满足换相失败临界电压约束的柔性直流输电系统最大有功功率运行点。柔性直流输电系统运行于 A 点时，既可避免常规直流输电系统换相失败，又可保证柔性直流输电系统传输的有功功率最大，因此选取换相失败临界电压约束的柔性直流输电系统换流站最大有功功率运行点作为柔性直流输电系统换流站功率控制参考值[11]。联立求解式(8.14)和式(8.17)，可得无功控制参考值为

$$Q_{\mathrm{V}}' = \frac{2\lambda\mu \pm \sqrt{4\lambda^2\mu^2 - 4\left(\mu^2+1\right)\left(\lambda^2 - U_{\mathrm{lim}}^2 i_{\mathrm{lim}}^2\right)}}{2\left(\mu^2+1\right)} = \frac{2\lambda\mu \pm \sqrt{\Delta}}{2\left(\mu^2+1\right)} \tag{8.21}$$

式中

$$
\begin{cases}
\lambda = \dfrac{\left(X_{\mathrm{L}}Q_{\mathrm{L1}} + U_{\lim}^2\right)^2 + X_{\mathrm{L}}^2 U_{\lim}^2 i_{\lim}^2 + X_{\mathrm{L}}^2 P_{\mathrm{L1}}^2 - U_g^2 U_{\lim}^2}{2P_{\mathrm{L1}}X_{\mathrm{L}}^2} \\
\mu = \dfrac{X_{\mathrm{L}}Q_{\mathrm{L1}} + U_{\lim}^2}{P_{\mathrm{L1}}X_{\mathrm{L}}} \\
\varDelta = 4\lambda^2\mu^2 - 4\left(\mu^2 + 1\right)\left(\lambda^2 - U_{\lim}^2 i_{\lim}^2\right)
\end{cases}
\tag{8.22}
$$

若 $\varDelta \geqslant 0$，则存在能够避免常规直流输电系统换相失败的柔性直流输电系统换流站功率可控域。结合式(8.17)和式(8.20)可得满足电网频率约束的柔性直流输电系统换流站最大无功功率运行点，图 8.13 中 B 点对应的无功功率最大值为

$$
Q_{\mathrm{V}\max} = \sqrt{1.5\left(U_{\lim}i_{\lim}\right)^2 - \left(P_{\mathrm{V}}^* + P_{\mathrm{L}}^* - P_{\mathrm{L1}} - K_{\mathrm{S}} \cdot \Delta f_{\max}\right)^2}
\tag{8.23}
$$

将式(8.23)代入式(8.14)可求得柔性直流输电系统最大无功输出下对应的故障点临界电压 U_{glim}。若故障点的电压幅值低于 U_{glim}，则表明不存在能够避免常规直流输电系统换相失败的柔性直流输电系统换流站功率可控域。此时，令内环电流控制参考值等于最大允许电流，柔性直流输电系统换流站输出最大无功功率以支撑受端电网电压，以利于电网电压恢复。因此，柔性直流输电系统换流站的内环电流控制参考值可以写为

$$
i_{\mathrm{qref}} = \begin{cases}
\dfrac{\sqrt{2}\left(2\lambda\mu \pm \sqrt{\varDelta}\right)}{2\sqrt{3}U_{\lim}\left(\mu^2 + 1\right)}, & \varDelta \geqslant 0 \\
i_{\lim}, & \varDelta < 0
\end{cases}
\tag{8.24}
$$

8.2.3　控制策略

基于柔性直流输电系统功率可控域的混合直流系统换相失败抑制方法的实施步骤为电网正常运行情况下，柔性直流输电系统内环电流参考值由外环有功和无功控制参考值确定。当受端交流电网发生故障时，根据式(8.21)确定无功控制参考值，并基于式(8.24)计算柔性直流输电系统换流站内环电流控制参考值；随后，闭锁柔性直流输电系统换流站的外环功率控制，根据计算结果重置内环电流控制参考值。其中，柔性直流输电系统换流站的控制策略如图 8.14 所示。

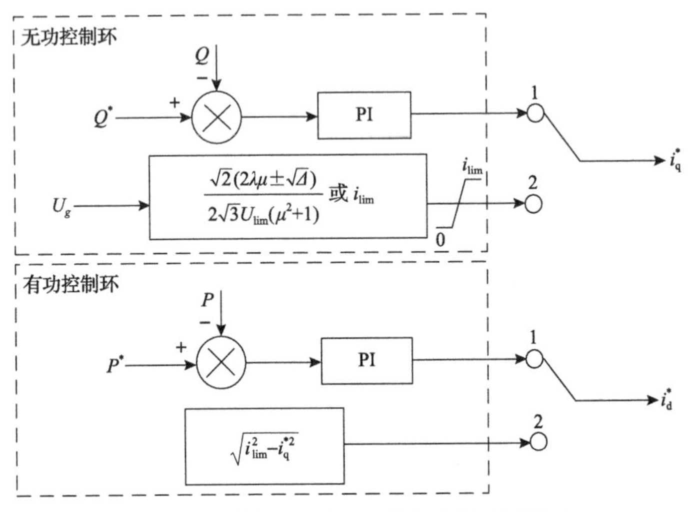

图 8.14　柔性直流输电系统换流站控制策略

8.3　基于功率协调控制的换相失败抑制方法

在混合多馈入直流输电系统中，当受端交流电网电压跌落后，常规直流输电系统在低压限流控制的作用下通过减小直流电流可以降低后续换相失败的风险；柔性直流输电系统通过无功功率控制支撑交流电网电压，也可以提高常规直流输电系统逆变站换相失败免疫能力。然而，对于常规直流输电系统，若低压限流控制的直流电流指令值过大，则可能难以抑制换相失败，而若低压限流控制的直流电流指令值过小，则损失了常规直流输电系统的有功传输。对于柔性直流输电系统，也存在逆变站无功控制参考值过小不能充分满足换相失败抑制的需求，无功控制参考值过大则牺牲柔性直流输电系统的有功传输，可能加剧故障期间送、受端电网功率不平衡的问题。因此，独立的常规直流输电系统低压限流控制和柔性直流输电系统无功功率控制难以兼顾换相失败抑制和交流电网有功平衡。在混合多馈入直流输电系统中，常规直流输电系统和柔性直流输电系统的有功功率和无功功率应充分协调，在抑制常规直流输电系统换相失败的同时最大限度地降低故障期间直流输电功率的变化。

8.3.1　功率协调控制思想

当图 8.12 中混合多馈入直流输电系统的受端交流母线 g 处发生三相短路故障时，由于高压交流线路中电抗远大于电阻，因此忽略电阻，换流母线 i 处的电压可表示为

$$U_i^2 = \frac{(2Q_{\mathrm{s}}X_{\mathrm{L}} + U_g^2) + U_g\sqrt{4Q_{\mathrm{s}}X_{\mathrm{L}} + U_g^2}}{2} \tag{8.25}$$

考虑到常规直流输电系统的换相失败预防控制输出一定补偿角度以增大超前触发角，常规直流输电系统的关断角、直流电流和注入交流电网的无功功率之间的关系可写为

$$\gamma = \arccos\left(\frac{kI_{\mathrm{d}}X_{\mathrm{c}}\sqrt{2Q_{\mathrm{s}}X_{\mathrm{L}} + U_g^2 - U_g\sqrt{4Q_{\mathrm{s}}X_{\mathrm{L}} + U_g^2}}}{Q_{\mathrm{s}}X_{\mathrm{L}}} + \cos\beta'\right) \tag{8.26}$$

式中，β' 为考虑换相失败预防控制作用下的超前触发角；k 为常规直流输电系统逆变站换流变压器变比。

常规直流输电系统与受端交流电网交换的无功功率可表示为

$$Q_{\mathrm{L}} = Q_{\mathrm{f}} - Q_{\mathrm{I}} \approx B_{\mathrm{c}}U_{\mathrm{g}}^2 - N\left(\frac{3\sqrt{2}}{\pi k}U_g\cos\gamma - \frac{3}{\pi}X_{\mathrm{c}}I_{\mathrm{d}}\right)I_{\mathrm{d}}\tan\varphi \tag{8.27}$$

式中，φ 为逆变站功率因数角。

在不同电压跌落程度和控制方式的作用下，常规直流输电系统逆变站可能表现出不同的“无功源-荷转换特性”。由于直流输电系统换流母线的电气距离通常较近，可忽略换流母线间联络线的无功功率损耗，因此混合双馈入直流输电系统向受端交流电网注入的功率包含柔性直流输电系统输出功率和常规直流输电系统输出功率两部分。结合式(8.27)并化简可得在一定电压跌落下，常规直流输电系统的直流电流和柔性直流输电系统无功功率的关系函数为

$$\Gamma\left(I_{\mathrm{d}}, Q_{\mathrm{V}}, \gamma\right) = aI_{\mathrm{d}}^2 + bU_gI_{\mathrm{d}} - 2X_{\mathrm{L}}Q_{\mathrm{V}} - 2X_{\mathrm{L}}B_{\mathrm{c}}U_g^2 = 0 \tag{8.28}$$

式中

$$\begin{cases} a = c^2 - 1.91kX_{\mathrm{c}}d \\ b = 2.7d\cos\gamma - \sqrt{2}c \\ c = \dfrac{2kX_{\mathrm{c}}}{\cos\gamma - \cos\beta'} \\ d = \dfrac{NX_{\mathrm{L}}\tan\varphi}{k} \end{cases} \tag{8.29}$$

根据式(8.28)可得到满足关断角控制目标的常规直流输电系统直流电流与柔

性直流输电系统换流站无功功率的关系，如图 8.15 中曲线所示。其中，$I_{d,min}$ 和 $I_{d,max}$ 分别为常规直流输电系统的最小和最大允许直流电流。在任一柔性直流输电系统无功功率 Q_{V1} 下，为了抑制换相失败，常规直流输电系统直流电流应限制至 I_{d1} 以下；而当无功功率减小至 Q_{V2} 时，避免换相失败所需的常规直流输电系统直流电流减小至 I_{d2}，即无功功率越小，直流电流越小。而在更小的无功功率 Q_{V3} 下，所需的常规直流输电系统直流电流 I_{d3} 可能小于最小直流电流 $I_{d,min}$，即仅依赖低压限流控制无法抑制换相失败。若提高柔性直流输电系统的无功功率输出，则不仅可以解决该问题，还能够降低常规直流输电系统传输的有功功率的变化[12]。

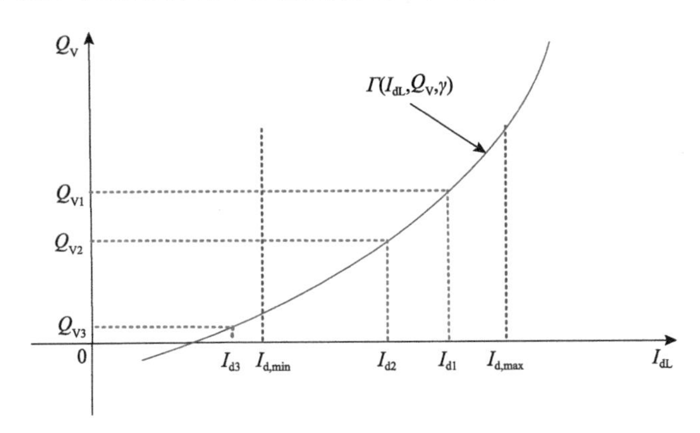

图 8.15　混合双馈入直流输电系统关联特性

8.3.2　无功可控域建模

为避免发生换相失败，交流电网故障期间常规直流输电系统逆变站的关断角应满足

$$\gamma_{min} \leqslant \gamma \leqslant \gamma_0 \tag{8.30}$$

在最大限流约束条件下，柔性直流输电系统换流站的无功功率输出极限为

$$Q_V \leqslant 1.225 U_i i_{lim} \tag{8.31}$$

将式(8.25)代入式(8.31)，可得柔性直流输电系统换流站的无功极限满足

$$4Q_V^4 - 3eQ_V^2 + 9X_L^2 i_{lim}^4 Q_L^2 \leqslant 0 \tag{8.32}$$

式中，$e = i_{lim}^2\left(4Q_L X_L + 2U_g^2 - 3X_L^2 i_{lim}^2\right)$。

在以常规直流输电系统直流电流与柔性直流输电系统无功功率为坐标轴的平

面中，可以得到式(8.28)～式(8.32)以及常规直流输电系统直流电流允许运行范围的交集 Φ_{H}，即抑制连续换相失败的无功可控域，如图 8.16 所示。该区域表征了在交流电网电压跌落下确保常规直流输电系统不发生连续换相失败的常规直流输电系统直流电流与柔性直流输电系统无功功率的范围。

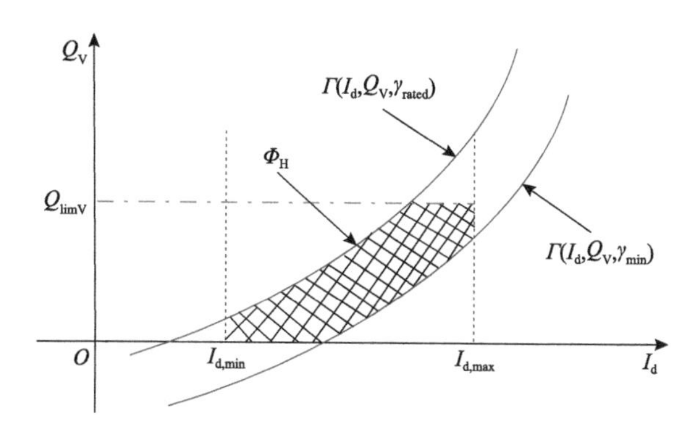

图 8.16　抑制连续换相失败的无功可控域

8.3.3　控制参考值计算

低压限流控制导致常规直流输电系统传输的有功功率降低。由图 8.15 可见，常规直流输电系统的直流电流指令值越低，为抑制换相失败，常规直流输电系统对于无功功率的需求越小，但是较小的直流电流降低了常规直流输电系统的有功传输，将加剧送端电网功率缺额。另外，柔性直流输电系统换流站输出无功功率的提升可能以牺牲传输的有功功率为代价，较大的无功控制参考值同样可能加剧受端电网的功率缺额。

为了在抑制换相失败的基础上最大限度地保障交流电网安全，以最大限度地减小故障前后混合多馈入直流输电系统传输有功功率的变化量为目标确定常规直流输电系统的直流电流指令值和柔性直流输电系统的无功控制参考值。目标函数为

$$f_{\min} = \min\left(P_{\mathrm{sn}} - P_{\mathrm{sf}}\right) \tag{8.33}$$

式中，P_{sn} 为正常运行时混合多馈入直流输电系统输出的有功功率；P_{sf} 为交流电网故障下混合多馈入直流输电系统传输的有功功率：

$$P_{\mathrm{sf}} = \sqrt{1.5(U_i i_{\mathrm{lim}})^2 - Q_{\mathrm{V,ref}}^2} + N\left(\frac{3\sqrt{2}}{\pi k}U_i \cos\gamma - \frac{3}{\pi}X_{\mathrm{c}} I_{\mathrm{d,ref}}\right) I_{\mathrm{d,ref}} \tag{8.34}$$

式中，$I_{\mathrm{d,ref}}$ 为常规直流输电系统低压限流控制的直流电流指令值；$Q_{\mathrm{V,ref}}$ 为柔性直流输电系统无功控制参考值。

式(8.34)中的常规直流输电系统的直流电流指令值和柔性直流输电系统的无

功控制参考值应在抑制连续换相失败的有功无功可控域内：

$$\left(Q_{\mathrm{V,ref}}, I_{\mathrm{d,ref}}\right) \in \Phi_{\mathrm{H}} \tag{8.35}$$

同时，故障后柔性直流输电系统和常规直流输电系统的有功功率应小于或等于故障前的有功功率，即应满足

$$P_{\mathrm{sn}} - P_{\mathrm{sf}} \geqslant 0 \tag{8.36}$$

为了避免直流输电系统换流站的交流母线电压越限，还应满足以下约束：

$$U_{i,\min} \leqslant U_i \leqslant U_{i,\max} \tag{8.37}$$

式中，$U_{i,\max}$ 和 $U_{i,\min}$ 分别为换流站交流母线电压的允许上限和下限。

根据式(8.33)～式(8.37)，通过最优化求解可以得到抑制连续换相失败的有功无功可控域中的最优控制运行点 $I_{\mathrm{d,ref}}$ 和 $Q_{\mathrm{V,ref}}$。当检测到受端电网短路造成换流站母线电压跌落时，快速调整常规直流输电系统直流电流控制指令值和柔性直流输电系统换流站无功控制参考值，即可实现在抑制连续换相失败的同时最大限度地降低直流传输功率的变化。

8.4 算例分析

为了验证控制方法的有效性，在 PSCAD/EMTDC 中建立如图 8.11 所示的混合双馈入直流输电系统仿真模型。S1 和 S3 为送端交流电网，S2 为受端交流电网。常规直流输电系统采用 CIGRE 直流输电系统标准测试模型，详细参数如附表 A.1 所示。柔性直流输电系统参数如下：额定功率为 500MW，额定直流电压为 500kV，逆变站网侧额定线电压为 230kV，最大过流约束为 1.5 倍额定运行电流，整流站采用定直流电压控制和定无功功率控制，逆变站采用定有功功率控制和定无功功率控制，正常运行时逆变站处于单位功率因数运行状态，受端交流系统的短路比为 2.5，基准容量为 1000MV·A，基准电压为 230kV。

根据仿真可得该场景下受端交流电网故障引发逆变站换相失败的临界电压为 0.88p.u.。在换流母线电压为 0.88p.u.时，常规直流输电系统逆变站输出的有功功率和无功功率分别为 0.72p.u.和–0.16p.u.；在换流母线电压为 1.0p.u.时，常规直流输电系统逆变站输出的有功功率和无功功率为 1.0p.u.和 0p.u.。设置送端电网的单位调节功率为 1200MW/Hz，一次调频运行偏差为 0.3Hz。因此，根据式(8.17)可得柔性直流输电系统逆变站输出的有功功率应大于 0.42p.u.，对应的最大无功功率为 0.509p.u.。将最大无功功率代入式(8.14)可求得柔性直流输电系统最大无功输

出下故障点临界电压为 0.765p.u.。

8.4.1　基于功率可控域的换相失败抑制方法验证

1. 功率可控域范围验证

为验证功率可控域的有效性，选取图 8.17 所示功率可控域的功率运行点 A、A' 和 A'' 下的控制指令验证换相失败抑制效果。A、A' 和 A'' 点的功率参考值分别为 $\{0.5\text{p.u.}, 0.43\text{p.u.}\}$、$\{0.5\text{p.u.}, 0.5\text{p.u.}\}$ 和 $\{0.56\text{p.u.}, 0.43\text{p.u.}\}$。

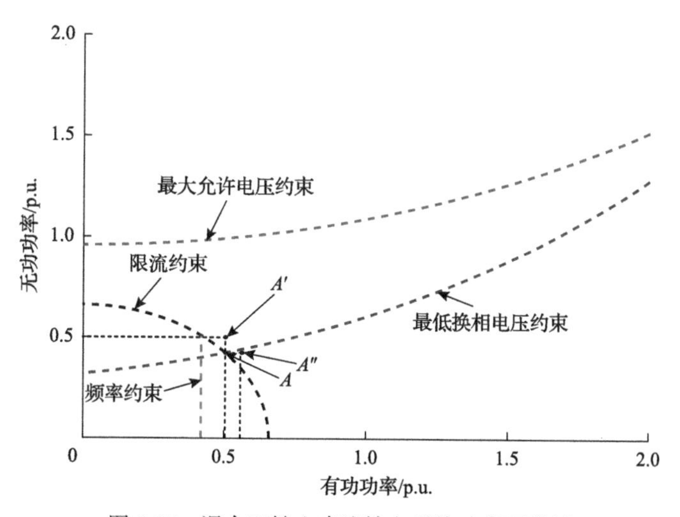

图 8.17　混合双馈入直流输电系统功率可控域

图 8.18 为不同运行点下的柔性直流输电系统换流站交流电流和常规直流输电系统逆变站关断角。其中，算例 1 表示柔性直流输电系统换流站运行于 A 点，算例 2 表示柔性直流输电系统换流站运行于 A' 点，算例 3 表示柔性直流输电系统换流站运行于 A'' 点。在算例 1 和算例 2 中，故障后常规直流输电系统发生了一次换相失败，算例 3 中常规直流输电系统发生了两次换相失败。虽然功率运行点 A 和 A'' 具有同样的无功控制参考值，但后者位于功率可控域外，因此仍导致常规直流输电系统发生了换相失败。仿真结果与功率可控域一致。

图 8.19 为故障电压分别跌落至 0.85p.u.、0.80p.u.和 0.77p.u.时的功率可控域，不同电压跌落程度下的无功功率运行点分别为 0.29p.u.、0.43p.u.和 0.51p.u.。随着电网电压跌落程度的加剧，混合双馈入直流输电系统功率可控域逐渐减小，柔性直流输电系统需提供更多的无功功率才能满足避免常规直流输电系统换相失败的抑制要求。若电压跌落超过 0.765p.u.，则不存在同时满足以上约束的功率可控域。

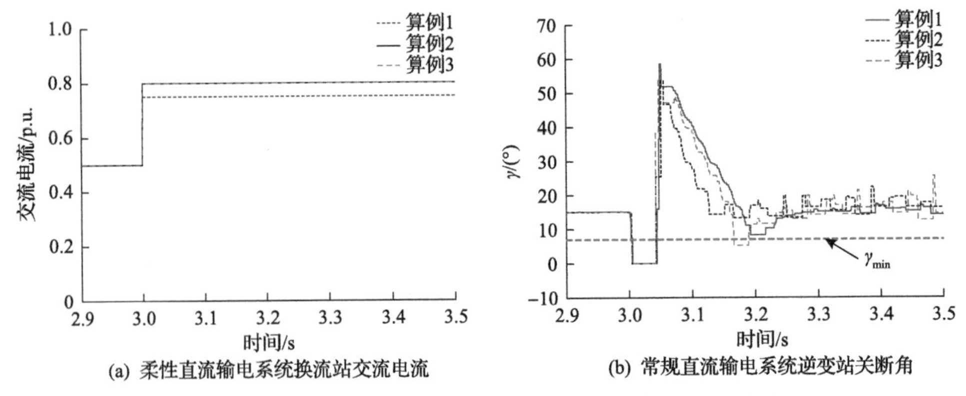

图 8.18　不同运行控制点下混合双馈入直流输电系统运行特性

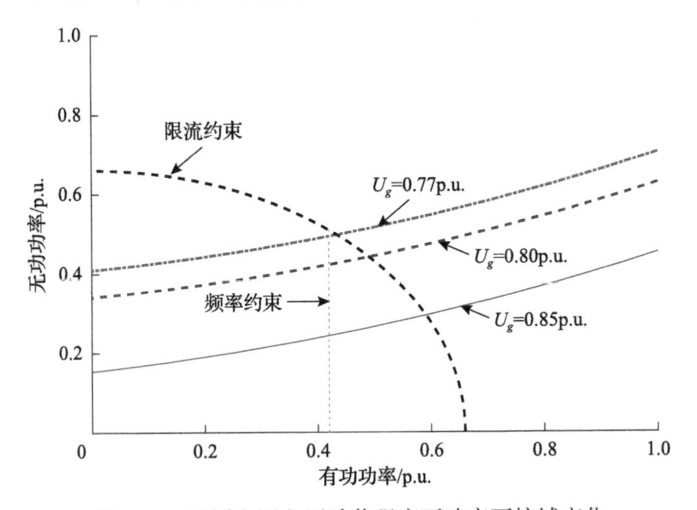

图 8.19　不同电网电压跌落程度下功率可控域变化

2. 控制效果

t=3s 时，在受端交流电网设置三相短路故障，故障点电压跌落至 0.8p.u.，将换相失败临界电压代入式(8.14)、式(8.15)和式(8.20)，可得混合双馈入直流输电系统的功率可控域，如图 8.20 所示。当柔性直流输电系统换流站功率运行点位于图 8.20 所示阴影区域内时可以避免常规直流输电系统的换相失败。

根据式(8.21)可得柔性直流输电系统换流站无功控制参考值为 0.43p.u.。图 8.21 所示为采用基于功率可控域的换相失败抑制方法前后柔性直流输电系统换流站输出的无功功率、常规直流输电系统的换流母线电压和逆变站关断角。正常运行时柔性直流输电系统换流站处于单位功率因数运行状态，无功控制参考值为零，常规直流输电系统的换流母线电压跌落并维持在 0.807p.u.左右，由于关断角的降低，常规直流输电系统在故障初始和 3.19s 时分别发生两次换相失败。在基于功

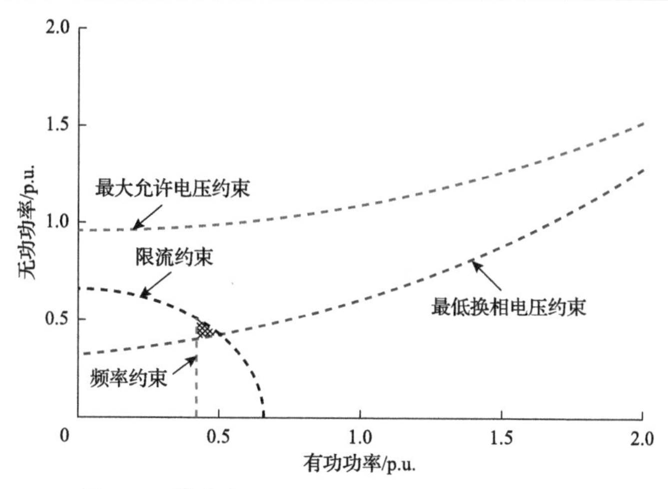

图 8.20　故障点电压跌落至 0.8p.u.时的功率可控域

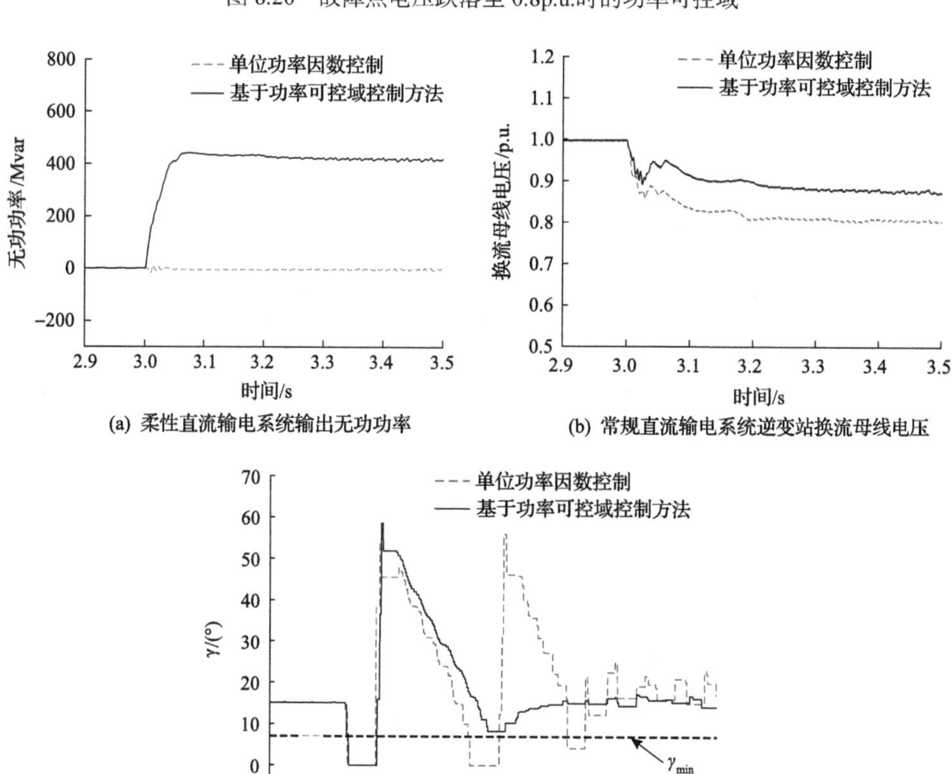

图 8.21　不同控制策略下混合双馈入直流输电系统运行特性

率可控域的换相失败抑制方法的作用下，柔性直流输电系统换流站按照无功控制参考值输出 430Mvar 无功功率，故障后常规直流输电系统的换流母线电压能够维持在 0.88p.u.左右，因此仅在故障初期发生一次换相失败，未发生后续换相失败。

8.4.2 基于功率协调控制的换相失败抑制方法验证

在 PSCAD/EMTDC 中建立图 8.11 所示的混合双馈入直流输电系统验证基于功率协调控制的换相失败抑制方法的有效性。其中，常规直流输电系统采用改进的 CIGRE 直流输电系统标准测试模型，在原有模型基础上增加换相失败预防控制模块。柔性直流输电系统采用矢量控制，整流站采用定直流电压和定无功功率控制，逆变站采用定有功功率和定无功功率控制，正常运行时逆变站处于单位功率因数运行状态，额定功率为 500MW，额定直流电压为±320kV，逆变站网侧额定线电压为 230kV，最大过流约束取额定运行电流的 1.2 倍。受端交流系统短路比为 2.5，等值感抗 X_L 为 3.14Ω。

1. 常规直流输电系统与柔性直流输电系统的关系

当受端电网故障使母线 g 处电压跌落至 0.5p.u.时，根据式(8.28)和式(8.34)，可得混合双馈入直流输电系统的总有功传输量随常规直流输电系统关断角、直流电流和柔性直流输电系统输出无功功率的变化，如图 8.22 所示，其中虚线表示临界关断角下混合双馈入直流输电系统总有功传输量与常规直流输电系统直流电流和柔性直流输电系统输出无功功率的关系。

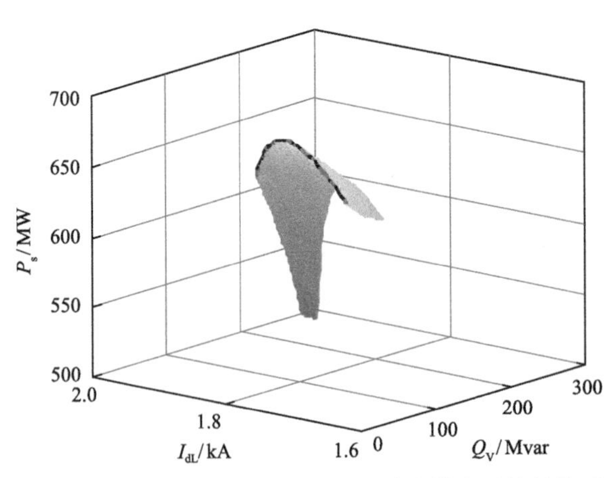

图 8.22 常规直流输电系统与柔性直流输电系统的关系

图 8.22 中，在不同关断角下，随着常规直流输电系统直流电流和柔性直流输电系统输出无功功率的增大，混合双馈入直流输电系统有功传输量呈现先增大后

减小的变化趋势。在常规直流输电系统关断角为临界关断角时，混合双馈入直流输电系统有功传输量存在极大值，表明可以通过寻优确定有功传输量最大值对应的常规直流输电系统直流电流指令和柔性直流输电系统输出无功的控制参考值，从而在避免常规直流输电系统换相失败的基础上，降低了故障期间混合多馈入直流输电系统传输功率的变化。

2. 控制效果

根据式(8.33)～式(8.37)所示的优化模型求解可得不同电压跌落程度下常规直流输电系统直流电流和柔性直流输电系统无功功率的最优控制参考值及其对应的最大有功功率，如表 8.1 所示。为验证基于功率协调控制的换相失败抑制方法的有效性，分别对以下 3 种控制方法下的运行特性进行对比。

表 8.1　不同电压跌落程度下的最优控制参考值

U_g/p.u.	$I_{d,ref}$/kA	$Q_{V,ref}$/Mvar	P_{sf}/MW
0.8	2.0	0	1238
0.5	1.7	89	655
0.3	0.94	65	298

控制方法 1：常规直流输电系统采用 CIGRE 直流输电系统标准测试模型的控制策略，并增加换相失败预防控制功能；柔性直流输电系统换流站采用单位功率因数控制。

控制方法 2：常规直流输电系统采用 CIGRE 直流输电系统标准测试模型的控制策略；柔性直流输电系统输出无功功率根据荷兰 TenneT 输电公司的柔性直流输电系统换流站无功电流特性曲线进行控制。

控制方法 3：采用基于功率协调控制的换相失败抑制方法，常规直流输电系统低压限流控制指令值和柔性直流输电系统的无功控制参考值按表 8.1 进行设置。

在 3s 时，受端交流电网母线 g 处设置三相永久性短路故障，母线 g 处电压分别跌落至 0.8p.u.、0.5p.u.和 0.3p.u.时，分别采用以上三种控制方法，常规直流输电系统逆变站关断角、直流电流、逆变站换流母线电压和混合多馈入直流输电系统总有功功率如图 8.23～图 8.25 所示。

由图 8.23(a)和图 8.24(a)可见，当受端交流电网母线 g 处电压分别跌落至 0.8p.u.和 0.5p.u.时，三种控制方法下常规直流输电系统均只发生了一次换相失败，未发生后续换相失败；控制方法 2 下柔性直流输电系统换流站按照电网运行规程输出一定的无功功率，换流母线电压水平最高，但导致混合多馈入直流输电系统的有功传输变化量最大；控制方法 3 分别通过提升常规直流输电系统的直流电流至 1.0p.u.和 0.85p.u.，同时提高柔性直流输电系统的无功功率输出，实现了故障期

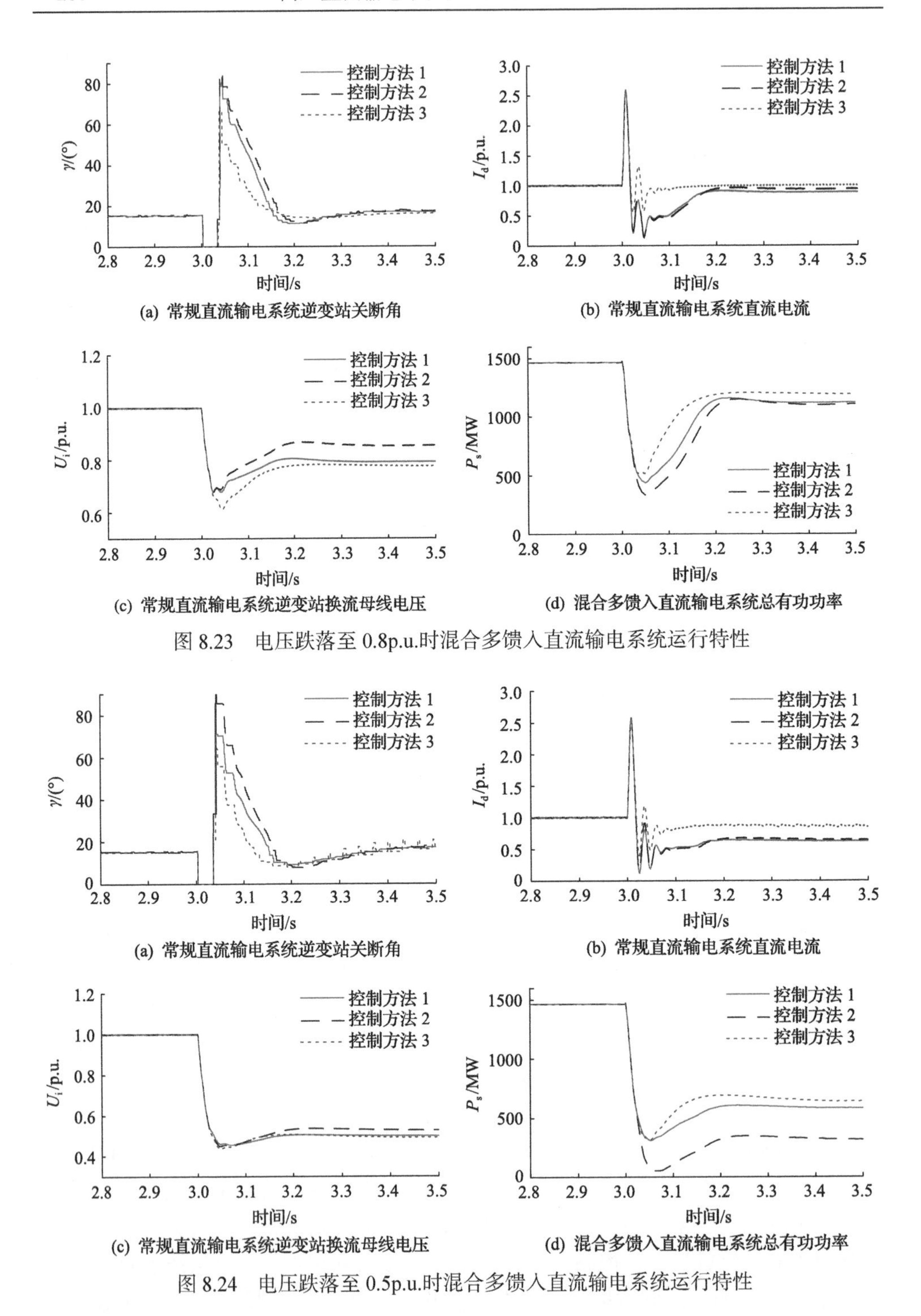

图 8.23　电压跌落至 0.8p.u.时混合多馈入直流输电系统运行特性

图 8.24　电压跌落至 0.5p.u.时混合多馈入直流输电系统运行特性

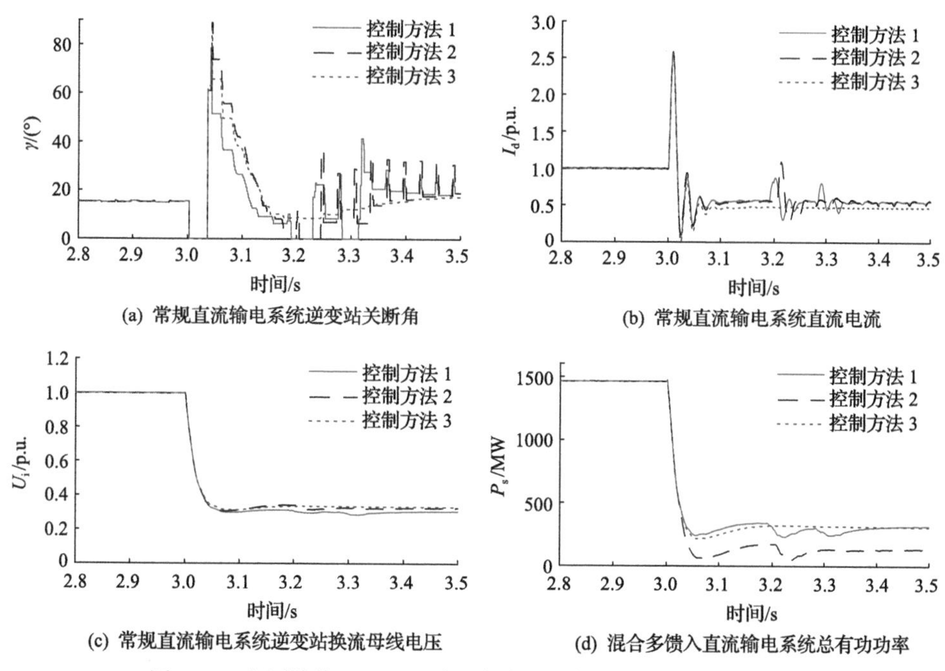

(a) 常规直流输电系统逆变站关断角　(b) 常规直流输电系统直流电流

(c) 常规直流输电系统逆变站换流母线电压　(d) 混合多馈入直流输电系统总有功功率

图 8.25　电压跌落至 0.3p.u.时混合多馈入直流输电系统运行特性

间混合多馈入直流输电系统的总有功功率变化量最小。与控制方法 2 相比，控制方法 3 在电压跌落至 0.8p.u.时，故障期间混合多馈入直流输电系统的总有功功率由 1102MW 提升至 1203MW；在电压跌落至 0.5p.u.时，故障期间总有功功率由 315MW 提升至 640MW；在电压跌落至 0.3p.u.时，故障期间总有功功率由 136MW 提升至 315MW。

表 8.2 所示为不同电压跌落程度和控制方法下常规直流输电系统逆变站换相失败次数 N_{CF} 和故障稳态期间混合多馈入直流输电系统的总有功功率 P_{sf}。可见，与控制方法 1 相比，控制方法 3 在电压跌落分别至 0.8p.u.、0.5p.u.时，在避免连续换相失败的同时，混合双馈入直流输电系统故障期间传输有功功率最大提升比例分别达到 7.4%、10.3%。与采用控制方法 1 相比，采用控制方法 3 能够在避免连续换相失败的同时，减小故障期间混合多馈入直流输电系统传输功率的变化。

表 8.2　不同控制方法下的控制性能对比

控制方法	0.8p.u.		0.5p.u.		0.3p.u.	
	P_{sf}/MW	N_{CF}/次	P_{sf}/MW	N_{CF}/次	P_{sf}/MW	N_{CF}/次
控制方法 1	1120	1	580	1	315	3
控制方法 2	1102	1	315	1	136	2
控制方法 3	1203	1	640	1	315	1

常规直流输电系统容量维持在 1000MW，分别设置柔性直流输电系统容量为 330MW、250MW 和 200MW，即调整常规直流输电系统与柔性直流输电系统之间的容量比分别至 2∶1、3∶1、4∶1 和 5∶1。根据式(8.27)～式(8.30)可得不同容量比下控制方法 3 的控制参考值，通过仿真可得常规直流输电系统逆变站换相失败次数 N_{CF} 和故障稳态期间混合多馈入直流输电系统的总有功功率 P_{sf}，如表 8.3 所示。由表 8.3 可见，在不同容量比下控制方法 3 均能有效抑制后续换相失败不同变比下功率接近，且在三种容量比下的总有功功率变化接近。

表 8.3　不同容量比下的控制效果

P_{sf} 和 N_{CF}	U_g/p.u.	常规直流输电系统与柔性直流输电系统容量比			
		2∶1	3∶1	4∶1	5∶1
P_{sf}/MW	0.8	1203	1048	972	924
	0.5	640	534	494	465
	0.3	315	241	220	197
N_{CF}	0.8	1	1	1	1
	0.5	1	1	1	1
	0.3	1	1	1	1

参 考 文 献

[1] 赵婉君. 高压直流输电工程技术[M]. 北京: 中国电力出版社, 2011.

[2] 徐政. 交直流电力系统动态行为分析[M]. 北京: 机械工业出版社, 2004.

[3] 欧阳金鑫, 肖超, 张真. 直流输电系统换相失败预防控制改进策略[J]. 电力系统自动化, 2020, 44(22): 14-21.

[4] Ouyang J X, Zhang Z, Li M Y, et al. A predictive method of LCC-HVDC continuous commutation failure based on threshold commutation voltage under grid fault[J]. IEEE Transactions on Power Systems, 2021, 36(1): 118-126.

[5] Ouyang J X, Zhang Z, Pang M Y. Current-limit control method to prevent subsequent commutation failure of LCC-HVDC based on adaptive trigger voltage[J]. International Journal of Electrical Power and Energy Systems, 2020, 122: 1-9.

[6] Ouyang J X, Pang M Y, Zhang Z, et al. Fault security region modeling and adaptive current control method for the inverter station of DC transmission system[J]. IEEE Transactions on Power Delivery, 2022, 37(6): 4979-4988.

[7] Pang M Y, Ouyang J X, Yu J F, et al. Interruption method for commutation failure caused cascading reaction of HVDC with wind farm integration under grid fault[J]. International Journal of Electrical Power and Energy Systems, 2023, 148: 1-10.

[8] 欧阳金鑫, 叶俊君, 张真, 等. 受端电网故障下多馈入直流输电系统相继换相失败特性与机理[J]. 电力系统自动化, 2021, (20): 93-102.

[9] Ouyang J X, Pang M Y, Zhang Z, et al. Prediction method of successive commutation failure for multi-infeed LCC-HVDC under fault of weak receiving-end grid[J]. International Journal of Electrical Power and Energy Systems, 2021, 133: 1-9.

[10] Ouyang J X, Ye J J, Yu J F, et al. Commutation failure suppression method considering chain reaction in multi-infeed LCC-HVDC systems[J]. International Journal of Electrical Power and Energy Systems, 2023, 146: 1-7.

[11] Xiao C, Xiong X F, Ouyang J X, et al. A commutation failure suppression control method based on the controllable operation region of hybrid dual-infeed HVDC system[J]. Energies, 2018, 11(3): 1-13.

[12] 肖超, 欧阳金鑫, 熊小伏, 等. 基于混合双馈入直流输电系统有功无功协调的连续换相失败控制方法[J]. 电网技术, 2019, 43(10): 3523-3531.

附录　CIGRE 直流输电标准测试模型

附表 1　直流输电系统参数

参数	取值	参数	取值
额定直流电压	500kV	送、受端交流系统短路比	2.5
额定直流电流	2kA	整流站触发角	20°
逆变站高压侧额定线电压	230kV	逆变站关断角	15°
换流变变比	230/209.23	逆变站超前触发角	38.3°
极对数	2	逆变站交流等值换相电抗	13.32Ω